水利工程建设监理工程师继续教育培训教材

水利工程施工监理实务

水利部建设与管理司
中国水利工程协会　编著

黄河水利出版社
·郑州·

内 容 提 要

　　本书是水利工程建设监理工程师继续教育培训教材之一。全书共6章,主要讲解了施工合同管理、施工质量控制、施工进度控制、施工安全生产监督管理、施工监理文件资料管理、水利工程建设信用管理等内容,并结合水利工程建设实际,在每章中分别列举了部分相关案例供水利工程建设监理工程师在学习时参考。

　　本书既可作为水利工程建设监理工程师继续教育培训教材,也可作为水利工程建设监理人员和有关建设管理人员的参考用书。

图书在版编目(CIP)数据

水利工程施工监理实务/水利部建设与管理司,中国水利工程协会编著. —郑州:黄河水利出版社,2014.9
水利工程建设监理工程师继续教育培训教材
ISBN 978 - 7 - 5509 - 0917 - 5

Ⅰ.①水…　Ⅱ.①水…②中…　Ⅲ.①水利工程 - 工程施工 - 施工监理 - 继续教育 - 教材　Ⅳ.①TV523

中国版本图书馆 CIP 数据核字(2014)第 215164 号

出　版　社:黄河水利出版社
　　　　　地址:河南省郑州市顺河路黄委会综合楼14层　邮政编码:450003
发行单位:黄河水利出版社
　　　　　发行部电话:0371 - 66026940、66020550、66028024、66022620(传真)
　　　　　E-mail:hhslcbs@126.com
承印单位:河南承创印务有限公司
开本:787 mm×1 092 mm　1/16
印张:20.5
字数:474 千字　　　　　　　　印数:1—16 000
版次:2014 年 10 月第 1 版　　　印次:2014 年 10 月第 1 次印刷
定价:58.00 元

前　言

为提升水利工程建设监理工程师的业务素质水平,中国水利工程协会组织编写了本教材。

本教材分为六章。第一章,施工合同管理,根据《水利水电工程标准施工招标文件》(2009年版)通用合同条款,介绍了监理人在施工准备阶段、施工阶段、竣工验收阶段所承担合同管理的主要职责,并结合案例进行介绍。第二章,施工质量控制,主要介绍了水利行业新颁布的工程质量方面的规章、规范和标准,阐述了质量检验与评定的基本要求,并通过相关案例,介绍了质量控制的措施与方法。第三章,施工进度控制,结合《水利水电工程标准施工招标文件》(2009年版)通用合同条款,介绍了监理人在监理过程中如何做好施工进度控制工作,包括工程开工控制、施工进度计划的审核与调整,并介绍了相关案例。第四章,施工安全生产监督管理,主要介绍了国家及行业安全生产的法律、法规、规章以及相关规范,在此基础上介绍了监理人如何履行安全监理的职责,并结合案例,介绍了安全监理工作的内容、制度和要点。第五章,施工监理文件资料管理,主要讲述监理人在施工监理过程中,如何进行各类监理文件资料的管理工作。第六章,水利工程建设信用管理,介绍了建立水利行业信用体系的必要性与重要意义,水利行业信用评价体系的建立等,并介绍了相关案例。

本教材将通常所称的项目法人、建设单位、业主统称为发包人;将施工单位、承包商、承包方、承建单位统称为承包人;将监理单位、监理方统称为监理人。本教材除直接引用的法律、法规、规范性文件内容外,均采用发包人、承包人、监理人称谓。

本教材在编写过程中引用了参考文献的一些内容,在此谨向所列参考文献的专家和作者表示衷心的感谢和崇高的敬意!

编　者

2014 年 5 月

目　录

第一章　施工合同管理

在水利水电工程施工过程中,监理人实施建设监理主要是依据发包人的授权对施工合同进行管理。这是因为双方签订的合同明确了建设项目的总目标,即质量目标、投资目标、工期目标和安全目标等。因此,要实现建设项目预定的总目标,合同双方当事人应当全面履行合同约定的责任和义务,监理人认真履行监理职责,严格依据施工合同管理,才能最优实现项目目标。

监理人对施工合同进行管理主要体现在合同分析、合同跟踪、合同履行监控等方面。监理人应对施工合同的所有条款进行分析,熟悉其涵义,并掌握合同履行的要点、难点及合同目标实现的可能性、可能产生纠纷的地方等。在施工合同履行过程中,监理人应严密关注合同双方履行的情况,并将实际履行情况与合同规定的内容对照,如发现实际情况与合同规定内容有偏差,监理人应及时采取措施进行纠正,使其符合合同约定的质量、投资、工期与安全等目标的要求,确保建设项目总目标的实现。

第一节　施工准备阶段合同管理

在施工准备阶段,监理人应按监理合同约定的期限及时组建现场监理机构进入工地,在总监理工程师的领导下,全面履行监理合同约定的义务和职责。进场后,总监理工程师应对现场监理机构的监理人员进行监理内容、监理职责、监理程序、监理方法、合同管理等内容的岗前培训。其中,最主要的一项工作就是使监理人员根据各自岗位需要熟悉和掌握施工合同的相关内容,这是做好监理工作的必备条件。

一、施工合同文件

(一)合同文件的组成

根据水利部组织编制的 2009 年版《水利水电工程标准施工招标资格预审文件》和《水利水电工程标准施工招标文件》,水利水电工程施工合同文件的组成,按其解释的优先顺序如下:

(1)合同协议书;

(2)中标通知书;

(3)投标函及投标函附录;

(4)专用合同条款;

(5)通用合同条款;

(6)技术标准和要求;

(7)图纸;

(8)已标价工程量清单;

（9）其他合同文件。

（二）名词解释

（1）合同协议书：承包人按中标通知书规定的时间与发包人签订合同协议书。除法律另有规定或合同另有约定外，发包人和承包人的法定代表人或委托代理人在合同协议书上签字盖章后，合同生效。

（2）中标通知书：招标人通知投标人中标的函件。

（3）投标函及投标函附录：构成合同组成部分的由投标人填写并签署的投标函，以及附在投标函后面构成合同文件的投标函附录。

（4）专用合同条款：根据招标项目的具体特点和实际需要按其条款编号和内容对通用合同条款进行的补充、细化。除通用合同条款明确规定可以作出不同约定外，专用合同条款补充和细化的内容不得与通用合同条款相抵触，不得违反法律、法规和行业规章的有关规定以及平等、自愿、公平和诚实信用的原则，否则抵触内容无效。通用合同条款与专用合同条款是一个整体，两者应共同使用才是完整的合同条款。

（5）通用合同条款：通用于列入国家或地方投资计划的大中型水利水电工程施工的项目合同条款。按水利部《关于印发水利水电工程标准施工招标资格预审文件和水利水电工程标准施工招标文件的通知》规定，通用合同条款应不加修改直接引用。

（6）技术标准和要求：构成合同组成部分的名为技术标准和要求（合同技术条款）的文件。包括合同双方当事人约定对其所作的修改或补充。

（7）图纸：合同中所列入的"图纸"，包括列入合同的招标图纸、投标图纸及发包人按合同约定向承包人提供的施工图纸和其他图纸（包括配套说明和有关资料）。列入合同的招标图纸已成为合同文件的一部分，具有合同效力，主要用于在履行合同中作为衡量变更的依据，但不能直接用于施工。经发包人确认进入合同的投标图纸亦成为合同文件的一部分，用于在履行合同中检验承包人是否按其投标时承诺的条件进行施工的依据，亦不能直接用于施工。

（8）已标价的工程量清单：构成合同文件组成部分，由承包人按照规定的格式和要求，填写并标明价格的工程量清单。

（9）其他合同文件：经合同双方当事人确认构成合同文件的其他文件。

（三）对合同文件中矛盾或歧义的解释

1. 合同文件的优先解释顺序

通用合同条款规定，上述合同文件原则上应能够互相解释、互为说明。但当合同文件中出现含糊不清或不一致时，按照上述优先顺序解释合同。在合同履行过程中，经双方当事人协商一致签署的诸如质量、进度、变更等书面协议均属于合同的组成部分，在排序时应以时间较晚的排在前面。如果双方不同意这种排序，可以在专用合同条款中约定合同文件的组成和解释合同的优先顺序。

2. 合同文件出现矛盾或歧义的处理程序

按照通用合同条款的规定，当合同文件内容含糊不清或不一致时，在不影响工程正常进行的情况下，由发包人和承包人按约定的优先顺序进行理解、解释和协商解决。双方也可以提请监理人做出解释，监理人应按照解释合同的优先顺序做出公正、合理的解释。双方协商不成或不同意监理人的解释时,可按合同约定的解决争议的方式处理。

二、工期与进度

监理人进行工期目标管理,必须掌握施工合同有关工期和进度的约定。监理人应严格按合同约定的内容进行工程进度控制,最优实现合同工期目标。

(一)工期

承包人在投标函中承诺的完成合同工程所需的期限及工期延期、工程提前等所作变更工期之和(或代数和)。工期自监理人发出的开工通知中载明的开工日期起计算。

开工日期是指监理人按合同约定条款发出的开工通知中写明的开工的日期。监理人应在开工日期7天前向承包人发出开工通知。按合同规定,监理人在发出开工通知前应获得发包人同意。承包人应在开工日期后尽快施工。若发包人未能按合同约定向承包人提供开工的必要条件,承包人有权要求延长工期。监理人应在收到承包人的书面要求后,与合同双方商定或确定增加的费用和延长的工期。

竣工日期是指约定的合同工期届满的日期。

实际完工日期以合同工程完工证书中写明的日期为准。

缺陷责任期是指自合同专用条款约定日期起算的工程质量保修期。

(二)施工进度计划

承包人进场后,应于开工前将编制详细的《施工总进度计划》及其说明提交监理人审批。监理人应在合同约定的期限内批复承包人,否则将视为已得到批准。经监理人批准的施工总进度计划称为合同进度计划,是控制合同工程进度的依据。承包人还应根据合同进度计划,编制更为详细的年度或月份工程进度计划等报监理人审批。

不论何种原因造成工程的实际进度与合同进度计划不符,承包人均应在14天内向监理人提交修订合同进度计划的申请报告,并附有关措施和相关资料,报监理人审批,监理人应在收到申请报告后的14天内批复。当监理人认为需要修订合同进度计划时,承包人应按监理人的指示,在14天内向监理人提交修订的合同进度计划,并附调整计划的相关资料,提交监理人审批。监理人应在收到进度计划后的14天内批复。

不论何种原因造成施工进度延迟,承包人均应按监理人的指示,采取有效的赶工措施,确保合同工期目标。承包人应在向监理人提交修订合同进度计划的同时,编制一份赶工措施报告提交监理人审批。无论是发包人原因还是承包人原因造成的施工进度延误,都应按合同中各自工期延误条款的约定办理。

监理人认为有必要时,承包人应按监理人指示的内容和期限,并根据合同进度计划的进度控制要求,编制工程进度计划,提交监理人审批。

应当注意到,在《水利工程建设项目施工监理规范》(SL 288—2003)中,延期是事件结果,延误是行为性质,延期的原因既包含发包人的延误行为,也包含承包人的延误行为。

三、标价的工程量清单

计量与支付是监理人进行监理工作的一项重要职责,关系到建设项目是否能按照预定的投资目标得以实现。质量合格是计量的前提,计量是支付的基础。监理人应按施工合同约定的有关条款做好工程计量等工作,把好支付关。在施工准备阶段,监理人应熟悉合同中计量与支付的合同条款。应当注意,合同中已标价的工程量清单是监理人进行工程量计量的依据,工程量清单中的项目才是计量与支付的合同项目。

(一)工程量清单

工程量清单的编制依据包括招标文件中的投标人须知、通用合同条款、专用合同条款、技术标准和要求(合同技术条款)、图纸、《水利工程工程量清单计价规范》(GB 50501—2007)(以下简称《计价规范》)。

工程量清单仅是投标人投标报价的共同基础。除另有约定外,工程量清单中的工程量是根据招标设计图纸按《计价规范》计算规则计算的用于投标报价的估算工程量,不作为最终结算工程量。最终结算工程量是承包人实际完成的并符合合同技术标准和要求(合同技术条款)及《计价规范》计算规则等规定,并经监理人审核确认的准确工程量。

(二)工程量清单报价表组成

工程量清单报价表由以下内容组成:

(1)投标总价;

(2)工程项目总价表;

(3)分类分项工程量清单计价表;

(4)措施项目清单计价表;

(5)其他项目清单计价表;

(6)计日工项目计价表;

(7)工程单价汇总表;

(8)工程单价费(税)率汇总表;

(9)投标人生产电、风、水、砂石基础单价汇总表;

(10)投标人生产混凝土配合比材料费表;

(11)招标人供应材料价格汇总表(若招标人提供);

(12)投标人自行采购主要材料预算价格汇总表;

(13)招标人提供施工机械台时(班)费汇总表(若招标人提供);

(14)投标人自备施工机械台时(班)费汇总表;

(15)总价项目分类分项工程分解表;

(16)工程单价计算表;

(17)人工费单价汇总表。

(三)工程量清单报价表填写规定

(1)除招标文件另有规定外,投标人不得随意增加、删除或涂改招标文件工程量清单中的任何内容。工程量清单中列明的所有需要填写的单价和合价,投标人均应填写;未填写的单价和合价,视为已包括在工程量清单的其他单价和合价中。

(2)工程量清单中的工程单价是完成工程量清单中一个质量合格的规定计量单位项目所需的直接费(包括人工费、材料费、机械使用费和季节、夜间、高原、风沙等原因增加的直接费)、施工管理费、企业利润和税金,并考虑到风险因素。投标人应根据规定的工程单价组成内容,按招标文件和《计价规范》附录 A 及附录 B 中的"主要工作内容"确定工程单价。除另有规定外,对有效工程量以外的超挖、超填工程量,施工附加量,加工、运输损耗量等,所消耗的人工、材料和机械费用,均应摊入相应有效工程量的工程单价内。

(3)工程项目总价表中一级项目名称按招标文件工程项目总价表中的相应名称填写,并按分类分项工程量清单计价表中相应项目合计金额填写。

(4)分类分项工程量清单计价表中的序号、项目编码、项目名称、计量单位、工程数量和合同技术条款章节号,按招标文件分类分项工程量清单计价表中的相应内容填写,并填写相应项目的单价和合价。

(5)措施项目清单计价表中的序号、项目名称按招标文件措施项目清单计价表中的相应内容填写,并填写相应措施项目的金额和合计金额。

(6)其他项目清单计价表中的序号、项目名称、金额按招标文件其他项目清单计价表中的相应内容填写。

(7)计日工项目计价表的序号、人工、材料、机械的名称、型号规格以及计量单位按招标文件计日工项目计价表中的相应内容填写,并填写相应项目单价。

四、发包人和承包人的工作

在施工准备阶段,监理人应提醒发包人履行开工前属于发包人的各项工作,向承包人提供必要的开工条件。监督承包人按合同约定的时间进入施工现场,进行施工前的各项准备工作。双方当事人在施工准备阶段按合同约定均履行了各自的责任和义务,具备了开工条件才能进入正式施工阶段。

(一)发包人的工作

发包人在履行合同过程中应遵守法律法规,并保证承包人免予承担因发包人违反法律法规而引起的任何责任。发包人委托监理人按合同中开工的约定向承包人发出开工通知。

发包人应在合同双方签订合同协议书后的 14 天内,将本合同工程的施工场地范围图提交给承包人。发包人提供的施工场地范围图应标明场地范围内永久占地与临时占地的范围和界限,以及指明提供给承包人用于施工场地布置的范围和界限及有关资料。提供的施工用地范围在专用合同条款中约定。除专用合同条款另有约定外,发包人应按技术标准和要求(合同技术条款)的约定,向承包人提供施工场地内的工程地质图纸和报告、地下障碍物图纸等施工场地有关资料,并保证资料的真实、准确、完整。

发包人应协助承包人办理法律规定的有关施工证件和批件;应根据合同进度计划,组织设计人向承包人进行设计交底;按合同约定向承包人及时支付合同价款;按合同约定及时组织法人验收。

除通用合同条款外,发包人还应履行专用条款中约定的各项工作。

(二)承包人的工作

(1)承包人在履行合同过程中应遵守法律法规,并保证发包人免予承担因承包人违反法律法规而引起的任何责任。应按有关法律规定纳税,应缴纳的税金包括在合同价格内。

(2)承包人应按合同约定以及监理人指示实施和完成全部工程,并修补工程中的任何缺陷。除发包人提供的材料、工程设备、施工设备和临时设施另有约定外,承包人应提供为完成合同工程所需的劳务、材料、施工设备、工程设备和其他物品,并按合同约定负责临时设施的设计、建造、运行、维护、管理和拆除。

(3)承包人应按合同约定的工作内容和施工进度要求,编制施工组织设计和施工措施计划,并对所有施工作业和施工方法的完备性和安全可靠性负责。

(4)承包人应保证工程施工和人员的安全,履行安全生产责任,采取施工安全措施,确保工程及其人员、材料、设备和设施的安全,防止因工程施工造成的人身伤害和财产损失。

(5)承包人应负责施工场地及其周边环境与生态的保护,按照环境保护条款的约定负责施工场地及其周边环境与生态的保护工作。

(6)承包人应避免施工对公众与他人的利益造成损害。在进行合同约定的各项工作时,不得侵害发包人与他人使用公用道路、水源、市政管网等公共设施的权利,避免对邻近的公共设施产生干扰。承包人占用或使用他人的施工场地,影响他人作业或生活的,应承担相应责任。

(7)承包人应按监理人的指示为他人在施工场地或附近实施与工程有关的其他各项工作提供可能的条件。除合同另有约定外,提供有关条件的内容和可能发生的费用,由监理人按合同规定与发包人和承包人商定或确定。

(8)除合同另有约定外,在合同工程完工证书颁发前,承包人应负责照管和维护工程。合同工程完工证书颁发时尚有部分未完工程的,承包人还应负责该未完工程的照管和维护工作,直至完工后移交给发包人。

(9)承包人还应履行专用条款中约定的各项工作。

五、施工图纸

在施工准备阶段,监理人受发包人委托应对所有施工图纸进行审核签认后,才能签发给承包人用于施工。招标图纸不能直接用于施工,只能作为处理变更的依据。因此,监理人应根据工程的需要,做好施工图纸的审核工作,及时将施工图纸签发给承包人,避免因图纸延误工程施工造成发包人违约。

(一)发包人提供的图纸

发包人应在工程施工准备阶段组织完成施工图设计文件的审查。施工图纸经过监理人审核签认后,在合同约定的日期前签发给承包人,以保证承包人及时编制施工进度计划和组织施工。施工图纸提供应符合合同专用条款的约定。

发包人应按技术标准和要求(合同技术条款)约定的期限和数量将施工图纸以及其他图纸(包括配套说明和有关资料)提供给承包人。由于发包人未按时提供图纸造成工期延误的,按发包人工期延误条款的约定办理。承包人要求增加图纸套数时,发包人应代为复制,但复制费用由承包人承担。监理人和承包人均应在施工场地各保存一套完整的图纸和承包人文件。承包人提供的文件应按技术标准和要求(合同技术条款)约定的期限和数量提供给监理人。监理人应按技术标准和要求(合同技术条款)约定的期限批复承包人。

设计人需要对已签发给承包人的施工图纸进行修改时,监理人应在技术标准和要求(合同技术条款)约定的期限内将发包人提供的施工图纸的修改图签发给承包人。承包人应按技术标准和要求(合同技术条款)的约定编制一份承包人实施计划,提交监理人批准后执行。

承包人发现发包人提供的图纸存在明显错误或疏忽,应及时通知监理人。

(二)承包人负责设计的施工图纸

在施工过程中,由于施工需要或在有些情况下承包人享有专利权的施工技术需要用于施工,若其具有设计资质和能力,可以由其完成部分施工图的设计,或由其委托设计分包人完成。在承包工作范围内,包括部分由承包人负责设计的施工图纸,应在合同约定的时间内,按规定的审查程序将批准的设计文件提交监理人审核,经监理人签认后才可以使用。但监理人对承包人设计图纸的认可,并不能免除承包人的设计责任。

六、工程分包

对于工程项目实施过程中的分包,监理人应严格按国家及行业有关工程分包的法律法规判断和处理。在发包人和承包人签订的施工合同中,对工程分包有明确约定的,监理人应在发包人授权的范围内依据合同履行监理职责。

按施工合同规定,分包人是指在合同专用合同条款中指明的,从承包人处分包合同中某一部分工程,并与其签订分包合同的承包人。分包分为工程分包和劳务作业分包。工程分包应遵循合同约定或者经发包人书面认可。禁止承包人将本合同工程进行违法分包。分包人应具备与分包工程规模和标准相适应的资质和业绩,在人力、设备、资金等方面具有承担分包工程施工的能力。分包人应自行完成所承包的任务。

根据国家及行业的法律法规和合同约定,承包人不得将其承包的全部工程转包给第三人,或将其承包的全部工程肢解后以分包的名义转包给第三人。承包人也不得将工程主体、关键性工作分包给第三人。除专用合同条款另有约定外,未经发包人同意,承包人不得将工程的其他部分或工作分包给第三人。

在合同实施过程中,如承包人无力在合同约定的期限内完成合同中的应急防汛、抢险等危及公共安全和工程安全的项目,发包人可对该应急防汛、抢险等项目的部分工程指定分包人。因非承包人原因形成指定分包条件的,发包人的指定分包不应增加承包人的额外费用;因承包人原因形成指定分包条件的,承包人应承担指定分包所增加的费用。按合同约定,由指定分包人造成的与其分包工作有关的一切索赔、诉讼和损失赔偿由指定分包人直接对发包人负责,承包人不对此承担责任。

不论是承包人选择的分包人还是发包人选择的分包人,都应由承包人和分包人签订分包合同,并履行合同约定的义务。分包合同必须遵循承包合同的各项原则,满足承包合同中相应条款的要求。发包人可以对分包合同的实施情况进行监督检查。承包人应将分包合同副本提交发包人和监理人。

按合同规定,除指定分包外,承包人应对其分包项目的实施和分包人的行为向发包人负全部责任。承包人应对分包项目的工程进度、质量、安全、计量和验收等实施监督和管理。分包人应按专用合同条款的约定设立项目管理机构,组织管理分包工程的施工活动。

分包人在施工过程中,一旦发生违约行为均视为承包人违约,应追究承包人的违约责任。

七、支付工程预付款

按合同约定,发包人应向承包人支付合同约定数额的工程预付款,监理人应按合同约定的内容以及发包人赋予的职责签发预付款支付证书,并由发包人支付给承包人。合同约定的工程预付款主要用于承包人为合同工程施工购置材料、工程设备、施工设备、修建临时设施以及组织施工队伍进场等,其分为工程预付款和工程材料预付款。按合同约定,工程预付款必须专用于合同工程。

承包人应在收到第一次工程预付款的同时向发包人提交工程预付款担保,担保金额应与第一次工程预付款金额相同,工程预付款担保在第一次工程预付款被发包人扣回前一直有效。工程材料预付款的担保在专用合同条款中约定。预付款担保的担保金额可根据预付款扣回的金额相应递减。

按合同约定,工程预付款应在月进度付款中扣回,监理人在签发月支付证书时应按合同约定的数额及时扣回。具体扣回与还清的办法在专用合同条款中约定。在颁发合同工程完工证书前,由于不可抗力或其他原因解除合同,预付款尚未扣清的,尚未扣清的预付款余额应作为承包人的到期应付款。

第二节　施工过程的合同管理

一、施工质量管理

施工阶段是工程设计图纸最终实现并形成工程实体的阶段,也是最终形成工程使用功能和价值的重要阶段。因此,施工阶段的质量控制不仅是监理人的核心工作内容,也是工程质量控制的重点工作。

(一)原材料和工程设备的质量控制

原材料和工程设备的质量是工程质量的基础。为了确保工程质量,保证工程项目建设达到预期目标,对工程质量的控制应从原材料和工程设备质量的控制开始。

根据《水利水电工程标准施工招标文件》有关条款,原材料和工程设备的采购分为以下两种情况:承包人负责采购的材料和工程设备,发包人负责采购的材料和工程设备。

对材料和工程设备的检查验收应按以上两种情况区别对待。

1.原材料和工程设备的到货检查验收

1)发包人提供的原材料和工程设备

承包人应该根据施工进度计划的安排及时向监理人提交需要发包人交货的日期计划。按施工合同约定,发包人应对其所提供的材料和工程设备负责。

(1)发包人提供的材料和工程设备的现场接收。发包人应当向承包人提供其供应的材料和设备的产品合格证明,并对这些材料和设备质量负责。发包人应按照施工合同专用条款的材料设备供应一览表,在材料和设备到货7天前通知承包人,承包人会同监理人在约定的时间内共同赴交货地点进行验收。清点工作主要包括:外观质量检查,对照发货单进行数量清点,大宗建筑材料进行必要的抽样检验(物理、化学试验)等。

发包人要求向承包人提前交付材料和工程设备的,承包人不得拒绝接收,发包人应向承包人支付由此增加的费用。

承包人要求变更材料和工程设备交货时间或地点的,应事先报请监理人批准。由于承包人要求变更材料和工程设备交货时间或地点所增加的费用和(或)工期延误应由承包人负责承担。

(2)材料设备接收后移交承包人保管。发包人供应的材料和工程设备运至交货地点验收后,由承包人负责接收、卸货、运输和保管。

(3)发包人提供的材料和工程设备的规格、数量或质量不符合合同约定,或由于发包人原因使交货日期延误及交货地点变更等情况的,发包人应承担由此增加的费用和工期延误责任,并向承包人支付合理利润。

(4)发包人提供的材料和工程设备与合同约定不符时的处理。发包人供应的材料和工程设备与合同约定不符时,应当由发包人承担相关责任:

①材料和工程设备单价与合同约定不符时,由发包人承担所有差价。

②材料和设备品种、数量、质量等级与合同约定不符时,承包人可以拒绝接收保管,由发包人运出施工场地并重新采购。

③发包人供应材料的规格、型号与合同约定不符时,承包人可以代为调剂串换,发包人承担相应的费用。

④到货地点与合同约定不符时,发包人负责运至合同约定的地点。

⑤供应数量少于合同约定的数量时,发包人负责将数量补齐;供应数量多于合同约定的数量时,发包人负责将多出部分运出施工场地。

⑥到货时间早于合同约定时间,发包人承担因此发生的保管费用;到货时间迟于合同约定的供应时间,由发包人承担相应的追加合同价款。发生延期的,相应顺延工期,发包人赔偿由此给承包人造成的损失。

2)承包人提供的材料和工程设备

除施工合同专用条款约定由发包人提供的材料和工程设备外,承包人应对其负责采购、运输和保管的材料和工程设备负责。由承包人采购的材料和工程设备,发包人不得指定生产厂或供应商。

(1)承包人应按专用合同条款的约定,将采购的各项材料和工程设备的供货人及品种、规格、数量和供货时间等报监理人审批。

(2)承包人提供材料和工程设备的,应按照合同专用条款约定及设计要求和有关标准,提供产品合格证明,材料和工程设备应满足合同约定的质量标准,并对材料和工程设备的质量负责。

(3)承包人应在材料和工程设备到货前会同监理人共同进行到货清点、检验和交货验收。监理人应查验材料合格证明和产品合格证书。

(4)承包人提供的材料和工程设备与设计或标准要求不符时,承包人应在监理人要求的时间内运出施工现场,重新采购符合要求的材料或工程设备,并承担由此发生的费用,延误的工期不予顺延。

2. 材料和工程设备的使用前检验

为了防止材料和工程设备在施工现场存放时间过长或保管不善而导致质量降低，应在用于永久工程施工前进行必要的检查试验。按照材料和工程设备的供应义务，对合同责任作了如下区分。

1）发包人提供的材料和工程设备

发包人提供的材料和工程设备进入施工现场后需要在使用前检验或者试验的，由承包人负责检查试验，费用由发包人负责。按照合同对质量责任的约定，此次检查试验通过后，仍不能解除发包人供应材料和工程设备存在的质量缺陷责任。即承包人检验通过之后，如果又发现材料和工程设备有质量问题，发包人仍应承担重新采购及拆除重建的追加合同价款，并相应顺延由此延误的工期。

2）承包人提供的材料和工程设备

（1）承包人负责采购的材料和工程设备在使用前，承包人应按合同约定和监理人指示进行材料的抽样检验和工程设备的检验测试，不合格的材料和工程设备不得使用，检验或试验所需费用由承包人承担。

（2）监理人发现承包人使用了不合格的材料和工程设备，应及时发出指示要求承包人立即改正，并禁止在工程中继续使用不合格的材料和工程设备。承包人承担由此增加的费用和延误的工期责任。

（3）承包人需要使用代用材料时，应经监理人认可后才能使用，由此增减的合同价款由承、发包双方以书面形式议定。

（二）施工质量的监督管理

监理人在施工过程中应采用巡视、旁站、平行检验等方式监督检查承包人的施工工艺和产品质量，对施工过程进行严格控制。

1. 监理人对承包人质量保证体系的管理

承包人应在施工场地设置专门的质量检查机构，配备专职质量检查人员，建立完善的质量检查制度。承包人应按技术标准和要求（合同技术条款）约定的内容和期限，编制工程质量保证措施文件，主要包括质量检查机构的设置、质量检查人员的组成、质量检查人员的岗位职责、质量检查程序和实施细则等，报监理人审批。监理人应在技术标准和要求（合同技术条款）约定的期限内给予承包人批复。

2. 监理人对质量标准的管理

（1）工程质量验收按合同约定的验收标准执行。承包人施工的工程质量应当达到合同约定的验收标准。

（2）发包人对部分或者全部工程质量有特殊要求的，应支付由此增加的费用，对工期有影响的应给予相应顺延。

（3）监理人根据施工合同约定的验收标准对承包人的工程质量进行检查，达到或超过施工合同约定的验收标准，给予质量确认；达不到验收标准的应给予拒绝，并要求承包人返工处理。

3. 监理人对不符合质量标准的处理

（1）监理人一旦发现因承包人的原因造成工程质量达不到合同约定的验收标准的，

均可要求承包人返工。承包人应当按照监理人的要求进行返工,直至符合施工合同约定的验收标准。由此造成的费用增加和(或)工期延误由承包人承担。

(2)因发包人的原因使得施工质量达不到施工合同约定的验收标准的,由发包人承担承包人由于返工造成的费用增加和(或)工期延误,并支付承包人合理利润。

(3)因承、发包双方原因达不到施工合同约定的质量标准的,责任由双方分别承担。

(4)如果承、发包双方对工程质量有争议,则由工程质量监督部门鉴定,所需费用及因此造成的损失由责任方承担。承、发包双方均有责任的,由承、发包双方根据其责任分别承担。

4. 监理人对施工过程的检查

(1)承包人应按照设计文件、相关规范以及监理人依据合同发出的指令施工,按照合同约定对材料、工程设备以及工程的所有部位及其施工工艺进行全过程的质量检查和检验,并作详细记录、编制工程质量报表报监理人审查。

(2)承包人随时接受监理人的检查和检验。监理人应对工程的所有部位及其施工工艺、材料和工程设备进行检查和检验。承包人应为监理人的检查和检验提供便利条件,包括监理人到施工场地或到制造、加工地点及合同约定的其他地方进行察看和查阅施工原始记录等。承包人还应按监理人指示,进行施工场地取样试验、工程复核测量和设备性能检测,提供试验样品、提交试验报告和测量成果以及监理人要求进行的其他工作。监理人的检查和检验,不免除承包人按合同约定应负的责任。

(3)工程质量达不到施工合同约定的验收标准,监理人一旦发现,可要求承包人拆除并返工。承包人应按监理人的要求拆除和返工,承担由于自身原因导致拆除和重新施工的费用,工期不予顺延。

(4)经监理人检查和检验合格后再发现因承包人原因出现的质量问题,仍由承包人承担责任,赔偿发包人的直接损失,工期不予顺延。

(5)监理人的检查和检验原则上不应影响施工正常进行,如果实际上影响了施工的正常进行,其责任由检验结果的质量是否合格来区分。检查检验不合格时,影响正常施工的费用由承包人承担,工期不予顺延。除此之外,影响正常施工的追加合同价款由发包人承担,工期相应顺延。

(6)因监理人指令错误和其他非承包人原因发生的追加合同价款,由发包人承担。

5. 监理人对使用专利技术及特殊工艺施工的管理

(1)如果发包人要求承包人使用专利技术或特殊工艺施工,应由承包人负责办理相应的申报手续,发包人承担申报、试验、使用等费用。

(2)如果承包人提出使用专利技术或特殊工艺施工,应首先取得监理人的认可,然后由承包人负责办理申报手续并承担有关费用。

(3)不论哪一方要求使用他人的专利技术,一旦发生擅自使用侵犯他人专利权的情况时,由责任者依法承担相应责任。

6. 监理人清除不合格工程

(1)承包人使用不合格材料和工程设备,或采用不适当的施工工艺,或施工不当,造成工程不合格的,监理人应及时签发整改指令,要求承包人立即采取措施进行补救,直至达到合同要求的质量标准,由此增加的费用和(或)工期延误由承包人承担。

(2)由于发包人提供的材料或工程设备不合格造成的工程不合格,需要承包人采取措施补救的,发包人应承担由此增加的费用和(或)工期延误,并支付承包人合理利润。

(三)工程隐蔽部位覆盖前的检查与重新检验

由于隐蔽工程在施工中一旦完成,将很难再对其进行质量检查(这种检查往往成本很大),因此必须在隐蔽前进行检查验收。

1.承包人自检

经承包人自检确认的工程隐蔽部位具备覆盖条件后,承包人应通知监理人在约定的期限内检查。承包人的通知应包括验收的内容、时间、地点及自检记录、必要的检查资料。

2.监理人和承包人共同检验

(1)在收到承包人的请求验收通知后,监理人应按通知约定的时间与承包人到场共同进行检查或试验。监理人检查确认质量检测结果符合隐蔽要求,并在检查记录上签字后,承包人方可进行覆盖并继续施工。监理人检查确认质量不合格的,承包人应在监理人规定的时间内进行修整返工后,由监理人重新检查。

(2)如果监理人不能按合同约定的时间进行检查验收,应在承包人通知的验收时间前24小时以书面形式向承包人提出延期验收要求,但延期不能超过48小时。

(3)如果监理人既未能及时提出延期验收要求,又未按时参加验收,承包人可自行组织验收并完成隐蔽。承包人经过检查验收后,作相应记录报送监理人。本次检验视为监理人在场情况下进行的验收,监理人应承认验收记录的正确性并在验收记录上签字确认。监理人事后对检查验收记录有疑问的,可按施工合同的约定重新进行检查。

(4)经监理人验收,工程质量达到了施工合同约定的验收标准,监理人不及时在验收记录上签字的,承包人可认为监理人已经认可验收记录,承包人可进行隐蔽或继续施工。

3.监理人重新检验

承包人按合同覆盖工程隐蔽部位后,当监理人对某部分的工程质量有疑问时,可要求承包人对已经隐蔽的工程进行钻孔探测或揭开重新检验。承包人接到通知后,应按要求进行剥离或开孔,并在检验后重新覆盖恢复原状。

经检验证明工程质量符合合同要求的,由发包人承担由此增加的费用和(或)工期延误,并支付承包人合理利润;经检验证明工程质量不符合合同要求的,由此增加的费用和(或)工期延误由承包人承担。

4.承包人私自覆盖

承包人未通知监理人到场检查,私自将工程隐蔽部位覆盖的,监理人应要求承包人钻孔探测或揭开检查,由此增加的费用和(或)工期延误由承包人承担。

(四)质量评定

(1)发包人应组织设计人、监理人和承包人进行工程项目划分,并确定主要单位工程、主要分部工程、重要隐蔽单元工程和关键部位单元工程。

(2)在工程实施过程中,单位工程、主要分部工程、重要隐蔽单元工程和关键部位单元工程的项目划分需要调整时,发包人应重新报送工程质量监督机构进行确认。

(3)单元工程质量经承包人自评合格后,报监理人核定质量等级并签证认可。

（4）重要隐蔽单元工程和关键部位单元工程质量经承包人自评合格、监理人抽检后，由监理人组织承包人、发包人、设计人等单位组成的联合小组，共同检查核定其质量等级并填写签证表，由发包人报工程质量监督机构核备。

（5）分部工程质量经承包人自评合格后，报监理人复核和发包人认定，由发包人报工程质量监督机构核备（定）。

（6）单位工程质量经承包人自评合格后，报监理人复核和发包人认定，由发包人报工程质量监督机构核定。

（7）工程质量等级分为合格和优良，应分别达到约定的标准。

（五）质量缺陷备案

（1）承包人应对质量缺陷进行备案。发包人委托监理人对质量缺陷备案情况进行监督检查并履行相关手续。

（2）工程竣工验收时，发包人负责向竣工验收委员会汇报并提交历次质量缺陷处理的备案资料。

（六）质量事故处理

（1）发生质量事故时，承包人应及时向发包人和监理人报告。

（2）质量事故调查处理由发包人按相关规定履行手续，承包人应配合。

二、施工进度管理

工程开工以后，合同履行即进入施工阶段，直至工程竣工。施工阶段监理人进行进度管理的主要任务是控制施工工作按进度计划执行，确保施工任务在约定的合同工期内完成。

（一）按计划施工

工程开工后，承包人应按照监理人批准的施工进度计划组织施工，接受监理人对施工进度的检查、监督。一般情况下，监理人每月均应检查一次承包人的进度计划执行情况，由承包人提交一份上月进度计划执行情况和本月的施工计划、方案和措施。同时，监理人还应进行必要的现场实地检查。

（二）承包人修改进度计划

（1）不论何种原因造成工程的实际进度与合同进度计划不符，承包人均应在 14 天内向监理人提交修订合同进度计划的申请报告，并附相关措施和资料，报监理人审批，监理人应在收到申请报告后的 14 天内批复。当监理人认为需要修订合同进度计划时，承包人应按监理人的指示，在 14 天内向监理人提交修订的合同进度计划，并附调整计划的相关资料，提交监理人审批。监理人应在收到进度计划后的 14 天内批复。

（2）不论何种原因造成施工进度延迟，承包人均应按监理人的指示，采取有效的赶工措施，确保合同工期目标。承包人应在向监理人提交修订合同进度计划的同时，编制一份赶工措施报告提交监理人审批。由于发包人原因造成施工进度延误，应按发包人的工期延误条款的约定办理；由于承包人原因造成施工进度延误，应按承包人的工期延误条款的约定办理。

（3）由于承包人原因造成工程实际进度滞后于计划进度，承包人应采取措施加快进度,并承担加快进度所增加的费用。承包人应支付逾期竣工(完工)违约金。逾期竣工(完工)违约金的计算方法在专用合同条款中约定。承包人支付逾期竣工(完工)违约金,不免除承包人完成工程及修补缺陷的义务。

(4)监理人不对确认后的改进措施效果负责,这种确认并不是监理人对工程延期的批准,而仅仅是要求承包人在合理的状态下施工。因此,如果修改后的进度计划不能按期完工,承包人仍应承担相应的违约责任。

(三)暂停施工

1. 监理人指示的暂停施工

1)暂停施工的原因

在施工过程中,有些情况会导致暂停施工。虽然暂停施工会影响工程进度,但监理人认为确有必要时,可以根据现场的实际情况发布暂停施工的指令。发出暂停施工指令的起因可能有下述几种情况:

(1)外部原因。如后续政策法规的变化导致工程停建、缓建,地方法规要求在某一时段内不允许施工等。

(2)发包人的原因。如发包人未能按时移交后续施工所需的现场或通道,发包人采购的设备未能如期到货,施工中遇到了有考古价值的文物或古迹需要进行现场保护等。

(3)承包人的原因。如发现施工质量不合格,施工作业方法可能危及现场或毗邻地区建筑物或人身安全等。

(4)协调管理的原因。如同时在现场的几个独立承包人之间出现施工交叉干扰,监理人需要进行必要的协调。

2)暂停施工的管理程序

不论发生上述何种情况,监理人均应当以书面形式要求承包人暂停施工,并在发出暂停施工指令后提出书面处理意见。应当注意的是,监理人在发出暂停指令前应征得发包人同意,如在现场紧急情况下发出的暂停施工指令,事后监理人应及时报告发包人。承包人应当按照监理人的要求停止施工,并妥善保护已完工工程。

由于发包人的原因造成工程停工,应由发包人承担所发生的相应费用,并赔偿承包人由此造成的损失,相应顺延工期;如果由于承包人的原因造成工程停工,应由承包人承担所发生的费用,工期不予顺延。如果因监理人未按合同约定的时间及时给予答复,导致承包人未在合同约定的时间内复工,应由发包人承担相应的违约责任。

2. 承包人的暂停施工

(1)由于发包人违约引起的暂停施工。发包人不按时支付工程预付款,承包人在约定时间后向发包人提交预付款申请。发包人收到申请后仍不能按合同约定支付预付款的,承包人可在提交申请后停止施工。发包人应从约定应付之日起,向承包人支付应付款的贷款利息。

发包人未按合同约定及时向承包人支付工程进度款,双方又未达成延期付款协议,而导致施工无法进行的,承包人可以停止施工,由发包人承担违约责任。

(2)由于不可抗力的自然或社会因素引起的暂停施工。

(3)专用合同条款中约定的其他由于发包人原因引起的暂停施工。

由于发包人原因引起的暂停施工造成工期延误的,承包人有权要求发包人延长工期和(或)增加费用,并支付合理利润。

3. 停工期间的工程保管

不论由于何种原因引起的暂停施工,暂停施工期间承包人都应负责妥善保护工程并提供安全保障。停工期间,监理人应定期检查承包人的人员和设备停用状态,并做好检查记录。

(四)工期延误

在施工过程中,由于社会条件、人为条件、自然条件和管理水平等因素的影响,可能导致工期延误不能按时竣工,是否应给承包人合理延长工期,应依据合同责任来判定。

1. 发包人原因引发的工期延误

在履行合同过程中,由于发包人的下列原因造成工期延误的,承包人有权要求发包人延长工期和(或)增加费用,并支付合理利润:

(1)设计变更和增加合同工作内容;

(2)改变合同中任何一项工作的质量要求或其他特性;

(3)发包人延迟提供材料、工程设备或变更交货地点的;

(4)因发包人原因导致的暂停施工;

(5)未按合同约定的时间提供图纸;

(6)未按合同约定及时支付预付款、进度款,致使工程不能正常进行;

(7)发包人不能按专用条款的约定提供开工条件;

(8)监理人未按合同约定签发所需指令、批准等,致使施工不能正常进行;

(9)一周内非承包人原因停水、停电、停气造成停工累计超过合同约定时间;

(10)不可抗力;

(11)发包人造成工期延误的其他原因。

如果造成工期延误的原因是承包人的违约或者应当由承包人承担的风险,则工期不予延长。

2. 工期顺延的确认程序

承包人在工期可以顺延的情况发生后14天内,应将延误的工期向监理人提出书面报告。监理人在收到报告后14天内予以确认答复,逾期不予答复,视为报告已经被确认。

监理人确认工期是否应予以顺延,首先应当考察事件实际造成的延误时间,然后依据合同、施工进度计划、工期定额等进行判定。经监理人确认顺延的工期应纳入合同工期,作为合同工期的一部分。如果承包人不同意监理人的确认结果,则按合同约定的争议解决方式处理。

(五)发包人要求提前完工

发包人要求承包人提前完工,或承包人提出提前完工的建议能够给发包人带来效益的,应由监理人与承包人共同协商采取加快工程进度的措施和修订合同进度计划。发包人应承担承包人由此增加的费用,并向承包人支付专用合同条款约定的相应奖金。

发包人要求提前完工的,双方协商一致后应签订提前完工协议,作为合同文件的组成部分。提前完工协议应包括以下方面的内容:

（1）提前完工的时间和修订后的进度计划。

（2）发包人为赶工应提供的方便条件。

（3）承包人在保证工程质量和安全的前提下，可能采取的赶工措施。

（4）提前完工所需的赶工费用（包括利润和奖金）等。

承包人按照协议修订进度计划和制订相应的措施，经监理人同意后执行。

三、施工合同价格管理

《水利工程建设监理规定》指出：水利工程建设监理是指具有相应资质的水利工程建设监理单位，受项目法人（建设单位，施工合同称发包人）的委托，按照监理合同对水利工程建设项目实施中的质量、进度、资金、安全生产、环境保护等进行的管理活动。因此，在施工阶段，资金管理是监理人非常重要的一项监理工作。从合同管理的角度来讲，资金管理就是进行合同价格管理。监理人对合同价格进行有效的控制，必须严格按照发包人的授权，依据施工合同做好工程计量和工程款支付的管理工作，严格控制工程变更，使合同价格控制在合同价范围内。这里所说的合同价是指签订合同时合同协议书中写明的、包括暂列金额和暂估价的合同总金额。合同价格是指承包人按合同约定完成了包括缺陷责任期内的全部承包工作后，发包人应付给承包人的金额，包括在履行合同过程中按合同约定进行的变更和调整。暂列金额是指已标价工程量清单中所列的暂列金额，用于在签订协议书时尚未确定或不可预见变更的施工及其所需材料、工程设备、服务等的金额，包括以计日工方式支付的金额。暂估价是指发包人在工程量清单中给定的用于支付必然发生但暂时不能确定价格的材料、设备以及专业工程的金额。

工程计量是工程款支付的基础，由于签订合同时在工程量清单中所列的工程量是招标时的估计工程量，而不是承包人为履约而应完成的和用于结算的实际工程量，结算工程量是承包人实际完成的，并按合同约定的计量方法进行计量的工程量。在工程施工中，实际完成的工程量与工程量清单中的工程量会有一些差异，因此监理人应按合同对承包人完成的实际工程量予以确认或核实。经监理人依据合同约定的计量单位、方法、程序所确认的质量合格的工程量才能作为支付的依据。

工程量的正确计算是合同价款支付的前提和依据，而选择恰当的计量方式对于正确计量也十分必要。由于水利水电工程建设具有投资大、周期长等特点，因此工程计量以及价款支付是通过"阶段小结、最终结清"来体现的。阶段小结可以按时间节点来划分，即按月计量，也可以按形象节点来划分，即按工程形象进度分段计量。

（一）计量及支付条款相关内容及要求

《水利水电工程标准施工招标文件》有关条款明确规定了计量单位、计量方法、计量周期、单价子目的计量、总价子目的计量、工程款支付方法以及特殊约定项目的支付等。

1.已完工程量的计量

根据《计价规范》形成的合同价中包含综合单价和总价包干两种不同形式，应采取不同的计量方法。除专用合同条款另有约定外，综合单价子目已完成工程量按月计算，总价包干子目的计量周期按批准的支付分解确定。

1）综合单价子目的计量

已标价工程量清单中的单价子目工程量为估算工程量。若发现工程量清单中出现漏项、工程量计算偏差及工程量变更引起的工程量增减，应在工程进度款支付即中间结算时调整，结算工程量是承包人在履行合同义务的过程中实际完成，并按合同约定的计量方法进行计量的工程量。

2）总价包干子目的计量

总价包干子目的计量和支付应以总价为基础，不因物价波动引起的价格调整的因素而调整。承包人实际完成的工程量是进行工程目标管理和控制进度支付的依据。承包人在合同约定的每个计量周期内，对已完成的工程进行计量，并提交专用条款约定的合同总价支付分解表所表示的阶段性或分项计量的支持性资料，以及所达到工程形象目标或分阶段需完成的工程量和有关计量资料。总价包干子目的支付分解一般有以下三种方式：

（1）对于工期较短的项目，将总价包干子目的价格按合同约定的计量周期平均。

（2）对于合同价值不大的项目，按照总价包干子目的价格占签约合同价的百分比及各个支付周期内所完成的总价值，以固定百分比方式均摊支付。

（3）根据有合同约束力的进度计划、预先确定的里程碑形象进度节点（或者支付周期）、组成总价子目的价格要素的性质与时间、方法和（或）当期完成合同价值等的关联性，将组成总价包干子目的价格分解到各个形象进度节点（或者支付周期）中，汇总形成支付分解表。在实际支付时，经检查核实，其实际形象进度达到支付分解的要求后，即可支付经批准的每阶段总价包干子目的支付金额。

2. 已完工程量复核

当发、承包双方在合同中未对工程量的复核时间、程序、方法和要求作约定时，按以下规定办理：

（1）承包人应保证自供的一切计量设备和用具符合国家度量衡标准的精度要求。

（2）根据合同完成的有效工程量，由承包人按施工图纸计算，或采用标准的计量设备进行测量，并经监理人签认后，列入承包人的每月完成工程量报表。

（3）承包人应当按照合同约定的计量周期和时间，向监理人提交当期已完工程量报告。监理人应在收到报告后 7 天内核实，并将核实计量结果通知承包人。监理人未在约定时间内进行核实的，则承包人提交的计量报告中所列的工程量视为承包人实际完成的工程量。监理人认为需要进行现场计量核实时，应在计量前通知承包人，承包人应为计量提供便利条件并派人参加。若双方均同意核实结果，则双方应在上述记录上签字确认。承包人收到通知后不派人参加计量，视为认可发包人的计量核实结果。监理人不按照约定时间通知承包人，致使承包人未能派人参加计量，则计量核实结果无效。

（4）如监理人未在规定的核对时间内进行计量核对，则承包人提交的工程计量视为监理人已经认可。

（5）对于承包人超出施工图纸范围或因承包人原因造成返工的工程量，监理人不予计量。除合同另有约定外，凡超出施工图纸所示和合同技术条款规定的有效工程量以外的超挖和超填工程量、施工附加量、加工及运输损耗量等均不予计量。

（6）当分次结算累计工程量与按完成施工图纸所示及合同文件规定计算的有效工程量不一致时，以按完成施工图纸所示及合同文件规定计算的有效工程量为准。

（7）分次结算工程量的测量工作，应在监理人在场的情况下，由承包人负责。必要时，监理人有权指示承包人对结算工程量重新进行复核测量。

（8）如承包人认为监理人的计量结果有误，应在收到计量结果通知后的 7 天内向监理人提出书面意见，并附上其认为正确的计量结果和详细的计算资料。监理人收到书面意见后，应对承包人的计量结果进行复核后通知承包人。承包人对复核计量结果仍有异议的，按照合同约定的争议解决办法处理。

3. 承包人提交进度款支付申请

按合同约定，工程量经监理人复核认可后，承包人应在每个付款周期末，向监理人递交进度款支付申请，并附相应的证明文件。除合同另有约定外，进度款支付申请应包括下列内容：

（1）本期已实施的工程价款；

（2）累计已完成的工程价款；

（3）累计已支付的工程价款；

（4）本周期已完成的计日工金额；

（5）应增加和扣减的变更金额；

（6）应增加和扣减的索赔金额；

（7）应抵扣的工程预付款；

（8）应扣减的质量保证金；

（9）根据合同应增加和扣减的其他金额；

（10）本付款周期实际应支付的工程价款。

4. 工程价款支付方法

1）单价支付项目

除合同另有约定外，承包人在工程量清单中以单价形式列报的所有工程项目，发包人均按工程量清单中相应项目的工程单价支付。

2）一般总价支付项目

除合同另有约定外，承包人在工程量清单中以总价形式列报的所有工程项目，监理人均按工程量清单中相应项目（不包括以总价形式列报的暂列金额）的总价支付。

3）特殊约定的总价支付项目

（1）进场费。

承包人完成合同项目施工所需人员、施工设备和周转性材料的调遣费用，应在工程量清单中以总价形式列报。

（2）退场费。

工程完工验收后，承包人完工清场，撤退人员、施工设备和周转性材料等所需费用，由承包人根据合同要求规定的工作内容在工程量清单中以总价形式列报,在监理人检查确认承包人完成全部清场撤退后由发包人予以支付。

（3）保险费。

①投保险种。

发包人和承包人应按通用合同条款第20条的约定投保以下险种：

a. 建筑安装工程一切险（包括材料和工程设备,以发包人和承包人共同名义投保）；

b. 人员工伤事故险（按各自管辖的人员投保）；

c. 人身意外伤害险（按各自管辖的人员投保）；

d. 第三者责任险（按各自管辖区,以发包人和承包人共同名义投保）；

e. 施工设备险（由承包人负责投保）。

②保险费用。

若合同约定由承包人负责投保建筑安装工程一切险,承包人应按通用合同条款第20.1款约定的责任和内容,在工程量清单中专项列报。若合同约定由发包人负责投保建筑安装工程一切险,则承包人不需列报。

a. 承包人人员的工伤事故险和人身意外伤害险应由承包人按通用合同条款第20.2款、第20.3款约定的责任和内容,为全部现场施工人员办理保险,并按《工程量清单》中所列项目专项列报。

b. 承包人管辖区内的第三者责任险应由承包人根据通用合同条款第20.4款约定的责任和内容,在工程量清单中专项列报。

c. 施工设备险由承包人负责投保,保险费用包括在施工设备运行费内。

③其他费用。

承包人按规定完成各项工作所发生的其他费用,均包含在工程量清单中有关项目的工程单价或总价中,发包人不另行支付。

不论何种计价方式,其工程量必须按照相关工程的现行计量规范计算。采用全国统一的工程量计算规则,对于规范工程建设各方的计量计价行为、有效减少计量争议具有十分重要的意义。

（二）施工合同管理中的资金管理

在建设工程项目中,建设方案的经济效益,消耗的人力、物力和自然资源,最后都将以价值形态,即资金的形式表现出来。资金运动反映了物化劳动和活劳动的运动过程。施工合同管理的核心就是买方通过资金投入和控制,实现卖方物化劳动和活劳动的管理、组织和运动,实现项目的目标。从资金运动的角度进行合同管理,对合同双方具有很强的约束力。因而,资金管理应当成为监理工程师熟悉并掌握的有力方法。

水利工程资金流量示意如图1-1所示。

水利工程施工合同管理中的资金管理内容和监理工程师的工作如表1-1所示。

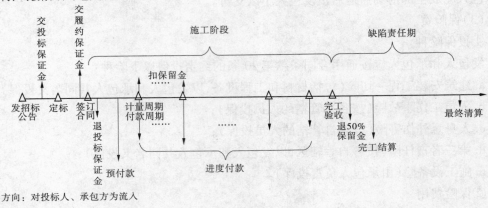

图 1-1　水利工程资金流量示意图

表 1-1　水利工程施工合同的资金要素管理表

项目	比例或金额	时点（与时间有关）	监理人的工作	依据
投标保证金	投标保证金不得超过招标项目估算价的2%，最高不得超过80万元	递交：一般在投标截止日前，按照招标文件要求递交。 投标保证金有效期应当与投标有效期一致。 退还：招标人最迟于合同签订后5日内向中标人和未中标的投标人退还投标保证金及银行同期存款利息	一般情况下，监理人的工作不涉及投标保证金	《中华人民共和国招标投标法实施条例》 《工程建设项目施工招标投标办法》（七部委令第30号）
履约保证金	履约保证金不得超过中标合同金额的10%	递交：签订合同前，中标人应向招标人提交履约担保。 退还：发包人应在合同工程完工证书颁发后28天内将履约担保退还给承包人。 承包人应保证履约担保在颁发合同工程完工证书前一直有效。 完工日期：指合同约定工期届满时的日期。实际完工日期以合同工程完工证书中写明的日期为准	监理人的工作一般不涉及履约保证金递交环节。 退还：监理人审核承包人是否具备验收条件，并根据规程或合同约定，参与、组织或协助发包人组织工程验收。发包人组织合同工程完工验收	《水运工程施工招标投标管理办法》（交通部令〔2000〕第4号） 《机电产品国际招标投标实施办法（试行）》（商务部〔2014〕第1号） 《关于废止和修改部分招标投标规章和规范性文件的决定》（九部委令〔2013〕第23号）

项目	比例或金额	时点(与时间有关)	监理人的工作	依据
质量保证金(保留金)	1. 质量保证金是用于保证在缺陷责任期内履行缺陷修复义务的金额。 2. 全部或者部分使用政府投资的项目,按工程价款结算总额5%左右的比例预留保证金。社会投资项目采用预留保证金方式的,参照执行。 3. 建设单位必须按照工程价款结算总额的5%预留工程质量保证金,待工程竣工验收一年后再清算,且5%是最低比例	起扣:第一个进度付款周期开始,在进度付款中,按约定扣留,直至扣留的总额达到合同约定的金额或比例为止。 支付:合同工程完工证书颁发后,发包人将质量保证金的一半支付给承包人。缺陷责任期满时,承包人完成保修责任的,发包人付清剩余质量保证金。缺陷责任期满时,承包人没有完成缺陷责任的,发包人有权扣留相应的质量保证金余额。 缺陷责任期:①缺陷责任期从工程通过合同工程完工验收后起算,发包人提前验收的或已投入使用,其缺陷责任期从提前验收或通过投入使用验收后起算。 ②水利工程保修期从工程移交证书写明的工程完工日起,一般不少于一年。有特殊要求的工程,其保修期限在合同中规定。工程质量出现永久性缺陷的,承担责任的期限不受以上保修期限制。(注意保修期与缺陷责任期的区别) ③由于发包人原因导致工程无法按规定期限进行竣(交)工验收的,在承包人提交竣(交)工验收报告90天后,工程自动进入缺陷责任期。(住建部规定)	监理人审核进度付款时,按施工合同约定扣留。 合同项目完工并签发工程移交证书后,监理人应该按施工合同约定的程序和数额签发保留金付款证书。 保修期满后,监理人应签发剩余的保留金付款证书。如果监理人认为还有剩余缺陷工程需要处理,报发包人同意后,扣留相应的保留金余款。 监理人监督、检查工程保修情况,签发保修责任终止证书	《建设工程质量保证金管理暂行办法》(建质〔2005〕7号文) 《基本建设财务管理规定》(财建〔2002〕394号)和补充通知(财建〔2003〕724号) 《水利工程质量管理规定》(水利部令〔1997〕第7号)
工程保险	建筑工程一切险、安装工程一切险。其具体的投保内容、保险金额、保险费率、保险期限等有关内容在专用合同条款中约定	合同签订后。 覆盖时间,应注意保险期间范围和合同工期的区别	承包人应将保险合同提供给监理人作为工程合同管理的一部分	《水利水电工程标准施工招标资格预审文件》(2009年版) 《水利水电工程标准施工招标文件》(2009年版)

项目	比例或金额	时点（与时间有关）	监理人的工作	依据
暂列金额	指已标价工程量清单中所列的暂列金额，用于在签订协议书时尚未确定或不可预见变更的施工及其所需材料、工程设备、服务等的金额，包括以计日工方式支付的金额	投标人投标报价阶段	暂列金额只能按照监理人的指示使用，并对合同价格进行相应调整	《水利水电工程标准施工招标文件》（2009 年版）
暂估价	指发包人在工程量清单中给定的用于支付必然发生但暂时不能确定价格的材料、设备以及专业工程的金额	投标人投标报价阶段	见表 1-2	《工程建设项目招标范围和规模标准规定》（国家发改委〔2000〕令第 3 号）《水利水电工程标准施工招标文件》（2009 年版）
计日工	指对零星工作采取的一种计价方式，按合同中的计日工子目及其单价计价付款	合同履行阶段	检查和统计计日工情况，核实工程量计量结果。可指示承包人以计日工方式完成一些未包括在施工合同中的特殊的、零星的、漏项的或紧急的工作内容	《水利水电工程标准施工招标文件》（2009 年版）

项目	比例或金额	时点(与时间有关)	监理人的工作	依据
预付款	预付款分为工程预付款和工程材料预付款,专款专用,预付款的额度和预付办法在专用条款中约定。 包工包料工程的预付款按合同约定拨付,原则上预付比例不低于合同金额的10%,不高于30%,对重大工程项目,按年度工程计划逐年预付	预付:在具备施工条件的前提下,发包人应在双方签订合同后的一个月内或不迟于约定的开工日期前的7天内预付工程款。 扣回:预付款在进度付款中扣回,扣回与还清办法在专用合同条款中约定。 结清:在颁发合同工程完工证书前,由于不可抗力或其他原因解除合同时,尚未扣清的预付款余额应作为承包人的到期应付款	审批承包人提交的资金计划。 协助发包人编制合同付款计划。 审核承包人获得工程预付款已具备的条件。条件具备、额度准确时,可签发工程预付款付款证书。 在审核工程进度款申请的同时,审核工程预付款应扣回的额度,并汇总已扣回的工程预付款总额	《建筑工程施工发包与承包计价管理办法》(建设部令〔2001〕第107号) 《建设工程价款结算暂行办法》(财建〔2004〕369号) 《最高人民法院关于审理建设工程施工合同纠纷案件适用法律问题的解释》(2004年)
工程进度付款	根据确定的工程计量结果,发包人应按不低于工程价款的60%、不高于90%向承包人支付工程进度款	付款周期同计量周期,一般以月、季度为周期	审核和签发工程计量、付款凭证。 未经监理人签字确认,不得支付工程款	《建设工程价款结算暂行办法》(财建〔2004〕369号)
完工付款(完工结算)	完工付款申请单包括:完工结算合同总价、已支付的工程价款、应扣留的质量保证金、应支付的完工付款金额	承包人应在合同工程完工证书颁发后28天内,按约定的份数向监理人提交完工付款申请单,并提供相关证明材料	审核承包人提交的完工付款申请及支持性资料,签发完工付款证书,报发包人批准。 因承包人申请资料不全或不符合要求,造成付款证书签证延误,由承包人承担责任。未经监理人签字确认,发包人不应支付任何工程款项。 监理人对完工付款申请单有异议的,有权要求承包人进行修正和提供补充资料。经监理人和承包人协商后,由承包人向监理人提交修正后的完工付款申请单	《水利水电工程标准施工招标文件》(2009年版)

项目	比例或金额	时点(与时间有关)	监理人的工作	依据
最终结清	承包人应按监理人批准的格式提交最终结清申请单	工程质量保修责任终止证书签发后	审核最终结清申请,签发付款证书	《水利水电工程标准施工招标文件》(2009 年版)
竣工财务决算	发包人负责编制项目竣工财务决算,承包人应按专用合同条款的约定提供竣工财务决算编制所需的相关材料	应在项目完建后规定的期限内完成竣工财务决算的编制工作。大中型项目的规定期限为 3 个月,小型项目为 1 个月	监理人协助配合发包人	《水利基本建设项目竣工财务决算编制规程》(SL 19—2008)

注:1. 表中的监理工作内容,依据《水利水电工程标准施工招标资格预审文件》(2009 年版)、《水利水电工程标准施工招标文件》(2009 年版)和《水利工程建设项目施工监理规范》(SL 288—2003)的有关规定。

2. 在无原则冲突的前提下,其他部委的有关规定,作为对水利工程施工合同资金管理的补充。水利工程如有后续补充,应以后续文件为准。

3. 缺陷责任期的期限问题。《建筑法》提出"最低保修期限",即下限概念。住建部(原建设部)《建设工程质量保证金管理暂行办法》规定"缺陷责任期一般为六个月、十二个月或二十四个月"。《水运工程标准施工招标文件》的专用条款规定:"疏浚工程不设缺陷责任期;水运工程缺陷责任期为一年;其他工程由发包人确定"。九部委《标准施工招标文件》规定"缺陷责任期最长不超过 2 年"。上述 3 个文件,涉及水利工程缺陷责任期的上限概念。应当注意到,《水利工程质量管理规定》(水利部〔1997〕7 号令)规定"水利工程保修期从工程移交证书写明的工程完工日起一般不少于一年。有特殊要求的工程,其保修期限在合同中规定。工程质量出现永久性缺陷的,承担责任的期限不受以上保修期限制"。另外,修订中的《水利工程质量管理规定》对此将有明确定义。因此,现阶段,水利工程中缺陷责任期应当使用"下限"一年、暂无"上限"的做法。后续规定如有调整,应当按照规定执行。监理工程师同时应当注意"缺陷责任期"与"保修期"的异同。

四、工程变更管理

变更是指对施工合同所做的修改、改变等,包括合同内容、合同结构、合同表现形式等。水利水电工程建设规模大、技术复杂、建设周期长,易受自然条件的影响,在招标阶段往往尚未完成施工图设计,因此水利水电工程建设中的变更活动不可避免。

变更可以由发包人提出,也可以由承包人提出,监理人和设计人也可能提出变更。有些变更属于主动变更,有些变更则属于被动变更。一般来说,主动变更能够创造效益,被动变更多会增加成本。在合同约束不严或合同双方履约意识淡薄的情况下,甚至会出现利用合同条款恶意变更的现象。因此,变更管理本质上是解决风险分配的问题,无论谁的原因引起的变更,只要由责任方承担应该承担的风险,将风险分配趋于合理,则变更就是可控的。

表 1-2　暂估价项目的管理

适用对象	条件(一) 招标范围与规模标准	条件(二) 承包人	招标主体	价格处理	监理工作
材料、工程设备和专业工程	属于必须招标的范围并达到规定的规模标准	不具备承担暂估价项目的能力或具备承担暂估价项目的能力但明确不参与投标	发包人和承包人组织招标	暂估价项目中标金额与工程量清单中所列金额差以及相应的税金等其他费用列入合同价格	依法合同管理
		具备承担暂估价项目的能力且明确参与投标	发包人组织招标		
材料和工程设备	不属于必须招标的范围或未达到规定的规模标准	承包人负责采购、运输和保管完成本合同工作所需的材料和工程设备。承包人应对其采购的材料和工程设备负责	不用招标	经监理人确认的材料、工程设备的价格与工程量清单中所列的暂估价的金额差以及相应的税金等其他费用列入合同价格	监理人对材料、工程设备进行确认。属于合格工程量的计量与确认
专业工程	不属于必须招标的范围或未达到规定的规模标准		不用招标	经估价的专业工程与工程量清单中所列的暂估价的金额差以及相应的税金等其他费用列入合同价格	监理人按照《水利水电工程标准施工招标文件》"变更的估价原则"进行估价,但专用合同条款另有约定的除外

　注:依据《工程建设项目招标范围和规模标准规定》(国家发改委〔2000〕3号令)第七条规定,暂估价招标范围与规模标准理解是:"暂估价所含的材料和工程设备单项合同估算价达到100万元,专业工程其单项合同估算价达到200万元时"。

　　据此,《水利水电工程标准施工招标文件》(2009年版)对工程变更作了详细的描述。监理人在施工合同履行管理过程中应严格按照合同约定处理变更,在发包人授权的范围内下达变更指示,承包人应按监理人的变更指示进行变更,没有监理人的变更指示,承包人不得擅自变更。

(一)工程变更的范围和内容

在履行合同过程中,发生以下情形之一的,经发包人同意,监理人可按合同约定的变更程序向承包人发出变更指示,承包人应遵照执行:

(1)取消合同中任何一项工作,但被取消的工作不能转由发包人或其他人实施。

(2)改变合同中任何一项工作的质量或其他特性。

(3)改变合同工程的基线、标高、位置或尺寸。

(4)改变施工时间或改变已批准的施工工艺或顺序。

(5)为完成工程需要追加的额外工作。

(6)增加或减少专用合同条款中约定的关键项目工程量超过其工程总量的一定数量百分比。

需要监理人注意的是,上述变更内容如果引起工程施工组织和进度计划发生实质性变动和影响其原定的价格时,应依据合同约定予以调整该变更项目的价格,维护合同当事人的合法权益。第(6)项情形下单价调整方式应在施工合同专用合同条款中约定。

(二)变更程序

在合同履行过程中,监理人发出变更指示包括下列三种情形。

1. 监理人认为可能要发生变更的情形

在合同履行过程中,可能发生上述变更情形的,监理人可向承包人发出变更意向书。变更意向书应说明变更的具体内容和发包人对变更的时间要求,并附必要的图纸和相关资料。变更意向书应要求承包人提交包括拟实施变更工作的计划、措施和完工时间等内容的实施方案。发包人同意承包人根据变更意向书要求提交的变更实施方案的,由监理人发出变更指示。若承包人收到监理人的变更意向书后认为难以实施此项变更,应立即通知监理人,说明原因并附详细依据。监理人与承包人和发包人协商后确定撤销、改变或不改变原变更意向书。

2. 监理人认为发生了变更的情形

在合同履行过程中,发生合同约定的变更情形的,监理人应向承包人发出变更指示。变更指示应说明变更的目的、范围、变更内容以及变更的工程量及其进度和技术要求,并附有关图纸和文件。承包人收到变更指示后,应按变更指示进行变更工作。

3. 承包人认为可能要发生变更的情形

承包人收到监理人按合同约定发出的图纸和文件,经检查认为其中存在变更情形的,可向监理人提出书面变更建议。变更建议应阐明要求变更的依据,并附必要的图纸和说明。监理人收到承包人书面建议后,应与发包人共同研究,确认存在变更的,应作出变更指示。经研究后不同意作为变更的,应由监理人书面答复承包人。

无论何种情况确认的变更,变更指示只能由监理人发出。变更指示应说明变更的目的、范围、变更内容以及变更的工程量及其进度和技术要求,并附有关图纸和文件。承包人收到变更指示后,应按变更指示进行变更工作。

(三)变更估价

1. 变更估价的程序

承包人应在收到变更指示或变更意向书后向监理人提交变更报价书,报价内容应根据变更估价原则,详细开列变更工作的价格组成及其依据,并附必要的施工方法说明和有关图纸。监理人收到承包人变更报价书后,根据变更估价原则,商定或确定变更价格。

2. 变更估价的原则

因变更引起的价格调整按照下列原则处理:

(1)已标价工程量清单中有适用于变更工作子目的,采用该子目的单价。此种情况适用于变更工作采用的材料、施工工艺和方法与工程量清单中已有子目相同,同时也不因变更工作增加关键线路工程的施工时间。

(2)已标价工程量清单中无适用于变更工作子目但有类似子目的,可在合理范围内参照类似子目的单价确定变更工作的单价。此种情况适用于变更工作采用的材料、施工工艺和方法与工程量清单中已有子目基本相似,同时也不因变更工作增加关键线路上工程的施工时间。

(3)已标价工程量清单中无适用或类似子目的单价,可按照成本加利润的原则确定变更工作的单价。

(4)因分部分项工程量清单漏项或非承包人原因的工程变更引起措施项目发生变化,造成施工组织设计或施工方案变更,原措施费中已有的措施项目,按原措施费的组价方法调整;原措施费中没有的措施项目,由承包人根据措施项目变更情况,提出适当的措施费变更,经发包人确认后调整。

需要说明的是,以上范围内的变更项目未引起工程施工组织和进度计划发生实质性变动且不影响其原定的价格时,不予调整该项目单价及合价,也不需要按变更处理的原则处理。例如:若工程建筑物的局部尺寸稍有修改,虽将引起工程量的相应增减,但对施工组织设计和进度计划无实质性影响时,不需按变更处理。

综上所述,在施工合同履行中,监理人发布的变更指令内容,必须是属于施工合同范围内的变更,而不能是合同范围外的变更。原则上要求变更不能引起工程性质有很大的变动,否则,双方当事人应重新订立合同,因为若合同性质发生很大的变动而仍要求承包人继续施工是不恰当的,也是不公平的,除非合同双方都同意将其作为原合同的变更。对于涉及工程结构、重要标准等影响较大的重大变更,发包人应向上级主管部门报批后再按照合同约定的程序办理。

不论是由何方提出的变更要求或建议,均需经监理人与有关方面协商,并得到发包人批准或授权后,再由监理人按合同约定及时向承包人发出变更指示。

五、索赔管理

建设工程施工中的索赔是合同当事人双方行使正当权利的行为,承包人认为有权得到追加付款和(或)延长工期的,承包人可向发包人索赔;发包人认为有权得到索赔金额和(或)延长缺陷责任期(工程质量保修期)的,发包人也可向承包人反索赔。

（一）监理人审核承包人的索赔申请

监理人收到承包人提交的索赔意向书后，应及时核查承包人的当时记录，并可指示承包人提供进一步的支持性文件，继续做好延续记录，以备核查。监理人还可要求承包人提交全部记录的副本，并可就记录提出不同意见，若监理人认为需要增加记录项目，可要求承包人增加。同时，监理人应建立自己的索赔档案，密切关注索赔事件的影响，并记录有关事项，以作为将来分析处理索赔、核对索赔报告证据的依据。

监理人应在收到承包人提交的索赔申请报告和最终索赔申请报告后，认真研究承包人报送的索赔资料。首先，在不确定责任归属的情况下，客观分析事件发生的原因，参照合同有关条款，研究承包人的索赔证据，并检查其同期记录；其次，通过对索赔事件的分析，再依据合同条款划清责任界限，必要时还可以要求承包人进一步提供补充资料，尤其是对承包人与发包人或监理人都负有一定责任的事件，更应确定各方应该承担合同责任的比例；最后，审查承包人提出的索赔补偿要求，拟定监理人计算的合理赔偿。

监理人应在收到承包人提交的索赔报告和有关资料后，按合同约定的期限（《水利水电工程标准施工招标文件》规定为42天），或在监理人建议并经承包人认可的期限内，做出回应，表示批准或不批准并附上具体意见，也可要求承包人补充进一步的证据资料。

（二）监理人判定索赔成立的原则

监理人判定承包人索赔成立的条件为：

（1）依据充分。即造成费用增加或工期延误的原因，按合同约定确实不属于承包人应承担的责任，包括行为责任和风险责任。

（2）证据充分。承包人能够提交充足的证据资料，以说明或证明索赔事件发生当时详细的实际情况。

（3）有损失事实。与施工合同相对照，索赔事件本身确实造成了承包人施工成本的额外支出或工期延误。

（4）复核程序，满足期限。承包人按合同约定的程序和期限提交了索赔意向书和索赔申请报告。应当注意，在承包人提出索赔的期限的问题上，《水利水电工程标准施工招标文件》（2009年版）在《标准施工招标文件》（发改委2007年版）的基础上，依据《水利水电建设工程验收规程》（SL 223—2008）做了调整，由"竣工付款证书"变为"完工付款证书"，由"工程接收证书"变为"合同工程完工证书"。

上述四项条件没有先后主次之分，应当同时具备。只有监理人认定索赔事件成立后，才能进一步处理应给予承包人的赔偿。

（三）监理人对索赔申请报告进行实质性审查

1. 事态调查

通过对合同实施的跟踪，分析了解事件经过、前因后果，掌握事件详细情况，主要是针对索赔报告中对索赔事件发生过程的说明进行追溯或重现，掌握索赔事件发生过程和重要细节。

2. 损害事件原因分析

损害事件原因分析也可以称为逻辑性分析，即因果关系，分析索赔事件是由何种原因引起的，索赔事件和索赔要求之间是否存在必然的逻辑关系。在实际工作中，单一原因造成的损害一般比较容易分析,但有时损害后果是由多方面造成的,此时,就应把所有的原因都列出来,进行责任分解,划分责任范围,确定责任比例。

3. 分析索赔理由

主要依据合同文件判明索赔事件是否属于未履行合同约定义务或未正确履行合同义务导致,是否在合同约定的赔偿范围之内。只有符合合同约定的索赔要求才有合法性,才能成立。例如,某合同约定,在工程总价5%范围内的工程变更属于承包人的风险,若发包人指令增加工程量在这个范围内,则承包人不能提出索赔。

进行索赔理由分析时,必须注意两个问题:一是索赔依据必须充分,即索赔的提出必须有合同基础或相关的法规基础;二是论证必须充分,即根据合同或法律依据对索赔事件进行充分的论述,以证明事件发生的合理性、必然性等。通过该分析,就可以确定该索赔是否能够成立。

4. 实际损失分析

实际损失分析即索赔事件的影响,主要表现为工期的延长和费用的增加。如果索赔事件不造成损失,则无索赔而言。损失调查的重点是分析,对比实际和计划的施工进度,工程成本和费用方面的资料,在此基础上核算索赔值。在此过程中,应注意两点:一是计算的基础数据应合理,即计算的基础数据是实际发生的,或是合同中的,或是概预算定额中的;二是计算方法应合理,符合实际,即使相同的基础数据、不同的计算方法,计算结果也不同,所以应对计算技术方法进行分析比较。

5. 证据资料分析

证据资料分析主要分析证据资料的有效性、合理性、正确性,这也是索赔要求有效的前提条件。如果在索赔报告中提不出证明其索赔理由、索赔事件的影响、索赔值的计算等方面充足的详细资料,索赔要求是不能成立的,或是不能完全成立的。如果监理人认为承包人提出的证据不能足以说明其要求的合理性,可以要求承包人进一步提交索赔的证据资料。索赔证据的种类包括:

(1)招标文件、工程合同、工程图纸、技术规范、发包人认可的施工组织设计等;

(2)工程各项有关的设计交底记录、变更图纸、变更施工指令等;

(3)工程各项经发包人或合同中约定的发包人现场代表或监理人签认的签证;

(4)工程各项往来信件、指令、信函、通知、答复等;

(5)工程各项会议纪要;

(6)施工计划及现场实施情况记录;

(7)施工日报及工作日志、备忘录;

(8)工程送电、送水、道路开通与封闭的日期及数量记录;

(9)工程停电、停水和干扰事件影响的日期及恢复施工的日期;

(10)工程预付款、进度款拨付的数额及日期记录;

(11)工程图纸、图纸变更、交底记录的送达份数及日期记录;

(12)工程有关施工部位的照片及录像等;

(13)工程现场气候记录,有关天气的温度、风力、雨雪等;

(14)工程验收报告及各项技术鉴定报告等;

（15）工程材料采购、订货、运输、进场、验收、使用等方面的凭据；

（16）国家和省级或行业建设主管部门有关影响工程造价、工期的文件、规定等。

（四）确定合理的补偿额

1. 监理人与承包人协商补偿

监理人核查后初步确定应予以补偿的额度往往与承包人的索赔报告中要求的额度不一致，甚至差额较大，主要原因大多为对承担事件损害责任的界限划分不一致，索赔证据不充分，索赔计算的依据和方法分歧较大等，因此双方应就索赔的处理进行协商。

对于持续影响的时间超过 28 天以上的工期延误事件，当工期索赔条件成立时，对承包人每隔 28 天报送的阶段索赔临时报告经审查后，每次均应作出批准临时延长工期的决定，并于事件影响结束后 28 天内承包人提出最终的索赔报告，批准延长工期总天数。规定承包人在事件影响期间必须每隔 28 天提出一次阶段索赔报告，可以使监理人能及时根据同期记录批准该阶段应予顺延工期的天数，避免事件影响时间太长而不能准确确定索赔值。

2. 监理人索赔处理决定

在经过认真分析研究，与承包人、发包人广泛讨论后，监理人应该向发包人和承包人提出自己的"索赔处理决定"。监理人收到承包人送交的索赔报告和有关资料后，于合同约定的期限内给予答复或要求承包人进一步补充索赔理由和证据。

通常，监理人处理决定不是终局性的，对发包人和承包人都不具有强制性的约束力。承包人或发包人对监理人的处理决定不满意，可以按合同中的争议条款提交约定的仲裁机构或提出诉讼。

六、合同价款调整

（一）合同价款调整相关内容

在合同实施过程中，当发生下列事项（但不限于）时，监理人应根据《水利水电工程标准施工招标文件》（2009 年版）合同条款内容进行分析，明确是否需要进行合同价款调整：

（1）法律法规变化；

（2）工程变更；

（3）项目特征不符；

（4）工程量清单缺项；

（5）工程量偏差；

（6）计日工；

（7）物价变化；

（8）暂估价；

（9）不可抗力；

（10）提前竣工（赶工补偿）；

（11）误期赔偿；

（12）索赔；

（13）现场签证；

（14）暂列金额；

（15）发、承包双方约定的其他调整事项。

现场签证根据签证内容，有的可归于工程变更类，有的可归于施工索赔类，有的不涉及价款调整。

《水利水电工程标准施工招标文件》（2009年版）有关价款调整条文说明如表1-3所示。

表1-3 《水利水电工程标准施工招标文件》（2009年版）有关价款调整条文说明

条款名称	合同条款	主要内容
基准资料	8.3	提供错误的责任：发包人提供上述基准资料错误导致承包人测量放线工作的返工或造成工程损失的，发包人应当承担由此增加的费用和（或）工期延误，并向承包人支付合理利润
发包人开工条件	11.1.3	若发包人未能按合同约定向承包人提供开工的必要条件，承包人有权要求延长工期。监理人应在收到承包人的书面要求后，按第3.5款的约定，与合同双方商定或确定增加的费用和延长的工期
发包人的工期延误	11.3	承包人有权要求发包人延长工期和（或）增加费用，并支付合理利润。 （1）增加合同工作内容； （2）改变合同中任何一项工作的质量要求或其他特性； （3）发包人迟延提供材料、工程设备或变更交货地点的； （4）因发包人原因导致的暂停施工； （5）提供图纸延误； （6）未按合同约定及时支付预付款、进度款； （7）发包人造成工期延误的其他原因
异常恶劣的气候条件	11.4	当工程所在地发生危及施工安全的异常恶劣气候时，发包人和承包人应按本合同通用合同条款第12条："暂停施工"的约定，及时采取暂停施工或部分暂停施工措施。异常恶劣气候条件解除后，承包人应及时安排复工。 异常恶劣气候条件造成的工期延误和工程损坏，应由发包人与承包人参照本合同通用合同条款第21.3款："不可抗力后果及其处理"的约定协商处理。 本合同工程界定异常恶劣气候条件的范围在专用合同条款中约定
工期提前	11.6	发包人要求承包人提前完工，或承包人提出提前完工的建议能够给发包人带来效益的，应由监理人与承包人共同协商采取加快工程进度的措施和修订合同进度计划。发包人应承担承包人由此增加的费用，并向承包人支付专用合同条款约定的相应奖金

条款名称	合同条款	主要内容
发包人暂停施工	12.2	由于发包人原因引起的暂停施工造成工期延误的,承包人有权要求发包人延长工期和(或)增加费用,并支付合理利润。 属于下列任何一种情况引起的暂停施工,均为发包人的责任: (1)由于发包人违约引起的暂停施工; (2)由于不可抗力的自然或社会因素引起的暂停施工; (3)专用合同条款中约定的其他由于发包人原因引起的暂停施工
暂停施工后的复工	12.4.2	因发包人原因无法按时复工的,承包人有权要求发包人延长工期和(或)增加费用,并支付合理利润
发包人原因造成工程质量达不到	13.1.3	发包人应承担由于承包人返工造成的费用增加和(或)工期延误,并支付承包人合理利润
发包人提供的材料或工程设备	13.6.2	造成的工程不合格,需要承包人采取措施补救的,发包人应承担由此增加的费用和(或)工期延误,并支付承包人合理利润
价格调整	16	物价波动引起的价格调整,法律变化引起的价格调整
发包人违约	22.2	(1)发包人未能按合同约定支付预付款或合同价款,或拖延、拒绝批准付款申请和支付凭证,导致付款延误的; (2)发包人原因造成停工的; (3)监理人无正当理由没有在约定期限内发出复工指示,导致承包人无法复工的; (4)发包人无法继续履行或明确表示不履行或实质上已停止履行合同的; (5)发包人不履行合同约定其他义务的
施工临时设施	2.16.3	技术条件:施工交通设施计量和支付。 承包人承担的超大、超重件的尺寸或重量超出合同约定的限度时,增加的费用由发包人承担
地下洞室开挖	8.13	技术条件:计量和支付。 (2)不可预见地质原因引起的超挖工程量,以及相应增加的支护和回填工程量所发生的费用,由发包人按《工程量清单》中相应项目或变更项目的每立方米工程单价支付。 (4)由于非承包人原因修改设计开挖轮廓尺寸,并需要进行二次扩挖时,其扩挖工程量按本技术条款第8.7节所述的方法计量,由发包人按《工程量清单》中相应项目或变更项目的每立方米工程单价支付。 (6)地下洞室超前勘探洞开挖按施工图纸所示轮廓尺寸计算的有效工程量以米(或立方米)为单位计量,由发包人按《工程量清单》中相应项目有效工程量的每米(或立方米)工程单价支付

条款名称	合同条款	主要内容
混凝土工程	14.11.3	技术条件:普通混凝土计量和支付。 (3)不可预见地质原因超挖引起的超填工程量所发生的费用,由发包人按工程量清单中相应项目或变更项目的每立方米工程单价支付
疏浚和吹填工程	17.7	技术条件:计量和支付。 (2)疏浚工程的辅助措施(如浚前扫床和障碍物的清除、排泥区围堰、隔埂、退水口及排水渠等项目)另行计量支付 (4)吹填工程的辅助措施(如浚前扫床和障碍物的清除、排泥区围堰、隔埂、退水口及排水渠等项目)另行计量支付

合同实施过程中,监理人应针对每章的专业工程技术条款,对应工程量清单所列的工程项目、合同图纸、各项建筑物的具体施工技术要求等核实计量。

(二)不同地区政策性调整、不可抗力等条件规定

1. 有关政策性调整原则及地方调价文件分析

我们以 2008 年受国际金融危机影响国内建筑材料和劳务用工价格持续上涨的情况下,各地出台的关于价格调整的指导意见为例进行分析。以上海、浙江、江苏、山东、湖南、河南、甘肃等地的价格指导文件为例,并从以下几个方面进行分析。

从文件对当事人合同约定的态度来看,可以分为以下 3 类:

(1)第一类:强调尊重合同当事人的约定和意思自治,只是建议承、发包双方可采用文件中规定的调整办法进行调整。上海、浙江、江苏等地的价格调整文件属于此种类型。

上海市《关于建设工程要素价格波动风险条款约定、工程合同价款调整等事宜的指导意见》(沪建市管〔2008〕12 号)第 4 条规定:"已签订工程施工合同但尚未结算的工程项目,如在合同中没有约定或约定不明的,发承包双方可结合工程实际情况,协商订立补充合同协议,建议可采用投标价或以合同约定的价格月份对应造价管理部门发布的价格为基准,与施工期造价管理部门每月发布的价格相比(加权平均法或算术平均法),人工价格的变化幅度原则上超过 ±3%(含 3%,下同),钢材价格的变化幅度原则上超过 ±5%,除人工及钢材外上述条款所涉及其他材料价格的变化幅度原则上超过 ±8% 应调整其超过幅度部分要素价格。"

浙江省《关于加强建设工程人工、材料要素价格风险控制的指导意见》(浙建发〔2008〕163 号)第 1 条规定:"凡施工合同对建设工程要素价格的风险范围、幅度有明确约定的从其约定。未约定的,发承包双方可本着实事求是、风险合理分担的原则,按以下办法签订补充协议,协商解决。"

江苏省《关于加强建筑材料价格风险控制的指导意见》(苏建价〔2008〕67 号)第 3 条规定:"本意见发布前已经签订固定价格施工合同(包括固定总价与固定单价合同),尚未完成工程竣工结算的招投标工程,如果合同中未约定材料价格风险控制条款的,经发承包双方协商一致,可按下述原则签订补充协议,到工程所在地建设行政主管部门备案后调整工程造价。"

（2）第二类：强调按合同已经约定的风险系数进行调整，对于未约定或约定不具体的，要求按文件规定的调整办法调整。山东省的价格调整文件属于此种类型。山东省《关于加强工程建设材料价格风险控制的意见》（鲁建标字〔2008〕27号）第2条规定："发承包双方签订固定价格合同，且合同中未对材料价格风险幅度以及调整办法进行约定或约定不具体的，发承包双方应按照以下原则进行协商、调整，并签订补充条款或补充合同……"

（3）第三类：强调有具体约定的按约定处理，无具体约定的或约定不明确的，包括价格包干和约定承包人承担所有风险在内的工程均应当按文件进行调整。湖南、河南、甘肃等地的价格调整文件属于此种类型。

湖南省《关于工程主要材料价格调整的通知》（湘建价〔2008〕2号）第2条规定："凡在施工承包合同中没有具体明确风险范围和调整幅度的，不论是采用固定综合单价（含平方米造价包干）或固定总价合同包干的工程，均应列入此次调整范围。"

甘肃省《关于对主要建筑材料价格进行调整的通知》（甘建价〔2008〕302号）第1条中规定："……合同中未约定风险费用额度以及风险范围以外单价调整的，材料价差由发包人承担……2.施工合同采用固定价格的工程，发包人在招标文件中仅以所有风险或类似语句规定承包人自行测算并承担风险，没有具体约定的，可视为其风险范围和幅度约定不明，其价差由发包人承担。"

2. 异常恶劣气候条件设定

如：上海地区某圈围工程合同条件约定：

11.4.3　本合同工程界定异常恶劣气候条件的范围为：

暴雨：暴雨指每小时降雨量达16毫米以上，或连续12小时降雨量达30毫米以上，或连续24小时降雨量达50毫米以上。

台风：台风指中心附近最大平均风力12级以上，即风速在32.6米/秒以上的热带气旋。

暴风（风暴）：暴风（风暴）指风速在17.2米/秒以上的8级风。

风暴潮：风暴潮指增水大于等于50厘米，或引发超过当地警戒水位的风暴潮过程。

上述自然灾害需上海市市级以上气象、地震部门的书面证明。

七、现场签证

由于施工生产的特殊性，在施工过程中往往会出现一些与合同工程或合同约定不一致或未约定的事项，这时就需要发、承包双方以书面形式记录下来，各地对此的称谓不一，如工程签证、施工签证、技术核定单等。签证有多种情形，一是发包人的口头指令，需要承包人提出，由监理人转换成书面签证；二是监理人的书面通知，如涉及工程实施需要承包人就完成此通知需要的人工、材料、机械设备等内容向监理人提出，取得监理人的签证确认；三是合同工程招标工程量清单中已有，但施工中发现与其不符，比如土方类别，出现流沙等，需承包人及时向监理人提出签证确认，以便调整合同价款；四是由于发包人原因，未按合同约定提供场地、材料、设备或停水、停电等造成承包人的停工，需承包人及时向监理人提出签证确认,以便计算索赔费用;五是合同中约定的材料等价格由于市场发生变化,需承包人向监理人提出采购数量及其单价,以取得监理人的签证确认;六是其他由于合同条件变化需要现场签证的事项等。处理好现场签证,是衡量一个工程管理水平高低的标准,是有效减少合同纠纷的手段。

八、工程保险管理

(一)工程风险的概念

由于工程项目的施工周期长,施工工艺复杂,建筑材料和施工设备与工器具繁多,自然、社会等建设条件复杂多变,因而风险普遍存在。比如:施工中的意外伤亡事故,设计或施工质量不合格,以及地震、滑坡、洪水、台风、严寒酷热等自然灾害等。

通过对工程风险的管理对风险进行合理处置。

工程风险的转移方式通过投保与工程项目有关的险种,将风险转移给保险公司。通过工程保险转移工程风险是工程承包合同实践中普遍采用的方式,常见的险种有工程险、施工设备险、人身意外伤害险和第三者责任险等。

(二)工程险

除专用合同条款另有约定外,承包人应以发包人和承包人的共同名义向双方同意的保险人投保建筑工程一切险、安装工程一切险。其具体的投保内容、保险金额、保险费率、保险期限等有关内容在专用合同条款中约定。

(三)人员工伤事故的保险

1. 承包人员工伤事故的保险

承包人应依照有关法律规定参加工伤保险,为其履行合同所雇用的全部人员缴纳工伤保险费,并要求其分包人也进行此项保险。

2. 发包人员工伤事故的保险

发包人应依照有关法律规定参加工伤保险,为其现场机构雇用的全部人员缴纳工伤保险费,并要求其监理人也进行此项保险。

(四)人身意外伤害险

(1)发包人应在整个施工期间为其现场机构雇用的全部人员投保人身意外伤害险,缴纳保险费,并要求其监理人也进行此项保险。

(2)承包人应在整个施工期间为其现场机构雇用的全部人员投保人身意外伤害险,缴纳保险费,并要求其分包人也进行此项保险。

(五)第三者责任险

(1)第三者责任系指在保险期内,对因工程意外事故造成的、依法应由被保险人负责的工地上及毗邻地区的第三者人身伤亡、疾病或财产损失(本工程除外),以及被保险人因此而支付的诉讼费用和事先经保险人书面同意支付的其他费用等赔偿责任。

(2)在缺陷责任期终止证书颁发前,承包人应以承包人和发包人的共同名义投保第三者责任险,其保险费率、保险金额等有关内容在专用合同条款中约定。

(六)其他保险

除专用合同条款另有约定外,承包人应为其施工设备、进场的材料和工程设备等办理保险。

（七）对各项保险的一般要求

（1）保险凭证。承包人应在专用合同条款约定的期限内向发包人提交各项保险生效的证据和保险单副本，保险单必须与专用合同条款约定的条件保持一致。

（2）保险合同条款的变动。承包人需要变动保险合同条款时，应事先征得发包人同意，并通知监理人。保险人作出变动的，承包人应在收到保险人通知后立即通知发包人和监理人。

（3）持续保险。承包人应与保险人保持联系，使保险人能够随时了解工程实施中的变动，并确保按保险合同条款要求持续保险。

（4）保险金不足以补偿损失时，应由承包人和发包人各自负责补偿的范围及金额在专用合同条款中约定。

第三节　竣工阶段的合同管理

一、验收工作分类

水利水电建设工程验收工作按主持单位分为法人验收和政府验收。法人验收包括分部工程验收、单位工程验收、水电站（泵站）中间机组启动验收、合同工程完工验收等；政府验收包括阶段验收、专项验收、竣工验收等。

法人验收和政府验收的类别应在专用合同条款中约定。除专用合同条款另有约定外，法人验收应由法人主持。

政府验收应由验收主持单位组织成立的验收委员会负责，法人验收应由法人组织成立的验收工作组负责。验收委员会（工作组）由有关单位代表和专家组成。

承包人应完成法人验收和政府验收的配合工作，所需费用应包含在已标价工程量清单中。

二、分部工程验收

（1）分部工程具备验收条件时，承包人应向发包人提交验收申请报告，发包人应在收到验收申请报告之日起10个工作日内决定是否同意进行验收。

（2）分部工程验收应由项目法人（或委托监理单位）主持，验收工作组应由发包人、勘察、设计、监理、施工、主要设备制造（供应）商等单位的代表组成。运行管理单位可根据具体情况决定是否参加。

（3）分部工程验收通过后，形成分部工程验收鉴定书。承包人应及时完成分部工程验收鉴定书，载明应由承包人处理的遗留问题。分部工程验收遗留问题处理情况应有书面记录并有相关责任单位代表签字，书面记录应随分部工程验收鉴定书一并归档。

（4）发包人应在分部工程验收通过之日起10个工作日内，将验收质量结论和相关资料报质量监督机构核备。大型枢纽工程主要建筑物分部工程的验收质量结论应报质量监督机构核定。质量监督机构应在收到验收质量结论之日起20个工作日内，将核备（定）

意见书面反馈给发包人。

分部工程验收时需要全面核查分部工程的各方面资料是否满足竣工资料整理要求。一般情况下,水利工程分部工程验收时,竣工图图纸不能编制完成,因此需要在资料核查时说明。还可专门增加资料核查过程,监理人组织设计、施工、发包人资料管理员一起全面核查验收资料,作出是否同意进行分部工程验收的决定,也可制订专门的资料核查表。

一般由各参建单位主要负责人参加分部工程验收预备会,明确分部工程验收组成员和验收会议议程,审核分部工程验收组成员资格是否符合要求,并准备分部工程验收鉴定书讨论稿,再组织召开正式的分部工程验收。

三、单位工程验收

(1)单位工程具备验收条件时,承包人应向发包人提交验收申请报告,发包人应在收到验收申请报告之日起 10 个工作日内决定是否同意进行验收。

(2)发包人主持单位工程验收,验收工作组应由发包人、勘测、设计、监理、施工、主要设备制造(供应)商、运行管理等单位的代表组成。必要时,可邀请上述单位以外的专家参加。

(3)单位工程验收通过后,发包人向承包人签发单位工程验收鉴定书。承包人应及时完成单位工程验收鉴定书载明的应由承包人处理的遗留问题。单位工程验收遗留问题处理情况应有书面记录并有相关责任单位代表签字,书面记录应随单位工程验收鉴定书一并归档。

(4)需提前投入使用的单位工程在专用合同条款中明确,应进行单位工程投入使用验收。单位工程投入使用验收由发包人主持;根据工程具体情况,经竣工验收主持单位同意,单位工程投入使用验收也可由竣工验收主持单位或其委托的单位主持。

(5)发包人应在单位工程验收通过之日起 10 个工作日内,将验收质量结论和相关资料报质量监督机构核定。质量监督机构应在收到验收质量结论之日起 20 个工作日内,将核定意见反馈发包人。

四、合同工程完工验收

(1)合同工程具备验收条件时,承包人应向发包人提交验收申请报告,发包人应在收到验收申请报告之日起 20 个工作日内决定是否同意进行验收。

(2)发包人主持合同工程完工验收,验收工作组应由发包人以及与合同工程有关的勘测、设计、监理、施工、主要设备制造(供应)商等单位的代表组成。

(3)合同工程完工验收通过后,发包人向承包人发送合同工程完工验收鉴定书。承包人应及时完成合同工程完工验收鉴定书载明的应由承包人处理的遗留问题。合同工程验收遗留问题处理情况应有书面记录并有相关责任单位代表签字,书面记录应随合同工程验收鉴定书一并归档。

(4)合同工程完工验收通过后,发包人与承包人应在 30 个工作日内组织专人负责工程交接,双方交接负责人应在交接记录上签字。承包人应按验收鉴定书约定的时间及时移交工程及其档案资料。工程移交时,承包人应向发包人递交工程质量保修书。在承包人递交了工程质量保修书、完成施工场地清理以及提交有关资料后,发包人应在30个工作日内向承包人颁发合同工程完工证书。

五、阶段验收

(1)工程建设具备阶段验收条件时,发包人负责提出阶段验收申请报告。阶段验收申请报告应由法人验收监督管理机关审查后转报竣工验收主持单位;竣工验收主持单位应自收到申请报告之日起20个工作日内决定是否同意进行阶段验收。

阶段验收应包括枢纽工程导(截)流验收、水库下闸蓄水验收、引(调)排水工程通水验收、水电站(泵站)首(末)台机组启动验收、部分工程投入使用验收以及竣工验收主持单位根据工程建设需要增加的其他验收。阶段验收的具体类别在专用合同条款中约定。

(2)阶段验收应由竣工验收主持单位或其委托的单位主持。阶段验收委员会由竣工验收主持单位、质量和安全监督机构、运行管理单位的代表以及有关专家组成;必要时,可邀请地方人民政府以及有关部门参加。工程参建单位应派代表参加阶段验收,并作为被验收单位在验收鉴定书上签字。

(3)承包人应及时完成阶段验收鉴定书载明的应由承包人处理的遗留问题。阶段验收遗留问题处理情况应有书面记录并有相关责任单位代表签字,书面记录应与阶段验收鉴定书一并归档。

六、专项验收

(1)发包人负责提出专项验收申请报告。承包人应按专项验收的相关规定参加专项验收。专项验收的具体类别在专用合同条款中约定。

(2)承包人应及时完成专项验收成果性文件载明的应由承包人处理的遗留问题。

七、竣工验收

工程验收是合同履行中的一个重要工作阶段,工程未经竣工验收或竣工验收未通过的,发包人不得交付使用。发包人强行使用带来的一切问题,均由发包人承担责任。竣工验收分为竣工技术预验收和竣工验收两个阶段。

(一)竣工验收应具备的条件

根据施工合同条件和法规的规定,竣工工程必须具备以下基本条件:

(1)工程已按批准设计和合同约定全部完成;

(2)工程重大设计变更已经有审批权的单位批准;

(3)各单位工程能正常运行;

(4)历次验收所发现的问题已基本处理完毕;

(5)各专项验收已通过;

(6)工程投资已全部到位;

(7)竣工财务决算已通过竣工审计,审计意见中提出的问题已整改并提交了整改报告;

(8)运行管理单位已明确,管理养护经费已基本落实;

（9）质量和安全监督工作报告已提交，工程质量达到合格标准；

（10）竣工验收资料已准备就绪。

（二）竣工验收程序

工程具备竣工验收条件应按以下程序进行：

（1）发包人组织进行竣工验收自查。申请竣工验收前，发包人应组织竣工验收自查。自查工作应由发包人主持，勘测、设计、监理、施工、主要设备制造（供应）商以及运行管理等单位的代表参加。

（2）发包人提交竣工验收申请报告。

（3）竣工验收主持单位批复竣工验收申请报告。

（4）进行竣工技术预验收。

竣工技术预验收应由竣工验收主持单位组织的专家组负责。技术预验收专家组成员应具有高级技术职称或相应执业资格，2/3 以上成员应来自工程非参建单位。工程参建单位的代表应参加技术预验收，负责回答专家组提出的问题。

竣工技术预验收专家组可下设专业工作组，并在各专业工作组检查意见的基础上形成竣工技术预验收工作报告。竣工技术预验收工作报告应是竣工验收鉴定书的附件。

专用合同条款约定工程需要进行技术鉴定的，承包人应提交有关资料并完成配合工作。

（5）召开竣工验收会议。

竣工验收委员会应由竣工验收主持单位、有关地方人民政府和部门、有关水行政主管部门和流域管理机构、质量和安全监督机构、运行管理单位的代表以及有关专家组成。工程投资方代表可参加竣工验收委员会。

发包人、勘测、设计、监理、施工和主要设备制造（供应）商等单位应派代表参加竣工验收，负责解答验收委员会提出的问题，并应作为被验收单位代表在验收鉴定书上签字。

竣工验收需要进行质量检测的，所需费用由发包人承担，但因承包人原因造成质量不合格的除外。

（6）印发竣工验收鉴定书。

（三）工程竣工证书

工程质量保修期满以及竣工验收遗留问题和尾工处理完成并通过验收后，发包人负责将处理情况和验收成果报送竣工验收主持单位，申请领取工程竣工证书，并发送承包人。

八、缺陷责任与保修责任

（一）缺陷责任期的起算时间

除专用合同条款另有约定外，缺陷责任期的起算时间：

（1）若工程未投入使用，从工程通过合同工程完工验收之日起算；

（2）若工程已投入使用，从通过单位工程或部分工程投入使用验收之日起算。

缺陷责任期的期限在专用合同条款中约定。

单位工程验收投入使用或合同工程完工验收结束后，监理人应签发工程移交通知单，明确缺陷责任期起始时间,与缺陷责任期终止证书相对应。

(二)缺陷责任期终止证书(工程质量保修责任终止证书)

合同工程完工验收或投入使用验收后,发包人与承包人应办理工程交接手续,承包人应向发包人递交工程质量保修书。

缺陷责任期满后30个工作日内,发包人应向承包人颁发缺陷责任期终止证书(工程质量保修责任终止证书),并退还剩余的质量保证金,但保修责任范围内的质量缺陷未处理完成的应除外。

第四节 案 例

【案例 1-1】 订立合同疏忽关键性条款的案例

【背景】

某承包人接受了某水库地下防渗墙招标邀请,成立投标小组,进行了投标工作。在现场考察期间,承包人查阅了发包人提供的地质条件资料。中标后,在合同谈判阶段,承包人提出了加密勘探钻孔要求,发包人不予接受,只是在合同条款中注明"甲方对提供的地质和水文资料的正确性负责,但不负责解释和应用"。在实际施工中承包人发现该项目的地质条件非常复杂,施工难度巨大,0~5 m 浅层为含泥砂砾石层,而 6~10 m 中层和 18~20 m 深层分别有 2 层粉细砂层,远不同于发包人提供的地质资料,合同条款中的单位造价是泥砂层 450 元/m,基岩层 960 元/m,但缺少实际存在的粉细砂层造价,由于粉细砂层的存在,致使连续塌孔,钻孔进度极其缓慢,但合同中明文规定如混凝土超浇系数大于1.2,超浇部分价款由乙方承担。对此,承包人以地质资料与实际不符提出索赔的要求,发包人和监理人则以"对地质资料的正确性负责,但不负责解释和应用"这一措词为由拒绝索赔。

【问题】

请指出本合同内容签订是否合理,说明理由。

【答案】

不合理。因为投标报价的现场调查和资料分析是十分重要的环节。由于地下防渗墙为隐蔽工程,因此地质条件非常重要。在本案例中,承包人提出加密勘探钻孔要求,发包人不予接受,并在合同条款中注明甲方对提供的地质和水文资料不负责解释和应用,将风险转移到承包人身上,使承包人遭受经济损失。

【案例 1-2】 发包人未按合同要求提供施工条件的索赔案例

【背景】

某电站基础开挖工程于 2010 年 4 月动土开工,发包人按合同规定 5 月中旬为该项目提供的施工主干道的目标未能实现,导致该工程土石方开挖出渣十分困难。为使该工程施工顺利进行,尽量减少损失,承包人经研究,提出了短期替代方案,即修建一条宽 20 m、长约 800 m 的一号施工干道,并向监理人和发包人报送了设计图纸。经双方共同研究,认为该方案可行,由监理人批复并同意实施。

承包人于 2010 年 6 月提出报价,就该道路两侧排水沟、道路土石填筑及拆除、路面垫层料填筑及拆除等项目报价金额157.61万元,经监理人审核为124.15万元,发包人审核批复98.37万元(不含拆除),随着道路占压部位施工及该道路的拆除,承包人又提出道路拆除费用,要求发包人补偿。发包人于2012年10月追加增加拆除费用7.46万元。该项目共计得到补偿105.83万元。因施工主干道比合同规定期限推迟5个月,所以在本工程总工期核定中,又得到工期补偿30天。

【问题】

由于发包人的原因造成施工主干道未能按合同要求提供给承包人,为保证施工顺利进行,承包人采取了补救方案并得到批准。实施新方案带来的费用增加和工期拖延,承包人依据什么开展索赔?

【答案】

在该项目办理过程中,承包人抓住时机,由被动变为主动。先以解决问题的主人翁姿态出现,拿出具体方案,积极实施,首先满足工程的正常施工。随后根据合同条款,抓住发包人违约这个事实,提出补偿申请。因承包人考虑按索赔方式解决,故报价原则按国家最新颁布的标准进行。在进行价格谈判的过程中,这方面未与监理人、发包人达成一致意见。而后以合同变更形式处理,根据合同条款中的合同变更原则进行了价格审核,最后按实际发生工程量及取费标准确定了道路填筑等费用,办理了变更清单。因拆除的时间未定,暂不考虑拆除费用,最后经过几年努力,于2012年才得以解决。总之,该费用的解决,在当时施工条件较恶劣、承包人负责修建的场内施工道路还不完善的情况下,起到了积极作用,工期的正确核定也体现了承包人的正当权益。

经过分析总结,从该案例中得到以下经验及教训:

(1)补偿方式选题正确,合同切入点准确。

(2)时机掌握恰当,反应迅速。

(3)谈判及跟踪及时,反馈信息准确。

(4)施工前未作合同变更及索赔的四方定性资料,导致难度加大。

(5)无新道路与合同条件给定的道路路面标准对比资料,缺乏充足的索赔依据。

(6)新路使用时没有积累现场测定资料,工期索赔缺乏足够证据。

【案例1-3】 施工准备阶段承包人调整施工方案的索赔案例

【背景】

某小型水电站工程,承包人按发包人提供的地质勘察报告编制了施工方案,并投标报价,开标后发包人向承包人发出了中标函。由于该承包人以前曾在本地区进行过类似工程施工,按照以前的经验,承包人认为发包人提供的地质报告不准确,实际地质条件可能复杂得多,所以在编制施工组织设计时修改了挖掘方案,为此增加了不少设备和材料费用。实际开挖施工完全证实了承包人的判断,承包人向发包人提出了两种方案费用差别的索赔,但发包人不同意该项索赔,发包人的理由是:按合同规定,施工方案是承包人应负的责任,应保证施工方案的可用性、安全、稳定和效率。承包人变换施工方案是从自己的责任角度出发的,不能给予赔偿。

【问题】

请分析承包人争取索赔成功的正确做法。

【答案】

承包人的这种预见性为发包人节约了大量的工期和费用。如果承包人不采取变更措施,施工中出现新的与招标文件不一样的地质条件,此时再变更方案,发包人要承担工期延误及与它相关的费用赔偿、低效率损失等。但由于承包人行为不当,使自己处于一个非常不利的地位。如果要取得本索赔的成功,承包人应在变更施工方案前到施工现场进行勘察,取得地质条件比招标文件复杂的证据,向发包人提交报告,并提出实际地质条件与发包人提供的地质报告存在的偏差,按照原施工方案实施可能会出现不可预见的情况,建议变更施工方案,则发包人会慎重地考虑这个问题并作出答复。无论发包人同意或不同意变更方案,承包人的索赔地位都十分有利。

【案例1-4】 承包人未按合同进行隐蔽工程验收和材料验收的案例

【背景】

某承包人通过公开招标获得一水电站工程的施工任务,并按《水利水电工程标准施工招标文件》与发包人签订施工承包合同。该工程设备基础为大体积混凝土结构,在该项施工内容开工前,监理人审查了承包人的施工方案,并编制了监理实施细则。

【问题】

1. 承包人为了加快进度,在钢筋绑扎完成后立即邀请监理人对钢筋工程进行隐蔽验收。监理人随即派专业监理工程师前往施工现场进行检查验收,在隐蔽工程检查验收过程中发现钢筋间距、钢筋保护层厚度和钢筋焊接接头等方面不符合设计要求和施工规范规定,遂口头要求承包人进行整改。

(1)该隐蔽工程验收程序有什么不妥? 正确的程序应如何进行?

(2)专业监理工程师要求承包人整改的方式有什么不妥?

2. 承包人在自行采购的钢筋进场之前按要求向监理人进行了钢筋原材料的报审,提交了钢筋出厂合格证,在监理人的见证下进行取样、送样和复试,钢筋复试结果合格,监理人经审查同意该批钢筋进场使用。在隐蔽验收时,发现承包人未做钢筋焊接试验,因此监理人责成承包人在监理人见证下取样送检,试验结果发现钢筋原材料不合格;监理人要求对钢筋重新进行复验,复验结果仍不合格,最终确认该批钢筋不合格。监理人随即发出不合格项目通知,要求承包人拆除不合格钢筋,并重新绑扎安装同时报告了发包人。承包人认为本批钢筋已经监理人验收,不同意拆除,并提出若拆除应延长工期10天,补偿直接经济损失40万元的索赔要求。发包人得知此事后,认为监理人有责任,要求监理人按监理合同约定的比例赔偿发包人损失6 000元。

(1)监理人是否应该承担质量责任,为什么?

(2)承包人是否应该承担质量责任,为什么?

(3)发包人对监理人提出的赔偿要求是否合理,为什么?

(4)监理人对承包人提出的索赔要求应如何处理,为什么?

【答案】

1. 该隐蔽工程验收不妥当,正确的隐蔽工程验收程序应为:钢筋隐蔽工程完成后,承包人应该先进行自检,自检合格后填写报验申请表并附证明材料,报监理人;监理人收到报验申请表后,先审查质量证明资料,并在合同约定的时间内到达施工现场进行检查;检查合格后在报验申请表上签字确认,承包人方可进行下道工序施工;否则,签发不合格项目通知,要求承包人进行整改。

2. 监理人不承担质量责任,因为监理人没有违反《中华人民共和国建筑法》和《建设工程质量管理条例》有关监理人质量责任的规定。

承包人应当承担质量责任,因为承包人自行采购了不合格的材料。

发包人对监理人提出的索赔要求是不合理的,因为质量责任不在监理人,且没有给发包人造成直接的损失。

监理人不同意承包人的索赔要求,因为承包人自行采购了不合格的材料,尽管该批钢筋已经过监理人的检验,但是根据施工合同通用条款的约定,不论监理人是否参加了验收,当其对某部分的工程质量有怀疑时,有权要求承包人重新进行检验,检验合格,发包人承担由此发生的全部合同价款,赔偿承包人损失,并相应顺延工期;检验不合格,承包人承担发生的全部费用,工期不予延长。

【案例 1-5】 施工过程中关于监理指令运用的案例

【背景】

某甲级监理公司承担了国内一水闸工程的施工监理任务,该水闸工程由甲承包人总承包,经发包人同意,甲承包人选择了乙承包人作为桩基工程的专业分包人。

监理人在对施工图纸进行审查时发现,基础工程设计有部分内容不符合国家的工程质量标准,因此总监理工程师立即发函给设计人要求整改,设计人研究后,口头同意了总监理工程师的整改要求,总监理工程师随即将更改的内容写成监理指令,通知总承包人执行。

【问题】

1. 请指出上述总监理工程师行为的不妥当之处并说明原因。

2. 在主体工程施工过程中,总承包人认为变更部分主体设计会使施工更加方便、质量更容易得到保证,因而向专业监理工程师提出了设计变更的要求。

按照现行的《水利工程建设项目施工监理规范》(SL 288—2003),专业监理工程师应按照什么程序处理承包人提出的设计变更要求?

3. 在施工过程中,专业监理工程师发现乙施工分包人施工的部分工程存在质量隐患。因此,总监理工程师同时向甲、乙两个承包人发出了整改通知。甲承包人回函称:乙承包人施工分包的工程是经过发包人同意进行分包的,所以甲承包人不承担这部分工程的质量责任。

甲承包人的回复有什么不妥之处?为什么?总监理工程师的整改指令应如何签发?为什么?

4. 专业监理工程师在检查时发现,甲总承包人在施工中所使用的原材料和报验合格的材料有差异,若继续施工,该部分将被隐蔽。因此,总监理工程师立刻向甲总承包人下达了暂停施工的指令,由于甲总承包人对乙分包人的施工有影响,乙分包人也被迫停工,同时,将该批原材料在监理的见证下重新进行了抽检。抽检复试报告出来后,证实材料合格,可以使用,总监理工程师随即指令承包人恢复正常施工。

总监理工程师签发本次暂停施工指令是否妥当?程序上有没有不妥之处?为什么?

【答案】

1.总监理工程师不应该直接向设计人发函,发现问题应向发包人报告,由发包人向设计人提出修改要求。总监理工程师不应在取得设计变更文件之前签发变更指令,总监理工程师无权代替设计人进行设计变更。

2.总监理工程师应组织专业监理工程师对承包人提出的变更申请进行审查,通过后报发包人转交给设计人,当变更涉及安全、环保等内容时,应经有关部门审定,取得设计变更文件后,总监理工程师再结合工程实际情况对变更的费用和工期进行评估,总监理工程师应根据评估的情况和发包人、承包人协调后签发变更指令。

3.甲承包人回复的不妥之处为:工程分包不能解除总承包人的责任和义务;分包人的任何违约行为导致工程损害或给发包人造成损失,总承包人均应承担连带责任。

总监理工程师的整改指令应该发给甲承包人,不应直接发给乙承包人,因为乙承包人和发包人没有合同关系。

4.总监理工程师有权签发本次暂停令,因为合同对总监理工程师有相应的授权。程序有不妥之处,总监理工程师应在签发暂停施工指令后24小时内向发包人报告。

【案例1-6】 关于发包人提供材料不合格及发包人变更引起工期索赔的案例

【背景】

某一工程甲乙双方按照示范文本签订了施工合同。合同价格为2 600万元,合同工期为450天。在施工合同中甲乙双方约定:"每提前或推后工期一天,按照施工合同价的万分之二进行奖励或扣罚。"工程施工到75天的时候,监理人经原材料复试发现发包人所提供的部分钢材不合格,造成承包人停工18天;在工程进行到100天的时候,由于发包人变更设计,又造成部分工程停工14天。工程最终工期为470天。

【问题】

工程竣工结算时,承包人提出工期索赔32天。同时承包人认为工期时间提前了12天,要求发包人奖励6.24万元。发包人认为承包人当时未进行工期索赔,仅仅进行了停工损失索赔说明,承包人默认了停工不会引起工期延长。因此,实际工期延长了20天,应该扣罚承包人10.4万元。监理人应如何处理?

【分析】

监理人处理方法如下:

(1)确认承包人提出的工期索赔时间已经超过合同约定的时限。《标准施工招标资格预审文件》和《标准施工招标文件》(2007年版)第23.1款约定,承包人认为有权得到追加付款和(或)延长工期的,应按以下程序向发包人提出索赔:①承包人应在知道或应当知道索赔事件发生后28天内,向监理人递交索赔意向通知书,并说明发生索赔事件的事由;②承包人未在前述28天内发出索赔意向通知书的,丧失要求追加付款和(或)延长工期的权利。

(2)确认承包人工期索赔不成立。

(3)确认发包人罚款理由充分,符合合同规定。

(4)确认发包人罚款金额计算符合合同规定。

(5)总监理工程师确认发包人反索赔,从工程结算签证中扣减应付工程款10.4万元。

【案例 1-7】 关于工程进度控制的案例

【背景】

某一甲级监理公司通过公开招标获得了一水电站工程的中标资格,并与发包人按照示范合同文本签订了监理合同。工程开工前,承包人向监理人报送了施工进度计划,监理人根据施工合同的约定对施工进度计划进行了审批。在施工过程中,监理人检查发现原有的进度计划已经不能适应实际情况,为了确保进度目标的实现需要确定新的计划目标,必须对原有的进度计划进行调整进而形成新的进度计划,作为监理人和发包人进度控制的新依据。

【问题】

1. 施工进度计划调整的具体方法有哪两种?

2. 通过缩短网络计划中关键线路上工作的持续时间来缩短工期的具体措施有哪几种? 具体做法是什么?

【分析】

1. 施工进度计划的具体调整方法有:

(1)通过缩短某些工作的持续时间来缩短工期;

(2)通过改变某些工作间的逻辑关系来缩短工期。

2. 具体措施包括以下几个方面。

(1)组织措施:

①增加工作面,组织更多的施工队伍;

②增加每天的施工作业时间,比如采用三班制等;

③增加劳动力和施工机械的数量。

(2)技术措施:

①改进施工工艺和施工技术,节省时间;

②采用更先进的施工工法,减少施工过程的数量,比如将现浇框架方案改为预制装配方案;

③采用更先进的施工机械设备。

(3)经济措施:

①实行包干奖励;

②提高奖金数额;

③对所采取的技术措施给予相应的经济补偿。

(4)其他配套措施:

①改善外部配合条件;

②改善劳动条件;

③实行强有力的调度等。

【案例 1-8】 关于工程完工验收的案例

【背景】

某一水电站工程具备了完工验收条件,承包人提出了验收申请后,发包人组建验收组对工程进行完工验收。完工验收前,监理人要求进行验收前的试车。

【问题】

  1.验收前的试车包括哪几类?分别由谁组织?

  2.完工验收需满足的条件有哪些?

  3.签订质量保修书是在竣工验收前还是竣工验收后?

  4.完工验收的步骤主要有哪些?

【分析】

  1.验收前的试车包括以下两类:

  (1)单机无负荷试车,由承包人组织试车;

  (2)联动无负荷试车,由发包人组织试车。

  2.完工验收需满足的条件:

  (1)完成工程设计和合同约定的各项施工内容。

  (2)承包人对已完工程进行了检查,确认工程质量符合有关工程建设强制性标准,符合设计文件及合同要求,并提出工程完工报告。工程完工报告已经项目经理和承包人有关负责人审核签字。

  (3)监理人对工程进行了质量评价,具备完整的监理资料,并提出工程质量评估报告。工程质量评估报告经总监理工程师和监理人技术负责人审核签字。

  (4)勘察设计人对勘察设计文件及施工过程中由设计人签署的设计变更通知书进行了确认。

  (5)具备完整的技术档案和施工管理资料。

  (6)具备工程使用的建筑材料、建筑构配件和设备合格证及必要的进场复试报告。

  (7)具有承包人签署的工程质量保修书。

  (8)有公安消防、环保等部门出具的认可文件或许可使用文件。

  (9)行政主管部门及其委托的工程质量监督机构等有关部门责令整改的问题全部整改完毕。

  3.签订质量保修书是在竣工验收前。

  4.完工验收的步骤主要包括:

  (1)发包人、承包人、勘察人、设计人、监理人分别向验收组汇报工程合同履约情况和在工程建设的各个环节执行法律、法规和工程建设强制性标准的情况。

  (2)验收组审阅发包人、勘察人、设计人、承包人、监理人提供的工程档案资料。

  (3)查验工程实体质量。

  (4)验收组通过查验后,对工程施工、设备安装质量和各个管理环节等方面作出总体评价,形成验收意见(包括基本合格对不符合规定部分的整改意见)、参与工程竣工验收的发包人、承包人、勘察人、设计人、监理人等各方不能取得一致意见时,应报行政主管部门或质量监督机构进行协调,待意见一致后重新组织完工验收。

【案例1-9】 关于施工过程中承、发包双方及监理人合同履行的案例

【背景】

  发包人委托一水利工程施工甲级监理公司承担某水闸工程施工期和保修期的监理工

作,监理工作范围为质量、进度、安全文明施工监理。监理合同中明确授权监理人对承包人的进度有管理的权利,监理人有权要求承包人修改进度计划、签发暂停施工指令及批准工程延期。同时,发包人也与承包人按《水利水电工程标准施工招标文件》签订了施工合同。在水闸基坑支护施工中,监理人发现承包人采用了一项新工法,未按已经批准的专项施工方案组织施工。监理人认为采用该项新工法存在安全隐患,于是下达了工程暂停令,同时报告了发包人。

承包人认为该项新工法通过了有关部门的鉴定,不会出现安全问题,仍然继续施工。于是监理人报告了水行政主管部门,承包人在水行政主管部门的干预下才停止施工。

承包人复工后,就此事引起的损失向监理人提出索赔。发包人也认为监理人小题大做,使得工程延期,要求监理人对此事承担相应的责任。

本水闸工程施工完成后,承包人按完工验收有关规定,向发包人提交了完工验收报告,发包人未及时组织验收,到承包人提交完工验收报告后第45天发生台风,导致水闸启闭机室安装的门窗玻璃部分损坏。发包人要求承包人对损坏的门窗玻璃进行无偿修复,承包人予以拒绝。

【问题】

1. 在何种情况下,监理工程师有权要求承包人修改进度计划?

2. 监理工程师对修改的进度计划的确认是否有责任? 责任由哪一方承担?

3. 监理工程师指示的暂停施工的起因有哪几种情况?

4. 施工过程中承包人的哪些做法不妥? 为什么?

5. 施工过程中发包人的哪些做法不妥?

6. 承包人使用新的基坑支护施工方案,监理人还要做哪些工作?

7. 承包人不同意无偿修复是否正确? 为什么? 工程修复时监理人的主要工作内容有哪些?

【分析】

1. 在实际进度和计划进度不符时,监理人有权要求承包人修改进度计划。

2. 监理人对承包人修改的进度计划确认后,监理人不承担任何责任,所有的后果均由承包人自行承担。

3. 监理人发布停工指令的原因有下面几种情况:

(1)外部条件的变化,如后续法规政策的变化导致工程暂停、缓建;地方法规要求在某一时段内不准许施工等。

(2)发包人应该承担责任的原因:如其他承包人未能按时完成后续施工的现场或通道的移交工作;发包人订购的设备不能够准时到货;施工过程中遇到了有考古价值的文物或古迹,需要进行现场保护等。

(3)协调管理的原因:如同时在施工的几个独立的承包人之间出现交叉施工干扰,监理人需要进行必要的施工协调。

(4)承包人的原因:如发现施工质量不合格,施工作业方法可能危及毗邻地区建筑或人身安全等。

4. 在施工过程中承包人主要有以下不妥之处:

（1）未按照已经批准的专项施工方案组织施工。应执行已经批准的专项施工方案，假设采用了新的施工工法，也应该编制专项施工方案或修编完善原有的专项施工方案，报监理人审批。

（2）总监理工程师下达工程暂停令后，承包人继续施工。承包人应该执行总监理工程师下达的工程暂停令。

5. 在施工过程中发包人主要有以下不妥之处：

（1）要求监理人对工程延期承担相应的责任。

（2）不及时组织完工验收。

（3）要求承包人对门窗玻璃进行无偿修复。

6. 承包人使用新的基坑支护施工方案，监理人还应该做的工作主要有以下几个方面：

（1）督促承包人报送采用新工法的基坑支护专项施工方案。

（2）审查承包人重新报送的专项施工方案。

（3）如果施工方案可行，总监理工程师签认；如果施工方案不可行，要求承包人继续按原批准的施工方案执行。

7. 承包人不同意无偿修复是正确的。因为发包人收到完工验收报告后没有及时组织工程验收，应当承担工程保管责任。

工程修复时，监理人的主要内容是：进行监督检查，验收合格后予以签认；核实工程费用和签署工程款支付证书，并报发包人。

【案例 1-10】 关于危险性较大专项工程施工的监理管理案例

【背景】

某一水闸工程进入了钢闸门吊装阶段，由于吊装作业危险性较大，承包人项目部编制了起重吊装作业专项施工方案，并报送监理人由监理员签收。在吊装作业实施前，吊车司机使用风速仪检测到风力过大，拒绝进行吊装作业。承包人项目经理便安排另外一名吊车司机进行此次钢闸门吊装作业，监理员在现场巡视检查过程中发现后立即向专业监理工程师报告，该专业监理工程师回答说：这是承包人内部的事情。

监理员将承包人项目经理部编制的钢闸门起重吊装专项施工方案交给了总监理工程师后，发现现场吊装作业吊车发生故障。为了不影响工程进度，承包人项目经理调来另外一部吊车实施起重吊装作业，新调配进场的吊车比施工方案确定的吊车吨位稍小，但是经过安全检测认定合格可以使用。监理员立即将此事向总监理工程师报告，总监理工程师以钢闸门起重吊装专项施工方案未经审查批准就实施为由，签发了停止吊装作业的指令。承包人项目经理签收暂停令后，仍要求施工作业人员继续进行吊装。总监理工程师向发包人单位进行了报告，发包人单位负责人以工期紧迫为由，要求总监理工程师收回吊装作业暂停令。

该水闸工程通过完工验收后需要拆除原围堰工程，围堰拆除采用爆破法进行，由于爆破法拆除围堰有较大的危险性，承包人编制了专项施工方案，并组织召开了相关人员参加专家论证会。会后，承包人将该爆破法拆除围堰专项施工方案报送项目监理机构，要求总监理工程师审批。总监理工程师认为该专项施工方案已经通过专家论证，便签字同意实施。

发包人要求承包人在围堰拆除前 7 日内将爆破单位的资质等级证书及专项施工方案报送工程所在地水行政主管部门。

【问题】

1. 指出专业监理工程师处理监理员的报告有何不妥之处,请给出正确的做法。

2. 指出承包人项目经理在起重吊装作业过程中有何不妥当之处,请写出正确的做法。

3. 发包人单位负责人和总监理工程师在起重吊装作业过程中有何不妥当之处,请写出正确的做法。

4. 总监理工程师在审批围堰拆除专项施工方案中有何不妥之处,请写出正确的做法。

5. 发包人在处理围堰拆除环节有何不妥之处,请写出正确的做法。

【分析】

1. 专业监理工程师回答说"这是承包人内部的事情"不妥。正确的做法为:专业监理工程师应根据专项施工方案吊装条件与施工现场实际条件(如风速、风力等)进行对比分析,对不符合吊装条件要求的,应及时向总监理工程师汇报并建议向施工项目部发出暂停施工指令。

2. 承包人项目经理在起重吊装作业过程中不妥之处及正确做法为:

(1)专项施工方案未经监理审批流程。

(2)具体作业应按施工方案进行施工。如施工现场施工条件(风速、风力等)不满足施工要求,应暂停施工,且应按监理工程师指令要求不得强行施工。

(3)原吊装设备故障,新调换一台吊装设备进场使用,该设备安全检测认定合格可以使用是指设备本身功能及性能可以投入使用,但并不能证明符合本工程项目具体吊装要求。应根据新进设备起吊参数,经复核验算满足施工现场要求,并报监理人审查批准后方可投入使用。

3. 总监理工程师在起重吊装作业过程中不妥之处及正确做法为:

(1)专项施工方案未及时组织审查批准。项目监理部在接到施工项目部报送的专项施工方案后应及时组织专业监理工程师审查提出审查意见,总监理工程师及时签批。

(2)总监理工程师以方案未经审批为由签发暂停施工令不妥。监理人应当对专项方案实施情况进行现场监理;对不按专项方案实施的,应当责令整改,承包人拒不整改的,应当及时向发包人报告;总监理工程师应结合施工现场工期紧的特点,及时掌握施工现场条件变化,设备故障事件发生后可能的结果;并及时采取措施实施预控。具体如下:要求施工项目部根据新进设备技术参数,核算分析吊装作业的安全及可靠性是否满足要求,补充完善专项施工方案,报送项目监理部,总监理工程师适时组织审查并批准。

(3)根据相关规定,总监理工程师签发暂停施工令应事先征得发包人同意。

(4)发包人单位负责人不妥之处:发包人单位负责人以工期紧迫为由,要求总监理工程师收回吊装作业暂停令。

发包人在接到监理人报告后,应当立即责令承包人停工整改;承包人仍不停工整改的,发包人应当及时向住房和城乡建设主管部门报告。

4. 总监理工程师在审批围堰拆除专项施工方案中的不妥之处:总监理工程师认为该专项施工方案已经通过专家论证,便签字确认。

根据《危险性较大的分部分项工程安全管理办法》规定,拆除、爆破工程属于超过一定规模的危险性较大的分部分项工程范围,专项方案应由承包人组织召开专家论证会。

专家论证不代表监理的审查,监理人应按相关规定履行监理职责,根据专家论证建议和意见,提出整改审查意见,整改完善后进行审批。承包人应按审批后的方案组织施工。

5. 发包人在处理围堰拆除环节的不妥之处:要求承包人在围堰拆除前 7 日内将爆破单位的资质等级证书及专项施工方案报送工程所在地水行政主管部门。

爆破工程通常属于专业分包范畴,监理人应对专业分包资质及方案进行审查,专业分包单位报发包人同意后批准,并报地方建设行政主管部门备案。

【案例 1-11】 某一级水电站边坡开挖工程水泥灌浆工程量计量签证管理经验

1. 实行计量仪器率定和现场校验制度。

用于支付计量的灌浆仪器设备必须经过政府或政府授权部门的计量率定,并在使用前通过监理人的现场校验。在水泥灌浆过程中,监理人应安排监理人员加强对灌浆计量仪器设备及灌浆压力、浆液浓度(或比重)、有效灌入量等进行检查。

2. 实行水泥消耗申报和台账管理制度。

建立用于灌浆水泥的库存、进库、消耗量每日审签制度,进一步完善灌浆水泥消耗台账,以单元工程为基础,做好灌浆水泥使用量的统计和灌浆支付申报量的对比分析。

3. 实行灌浆作业记录每日申报制度。

承包人应于每日 17 时前向现场监理站报送灌浆日报,日报统计时段自上日 16 时至当日 16 时。灌浆日报将作为灌浆单元工程支付工程量签证的支持性资料。其申报内容应包括:分部位、分单元统计的灌浆参数,当日水泥进库、消耗、库存量,以及设备配置、灌浆设备完好情况等。监理站站长应于当日对申报资料进行逐项核实并签认。

4. 落实灌浆工程量签证授权制度。

灌浆单元工程支付工程量签证中,监理人质量认证应由副站长及以上职级人员审签,支付工程量计量认证应由分管副处长(或副总工)会同监理站长(或主持工作的副站长)进行。对于灌浆单耗较大的单元(如大于 400 kg/m)应采取背书或加注方式填写计量说明,内容包括产生灌浆量大的主要原因及已采取的措施。

5. 实行灌浆工程量定期清理制度。

水泥灌浆施工期,各项目监理处应每月对锚索灌浆、固结灌浆、观测孔灌浆等所有水泥灌浆工程量进行清理,并按综合技术处统一规定的格式和填报要求,于每月 26 日前将清理结果提交综合技术处审查。

【案例 1-12】 某一级水电站地下洞室地质超挖与安全支护支付计量签证管理

1. 关于洞室地质超挖支付计量签证。

(1)支付计量签证审查依据:工程承建合同及其技术条款。

(2)计量签证审查目的与原则:

①公正地维护发包人和承包人的合同权益,以利促使合同的切实履行。

②在促使开挖质量不断提高的基础上,推进工程施工有序进展。

(3)判断地质超挖的三个基本条件:

①Ⅲ₂类、Ⅳ类以及Ⅴ类围岩或通过断层破碎带的洞段。

②未见明显的施工扰动或施工不当痕迹。

③由于岩体节理或者不利结构面组合切割形成明显不规则塌落面。

（4）地质超挖签认的六项基本方法：

①承包人按发包人或监理人发布或认可的格式文件，在地质原因超挖发生的一周内及时申报。如超过一周，原则上不再受理，避免因施工方不及时支护，导致局部坍塌扩大而恶化围岩稳定条件，甚至引发工程安全、施工安全事故的发生。

②申报的测量断面和测量数据应通过联测确定或监理测量队签认。

③承包人应将超挖部位及范围报设计、监理地质工程师签认，以利对围岩地质条件和超挖原因进行正确的判定。

④监理地质工程师签认前应会商项目监理处现场确认，以利对导致超挖的原因与责任做好评价。

⑤根据合同文件规定，按施工图纸确定的或监理人（监理部或项目监理处）确认的开挖线，以实际发生并经签认的地质超挖线计量。

⑥按确认的地质超挖范围（桩号与高程）及监理测量队确认的断面测量数据，由监理测量队进行专门计量签证，避免大范围计量中发生重复计量或计量失误。

2. 关于安全支护支付计量签证。

（1）目前，合同文本中对支付计量的分类方法有：

①支护通常为锚杆、锚索、素喷混凝土或挂网喷射混凝土、钢支撑等一种或数种的组合。

②目前，合同文本中对支护支付计量采用的是边坡和洞室围岩永久支护、施工期临时支护的分类方法。

③为有利于结合工程安全与施工安全对支护的要求，做好安全支护支付计量管理，参照《锚杆喷射混凝土支护技术规范》（GB 50086—2001）、《水电水利工程锚喷支护施工规范》（DL/T 5181—2003）的表述方式，将安全支护进一步区分为系统支护、随机支护、临时支护三种。

（2）安全支护中锚杆的区分如下所述。

①系统锚杆：由施工图纸明确，为确保工程安全（地下洞室围岩、明挖边坡、地基的稳定）兼顾施工安全或结构需要而布置的锚杆。地下洞室系统锚杆布置规则，一般垂直于设计开挖面，主要作用是形成洞室围岩承载拱，以使围岩整体稳定。

②随机锚杆：在经监理人批准或指示的，为了施工安全需要而布置的锚杆。锚杆轴线一般与主要结构面垂直或成大角度相交，或布置于不稳定岩体的受拉方向，通常用于加固局部不稳定岩体，主要作用是对不稳定岩体进行悬吊或抗位移加固。

③临时锚杆：施工过程中，由于施工方法、施工工艺或开挖进展需要，为使初期开挖的边坡或洞室围岩稳定，由承包人布置在非施工图纸或监理人指示的最终开挖轮廓面上的锚杆。临时锚杆在后续开挖中通常将被挖掉。

（3）安全支护的支付计量。

①系统支护和随机支护的计量范围按施工图纸的规定或按监理机构指定的范围，按不同支护方式及合同支付条件，在监理机构质量检验合格的基础上进行。

②除合同另有规定外，临时支护原则上不予计量支付。

【案例 1-13】 合同价款支付案例

【背景】

某水利水电工程施工合同于 2012 年 2 月 1 日签订,合同总价 6 000 万元,合同工期 6 个月,双方约定 3 月 1 日正式开工。施工合同主要条款规定如下:

(1)合同签订前,发包人提出:合同签订后,承包人向发包人递交合同总价的 15% 的履约保证金。

(2)材料预付款为合同总价的 30%,工程预付款应从未施工工程尚需主要材料及构配件价值相当于工程预付款数额时起扣,按照剩余工期平均扣回(主要材料及设备费比重为 60%)。

(3)工程量计量周期为月,下月 10 日起,结算上月工程款,支付周期同计量周期。

(4)质量保证金,从每月承包方结算工程款中按 5% 比例扣回。质量保证金按照水利水电工程施工合同文件通用合同条款执行。

(5)每月已实施工程价款(不含扣款)少于 900 万元时,当月不支付,转至累计数超出时再予支付。

(6)每月计量的合格工程量价款如表 1-4 所示。

表 1-4 月计量的合格工程量价款

月份	3	4	5	6	7	8
已实施工程价款(万元)	780	800	1 600	1 200	860	580
特定事件(万元)		增加变更 50	索赔 30			

【问题】

1. 履约保证金存在什么问题? 如果承包人企业资金压力过大,可以提出哪种方式递交履约担保? 履约担保何时退还承包人?

2. 计算每月应付、应扣的工程款,并列表。

3. 本项目质量保证金如何支付?

【分析】

1. 根据《中华人民共和国招标投标法实施条例》第五十八条规定,招标文件要求中标人提交履约保证金的,中标人应当按照招标文件的要求提交。履约保证金不得超过中标合同金额的 10%,承包人可以据此提出谈判意愿。同时,为了缓解承包人的现金压力,可以建议以履约保函方式递交履约担保。根据《水利水电工程标准施工招标文件》之 4.2 履约担保,承包人应保证其履约担保在发包人颁发工程接收证书前一直有效。发包人应在工程接收证书颁发后 28 天内把履约担保退还给承包人。

2. 每月应该付应扣款项计算如下。

① 合同签订后发包人支付给承包方的预付款(2 月):

材料预付款 = 合同总价 × 比例 = 6 000 × 30% = 1 800(万元)

起扣点 = 合同总价 - (预付款数额 ÷ 主材比重) = 6 000 - (1 800 ÷ 0.6) = 3 000(万元)

② 3 月进度款(4 月 10 日支付):

因已实施工程价款780万元,少于起付点900万元,因此3月不支付进度款,780万元转入下月。

③4月进度款(5月10日支付):

结算工程价 = 已实施工程款 + 增加变更 = 780 + 800 + 50 = 1 630(万元)

结算工程价少于预付款起扣点3 000万元,本月不扣回预付款。

扣留质量保证金 = 结算工程价 × 5% = 1 630 × 5% = 81.5(万元)

4月进度款 = 结算工程价 - 扣留质量保证金 = 1 630 - 81.5 = 1 548.5(万元)

④5月进度款(6月10日支付):计算过程同上月进度款,为1 548.5(万元)。

累计至5月,结算工程价累计 = 780 + 800 + 50 + 1 600 + 30 = 3 260(万元),大于预付款起扣点3 000万元。即后续6月、7月、8月平均扣回预付款600万元。

6月、7月、8月计算过程略,每月应付。应扣款项如表1-5所示。

表1-5 工程进度款计算分配表

月份	2	3	4	5	6	7	8	合计
已实施工程价款(万元)	0	780	800	1 600	1 200	860	580	
特定事件(万元)			增加变更50	增加索赔30				
结算工程款(万元)	0	0	1 630	1 630	1 200	0	1 440	5 900
预付款(万元)(+表示付, −表示扣)	+1 800	0	0	0	−600	0	−1 200	
质量保证金的5%			−81.5	−81.5	−60		−72	−295
支付进度款	1 800	不支付	1 548.5	1 548.5	540	不支付	168	5 605

3. 按照水利水电工程施工合同文件通用合同条款,质量保证金的支付规定如下:合同工程完工证书颁发后,发包人将质量保证金的一半支付给承包人。缺陷责任期满时,承包人完成保修责任的,发包人付清剩余质量保证金。缺陷责任期满时,承包人没有完成缺陷责任的,发包人有权扣留相应的质量保证金余额,并有权根据合同约定延长缺陷责任期,直至完成剩余工作。

【案例1-14】 变更程序及工程量增加超过一定比例的案例

【背景】

某引水渠工程长5 km,渠道断面为梯形开敞式,用浆砌石衬砌。采用单价合同发包给承包人A。合同条件采用《水利水电土建工程施工合同条件》(GF—2000—0208)。合同开工日期为3月1日。合同工程量清单中土方开挖工程量为10万 m³,单价为15.5元/m³。

在合同实施过程中发生下列事项:

情况一:衬砌方案预变更的后果。发包人采用专家建议并通过专题会议论证,拟采用现浇混凝土板衬砌方案。承包人通过其他渠道得到信息后,在未得到监理人指示的情况下,对现浇混凝土板衬砌方案进行了一定的准备工作,并对原有工作(如石料采购、运输、工人招聘等)进行了一定的调整。但是,由于其他原因现浇混凝土板衬砌方案最终未予正式采用实施。

情况二:在合同实施中,承包人实际完成并经监理人签认的土方开挖工程量为 13 万 m^3,经合同双方协商,对超过合同规定百分比的工程量按照调整单价 17 元/m^3 结算。

【问题】

1. 情况一,承包人在分析了由此造成的费用损失和工期延误的基础上,向监理人提交了索赔报告。变更是否成立?

2. 情况二,变更发生,根据合同条件分析合同变更是否成立?

【分析】

1. 合同条件"15.3.3 款变更指示,第(1)变更指示只能由监理人发出",而上述事件承包人在未得到监理人指示情况下擅自变更,变更不能成立。

2. 合同约定"工程量清单中土方开挖项目的工程量增减变化超过 20% 时,属于变更",本工程工程量清单量 10 万 m^3,经监理人签认的土方开挖工程量为 13 万 m^3,超过 20%,属于变更;合同约定调整超过部分的量及价格。经合同双方协商,对超过合同规定百分比的工程量按照调整单价 17 元/m^3 结算,据此,该部分结算价格为:

$$15.5 \text{ 元}/m^3 \times (10+2) \text{ 万 } m^3 + 17 \text{ 元}/m^3 \times 1 \text{ 万 } m^3 = 203(\text{万元})$$

【案例 1-15】 主要料场场地变更的案例

【背景】

沿海地区某圈围工程招标文件(地质勘察报告建议)及投标文件中取砂区为 A 区(即中浚采砂区)。但工程实践证明 A 区可采量少,远不能满足工程施工用砂需要。

根据当地水务准予许可(行政审批)决定,为保证本工程施工顺利进行,协调新增加 B 砂源采砂区,本工程采砂区域为 A 采砂区和 B 采砂区。

情况:实际施工中经监理人见证核实,A 区采砂量为 393 万 m^3,其余采自 B 区。

【问题】

承包人就砂源变更一事提出关于采砂运距变更费用调整要求。变更是否成立? 如何确认?

【分析】

变更是客观需要:有当地水务部门的行政批准。事实存在,实际施工中经监理人见证核实,A 区采砂量为 393 万 m^3,其余采自 B 区。施工合同条件约定:取砂运距"挖运 10 km 土方","运 10 km 是指从砂源地中心点至本工程吹填区域边线最近点的直线距离为 10 km",在"每增(减)运 1 km 土方"项的备注有"增加报价"项。经监理确认 B 区运距达 34 km。根据《水利工程设计变更管理暂行办法》(水规计〔2012〕93 号)"第八条以下设计内容发生变化而引起的工程设计变更为重大设计变更:(四)施工组织设计 1. 主要料场场地的变化;"规定,该新增加 B 砂源采砂区为重大设计变更。按重大设计变更程序调整。

【案例 1-16】 料场场地合同合理约定的案例

【背景】

某合同规定"甲方应向乙方提供料场的位置"。在实施中,乙方发现甲方所提供的料场,其数量、质量均不能满足工程需要,不得不另辟料场,增加了费用。乙方向甲方提出赔偿要求,而甲方认为已按合同履行,因为合同仅指提供料场位置,并未涉及数量、质量问题,故并未违约,不应承担责任。

【问题】

监理工程师应如何确定费用承担?

【分析】

应由甲方承担责任。其理由是:如果按甲的解释,只需提供料场位置而不对骨料的数量、质量负责,必将导致一种荒谬的结果,即甲方只要随意指定某一地点均可认为已履行了合同,这条规定将毫无意义。因此,按公平合理解释的原则,甲方的解释是不可取的。

【案例 1-17】 工程特性发生变更的案例

【背景】

某承包人项目部在承担某一小型电站隧洞工程的开挖与衬砌工程,开挖工程进展到 200 多 m 时,岩石由较软、较松散的砂岩、页岩进入到抗压强度达 25 MPa 的石灰岩。岩石级别也由 V 级变为 Ⅶ 级,而且经论证,经 150 m 后,地层才又由 Ⅶ 级石灰岩进入 V 级石灰岩。这给岩石开挖带来了较大的难度,施工速度一下降低下来。工效的降低,使该承包人意识到变更事件可能产生。

【问题】

该情况合同变更是否成立? 如何判断认定、处理?

【分析】

在隐蔽工程的开挖中,岩石的级别是影响承包人工作效率的重要指标之一。如果实际开挖的岩石级别与合同文件中的技术条款规定的岩石级别出现差别时,显然以实际开挖的岩石级别为计价基准。此次案例就是因岩石级别变化发生变更进而导致的索赔。

在发现岩石级别发生变化后,马上研究有关合同中的技术条款,最终发现在发包人与承包人签订的合同中有这么一句话:“工程范围为在某桩号的 V 级岩石”。因为工程范围规定了 V 级岩石的范围,超过的范围都属于岩石级别的提高,属于变更。

对岩性变化确定采取如下措施:

第一步,建议请较有影响力的地质专家到现场来,实地鉴别岩石的级别,并留下鉴定书(承包人接受建设主动邀请);

第二步,由施工项目部分别从 V 级岩石与 Ⅶ 级岩石里取一组样品,送化验室(第三方)进行岩石的各种指标试验,试验结果互相进行对比,又参照国家岩石划分标准,很明显,V 级岩石与 Ⅶ 级岩石的各种指标完全不一样,证实 Ⅶ 级岩石的硬度指标给开挖带来的施工难度是有量化依据的。这两项工作提供的证据,有力地证明了岩石(强度)级别问题。

第三步,分析该项目部人工、材料、施工设备(凿岩机磨损),把现时开挖 Ⅶ 级岩石的记录与开挖 V 级岩石的记录分列为两张表,两表一对照,平均劳动生产率,每 1 m³ 所花时间、人工、材料及设备的磨损费用一目了然。证明了由于碰到 Ⅶ 岩石直接导致工料机损耗费用加大,佐证岩性发生变化的客观事实,进而对日后的分析判断起到了强有力的技术支撑作用。

【案例1-18】　某电站机电安装项目赶工费用的索赔案例

【背景】

　　某承包人承担某电站3台180 MW水轮式发电机安装工程。按承包合同中规定，1996年9月15日由发包人提供1号机水轮机埋件安装工作面，1996年10月15日开始水轮机蜗壳安装，1997年1月1日由机电安装单位向土建承包人移交混凝土浇筑工作面，1997年底首台机组发电。但由于该工程前期投资不到位，土建工程工期比原合同拖后2个多月，且又处在冬季，当时发包人为了保证1997年底投产的目标，要求承包人进行冬季施工。针对这种情况，承包人进行认真分析，提出了该单元项目抢工期方案。该方案中提出了增加工作面，采用工序间合理搭接的流水作业方式。根据该方案，需要增加相应的机械设备和采取相应的冬季保温措施（当时月份最低达-18 ℃），该方案各项费用累计180万元。

【问题】

　　承包人能否就加速施工向发包人索赔赶工费？

【分析】

　　针对加速施工赶工费补偿问题，项目部当时认真分析合同条款，并根据发包人工期要求，提出了索赔的要求。赶工索赔的理由主要有以下几点：①根据合同规定及技术规定要求，当室外温度低于-10 ℃，金属结构焊接工作应当停工。当时厂房未封顶，冬季施工缺乏条件。②合同报价中没有列出冬季施工的相应费用。③按合同规定，相应的工作面拖延，承包人的有关工作面也应相应顺延。藉此承包人同发包人及监理人进行几次协商讨论，基本达成了共识。

　　该项目属于加速施工引起的索赔。而加速施工的原因是发包人前期投资不到位影响了工期，造成合同工期不能实现，承包人理应要求顺延工期，但发包人要求通过赶工保证合同工期，这实际上是发包人要求提前工期。根据建设工程合同示范文本规定，在双方协商采取赶工措施后，双方按成本加奖金的办法签订提前完工协议，抢回了工期，合同双方均受益。

【案例1-19】　某电站隧洞项目超挖超填引起的索赔案例

【背景】

　　原设计图纸标注的引水隧洞地质情况较好，绝大部分属弱风化岩，应该比较容易施工，整个隧洞只有三条大的断层，且垂直洞轴线。但在实际施工时，承包人项目部发现作业队施工进度较慢，岩石裂隙比较发育，与原合同描述地质条件不符，大部分时间被耽误在岩石排险过程中。

【问题】

　　承包人在洞室工程的开挖浇筑中，超挖超填的问题，如果不属于承包人的原因造成的此类问题，承包人能否获得发包人的补偿？

【分析】

　　1. 经过了解情况得知造成进度延缓的主要原因既不是施工手段的问题，也不是施工方案的问题，关键是岩石裂隙比较发育，从而造成岩石比较破碎。

　　2. 做好证据资料的准备。

承包人项目部及时找到发包人及现场监理工程师,请发包人、监理人代表共同到现场察看岩性情况,共同研究、讨论处理办法,并做好记录。随着工程的进展,项目部又发现了两条新的大断层岩石,非常破碎,处理难度很大,同前次一样也做好了有关记录,为日后的超挖超填的索赔打下了良好的基础。

项目部对分段开挖的实际地质资料(裂隙及断层的位置以及影响的长度等)做了较为详细的记录,并请发包人进行了现场察看。根据合同规定,工程量计量按设计图纸计量并记取合理的超挖(20 cm 以内),但由于地质情况发生重大变化,工程量计量由监理人现场签证认可。根据这一条款,项目部着手准备编制索赔报告。

3.索赔报告的编写及申请。

成立专门工作小组,对索赔的合同依据、相关证据资料、索赔的数量及金额等作了详细的研究,并对可能的情况进行预测,同时对公关事宜作了分工安排。编制完整报告并按索赔程序适时提出索赔。

4.索赔问题的处理。

本案例索赔依据充分,合同条款严格规定了超挖的范围,并按示范合同文本规定的计量方法计量,地质条件的变化不属于承包人的风险,且事实成立,证明材料齐全,所以从合同条款、索赔证据及发包人对索赔事件的认识都比较全面,这样承包人超挖超填的补偿问题就有了合同依据和有说服力的证据,监理人对承包人超挖的工程计量作了签证确认。承包人的此次索赔获得成功。

思考题

1.施工合同应包括哪些主要内容和条款?

2.在施工合同履行中,监理人应如何履行监理职责?

3.监理人应如何正确处理工程变更?

4.由于发包人原因造成工期延误,监理人应如何处理?

5.由于承包人原因延误工程进度,监理人应如何进行纠正和处理?

6.施工合同文件主要包括哪些?优先顺序如何排列?

7.什么是合同价?什么是合同价格?

8.合同总金额是不是承包人应当得到的最终价款?

9.通用合同条款与专用合同条款的主要作用分别是什么?两者能否分开使用?

10.监理人合同管理的主要职责是什么?

第二章　施工质量控制

第一节　主要质量标准概述

一、水利水电工程施工质量检验与评定规程

根据水利部《关于批准发布水利行业标准的公告》（2007 年第 5 号），新修订的《水利水电工程施工质量检验与评定规程》（SL 176—2007）（以下简称《2007 评定规程》）自 2007 年 10 月 14 日起施行。该规程根据水利部 2004 年技术标准修订计划，按照《水利技术标准编写规定》（SL 1—2002）的要求，在 1996 年颁布的《水利水电工程施工质量评定规程（试行）》（SL 176—1996）（以下简称《1996 评定规程》）的基础上历时三年修编完成，是水利水电工程建设质量管理工作中一部非常重要的基础性技术管理标准。

（一）《水利水电工程施工质量检验与评定规程》修订的主要背景

国家及行业在 1996 年以后相继颁布了一系列工程建设管理方面重要的法律、法规、规章，如：

（1）《建设工程质量管理条例》（2000 年 1 月 30 日，国务院令第 279 号）；

（2）《建设工程安全生产管理条例》（2003 年 11 月 24 日，国务院令第 393 号）；

（3）《水利工程质量监督管理规定》（1997 年 8 月 25 日，水建管〔1997〕339 号）；

（4）《水利工程质量管理规定》（1997 年 12 月 21 日，水利部令第 7 号）；

（5）《水利工程建设程序管理暂行规定》（1998 年 1 月 7 日，水建管〔1998〕16 号）；

（6）《水利工程质量事故处理暂行规定》（1999 年 3 月 4 日，水利部令第 9 号）；

（7）《水利工程建设监理规定》（1996 年 8 月 23 日，水建管〔1996〕637 号）（现已被《水利工程建设监理规定》（2006 年 12 月 18 日，水利部令第 28 号）替代）；

（8）《水利工程质量检测管理规定》（2000 年 1 月 4 日，水建管〔2000〕2 号）（现已被《水利工程质量检测管理规定》（2008 年 11 月 3 日，水利部令第 36 号）替代）；

（9）《印发关于贯彻落实加强公益性水利工程建设管理若干意见的实施意见的通知》（2001 年 3 月 9 日，水建管〔2001〕74 号）；

（10）《水利水电工程施工质量评定表填表说明与示例》（试行）（2002 年 12 月 11 日，水利部办建管〔2002〕182 号）；

（11）《水利工程建设项目施工分包管理暂行规定》（2005 年 7 月 22 日，水建管〔2005〕304 号）；

（12）《水利工程建设项目验收管理规定》（2006 年 12 月 18 日，水利部令第 30 号）等。

上述法律、法规、规章及管理制度涉及一些要求，例如见证取样、质量缺陷备案、第三

方质量检测等,均需要在质量检测和评定规程中予以进一步的体现和贯彻落实。

国家及行业在1996年以后相继颁发、修订了一系列工程建设管理方面重要的技术标准、规范,如:

(1)《水利水电建设工程验收规程》(SL 223—1999)(现已被《水利水电建设工程验收规程》(SL 223—2008)替代);

(2)《水利水电工程等级划分及洪水标准》(SL 252—2000);

(3)《水利工程建设项目施工监理规范》(SL 288—2003);

(4)《建筑工程施工质量验收统一标准》(GB 50300—2001);

(5)《锚杆喷射混凝土支护技术规范》(GB 50086—2001);

(6)《公路工程质量检验评定标准 土建工程》(JTGF 80/1—2004)等。

上述的技术标准、规范涉及抽样检测、项目划分、竣工抽检、主要建筑物确定、混凝土强度检验评定标准等知识、概念和要求,也需要在新的质量检验与评定规程中予以完善、体现和进一步落实。

水利行业在20世纪90年代中期以后,引(调)水工程、除险加固工程日趋增多,需要在新的质量检验和评定规程中补充和完善相应的内容。另外,随着社会的发展、认识的进步,也需要更新理念,如应将政府验收中的质量等级进行细化。

(二)《2007 评定规程》实施的重要意义

(1)《2007 评定规程》与《水利工程质量管理规定》(水利部令第7号)、《水利工程质量检测管理规定》(水利部令第36号)、《水利水电基本建设工程单元工程质量等级评定标准(试行)》(包括 SDJ 249.1~6—88、SL 38—92、SL 239—1999,以下简称《原标准》,现已废止,新标准为 SL 631~637—2012、SL 638~639—2013)等共同构成了水利水电工程质量管理中行政管理与技术管理制度的整体框架。

(2)《2007 评定规程》内容更完善、层次更清晰、科学性更高、操作性更强,将进一步推动和促进工程质量管理工作的规范化、制度化和程序化,使水利水电行业的质量管理工作更上一个新的台阶。

(三)《2007 评定规程》的主要特点

(1)强化了项目法人在质量检验和评定工作中的责任。在分部工程和单位工程质量等级评定工作中,增加了"项目法人认可"环节,将项目法人责任制进一步落到实处。

(2)突出了质量监督机构在质量管理工作中的政府监督作用。质量监督机构不再是工程的参建单位,而是以监督者的角色出现,不参加质量检验和评定的具体工作。

(3)进一步强化、明确了监理在质量管理工作中的作用和地位。一是明确了单元、分部、单位工程质量检验和评定工作中监理人的工作内容;二是在对不合格单元工程的鉴定工作中,监理人应是鉴定单位之一。

(4)更加突出了质量评定工作中应以单元工程质量为基础。主要体现在关键部位、重要隐蔽工程等均归总到"单元工程",而《1996 评定规程》则未强调。

(5)明确了合格标准是工程验收标准,而优良标准是为企业创优所设置,同时提高了优良标准的门槛。此观点的更新出现推动了我国质量控制与国际的接轨,是本规程的最大亮点之一。

（6）科学地强调了施工期试验和观测资料在工程质量检验与评定工作中的重要性，此点弥补和完善了《1996 评定规程》中一个较大的不足。施工期试验和观测资料是检验设计、施工的重要和直观的指标，在《1996 评定规程》执行过程中，很多工程的质量评定实际上都已考虑了此点。

（7）项目划分、调整的具体程序和制度更加完善，对划分只给出了一般原则，基本不再定量；另外，对涉及其他行业（不管移交与否）的永久性设施（道路、通讯、房屋等）明确了划分原则及应遵循的技术标准，更具操作性。

（8）进一步强化了合同意识，合同成为质量检验和评定的重要依据之一。

（9）完善了不同类别混凝土强度检验评定标准（常规、碾压、锚杆混凝土等），综合考虑了国家和行业的具体规定，明确了水利工程砂浆、砌筑用混凝土强度检验评定标准。

（10）补充了水利行业日趋增多的其他工程类别，如引（调）水、除险加固工程。

（四）《2007 评定规程》实施中应注意的问题和对策

（1）对涉及其他行业的永久性设施（房屋、道路等），《2007 评定规程》明确规定了应遵循其他行业的规定，但如何在评定中予以接合和统一，是一个值得关注的问题。

一是水利水电、房屋建筑、公路、铁路、市政等工程的项目划分原则和方法均存在相当差异，水利水电工程分单位、分部、单元工程三级；房建、市政、公路、铁路工程分单位、分部（子分部：房建）、分项工程三级。

二是上述不同工程的质量评定的方法也不一致，如公路工程采用的是评分法，因此水利水电工程中若包含有其他行业工程，质量检验与评定工作的对接需认真对待。

（2）现行《水利水电建设工程验收规程》（SL 223—2008）明确规定了竣工检测的概念，但《2007 评定规程》仅对堤防工程作了规定及具体操作指南，因此其他水利工程竣工检测工作的规定及操作指南也是本规程未解决的问题之一。

规程中对其他水利水电工程的抽检项目和数量规定了"根据需要……"，具体实施时建议抽检项目应基本涵盖，抽检数量宜根据工程规模、工程特点、施工过程检验总量或参照堤防工程等具体确定。

（3）对金属结构及机电设备，《2007 评定规程》强调了进场验收。但工程建设过程中更重要的是出厂验收。出厂验收程序在老规程实施中已渐趋完善，今后仍需继续重视。

（4）对有水下阶段验收的工程项目，在验收前需提前对工程外观质量数据进行检测，《2007 评定规程》对此点未予以强调，在具体工作中需注意。

（5）对金属结构与机电设备，《2007 评定规程》仍沿用《原标准》，将其安装划分为分部工程。但现行《水利工程建设监理规定》（水利部令第 28 号）已明确"机电及金属结构设备制造"为监理专业之一，设备监造已逐渐成为大中型水利工程的普遍做法，制造质量检验与评定理应成为单独的分部工程，某些工程已实施。若技术可行、措施能跟上，将金属结构与机电设备制造另划分为分部工程亦是合适的。

（6）对质量缺陷备案表，2008 年颁布的《水利水电工程注册建造师签章文件》已将此表纳入，但将施工单位签字的原"技术负责人"换成了"项目经理（建造师）"，此点宜遵从注册建造师签章文件的规定。

（7）对 5.1.2 条文"处理后部分质量指标达不到设计要求"指单元工程中不影响工程

结构安全和使用功能的一般项目质量未达到设计要求,此处的"一般项目"与《原标准》中的"检测项目、检查项目、主要项目、一般项目、保证项目、基本项目、允许偏差项目"等不是同一概念,而应侧重于"结构安全和使用功能"。

(8)关于工序检验与抽检。

①在质量评定表中,相关项目检测的过程资料若能在表中反映则直接填入表中,若表中不能直接反映,需另附,该支持性资料的格式应与《水利工程施工质量评定表》相匹配,但目前尚无,只有各单位自行处理。

②"监理人根据抽检资料核定单元(工序)工程质量等级……",此"抽检资料"对原材料和半成品的检验已有相关的规定,但对工序质量抽检的频次、抽检资料及支持性资料的格式,《2007评定规程》亦未解决,只有各单位摸索、研究处理。

③监理人的工序抽检资料(小样本)与施工单位的工序检验资料(大样本)的关系问题,《2007评定规程》仍未解决,只有留待以后处理。

二、水利水电建设工程验收规程

根据水利部《关于批准发布水利行业标准的公告》(2008年第2号),新修订的《水利水电建设工程验收规程》(SL 223—2008)(以下简称《2008验收规程》)自2008年6月3日起施行。该规程依据2007年4月1日起实施的《水利工程建设项目验收管理规定》(水利部令第30号)等有关规定,在1999年颁布的《水利水电建设工程验收规程》(SL 223—1999)(以下简称《1999验收规程》)的基础上进行修改,是水利水电工程建设管理中一部非常重要的技术标准。

(一)《2008验收规程》修订的主要背景和实施的重要意义

根据国家和行业有关规定,水利水电工程建设程序分为项目建议书、可行性研究报告、初步设计、施工准备、建设实施、生产准备、竣工验收、后评价等八个阶段。竣工验收是工程建设项目管理中不可或缺的一个重要环节,而验收规程长期以来一直是保证工程验收工作质量的主要技术标准。1999年以来一直执行的是行业技术标准《1999验收规程》。在这期间,国家相继颁发了一系列工程建设管理方面的法律法规,如《中华人民共和国招标投标法》、《建设工程质量管理条例》、《建设工程安全生产管理条例》、《建设工程勘察设计管理条例》等。国家在工程建设管理中推行若干重要管理制度,如项目法人责任制、招标投标制以及建设监理制等。上述法律法规以及管理制度需要在验收规程中得到进一步的贯彻落实。《2008验收规程》与《水利工程建设项目验收管理规定》共同构成了水利水电工程建设验收工作中行政管理与技术管理整体框架。第一次形成了验收工作既有行政规章方面的依据,也有具体的技术标准。

(二)《2008验收规程》的主要特点

与《1999验收规程》对比,《2008验收规程》有以下主要特点:

(1)验收类别:改变了《1999验收规程》以工程验收时是否投入使用作为划分工程验收类别的方法,明确以验收时主持单位的具体职责作为划分工程验收类别的依据,将工程验收分为政府验收和法人验收。

(2)验收依据:在保持与《1999验收规程》一致的基础上,指出应当以施工合同为依据,强化工程参建单位特别是项目法人的合同意识。

(3)明确职责:在验收工作中进一步落实工程建设项目法人责任制以及参建单位的责任,强调了工程建设过程中项目法人组织的各种验收是政府验收工作的重要基础,项目法人以及其他参建单位应当提交真实、完整的验收资料,并对提交的资料负责。项目法人应当对参建单位提供的验收资料的完整性和规范性进行检查。

(4)验收专家:明确了无论是政府验收还是法人验收,验收委员会(工作组)成员都应当有相关方面的专家参加,发挥专业人士的技术作用。

(5)验收监督:第一次具体明确了行政监督机关对项目法人组织的验收进行监督管理的主要内容及措施。

(6)验收计划:在《1999验收规程》中验收工作计划的基础上,明确了如何编制验收计划以及具体要求。

(7)验收技术问题处理:对验收工作中发生的技术问题分歧,提出了具体的处理原则,有利于提高验收工作的效率。

(8)验收环节:针对水利水电工程建设项目的复杂性以及招标投标、合同管理和建设监理等需要,除规程已经给出的验收工作种类外,明确项目法人可以根据工程建设的需要增设法人验收的环节。规程同时也注意与行业招标投标以及施工合同示范文本衔接。

(9)验收参加单位:工程运行管理单位不再列为工程参建单位,同时也不再是工程的验收对象,有利于理顺工程建设管理体系,进一步发挥工程运行管理单位对工程的监督作用,使得工程的使用者在工程验收上有更大的发言权。

(10)验收非水利行业原则:对非水利行业管理的工程,竣工验收工作宜同时参照相关行业主管部门的有关规定进行。一般情况下,以有利于工程顺利移交为原则。

(11)验收成果性文件:对于分部工程验收,明确了验收程序,将验收成果性文件"分部工程验收签证"改为"分部工程验收鉴定书",与其他验收成果性文件名称统一。

(12)单位工程验收程序:对于单位工程验收,指出单位工程投入使用验收主要由项目法人主持,明确了单位工程的验收程序。

(13)合同工程完工验收:新增"合同工程完工验收"章节,既注意与合同管理以及现行行业施工合同示范文本基本一致,同时又注意与正在修编的《水利水电工程施工合同和招标文件示范文本》相衔接。

(14)阶段验收:对于阶段验收,将《1999验收规程》"截流前验收"改为"枢纽工程导(截)流验收";"蓄引水验收"调整为"水库下闸蓄水验收"和"引(调)排水工程通水验收";"机组启动验收"改为"水电站(泵站)机组启动验收",并对于启动验收的组织形式进行了重大调整。增加"部分工程投入使用验收",解决水利水电工程项目由于工期拖延或部分工程建设内容无法实施,影响工程项目中已经建成的部分工程及时验收发挥效益等问题。

(15)专项验收:新增"专项验收"章节,明确专项验收的重要性以及其与竣工验收的关系,指出相关专项验收管理规定在验收中的实施步骤。

(16)初步验收取消:取消《1999验收规程》中验收责任不够明确的"初步验收";新增"竣工验收自查"章节,进一步落实和强化工程参建单位的建设责任;新增"工程质量抽样检测"章节,规范工程竣工验收时质量抽检行为;新增"竣工技术预验收"章节,进一步明确竣工验收主持单位组织的竣工预验收专家组在工程竣工验收环节的关键作用和重要责任;对于政府以及行政主管部门最终组织的竣工验收则简化了工作程序。

（17）验收时间:调整了竣工验收的时间要求,将《1999 验收规程》中关于竣工验收应在全部工程完建后 3 个月内进行的规定,改为竣工验收应当在工程建设项目全部完成并满足一定运行条件后 1 年内进行,同时明确了不同工程项目相应的"一定运行条件"的具体内容,为进一步保证竣工验收工作的质量,减少竣工验收时验收遗留问题太多创造了条件。

（18）工程移交及遗留问题处理:新增"工程移交及遗留问题处理"章节,规范施工单位与项目法人之间的工程交接,项目法人与工程运行管理单位之间的工程移交行为。明确了验收遗留问题处理的责任单位以及处理程序。规范了施工单位与项目法人之间有关工程质量保修责任终止程序。提出了竣工验收主持单位颁发"工程竣工验收证书"这样一种新的管理方式,闭合管理环节,规范了政府对水利水电工程建设项目的管理,对于工程建设项目参建单位的建设责任履行情况以及建设业绩有了明确的评定方式。

（19）验收可操作性:在《1999 验收规程》原有 7 个附录基础上,修改并增加到 23 个附录,进一步增强了规程的可操作性,满足不同层面管理者的需要。

（三）《2008 验收规程》实施中应注意的主要事项

《2008 验收规程》与《水利工程建设项目验收管理规定》共同构成验收方面行政管理与技术管理相结合的一种全新的验收管理制度,在具体项目的验收工作中必须相互结合使用,才能保证验收工作的有序进行,同时应当注意以下几点:

（1）加强并规范工程建设过程中与工程验收有关的工作:工程建设项目竣工验收是工程建设程序中的一个重要阶段,具体形式为工程建设过程中某个时间节点上的工作,但验收工作的具体行为则贯穿于工程建设始终,需要加强并规范工程建设过程中与工程验收有关的工作,才能保证竣工验收顺利进行,才能从根本上防止竣工验收走过场,真正发挥竣工验收工作的关键作用。

（2）适用范围:根据国家有关投资体制改革的决定和行政管理的有关规定,《2008 验收规程》的适用范围是中央或者地方财政全部投资或者部分投资建设的大中型水利工程建设项目（含 1、2、3 级堤防工程）的验收活动,其他水利水电建设工程的验收活动可以参照《2008 验收规程》执行;具体项目参照执行过程中可能会存在一些行政管理和技术管理环节的问题需解决。

（3）行政机关管理模式:对于项目法人组织的法人验收,《2008 验收规程》规定行政监督管理机关可以视情况列席验收会议,这是对行政管理机关有关项目管理所提出的一种新的管理方式。新的管理方式进一步明确工程建设责任由工程参建单位承担,同时需要有关行政管理人员在具体工作中做到"到位不越位"。

（4）质量结论的核备或核定:对于法人验收的质量结论,《2008 验收规程》提出需要由工程质量监督机构进行核备或核定,如何进行核备或核定。目前,有关质量监督方面的管理规定尚无明确的办法,需要在实践中进一步探索和完善。

（5）质量结论的签署:根据《建设工程质量管理条例》的有关要求,法人验收的质量结论应当包括勘察、设计、施工、建设监理以及项目法人关于工程质量是否合格的签署意见。

（6）参加验收人员的执业资格：参加法人验收工作组的成员，国家有执业资格要求的，则需要参加人员具有相应的执业资格。

（7）注册建造师签署：国家自2008年3月1日起正式实施建造师执业资格制度，并颁布了有关注册建造师签章文件目录，其中包括验收成果性文件与验收有关的资料，这些文件需要施工单位具有注册建造师执业资格的人员签字以及加盖执业章才有效。

（8）与其他规程的衔接：注意与《2007评定规程》配合使用。

三、水利水电工程单元工程施工质量验收评定标准

（一）修编的背景和过程

原中华人民共和国水利行业标准《水利水电基本建设工程单元工程质量等级评定标准》（SDJ 249.1~6—88）（水工建筑工程、金属结构及启闭机机械设备安装工程、水能发电机组安装工程、水力机械辅助设备安装工程、发电电器设备安装工程、升压变电电器设备安装工程、水工碾压混凝土工程）、《碾压式土石坝和浆砌石坝工程》（SL 38—92）、《堤防工程施工质量评定与验收规程（试行）》（SL 239—1999）共8册（本），各册（本）之间跨度12年，全行业已使用5~16年。

根据水利部2004年技术标准修订计划，水利水电工程单元工程施工质量验收评定标准开始修编，经过初稿、征求意见稿、送审稿、报批稿等几个阶段的审查、修改，于2012年12月发布、实施，总共9册（本）（以下简称《2012评定标准》），编号为SL 631~637—2012、SL 638~639—2013：

（1）《土石方工程》；

（2）《混凝土工程》；

（3）《地基处理与基础工程》；

（4）《堤防工程》；

（5）《水工金属结构安装工程》；

（6）《水轮发电机组安装工程》；

（7）《水力机械辅助设备系统安装工程》；

（8）《发电电气设备安装工程》；

（9）《升压变电电气设备安装工程》。

（二）《2012评定标准》修编的主要内容

（1）将长期使用的8本《原标准》综合改编为9本。除堤防工程外，均按施工工艺分类编写，不再单独编写大坝、水闸等具体工程的质量要求。完善了水利的内容，压缩了水电的内容。

（2）统一编写了总则、术语和基本规定等3章。

（3）增加了基本规定。明确了单元工程划分的原则以及划分的组织和程序，单元工程质量验收评定的组织、条件、方法；验收评定的程序，强化了在验收评定中对施工过程检验资料、施工记录的要求。

（4）统一了单元工程质量评定标准的编写格式：在一般规定中提出基本的施工要求

和记录要求;在施工工艺质量标准中,提出工序、单元划分的规定,提出了施工质量检验项目、质量要求、检验方法和检验数量。

(5)较《原标准》增加了"划分工序的单元工程"。

(6)改变了《原标准》中质量检验项目分类。将《原标准》中的"保证项目"、"基本项目"、"主要项目"、"一般项目"等统一规定为《2012 评定标准》中的"主控项目"和"一般项目"两类。

(7)《土石方工程》增加了土质洞室开挖、干砌石工程和土工合成材料滤层、排水、防渗工程等施工质量的验收评定标准;增加了堤身与建筑物结合部填筑、沉排护脚、石笼护坡、现浇混凝土护坡、模袋混凝土护坡、灌砌石护坡、植草护坡、防浪护堤林、河道疏浚等单元工程的施工质量评定标准。

(8)《堤防工程》增加了堤身与建筑物结合部填筑、沉排护脚、石笼护坡、现浇混凝土护坡、模袋混凝土护坡、灌砌石护坡、植草护坡、防浪护堤林、河道疏浚等普遍使用的施工技术的质量评定标准。

(9)《地基处理与基础工程》增加了覆盖层地基灌浆、劈裂灌浆、钢衬接触灌浆、高压喷射灌浆防渗墙、水泥土搅拌防渗墙、管(槽)网排水、预应力锚索加固和强夯法地基加固等工程的施工质量评定标准。

(10)《混凝土工程》增加了碾压混凝土、混凝土面板、沥青混凝土、预应力混凝土、安全监测设施安装等单元工程的施工质量评定标准。

(三)《2012 评定标准》的主要特点

1. 控制过程

以最小的质量单位——单元工程为基础抓过程控制;以构成单元工程的最小单位——工序开始抓过程控制。

2. 强化检测

对所有检测项目均进行检测,而且明确了检测方法、检测频率,更具有可操作性。

3. 统一分类

在《原标准》中,施工质量检验项目在不同的标准中有多种不同的表述,如"检查检测项目"、"检验项目"、"主要检查检验项目"、"一般检查检验项目"等;本次修订统一将质量检验项目划分为"主控项目"和"一般项目"两类。

"主控项目"是指在保证工程结构安全、质量、功能、环保等方面,起决定作用的项目;"一般项目"是指主控项目以外的项目,允许有少量偏差和小的缺陷。

在修订过程中,将《原标准》中的"检查检测项目"、"检验项目"、"主要检查检验项目"、"一般检查检验项目"等各类项目进行梳理和分析,按照其重要性分别划入《2012 评定标准》的"主控项目"或"一般项目"中。

4. 细化标准

一是在《原标准》的基础上进一步细化工序或单元工程的质量检验评定项目及标准。

二是紧跟科学和技术进步,大量增加普遍使用的施工技术的质量检验和评定标准。

三是明确划分了可分工序及不可分工序的单元工程。

5. 明确职责

明确了质量评定工作中发包人、监理人、承包人、质量监督单位等的具体工作职责。

(四)《2012 评定标准》实施过程中的问题及相应对策

1. 关于"质量评定"与"工程验收"

《2007 评定规程》已明确规定质量为"评定",《2008 验收规程》已明确规定工程为"验收","质量评定"只是"工程验收"的内容之一。

2. 与《2007 评定规程》协调一致

包括项目划分的组织单位及何时完成、监理人接到承包人的自检评定后究竟多长时间完成复核等应协调一致。

3. 具体实施

(1)日期:2012 年 12 月 19 日。

(2)操作表式:在水利部未修编《水利水电工程施工质量评定表填表说明与示例》(试行)之前,参考原表格式及本标准附录 A 进行操作。

四、《贯彻质量发展纲要提升 水利工程质量的实施意见》

为深入贯彻落实《质量发展纲要》(2011—2020 年),水利部印发了《贯彻质量发展纲要 提升水利工程质量的实施意见》(水建管〔2012〕581 号,以下简称《实施意见》)。

(一)总体要求

1. 指导思想

以科学发展观为指导,深入贯彻落实党的十八大、中央关于加快水利改革发展的决定和《质量发展纲要》的精神,牢固树立"质量第一、安全为先"的理念,进一步强化质量意识,完善管理机制,落实主体责任,加强政府监督,全面提升水利建设质量管理工作能力和水平,确保水利工程质量、安全和效益,为促进经济社会又好又快发展提供强有力的水利支撑和保障。

2. 基本原则

(1)坚持以人为本。把以人为本作为质量管理工作的价值导向,不断提高水利工程质量水平,更好地保障和改善民生。

(2)坚持安全为先。把安全为先作为质量管理工作的基本要求,强化水利工程质量安全监管,切实保障广大人民群众的生命财产安全。

(3)坚持诚信守法。把诚信守法作为质量管理工作的重要基石,完善水利工程质量诚信体系,营造诚实守信、公平竞争、优胜劣汰的市场环境。

(4)坚持夯实基础。把夯实基础作为质量管理工作的保障条件,加快水利工程质量法规制度和技术标准建设,加强质量管理人才培养,不断完善有利于质量管理的体制机制。

(5)坚持创新驱动。把创新驱动作为质量管理工作的强大动力,加快水利工程建设技术进步,增强创新能力,推动质量管理工作全面、协调、可持续发展。

3. 工作目标

到 2020 年,水利工程质量管理水平全面提升,国家重点水利工程质量达到国际先进水平,人民群众对水利工程质量满意度显著提高。到 2015 年,水利工程质量发展的具体目标是:水利工程质量整体水平保持稳中有升,重点骨干工程的耐久性、安全性、可靠性普遍增强;水利工程质量通病治理取得显著成效;大中型水利工程项目一次验收合格率达到100%,其他水利工程项目一次验收合格率达到98%以上,人民群众对水利工程质量(特别是民生水利工程质量)满意度明显提高,水利工程质量投诉率显著下降,水利工程质量技术创新能力明显增强。

(二)加强质量管理

1. 完善质量管理体制

加大政府对水利工程质量监督管理的力度,完善水利工程建设项目发包人对水利工程质量负总责,勘察、设计、承包、监理及质量检测等单位依法各负其责的质量管理体系,构建政府监管、市场调节、企业主体、行业自律、社会参与的质量工作格局。

2. 加强项目发包人管理

规范项目发包人组建,强化发包人管理与考核。发包人应全面负起管理责任,建立健全工程质量管理体系。发包人应依法选择符合要求的勘察、设计、施工、监理、质量检测等单位,签订的合同文件应对工程质量以及相应的责任和义务作出明确规定,并对有关单位质量行为和工程质量进行检查。

3. 加强勘察、设计管理

勘察、设计单位应建立健全勘察、设计质量管理体系,认真执行国家技术标准,加强勘察、设计过程的质量控制。勘察单位提供的地质、测量、水文等勘察成果必须真实可靠。设计人提交的设计文件应符合国家规定的设计深度要求。设计人在设计文件中选用的材料、中间产品和设备,应注明规格、性能、型号等技术指标,其必须符合国家现行标准的规定。设计人应加强工程现场服务,设立设计代表机构或明确满足工作需要的设计代表,及时解决设计问题。

4. 加强施工管理

承包人应按照合同约定,设置现场施工管理机构,配备相应管理人员,建立健全施工质量管理体系,加强施工过程质量控制,对水利工程的施工质量负责。承包人必须按照设计图纸、技术标准和工程合同进行施工,选用的材料、设备必须符合国家规定和设计要求。承包人应严格执行施工质量检验和质量评定制度,严格工序管理,单元(工序)工程质量检验评定不合格的,不得进行下一单元(工序)施工。

5. 加强工程监理

监理人应按照合同约定,设置现场监理机构,配备具有相应资格的监理人员,建立健全质量控制体系,依照有关法律、法规、规章、技术标准、批准的设计文件、工程合同,对工程施工、设备制造实施监理,并对质量承担监理责任。监理人员必须持证上岗,按照监理规范要求,采取旁站、巡视、跟踪检测和平行检测等形式,对水利工程实施监理。未经监理工程师签字认可的材料、中间产品和设备不得在工程上使用或安装,承包人不得进行下一单元(工序)工程的施工。

6. 加强质量检测

严格开展承包人自检、监理人平行检测,积极推进第三方检测。质量检测单位应建立健全质量管理体系,按照国家和行业标准开展质量检测活动,确保质量检测工作的科学、准确和公正,及时、准确地向委托方提交质量检测报告,对质量检测结果负责。对存在工程安全问题、可能形成质量隐患或者影响工程正常运行的检测结果,质量检测单位应及时向委托方和质量监督机构报告。

7. 加强质量评定和验收管理

严格按照国家有关规定和技术标准开展质量评定与验收工作,将工程质量评定作为工程验收的重要内容。工程质量达到规定要求的,方可通过验收;工程质量未达到要求的,应及时采取补救措施,直至符合工程相关质量验收标准后,方可通过验收。

8. 加强工程档案管理

发包人和各参建单位应严格按照有关档案法规和制度要求,加强水利工程建设项目档案管理,使项目档案与项目建设进程同步开展,确保项目档案及时收集、规范整理、安全保管,达到完整、准确、系统、安全的验收标准要求。

9. 完善质量保修制度

水利工程在规定的保修期内出现施工质量问题,由原承包人承担保修,所需费用由责任方承担。对于因质量问题给工程运行管理单位造成损失的,责任方依法承担质量损害赔偿责任。

10. 加强工程运行管理

做好水库(水闸)注册登记和安全鉴定等工作,积极开展水利工程管理考核和水库运行管理督察,强化工程日常管理,不断推进水利工程管理的规范化和现代化,促进水利工程安全运行和充分发挥效益。

(三)落实质量责任

1. 落实从业单位质量主体责任

发包人、勘察人、设计人、承包人、监理人等从业单位是水利工程质量的责任主体。发包人对水利工程质量负总责,勘察人、设计人对勘察、设计质量负责,承包人对施工质量负责,监理人对工程质量承担监理责任,质量检测、工程监测、鉴定评估等单位对检测、监测和鉴定评估结果负责。相关单位违反国家规定、降低工程质量标准的,依法追究责任,由此发生的费用由责任单位承担。

2. 落实从业单位领导人责任

发包人、勘察人、设计人、承包人、监理人等单位的法定代表人或主要负责人,要按各自职责对所承建项目的工程质量负领导责任。因工作失误导致重大工程质量事故的,除追究直接责任人的责任外,还要追究参建单位法定代表人或主要负责人的领导责任。

3. 落实从业人员责任

勘察、设计工程师对其签字的设计文件负责。承包人确定的工程项目经理、技术负责人和施工管理责任人按照各自职责对施工质量负责。总监理工程师、监理工程师按各自职责对监理工作负责。质量检测、工程监测、鉴定评估等从业人员按照各自职责对其工作成果负责。建立企业质量控制关键岗位责任制,强化对关键岗位持证上岗情况的检查,严格按照质量规范操作。造成质量事故的,要依法追究有关从业人员的责任。

4.落实质量终身责任制

发包人、勘察人、设计人、承包人、监理人及质量检测等从业单位的工作人员，按各自职责对其经手的工程质量负终身责任。因调动工作、退休等原因离开原单位的相关人员，如发现在原单位工作期间违反工程质量管理有关规定，或未切实履行相应职责，造成重大质量事故的，也要依法追究法律责任。

（四）加强监督管理

1.加快质量法治建设

结合水利建设发展的新形势和新要求，加快质量管理规章制度的制定和修订，完成《水利工程质量管理规定》、《水利工程质量监督管理规定》、《水利工程质量事故处理暂行规定》的修订工作，形成包括质量管理、质量监督、质量检测、质量事故调查处理，以及优质工程、文明工地评选等覆盖广、内容全的水利工程质量管理规章制度体系。严格依法行政，落实执法责任，加大水利工程质量执法力度。

2.加强政府监督管理

各级水行政主管部门对水利工程质量负监管责任，县级以上人民政府水行政主管部门和流域管理机构可以设立水利工程质量监督机构，按照分级负责的原则开展水利工程质量监督工作。质量监督机构应制定水利工程质量监督工作制度，以巡视、抽查方式对水利工程从业单位和从业人员的质量行为及工程实体质量进行监督检查。大型水利工程应建立质量监督项目站。推行质量分类监管和差别化监管，突出对重点工程和民生工程的监管，突出对质量管理薄弱项目的监管，突出对质量行为不规范和社会信用较差的责任主体的监管，提高监管工作的针对性和有效性。

3.加强质量风险管理

完善质量风险管理工作机制，开展质量隐患大排查，提升风险防范能力，切实做到对质量风险的早发现、早研判、早预警、早处置，有效预防、及时控制和消除水利工程质量事故的危害。督促水利工程从业单位组织制订质量事故应急预案，组织好应急预案的宣传、培训和演练，落实质量事故报告制度，做好水利工程质量事故应急处理工作，最大限度地减少人员伤亡和财产损失。

4.推进质量诚信体系建设

全面推进水利工程建设领域项目信息公开和诚信体系建设，开展水利工程建设市场主体信用评价工作，把市场主体质量行为作为信用评价的重要内容，强化不良行为记录管理工作，建立质量信用评价体系，实施质量信用分类监管，加大对质量失信惩戒力度，健全诚信奖惩机制。

5.严厉打击质量违法行为

加大源头治理力度，强化施工现场监督管理，严肃查处质量事故，严厉打击危害工程安全和人民生命财产安全的质量违法行为。各级水行政主管部门应设立水利工程质量举报投诉电话、传真、信箱、邮箱，运用现代信息技术完善质量投诉举报信息平台，并向社会公开。畅通举报投诉渠道，加大案件查办力度。坚持"事故原因不查清楚不放过、主要事故责任者和职工未受到教育不放过、补救和防范措施不落实不放过、责任人员未受到处理不放过"的原则，做好事故处理工作。积极从巡视、工程稽查、审计调查、专项检查等工作中发现质量事故案件线索,从工程质量事故入手,深挖细查背后隐藏的违纪违法行为。

6. 开展"水利工程质量管理年"活动

在全国水利系统适时开展"水利工程质量管理年"活动,结合水利质量管理工作实际确定活动主题,深入贯彻落实国务院《质量发展纲要》,形成全行业重视质量发展的浓厚氛围,营造良好的水利建设市场秩序,促进水利行业工程质量整体提高。

(五)夯实质量基础

1. 健全技术标准体系

加快技术标准体系建设,尽快颁布实施《水利水电工程施工质量通病防治导则》等技术标准;对有关技术标准依据需要及时修订,积极采用国际标准,推动我国优势技术与标准成为国际标准;进一步强化工程建设标准强制性条文的编制、实施及其监督工作,研究制定适合中小型水利工程的质量标准,切实提高标准的目的性、实用性和协调性。

2. 推进信息化建设

加快水利工程质量信息网络工程建设,实现水利工程质量动态监控、管理。加强对水利工程质量信息的采集、追踪、分析和处理,提高质量控制和质量管理的信息化水平,提升质量安全动态监管、质量风险预警、突发事件应对、质量信用管理的效能。

3. 加强质量文化建设

牢固树立"百年大计,质量第一"的理念,牢固树立"质量是企业生命"的理念,通过举办展览、论坛、研讨会等活动,增强人们对水利工程质量重要性的认识,提升全行业质量意识,努力形成政府重视质量、企业追求质量、行业崇尚质量、人人关心质量的良好氛围。

4. 鼓励质量技术创新

通过科技进步促进工程安全质量技术创新,鼓励和引导企业加大科技投入,鼓励有利于保障工程质量的新技术、新材料、新设备、新工艺的研发和推广应用,组织质量攻关活动,对质量攻关成果在全国范围内推广运用,促进全国水利工程质量技术水平的进一步提升。

5. 建立质量激励机制

开展中国水利工程优质大禹奖和水利建设文明工地评选,建立水利工程质量奖励制度,对建成优质水利工程的主要参建单位和主要参建人员采取多种形式进行奖励,对质量管理工作成绩显著的单位及其工作人员予以表彰,引导水利行业树立"重质量、讲诚信、树品牌"的理念。

(六)加强队伍建设

1. 加强质量监督机构能力建设

加强政府质量监管队伍建设,充实监管人员,质量监督机构应尽可能设立专职队伍,大力推进县级质量监督机构建设,落实质量监督经费,配备必要的交通工具和监督设备,使监督机构数量、人员规模能与大规模水利建设规模相适应。严格落实工程质量监督机构和人员的考核,落实责任制,建立责权明确、行为规范、执法有力的质量监管队伍。

2. 加强专业技术执业人员能力建设

进一步完善加强对注册土木工程师、建造师、监理工程师等水利行业注册执业人员的管理,通过严格资格管理,加强教育培训,努力造就一批经验丰富、技术过硬的设计、施工、监理、质量检测工程师队伍，完善人才技术保障体系。建立水利工程质量检测人员职业水平评价制度，规范检测行为，提高检测质量和服务水平。

3. 加强一线人员质量教育培训

各级水行政主管部门及行业协会等要定期组织工程质量教育培训，施工单位要加强对一线技术人员和操作人员的培训与考核，尤其要做好新入场农民工等非专业人员上岗、转岗前的培训工作，提高一线从业人员的质量意识和准确应用工程建设标准的技能，推动全行业人员素质得到整体提升。

（七）加强组织实施

1. 强化组织领导

地方各级水行政主管部门应按照《质量发展纲要》的部署和要求，加强对质量工作的组织领导和统筹协调，把水利工程质量发展目标纳入本地区本行业国民经济社会发展规划，将质量工作列入重要议事日程，制订实施方案，明确目标责任，认真组织实施。

2. 完善配套政策

地方各级水行政主管部门要围绕建设质量强国，制定本地区本行业促进水利工程质量发展的相关配套政策和措施，加大对质量工作的投入，完善相关产业、环境、科技、人才培养等政策措施。

3. 狠抓工作落实

地方各级水行政主管部门要将落实质量发展的远期规划同解决当前突出的质量问题结合起来，突出重点领域、重点环节，有效解决事关公共安全和生命财产安全的重点质量问题。要联系实际，落实质量发展目标和重点任务，夯实质量基础，保障质量安全，促进质量发展。

4. 强化检查考核

地方各级水行政主管部门要落实《质量发展纲要》的工作责任制，对纲要的实施情况进行检查考核。对《质量发展纲要》实施过程中取得突出成绩的单位和个人予以表彰奖励。水利部将适时检查考核《质量发展纲要》的贯彻实施情况。

第二节　质量检验与评定的要求

一、质量检验基本规定

（1）承担工程检测业务的检测单位应具有水行政主管部门颁发的资质证书，其设备和人员的配备应与所承担的任务相适应，有健全的管理制度。

（2）工程施工质量检验中使用的计量器具、试验仪器仪表及设备应定期进行检定，并具备有效的检定证书。国家规定需强制检定的计量器具应经县级以上人民政府计量行政管理部门认定的计量检定机构或其授权设置的计量检定机构进行检定。

（3）检测人员应熟悉检测业务，了解被检测对象的性质和所用仪器设备的性能，经考核合格后，持证上岗。参与中间产品及混凝土（砂浆）试件质量资料复核的人员应具有工程师以上工程系列技术职称，并从事过相关试验工作。

（4）工程质量检验项目和数量应符合《2012 评定标准》规定。

（5）工程质量检验方法应符合《2012 评定标准》和国家及行业现行技术标准的有关规定。

（6）工程质量检验数据应真实可靠，检验记录及签证应完整齐全。

（7）工程中如有《2012 评定标准》尚未涉及的质量评定标准，其质量标准及评定表格，由发包人组织监理人、设计人及承包人按水利部有关规定进行编制并报工程质量监督机构批准。

（8）水利工程中涉及永久性房屋、专用供电线路、专用公路、专用铁路等项目的施工质量检验与评定按相应行业标准执行。

（9）发包人、监理人、设计人、承包人和工程质量监督等单位根据工程建设需要，可委托具有相应资质等级的水利工程质量检测单位进行工程质量检测。承包人自检的项目及数量应按《2012 评定标准》及施工合同文件约定执行。对已建工程质量有重大分歧时，应由项目法人委托第三方具有相应资质等级的单位进行检测，检测数量视需要而定，检测费用由责任方承担。

（10）对涉及工程结构安全的试块、试件及有关材料，应实行见证取样。见证取样资料由承包人制备，记录应真实齐全，参与见证取样人员应在相关文件上签字。

（11）工程中出现检验不合格的项目时，按以下规定进行处理：

①原材料、中间产品一次抽样检验不合格时，应及时对同一取样批次另取两倍数量进行检验，如仍不合格，则该批次原材料或中间产品不合格，不得使用。

②单元（工序）工程质量不合格时，应按合同要求进行处理或返工重做，并经重新检验且合格后方可进行后续工程施工。

③混凝土（砂浆）试件抽样检验不合格时，应委托具有相应资质等级的工程质量检测机构对相应工程部位进行检验。如仍不合格，由发包人组织有关单位进行研究，并提出处理意见。

④工程完工后的质量抽检不合格，或其他检验不合格的工程，应按有关规定进行处理，合格后才能进行验收或后续工程施工。

二、质量检验职责

（1）永久性工程施工质量检验是工程质量检验的主体与重点，承包人必须按照《2012 评定标准》进行全面检验，并将实测结果如实记录在相应表格中。永久性工程（包括主体工程及附属工程）施工质量检验应符合下列规定：

①承包人应根据工程设计的要求、施工技术标准和合同约定，结合《2012 评定标准》的规定确定检验项目及数量并进行"三检"（班组自检、施工队复检、项目经理部专职质检机构终检），"三检"过程应有书面记录，同时结合自检情况如实填写在相应的表格中。

②监理人应根据《2012 评定标准》和抽样检测结果复核工程质量。其平行检测和跟踪检测的数据按《水利工程建设项目施工监理规范》（SL 288—2003）或合同执行。

③发包人应对承包人自检和监理人抽检过程进行监督检查，并报工程质量监督机构核备、核定的工程质量等级进行认定。

（2）工程质量监督机构应对发包人、监理人、勘察人、设计人、承包人以及其他参建单位的质量行为和工程实物质量进行监督检查。检查结果应按有关规定及时公布，并书面通知有关单位。

（3）临时工程质量检验及评定标准，由发包人组织监理人、设计人及承包人等单位根据工程特点，参照《2012评定标准》和其他相关标准确定，并报相应的质量监督机构核备。

三、质量检验范围

（一）合同内的质量检验

合同内的质量检验是指合同文件中做出明确规定的质量检验，包括工序、材料、设备、成品等检验。监理人要求的任何合同内的质量检验，不论检验结果如何，监理人均不为此负任何责任。承包人承担质量检验的有关费用。

（二）合同外的质量检验

（1）合同中未曾指明或约定的检验。

（2）合同中虽已指明或约定，但监理人要求在现场以外其他任何地点进行的检验。

合同外的质量检验应分为两种情况来区分。如果检验表明承包人的操作工艺、工程设备、材料没有按照合同约定，达不到监理人的要求，则其检验费用及由此带来的一切其他后果（如工期延误等），应由承包人负担；如果属于其他情况，则监理人应在与发包人和承包人协商之后，承包人有获得延长工期的权利，以及应在合同价格中增加有关费用。

虽然监理人有权决定是否进行合同外质量检验，但应慎重使用该项权力。

四、质量检验内容

（1）质量检验包括施工准备检查，原材料与中间产品质量检验，水工金属结构、启闭机及机电产品质量检查，单元（工序）工程质量检验，质量事故检查和质量缺陷备案，工程外观质量检验等。

（2）主体工程开工前，承包人应组织人员进行施工准备检查，并经发包人或监理人确认合格且履行相关手续后，才能进行主体工程施工。

（3）承包人应按《2012评定标准》及有关技术标准对水泥、钢材等原材料与中间产品质量进行全面检验，并报监理机构复核。不合格产品，不得使用。

（4）水工金属结构、启闭机及机电产品进场后，应按有关合同条款约定进行交货检验和验收。安装前，承包人应检查产品是否有出厂合格证、设备安装说明书及有关技术文件，对在运输和存放过程中发生的变形、受潮、损坏等问题应作好记录，并进行妥善处理。无出厂合格证或不符合质量标准的产品不得用于工程中。

（5）承包人应按《2012评定标准》对工序及单元工程质量进行检验，作好施工记录，在自检合格后，填写"水利水电工程施工质量评定表"，并报监理机构复核。监理机构根据抽检的资料核定单元（工序）工程质量等级。发现不合格单元（工序）工程，应按规程规范和设计要求及时进行处理，合格后才能进行后续工程施工。对施工中的质量缺陷应记录备案，进行统计分析，并在相应单元（工序）工程质量评定表"评定意见"栏内注明。

（6）承包人应及时将原材料、中间产品及单元（工序）工程质量检验结果送监理人复核,并按月将施工质量情况报送监理人,由监理人汇总分析后报发包人和工程质量监督机构。

(7)单位工程完工后,发包人应组织监理、设计、施工及运行管理等单位组成工程外观质量评定组,现场进行工程外观质量检验评定,并将评定结论报工程质量监督机构核定。参加外观质量评定组的人员应具有工程师及以上技术职称或相应执业资格。评定组人数不应少于5人,大型工程不宜少于7人。

五、质量评定标准

(一)合格标准

(1)合格标准是工程验收标准。不合格工程必须按要求处理合格后,才能进行后续工程施工或验收。水利水电工程施工质量等级评定的主要依据有:

①国家及相关行业技术标准;

②《2012 评定标准》;

③经批准的设计文件、施工图纸、金属结构设计图样与技术条件、设计修改通知书、厂家提供的设备安装说明书及有关技术文件;

④工程承发包合同中采用的技术标准;

⑤工程施工期及试运行期的试验和观测分析成果。

(2)单元(工序)工程施工质量合格标准应按照《2012 评定标准》或合同约定的合格标准执行。当达不到合格标准时,应及时处理。处理后的质量等级按下列规定确定:

①全部返工重做的,可重新评定质量等级。

②经加固补强并经设计人和监理人鉴定能达到设计要求时,其质量评为合格。

③处理后部分质量指标仍达不到设计要求时,经设计复核,发包人及监理人确认能满足安全和使用功能要求,可不再进行处理;或经加固补强后,改变外形尺寸或造成永久性缺陷的,经发包人、监理人及设计人确认能基本满足设计要求,其质量可定为合格,但应按规定进行质量缺陷备案。

(3)分部工程施工质量同时满足下列标准时,其质量评为合格:

①所含单元工程的质量全部合格。质量事故及质量缺陷已按要求处理,并经检验合格。

②原材料、中间产品及混凝土(砂浆)试件质量全部合格,金属结构及启闭机制造质量合格,机电产品质量合格。

(4)单位工程施工质量同时满足下列标准时,其质量评为合格:

①所含分部工程质量全部合格;

②质量事故已按要求进行处理;

③工程外观质量得分率达到70%以上;

④单位工程施工质量检验与评定资料基本齐全;

⑤工程施工期及试运行期,单位工程观测资料分析结果符合国家和行业技术标准以及合同约定的标准要求。

(5)工程项目施工质量同时满足下列标准时,其质量评为合格:

①单位工程质量全部合格；

②工程施工期及试运行期，各单位工程观测资料分析结果均符合国家和行业技术标准以及合同约定的标准要求。

（二）优良标准

（1）优良等级是为工程质量创优而设置的。

（2）单元工程施工质量优良标准按照《2012 评定标准》或合同约定的优良标准执行。全部返工重做的单元工程，经检验达到优良标准者，可评为优良等级。

（3）分部工程施工质量同时满足下列标准时，其质量评为优良：

①所含单元工程质量全部合格，其中 70% 及以上达到优良等级，重要隐蔽单元工程以及关键部位单元工程质量优良率达 90% 及以上，且未发生过质量事故。

②中间产品质量全部合格，混凝土（砂浆）试件质量达到优良等级（当试件组数小于 30 时，试件质量合格）。原材料质量、金属结构及启闭机制造质量合格，机电产品质量合格。

（4）单位工程施工质量同时满足下列标准时，其质量评为优良：

①所含分部工程质量全部合格，其中 70% 及以上达到优良等级，主要分部工程质量全部优良，且施工中未发生过较大质量事故；

②质量事故已按要求进行处理；

③外观质量得分率达到 85% 以上；

④单位工程施工质量检验与评定资料齐全；

⑤工程施工期及试运行期，单位工程观测资料分析结果符合国家和行业技术标准以及合同约定的标准要求。

（5）工程项目施工质量优良标准：

（1）单位工程质量全部合格，其中 70% 及以上单位工程质量达到优良等级，且主要单位工程质量全部优良；

（2）工程施工期及试运行期，各单位工程观测资料分析结果符合国家和行业技术标准以及合同约定的标准要求。

六、质量评定工作的组织与管理

（1）单元（工序）工程质量在承包人自评合格后，由监理人复核，监理人核定质量等级并签证认可。

（2）重要隐蔽单元工程及关键部位单元工程质量经承包人自评合格、监理机构抽检后，由发包人（或委托监理人）、监理人、设计人、承包人、工程运行管理（施工阶段已经有时）等单位组成联合小组，共同检查核定其质量等级并填写签证表，报质量监督机构核备。

（3）分部工程质量在承包人自评合格后，由监理人复核、发包人认定。分部工程验收的质量结论由发包人报质量监督机构核备。大型枢纽工程主要建筑物的分部工程验收的质量结论由发包人报工程质量监督机构核定。

（4）单位工程质量在承包人自评合格后，由监理人复核，发包人认定。单位工程验收的质量结论由发包人报质量监督机构核定。

（5）工程项目质量在单位工程质量评定合格后，由监理人进行统计并评定工程项目质量等级，经发包人认定后，报质量监督机构核定。

（6）在阶段验收前，质量监督机构应按有关规定提出施工质量评价意见。

（7）工程质量监督机构应按有关规定在工程竣工验收前提交工程施工质量监督报告，向工程竣工验收委员会提出工程施工质量是否合格的结论。

七、施工质量评定表

（一）评定表的作用

（1）"评定表"是质量标准表格化的体现形式，按"评定表"施工就是标准施工。因此，需熟悉掌握和运用评定表上的质量指标及检测要求，以控制、指导、评定工程的施工质量。

（2）施工依据主要有：

①设计图纸；

②施工规范；

③质量标准。

其中，质量标准来源于"评定表"。所以说，承包人进入工地时，首先要根据工程的"项目划分表"选定并备齐各类施工质量"评定表"。

（3）单元工程是日常质量考核的基本单位，依靠承包人的质量管理体系，抓好单元工程的施工质量是工程创优的关键。就工程质量评定、验收资料而言，作好单元工程的施工记录及施工质量"评定表"的填写尤为重要，因为"评定表"比较全面、系统地反映了各阶段的施工质量。

（二）评定表的结构

"单元工程质量评定表"分别由表的编号、表的名称和表格构成。

（1）表的编号：表1.1，第一个1代表《原标准》，第二个1代表表的顺序号，指《原标准》的第一个单元工程。

（2）-1、-2、-3指单元工程的工序号（混凝土单元工程）。

（3）表的名称：单元工程的类别。

（4）表格构成：主要由表头、表身和表尾三部分组成。

表头内容主要是基本情况栏目，一般为单位工程名称编号、分部工程名称编号、单元工程名称编号、单元工程量、单元工程部位、工程质量检验日期。

表身栏目内容是单元工程质量评定表格的灵魂，主要由质量检查、检测项目和质量标准组成。标有"△"符号者均为主控项目，或重要部位测点。

表尾栏目是具有法律效应，体现质量终身制和责任追究制落实的关键内容，由承包人质量评定负责人和现场监理工程师负责填写。

（三）填表的基本规定

"单元工程质量评定表"是水利工程施工质量检验评定工作的基础资料，是进行工程维修和事故处理的重要参考，也是工程验收的备查资料，将作为长期资料归档保存。因此,应按下列基本规定认真填写。

（1）单元（工序）工程完工后,承包人应及时按"单元工程质量评定表"内容进行现场检查、量测,并将结果与质量标准对照,逐项进行符合性评价,给出质量检验结果（符合质量标准或基本符合质量标准）；然后根据单元工程等级标准进行评定,如实将评定结果填写在"单元（工序）质量评定表"自评等级栏中。

（2）检验结果应根据现场实际情况采用定性的文字进行记录描述,尽可能反映真实、描写详细、表达准确、文字精练；避免采用"符合设计要求"、"符合规范要求"和"符合质量标准"等比较笼统的词语或照抄照搬质量标准中的内容。

（3）检测项目中量测数据,应填写实际度量和测量的数据,而不是偏差值。量测数据应准确、可靠,小数点后保留位数应符合有关规定；测量误差的判断和处理,应符合《测量误差及数据处理》的有关规定；数值修约应符合《数值修约规则》的有关规定。

（4）承包人现场检查、量测和监理人复核抽检应遵守随机抽样的原则,无特殊原因,样本不能随意舍取,检验方法及使用的仪器设备应符合国家和水利行业的规定,严禁弄虚作假,伪造数据。

（5）水利工程的"单元工程质量评定表"应使用蓝色或黑色签字笔填写,不得使用圆珠笔或铅笔填写。

（6）文字：应使用国务院颁布的简化汉字书写,字迹工整、清晰。

（7）数量：使用阿拉伯数字,如 1、2、3、…、9、0；单位使用国家法定计量单位,并以规定的符号表示,如 MPa、t、m、m^3、…。

（8）合格率：用百分数表示,小数点后保留一位,如果正好为整数,则小数点后以"0"表示,如95.0%。

（9）改错：将错误用斜线"/"划掉,再在其右上方填写正确的文字或数字,禁止使用改正液、贴纸重写,橡皮擦、刀片刮或用墨水涂黑等。

（10）单元工程质量评定表从表头至评定意见栏均由承包人经"三检"合格后填写。监理人复核意见应由监理工程师或项目监理工程师填写。

（11）签名：必须由本人按照居民身份证上的姓名签字,不得使用化名,并如实、工整、清晰地填写身份证号码和签名日期。

（四）评定表使用说明

1. 表头填写要求

（1）"单位工程名称编号"、"分部工程名称编号"与"单元工程名称编号",应与工程质量监督机构确认的项目划分表相一致。

（2）"单元工程部位"应按单元工程所在分部工程中的位置填写,部位可用桩号、高程及工程部位等表示。

（3）"单元工程量"应填写本单元主要工程量。对含有工序的单元工程,应填写本工序的工程量和单元工程的主要工程量两项。

（4）"检验日期"应填写起止日期,由承包人终检负责人填写,检验开始日期为本单元现场检验开始日期,终止日期为质量评定表填写终检负责人签字日期。"年"应填写4位数字(如2013年),"月"应填写实际月份(如1月~12月),"日"应填写实际日期(如1日~31日)。

2. 表身填写要求

(1)评定表中所列的主控项目或一般项目,如实际工程无该项内容,应在相应的检查结果、测点数、合格数及合格率栏内用"/"表示,不能留有空白单元格。

(2)主控项目或一般项目栏标有"△"符号者其内容应与《2012评定标准》对应一致。

(3)主控项目或一般项目栏:通过测量或度量手段,逐项与质量标准(设计要求)进行比较,以确定该项"合格数"和"合格率"。检测项目逐项测点数应符合评定标准的规定,且应在该单元工程质量检测记录表中逐项记录实测值与偏差值,并与相应质量标准对比,逐项计算"合格数"和"合格率"。某项"合格率"应为该项合格点数除以该项实测点数的百分率。

3. 表尾填写要求

(1)承包人自评意见及自评等级栏:由承包人终验负责人填写。根据该单元(工序)工程各项检查项目的检查结果和各项检测项目的合格率,对照该单元(工序)工程质量等级标准,填写自评质量等级意见。

(2)如果该工程由分包人施工,则单元工程质量评定表表尾由分包人的终验负责人填写。重要隐蔽单元工程和关键部位单元工程在分包单位自检合格后,应由总承包人参加联合小组验收,核定其质量等级。

(3)监理人复核意见及核定等级栏:由现场监理工程师或项目监理工程师填写。监理人应根据检查内容,结合现场监控情况写出评价性意见,然后对照单元工程质量等级标准对承包人质量等级自评结果进行复核,如实填写质量等级复核结果。如核定质量等级与承包人自评质量等级不一致,必须在监理人复核意见栏中注明理由,如意见栏不够填写,可增加附页说明。对于出现过质量缺陷的单元工程,应简要注明是否采取过补强或加固处理措施及处理情况。

(4)承包人组织机构名称:应填写承包人具有法人资格的单位全称。

(5)承包人质量评定表填写人栏:应由填写人按照居民身份证上的姓名,亲手书写签名及日期,不得使用化名,也不得由别人代签。

(6)监理人组织机构名称:应填写监理人具有法人资格的单位全称。

(7)监理人现场监理工程师栏:应由现场监理工程师按照居民身份证上的姓名,亲手书写签名及日期,不得使用化名,也不得由别人代签。

单元工程施工质量等级以监理工程师核定的质量等级为准。因此,监理工程师要熟知"单元工程质量评定表"的内容和质量要求,并能要求承包人用这些标准控制完成,达到质量标准。

第三节　质量控制的措施与方法

一、原材料的质量控制

(一)水泥

1. 分类及参数指标

1)分类

根据《通用硅酸盐水泥》(GB 175—2007)的规定,通用硅酸盐水泥按混合材料的品种和掺量分为硅酸盐水泥(P·Ⅰ、P·Ⅱ)、普通硅酸盐水泥(P·O)、矿渣硅酸盐水泥(P·S)、火山灰质硅酸盐水泥(P·P)、粉煤灰硅酸盐水泥(P·F)和复合硅酸盐水泥(P·C)共六类。

2)强度等级

硅酸盐水泥强度等级分为 42.5、42.5R、52.5、52.5R、62.5、62.5R 六个等级。

普通硅酸盐水泥强度等级分为 42.5、42.5R、52.5、52.5R 四个等级。

矿渣硅酸盐水泥、火山灰质硅酸盐水泥、粉煤灰硅酸盐水泥和复合硅酸盐水泥强度等级分为 32.5、32.5R、42.5、42.5R、52.5、52.5R 六个等级。

3)物理指标

(1)凝结时间。

硅酸盐水泥初凝时间不小于 45 min,终凝时间不大于 390 min。

普通硅酸盐水泥、矿渣硅酸盐水泥、火山灰质硅酸盐水泥、粉煤灰硅酸盐水泥和复合硅酸盐水泥初凝时间不小于 45 min,终凝时间不大于 600 min。

(2)安定性。

沸煮法合格。

(3)细度。

硅酸盐水泥和普通硅酸盐水泥的细度以比表面积表示,其比表面积不小于 300 m^2/kg;矿渣硅酸盐水泥、火山灰质硅酸盐水泥、粉煤灰硅酸盐水泥和复合硅酸盐水泥的细度以筛余表示,其 80 μm 方孔筛筛余不大于 10% 或 45 μm 方孔筛筛余不大于 30%。

2. 取样频率、方法及数量

依据《混凝土结构工程施工质量验收规范》(GB 50204—2002)(2011 版)第 7.2.1 条款规定,施工单位水泥取样数量的要求:同一厂家、同一等级、同一品种、同一批号且连续进场的水泥,袋装不超过 200 t 为一批,散装不超过 500 t 为一批,每批抽样不少于一次。

《水工混凝土施工规范》(SDJ 207—82)规定的取样频率为"每 200～400 t 同品种、同标号的水泥为一取样单位,如不足 200 t 也作为一取样单位。可采用机械连续取样,亦可从 20 个不同部位水泥中等量取样,混合均匀后作为样品,其总数量至少 10 kg"。

《水泥取样方法》(GB/T 12573—2008)规定的取样方法为:

散装水泥:所取水泥深度不超过 2 m 时,每一个编号内采用散装水泥取样器随机取样。从 20 个以上不同部位取等量样品,总量至少 12 kg。

袋装水泥:随机从不少于 20 袋中各取 1 kg 等量水泥,经拌和均匀后,再从中称取不少于 12 kg 水泥作为检验试样。

当袋装水泥储运时间超过 3 个月、散装水泥超过 6 个月时,使用前应重新检验。

3．检验判定标准

(1)运至工地的每一批水泥,应有生产厂的出厂合格证和品质试验报告。

(2)使用前应进行 3 d 及 28 d 强度、安定性、凝结时间检验,烧失量、细度、不溶物及化学指标等项目检验根据要求进行。

(3)化学指标、凝结时间、安定性和强度的检查结果符合规定要求为质量合格。前述任何一项不符合规定要求为质量不合格。

(二)细骨料

1．分类及参数指标

根据《建筑用砂》(GB/T 14684—2011)的规定,砂按细度模数分为粗、中、细三种规格,粗砂的细度模数为 3.7 ~ 3.1,中砂的细度模数为 3.0 ~ 2.3,细砂的细度模数为 2.2 ~ 1.6。

砂按技术要求分为Ⅰ类、Ⅱ类和Ⅲ类。对于泵送混凝土用砂,宜选用中砂。

1)颗粒级配

砂的颗粒级配应符合表 2-1 的规定。

表 2-1　砂的颗粒级配

砂的分类	天然砂			机制砂		
级配区	1 区	2 区	3 区	1 区	2 区	3 区
方筛孔	累计筛余(%)					
4.75 mm	10 ~ 0	10 ~ 0	10 ~ 0	10 ~ 0	10 ~ 0	10 ~ 0
2.36 mm	35 ~ 5	25 ~ 0	15 ~ 0	35 ~ 5	25 ~ 0	15 ~ 0
1.18 mm	65 ~ 35	50 ~ 10	25 ~ 0	65 ~ 35	50 ~ 10	25 ~ 0
600 μm	85 ~ 71	70 ~ 41	40 ~ 16	85 ~ 71	70 ~ 41	40 ~ 16
300 μm	95 ~ 80	92 ~ 70	85 ~ 55	95 ~ 80	92 ~ 70	85 ~ 55
150 μm	100 ~ 95	100 ~ 90	100 ~ 90	97 ~ 85	94 ~ 80	94 ~ 75

砂的级配类别应符合表 2-2 的规定。

表 2-2　砂的级配类别

类别	Ⅰ	Ⅱ	Ⅲ
级配区	2 区	1、2、3 区	

2)细骨料指标要求

细骨料的指标要求见表 2-3。

表 2-3　细骨料的指标要求

项目		指标		说明
		天然砂	人工砂	
石粉含量(%)		—	6～18	系指小于 0.15 mm 的颗粒
含泥量 (%)	≥C25 和有抗冻要求的	≤3	—	①含泥量系指粒径小于 0.08 mm 的细屑、淤泥和黏土的总量。 ②不应含有黏土团粒
	<C25	≤5		
泥块含量		不允许	不允许	
坚固性 (%)	有抗冻要求的混凝土	≤8	≤8	
	无抗冻要求的混凝土	≤10	≤10	
表观密度(kg/m³)		≥2 500	≥2 500	
硫化物及硫酸盐含量(%)		≤1	≤1	折算成 SO_3,按质量计
有机质含量		浅于标准色	不允许	
云母含量(%)		≤2	≤2	
轻物质含量(%)		≤1	—	

2. 取样方法及数量

1) 取样方法

在料堆上取样时,取样部位应均匀分布。取样前先将取样部位表层铲除,然后从不同部位随机抽取大致等量的砂 8 份,组成一组样品。

从皮带运输机上取样时,应使用与皮带等宽的接料器在皮带运输机机头出料外全断面定时随机抽取大致等量的砂 4 份,组成一组样品。

2) 取样数量

按同分类、规格、类别及日产量每 600 t 为一批,不足 600 t 亦为一批;日产量超过 2 000 t,按 1 000 t 为一批,不足 1 000 t 亦为一批。

3. 检验判定标准

(1)试验结果均符合标准的相应类别规定时,可判为该批产品合格。

(2)若有一项性能指标不符合标准要求,则应从同一批产品中加倍取样,对不符合标准要求的项目进行复检。复检后,该项指标符合标准要求时,可判该类产品合格,否则为不合格。若有两项及以上性能指标不符合标准要求,则判该类产品不合格。

(三)粗骨料

1. 分类及参数指标

《建筑用卵石、碎石》(GB/T 14685—2011)规定,建筑用石分为卵石和碎石,卵石和碎石技术要求分为Ⅰ类、Ⅱ类和Ⅲ类。

粗骨料的指标要求见表 2-4。

表 2-4　粗骨料的指标要求

项目		指标	说明
含泥量(%)	D_{20}、D_{40}粒径级	≤1	各级粒径均不应含有黏土泥块
	D_{80}、D_{150}(D_{120})粒径级	≤0.5	
泥块含量		不允许	
坚固性(%)	有抗冻性要求的混凝土	≤5	
	无抗冻性要求的混凝土	≤12	
硫化物及硫酸盐含量(%)		≤0.5	折算成 SO_3,按质量计
有机质含量		浅于标准色	如深于标准色,应进行混凝土强度对比试验,抗压强度比不应低于0.95
表观密度(kg/m³)		≥2 550	
吸水率(%)		≤2.5	
针片状颗粒含量(%)		≤15	经试验验证,可以放宽至25%

粗骨料的压碎指标值要求见表 2-5。

表 2-5　粗骨料的压碎指标值

骨料类别	不同混凝土强度等级的压碎指标值(%)		
	> C60	C30 ~ C60	< C30
碎石	< 10	< 20	< 30
卵石	< 12	< 16	< 16

2. 取样方法及数量

1) 取样方法

在料堆上取样时,取样部位应均匀分布。取样前先将取样部位表层铲除,然后从不同部位随机抽取大致等量的石子16份,组成一组样品。

从皮带运输机上取样时,应使用与皮带等宽的接料器在皮带运输机机头出料外全断面定时随机抽取大致等量的石子8份,组成一组样品。

2) 取样数量

按同分类、规格、类别及日产量每400 m³ 或600 t 为一批,不足400 m³ 或600 t 亦为一批;日产量超过2 000 t,按1 000 t 为一批,不足1 000 t 亦为一批;日产量超过5 000 t,按2 000 t 为一批,不足2 000 t 亦为一批。

3. 检验判定标准

卵石和碎石的出厂检验项目包括:颗粒级配、含泥量、泥块含量、针片状含量;连续级配的石子应进行空隙率检验;吸水率应根据需要进行检验。

判定规则如下:

(1)试验结果均符合标准的相应类别规定时,可判定该批产品合格。

（2）若有一项性能指标不符合标准要求，则应从同一批产品中加倍取样，对不符合标准要求的项目进行复检。复检后，该项指标符合标准要求时，可判定该类产品合格，否则为不合格。若有两项及以上性能指标不符合标准要求，则判定该类产品不合格。

（四）钢筋

1. 分类及参数指标

钢筋种类很多，通常按化学成分、生产工艺力学性能等进行分类：

（1）按化学成分可分为碳素结构钢钢筋和低合金结构钢钢筋；

（2）按生产工艺可分为热扎钢筋、冷加工钢筋、热处理钢筋、钢丝和钢绞线等；

（3）按力学性能可分为Ⅰ级钢筋（235/370级）、Ⅱ级钢筋（335/510级）、Ⅲ级钢筋（370/570级）和Ⅳ级钢筋（540/835级）。

2. 取样方法及数量

（1）钢筋、钢丝、钢绞线，应按批进行随机取样检查，每批由同牌号、同炉号、同规格、同交货状态的钢筋组成。每批数量不大于60 t，取一组试样。

（2）各类钢筋每组试件数量见表2-6。

表2-6 钢筋试件取样数量

钢筋种类	每组试件数量	
	拉伸试验	弯曲试验
热轧带肋钢筋	2根	2根
热轧光圆钢筋	2根	2根
低碳钢热轧圆盘条	1根	2根
冷轧带肋钢筋	逐盘1个	每批2个

注：1. 低碳钢热轧圆盘条，冷弯试件应取自同盘的两端。

2. 试件切取时，应在钢筋或盘条的任意一端截去500 mm后切取。

（3）试件截取长度（用 L 表示）计算如下：

拉力（伸）试件

$$L \geqslant 5d + 200 \text{ mm}$$

冷弯试件

$$L \geqslant 5d + 150 \text{ mm}$$

式中　d——钢筋直径。

（4）当为 $d \leqslant 10$ mm 的光圆钢筋时，拉力（伸）试件长度 $L \geqslant 10d + 200$ mm。

（5）冷拔低碳钢丝的拉力（伸）试件 $L = 350$ mm，反复弯曲试件 $L = 150$ mm。

3. 检验判定标准

（1）根据原附钢筋质量证明书或试验报告单检查每批钢筋的外观质量（如裂缝、结疤、麻坑、气泡、砸碰伤痕及锈蚀程度等），并测量本批钢筋的代表直径。

（2）检验报告中屈服点、抗拉强度、伸长率均应符合相应标准规定的指标。

（3）做拉伸试验的两根试件中，如一根试件的屈服点、抗拉强度、伸长率三个指标中有一个指标不符合标准，即为拉伸试验不合格，应取双倍试件重新测定；在第二次拉伸试验中,如仍有任意一个指标不符合规定,拉伸试验项目为不合格,则该批钢筋质量判定为不合格。

(4)冷弯试验后弯曲外侧表面,如无裂纹、断裂或起层,即判为合格。做冷弯试验的两根试件中,如一根试件不合格,应取双倍试件重新测定;在第二次冷弯试验中,如仍有任意一根不合格,该批钢筋质量判定为不合格。

二、混凝土工程的质量控制

(一)水泥现场存放

(1)优先使用散装水泥。

(2)进场的水泥,应按生产厂家、品种和强度等级,分别储存到有明显标志的储罐或仓库中,不应混装。水泥在运输和储存过程中应防水防潮。

(3)罐储水泥宜1个月倒罐1次。

(4)水泥仓库应有排水、通风措施,保持干燥。堆放袋装水泥时,应有防潮层,距地面、边墙至少30 cm,堆放高度不得超过15袋,并留出运输通道。

(5)散装水泥运至工地的入罐温度不宜高于65 ℃。

(6)先出厂的水泥应先用。袋装水泥储运时间超过3个月,散装水泥超过6个月,使用前应重新检验。不应使用结块水泥,已受潮结块的水泥应经处理并检验合格后方可使用。

(7)应避免水泥的散失浪费,做好环境保护。

(二)骨料现场存放

(1)堆存场地应有良好的排水设施,必要时应设遮阳防雨棚。

(2)各级骨料仓之间应设置隔墙等有效措施,严禁混料,并应避免泥土和其他杂物混入骨料中。

(3)应尽量减少转运次数。卸料时,粒径大于40 mm骨料的自由落差大于3 m时,应设置缓降设施。

(4)储料仓除有足够的容积外,还应维持不小于6 m的堆料厚度。细骨料仓的数量和容积应满足细骨料脱水的要求。

(5)在粗骨料成品堆场取料时,同一级料应注意在料堆不同部位同时取料。

(三)钢筋现场存放和加工

1. 堆放

钢筋应按不同等级、牌号、规格及生产厂家分批验收,分别堆存,不应混杂,且应立牌以便识别。钢筋运输、贮存过程中应避免锈蚀和污染。钢筋宜堆置在仓库(棚)内;露天堆置时,应垫高并遮盖。钢筋不应和酸、盐、油等物品存放在一起。

2. 加工

钢筋的调直和清除污锈应满足下列要求:

(1)钢筋的表面应洁净,使用前应将表面油渍、漆污、锈皮、鳞锈等清除干净。但对钢筋表面的水锈和色锈可不做专门处理。当发现钢筋表面有严重锈蚀、麻坑、斑点等现象时,应经鉴定后视损伤情况确定降级使用或剔除不用。

（2）钢筋应平直，无局部弯折，钢筋中心线同直线的偏差不应超过其全长的1%。弯曲的钢筋均应矫直后方可使用。调直的钢筋不应出现死弯，否则应剔除不用。钢筋调直后如有劈裂现象，应作为不合格品，并应重新鉴定该批钢筋质量。

（3）钢筋调直后其表面不应有明显的伤痕。

（4）钢筋的调直宜采用机械调直和冷拉方法调直。如用冷拉方法调直钢筋，则其矫直冷拉率不应大于1%。对于Ⅰ级钢筋，为了能在冷拉调直的同时去锈皮，冷拉率可加大，但不应大于2%。钢筋伸长值的测量起点，以卷扬机或千斤顶拉紧钢筋（约为冷拉控制应力的1%）为准。

（5）钢筋除锈宜采用除锈机、风砂枪等机械除锈，钢筋数量较少时，可采用人工除锈。除锈后的钢筋应尽快使用。

钢筋端头的加工应满足下列要求：

（1）光面圆钢筋的端头应符合设计要求。如设计未作规定，所有的受拉光面圆钢筋的末端应作180°的半圆弯钩，弯钩的内径不得小于2.5d。当手工弯钩时，可带有不小于3d长度的平直部分（见图2-1）。

（2）当Ⅱ级钢筋按设计要求弯转90°时，其最小弯转直径应满足下列要求：

①钢筋直径小于16 mm时，最小弯转内径为5d；

②钢筋直径大于等于16 mm时，最小弯转内径为7d（见图2-2）。

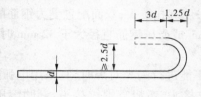

图2-1　光圆钢筋的弯钩示意图

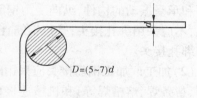

图2-2　Ⅱ级钢筋弯转90°示意图

钢筋的弯折加工应满足下列要求：

（1）弯起钢筋弯折处的圆弧内半径应大于12.5d（见图2-3）；

（2）温度低于 –20 ℃时，低合金钢筋不宜进行冷弯加工。

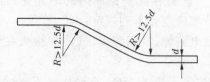

图2-3　弯起钢筋弯折处圆弧内半径示意图

钢筋接头加工应满足下列要求：

（1）钢筋接头加工应按所采用的钢筋接头方式要求进行；

（2）钢筋端部在加工后有弯曲时，应予矫直或割除（绑扎接头除外），端部轴线偏移不得大于0.1d，并不得大于2 mm。端头面应整齐，并与轴线垂直。

（3）加工后钢筋的允许偏差不得超过表2-7规定的数值。

表2-7　加工后钢筋的允许偏差

项次	偏差名称		允许偏差值
1	受力钢筋全长净尺寸的偏差（mm）		±10
2	箍筋各部分长度的偏差（mm）		±5
3	钢筋弯起点位置的偏差（mm）	构件	±20
		大体积混凝土	±30
4	钢筋转角的偏差（°）		±3
5	圆弧钢筋径向偏差（mm）	薄壁结构	±10
		大体积混凝土	±25

3．接头

（1）设计有专门要求时，按设计要求进行，纵向受力钢筋接头位置宜设置在构件受力较小处并错开。钢筋接头优先采用焊接接头或机械连接接头；轴心受拉构件、小偏心受拉构件和承受振动的构件，纵向受力钢筋接头不应采用绑扎接头；双面配置受力钢筋的焊接骨架，不应采用绑扎接头；受拉钢筋直径大于28 mm或受压钢筋直径大于32 mm时，不宜采用绑扎接头。

（2）加工厂加工钢筋接头应采用闪光对焊。不能进行闪光对焊时，宜采用电弧焊（搭接焊、帮条焊、熔槽焊等）和机械连接（镦粗锥螺纹接头、镦粗直螺纹接头、剥肋滚压直螺纹接头等）。

（3）现场施工可采用绑扎搭接、手工电弧焊（搭接焊、帮条焊、熔槽焊、窄间隙焊）、气压焊和机械连接等。现场竖向或斜向（倾斜度在1∶0.5的范围内）钢筋的焊接，宜采用接触电渣焊。

（4）当施工条件受限制时，或经专门论证后，钢筋连接型式可以根据现场条件确定。

（5）钢筋接头应分散布置。配置在同一截面内的下述受力钢筋，其接头的截面面积占受力钢筋总截面面积的百分率应遵守下列规定：

①闪光对焊、熔槽焊、接触电渣焊、窄间隙焊、气压焊接头在受弯构件的受拉区，不超过50%，受压区不受限制。

②绑扎接头，在构件的受拉区不超过25%，在受压区不超过50%。

③焊接与绑扎接头距钢筋弯起点不小于10d，也不应位于最大弯矩处。

④机械连接接头，其接头分布应按设计文件规定执行，设计没有要求时，在受拉区不宜超过50%；在受压区或装配式构件中钢筋受力较小部位，Ⅰ级接头不受限制。

⑤若两根相邻的钢筋接头中距小于500 mm，或两绑扎接头的中距在绑扎搭接长度以内，均作为同一截面处理。

⑥施工中分辨不清受拉区或受压区时，其接头的分布按受拉区处理。

4. 安装

（1）钢筋的安装位置、间距、保护层及各部分钢筋的大小尺寸均应符合设计图纸的要求。其偏差不得超过表 2-8 的规定。

表 2-8　钢筋安装的允许偏差

项次	偏差名称		允许偏差
1	钢筋长度方向的偏差		±1/2 倍净保护层厚
2	同一排受力钢筋间距的局部偏差	柱及梁	±0.5d
		板、墙	±0.1 倍间距
3	双排钢筋，其排与排间距的局部偏差		±0.1 倍排距
4	梁与柱中钢箍间距的偏差		±0.1 倍箍筋间距
5	保护层厚度的局部偏差		±1/4 倍净保护层厚

（2）现场焊接或绑扎的钢筋网，其钢筋交叉的连接，应按设计文件的要求进行。如设计文件未作要求，且钢筋直径在 25 mm 以下，除楼板和墙内靠近外围两行钢筋的相交点应逐点扎牢外，其余按每隔一个交叉点扎结一个进行绑扎。

（3）钢筋安装中交叉点的绑扎，对于 Ⅰ、Ⅱ 级钢筋，直径在 16 mm 以上且不损伤钢筋截面时，可采用手工电弧进行点焊来代替，但必须采用细焊条、小电流进行焊接，并必须严加外观检查，钢筋不应有明显的咬边和裂纹出现。

（4）为了保证混凝土保护层的必要厚度，应在钢筋与模板之间设置强度不低于设计强度的混凝土垫块。垫块应埋设铁丝并与钢筋扎紧。垫块应互相错开，分散布置。在多排钢筋之间应用短钢筋支撑，以保证位置准确。

（5）板内双向受力钢筋网，应将钢筋全部交叉点扎牢。柱与梁的钢筋，其主筋与箍筋的交叉点，在拐角处应全部扎牢，其中间部分可每隔一个交叉点扎结一个。

（6）柱中箍筋的弯钩，应设置在柱角处，且须按垂直方向交错布置。除特殊情况外，所有箍筋应与主钢筋垂直。

（7）钢筋安装前应设架立筋，架立筋宜选用直径不小于 22 mm 的钢筋。安装后的钢筋应有足够的刚性和稳定性。预制的绑扎或焊接钢筋网及钢筋骨架，在运输和安装过程中应采取措施防止变形、开焊及松脱。

（8）钢筋架设完毕，应及时妥加保护，防止发生错动、变形和锈蚀。浇筑混凝土之前，应进行详细检查，并填写检查记录。检查合格的钢筋，如长期暴露，应在混凝土浇筑之前重新检查，合格后方可浇筑混凝土。

（9）在混凝土浇筑施工中，应安排值班人员经常检查钢筋架立位置，如发现变动应及时矫正，不应擅自移动或割除钢筋。

5. 质量控制与验收

钢筋质量控制内容和标准满足表 2-9、表 2-10 的规定。

表 2-9　钢筋制作及安装施工质量标准

项次		检验项目		质量要求	检验方法	检验数量
主控项目	1	钢筋的数量、规格尺寸、安装位置		符合质量标准和设计的要求	对照设计文件检查	全数
	2	钢筋接头的力学性能		符合规范和国家及行业有关规定	对照仓号在结构上取样测试	焊接 200 个接头检验 1 组,机械连接 500 个接头检验 1 组
	3	焊接接头和焊缝外观		不允许有裂缝、脱焊点、漏焊点,表面平顺,没有明显的咬边、凹陷、气孔等,钢筋不应有明显烧伤	观察并记录	不少于 10 个点
	4	钢筋连接		钢筋连接的施工质量标准见表 2-10		
	5	钢筋间距、保护层		符合规范规定和设计要求	观察、量测	不少于 10 个点
一般项目	1	钢筋长度方向		局部偏差 ±1/2 净保护层厚	观察、量测	不少于 5 个点
	2	同一排受力钢筋间距	排架、柱、梁	允许偏差 ±0.5d	观察、量测	
			板、墙	允许偏差 ±0.1 倍间距	观察、量测	
	3	双排钢筋,其排与排间距		允许偏差 ±0.1 倍排距	观察、量测	
	4	梁与柱中箍筋间距		允许偏差 ±0.1 倍箍筋间距	观察、量测	不少于 10 个点
	5	保护层厚度		局部偏差 ±1/4 净保护层厚	观察、量测	不少于 5 个点

（四）模板安装与拆除

1.模板安装的技术要求

（1）支架必须支承在坚实的地基或老混凝土上,并应有足够的支承面积,斜撑应防止滑动。当竖向模板和支架安装在基土上时应加设垫板,且基土必须坚实并有排水措施。对湿陷性黄土必须有防水措施;对冻胀性土必须有防冻融措施。

（2）现浇钢筋混凝土梁、板和孔洞顶部模板,跨度等于或大于 4 m 时,模板应设置预拱;当结构设计无具体要求时,预拱高度宜为全跨长度的 1/1 000 ~ 3/1 000。

（3）钢承重骨架的模板,必须按设计位置可靠地固定在承重骨架上,以防止在运输及浇筑时错位。承重骨架安装前,宜先作试吊及承载试验。

（4）在混凝土浇筑过程中,应安排专业人员负责模板的检查。对承重模板,应加强检查、维护。模板如有变形、位移,应及时采取措施,必要时停止混凝土浇筑。

2.模板安装的质量控制与验收

模板安装的质量控制与验收应符合表 2-11 的规定。

表 2-10 钢筋连接施工质量标准

项次	检验项目			质量要求	检验方法	检验数量
1	点焊及电弧焊	帮条对焊接头中心		纵向偏移差不大于 0.5d	观察、量测	
		接头处钢筋轴线的曲折		≤4°		
		焊缝	长度	允许偏差 -0.5d		
			高度	允许偏差 -0.5d		
			表面气孔夹渣	在 2d 长度上数量不多于 2 个；气孔、夹渣的直径不大于 3 mm		
2	对焊及熔槽焊	焊接接头根部未焊透深度	ϕ25~40 mm 钢筋	≤0.15d	观察、量测	
			ϕ40~70 mm 钢筋	≤0.10d		
		接头处钢筋中心线的位移		0.10d 且不大于 2 mm		
		焊缝表面(长为 2d)和焊缝截面上蜂窝、气孔、非金属杂质		≤1.5d		
3	绑扎连接	缺扣、松扣		不大于 20% 且不集中	观察、量测	每项不少于 10 个点
		弯钩朝向正确		符合设计图纸	观察	
		搭接长度		允许偏差 -0.05 设计值	量测	
4	机械连接	带肋钢筋冷挤压连接接头	压痕处套筒外形尺寸	挤压后套筒长度应为原套筒长度的 1.10~1.15 倍，或压痕处套筒的外径波动范围为原套筒外径的 0.8~0.9 倍	观察、量测	
			挤压道次	符合型式检验结果	观察、量测	
			接头弯折	≤4°	观察、量测	
			裂缝检查	挤压后肉眼观察无裂缝	观察、量测	
		直(锥)螺纹连接接头	丝头外观质量	保护良好，无锈蚀和油污，牙形饱满光滑	观察、量测	
			套头外观质量	无裂纹或其他肉眼可见缺陷	观察、量测	
			外露丝扣	无 1 扣以上完整丝扣外露	观察、量测	
			螺纹匹配	丝头螺纹与套筒螺纹满足连接要求，螺纹结合紧密，无明显松动，以及相应处理方法得当	观察、量测	

表 2-11　模板制作及安装施工质量标准

项次		检验项目		质量要求		检验方法	检验数量
主控项目	1	稳定性、刚度和强度		满足混凝土施工荷载要求，并符合模板设计要求		对照模板设计文件及图纸检查	全部
	2	承重模板底面高程		允许偏差 0～+5 mm		仪器测量	
	3	排架、梁板、柱、墙	结构断面尺寸	允许偏差 ±10 mm		钢尺测量	
			轴线位置	允许偏差 ±10 mm		仪器测量	
			垂直度	允许偏差 ±5 mm		2 m靠尺量测或仪器测量	
	4	结构物边线与设计边线	外露表面	内模板：允许偏差 -10 mm～0；外模板：允许偏差 0～+10 mm		钢尺测量	模板面积在100 m² 以内，不少于10 个点；每增加100 m²，检查点数增加不少于10 个点
			隐蔽内面	允许偏差 +15 mm			
	5	预留孔、洞尺寸及位置	孔洞尺寸	允许偏差 -10 mm		测量、查看图纸	
			孔洞位置	允许偏差 ±10 mm			
一般项目	1	模板平整度、相邻两板面错台	外露表面	钢模：允许偏差 2 mm；木模：允许偏差 3 mm		2 m靠尺量测或拉线检查	
			隐蔽内面	允许偏差 5 mm			
	2	局部平整度	外露表面	钢模：允许偏差 3 mm；木模：允许偏差 5 mm		按水平线（或垂直线）布置检测点，2 m靠尺量测	
			隐蔽内面	允许偏差 10 mm			
	3	板面缝隙	外露表面	钢模：允许偏差 1 mm；木模：允许偏差 2 mm		量测	100 m² 以上，检查 3～5 个点；100 m² 以内，检查 1～3 个点
			隐蔽内面	允许偏差 2 mm			
	4	结构物水平断面内部尺寸		允许偏差 ±20 mm		测量	100 m² 以上，不少于 10 个点；100 m² 以内，不少于 5 个点
	5	脱模剂涂刷		产品质量符合标准要求，涂刷均匀，无明显色差		查阅产品质检证明，观察	全面
	6	模板外观		表面光洁、无污物		观察	

注：1. 外露表面、隐蔽内面系指相应模板的混凝土结构物表面最终所处的位置。

2. 有专门要求的高速水流区、溢流面、闸墩、闸门槽等部位的模板，还应符合有关专项设计要求。

3. 模板拆除的技术要求

拆除模板的期限,应遵守下列规定:

(1)不承重的侧面模板,应在混凝土强度达到2.5 MPa以上,能保证其表面及棱角不因拆模而损坏时,才能拆除;

(2)钢筋混凝土结构的承重模板,应在混凝土达到下列强度后(按混凝土设计强度标准值的百分率计),才能拆除:

①对于悬臂板、梁,跨度≤2 m时,为75%;跨度>2 m时,为100%。

②对于其他梁、板、拱,跨度≤2 m时,为50%;跨度为2~8 m(含8 m)时,为75%;跨度>8 m时,为100%。

拆模时,应根据锚固情况,分批拆除锚固连接件,防止大片模板坠落。拆模应使用专门工具,以减少混凝土及模板的损伤。

预制构件模板拆除时的混凝土强度,应符合设计要求。当设计无具体要求时,应遵守下列规定:

(1)侧模:在混凝土强度能保证构件不变形、棱角完整时,方可拆除。

(2)预留孔洞的内模,在混凝土强度能保证构件和孔洞表面不发生塌陷和裂缝后,方可拆除。

(3)底模:当构件跨度不大于4 m时,在混凝土强度达到设计的混凝土强度标准值的50%后,方可拆除;当构件跨度大于4 m时,在混凝土强度达到设计的混凝土强度标准值的75%后,方可拆除。

(五)混凝土的拌和

(1)混凝土拌和应严格遵守签发的混凝土配料单,不应擅自更改。

(2)混凝土组成材料的配料量均以质量计,计量单位为"kg",称量的允许偏差,不应超过表2-12的规定。

表2-12　混凝土组成材料称量的允许偏差

材料名称	允许偏差(%)
水泥、掺合料、水、冰、外加剂溶液	±1
砂、石	±2

(3)为保证混凝土的拌和用水量不变,在混凝土拌和过程中,应根据气候条件定时检测骨料含水率,必要时应加密检测次数。

(4)在混凝土拌制过程中,应采取措施保持混凝土骨料含水率稳定,砂子含水率应控制在6%以内。

(5)混凝土掺合料宜采用现场干掺法,并应掺和均匀。

(6)外加剂溶液应均匀配入混凝土拌和物中,外加剂溶液中的水量应包含在拌和用水量之内。

(7)混凝土应拌和均匀、颜色一致。混凝土拌和时间应通过试验确定,且不宜小于表2-13中所列的最少拌和时间。

表 2-13　混凝土最少拌和时间

拌和机容量 $Q(m^3)$	最大骨料粒径 (mm)	最少拌和时间(s)	
		自落式拌和机	强制式拌和机
$0.75 \leqslant Q \leqslant 1$	80	90	60
$1 < Q \leqslant 3$	150	120	75
$Q > 3$	150	150	90

注:1. 入机拌和量应在拌和机额定容量的110%以内。

2. 掺加掺合料、外加剂和加冰时宜延长拌和时间,出机口的混凝土拌和物中不应有冰块。

3. 掺纤维、硅粉的混凝土其拌和时间应根据试验确定。

(8)混凝土粗骨料需风冷降温时,应在每台班开始拌和前对制冷风机进行冲霜。

(9)拌和楼进行二次筛分后的粗骨料,其超逊径含量应控制在要求的范围内。

(10)混凝土拌和物出现下列情况之一者,按不合格料处理:

①错用配料单配料。

②混凝土任意一种组成材料计量失控或漏配。

③出机口混凝土拌和物拌和不均匀或夹带生料,或温度、含气量和坍落度不符合要求。

(六)混凝土的运输

(1)混凝土在运输过程中,应尽量缩短运输时间及减少转运次数,严禁在运输途中和卸料过程中加水。掺普通减水剂的混凝土运输时间不宜超过表 2-14 的规定。

表 2-14　混凝土运输时间

运输时的平均气温(℃)	混凝土运输时间(min)
20~30	45
10~20	60
5~10	90

(2)混凝土运输设备,必要时应设置有遮盖或保温设施,以免日晒、雨淋、冰冻、高气温倒灌等因素影响混凝土质量。

(3)因故停歇过久,混凝土拌和物出现下列情况之一者,按弃料处理:

①混凝土产生初凝;

②混凝土塑性降低较多,已无法振捣;

③混凝土中含有冻块或遭受冰冻,严重影响混凝土质量;

④混凝土被雨水淋湿严重或混凝土失水过多。

(4)不论采用何种运输设备,混凝土自由下落高度不宜大于 2 m,超过时,应采取缓降或其他措施,防止骨料分离。

(七)混凝土的浇筑

(1)建筑物基础必须经验收合格批准后,方可进行混凝土浇筑仓面的准备工作。

(2)岩基上的杂物、泥土及松动岩石均应清除。岩基仓面应冲洗干净并排净积水;如有承压水,应采取可靠的处理措施。混凝土浇筑前岩基应保持洁净和湿润。

(3)软基或容易风化的岩基,应做好下列工作:

①软基上的仓面准备,避免破坏或扰动原状基础,如有扰动应处理;

②非黏性土壤地基,如湿度不够,应至少浸润15 cm深,使其湿度与最优强度时的湿度相符;

③地基为湿陷性黄土时,应采取专门的处理措施;

④在混凝土覆盖前,应做好基础保护。

(4)混凝土浇筑前应做好仓面设计并检查相关准备工作,包括地基处理或缝面处理,模板、钢筋、预埋件及止水设施等应符合设计要求,并详细记录。

(5)仓面检查合格并经批准后,应及时开仓浇筑混凝土,延后时间宜控制在24 h之内。若开仓时间延后超过24 h且仓面污染,应重新检查批准。

(6)在高温或低温或雨季施工时,混凝土仓面内应设置保温或遮盖设施,以免日晒、雨淋、气温等因素影响混凝土质量。

(7)基岩面和混凝土施工缝面浇筑第一坯混凝土前,宜先铺一层2~3 cm厚的水泥砂浆,或同等强度的小级配混凝土或富砂浆混凝土。

(8)混凝土浇筑可采用平铺法或台阶法。浇筑时应按一定厚度、次序、方向分层进行,且浇筑层面应保持平整。台阶法施工的台阶宽度和高度应根据入仓强度、振捣能力等综合确定,台阶宽度不应小于2 m。浇筑压力管道、竖井、孔道、廊道等周边及顶板混凝土时,应对称均匀上升。

(9)混凝土浇筑坯层厚度,应根据拌和能力、运输能力、浇筑速度、气温及振捣能力等因素确定。根据振捣设备类型确定浇筑坯层的允许最大厚度,可参照表2-15的规定。如采用低塑性混凝土及大型强力振捣设备时,其浇筑坯层厚度应根据试验确定。

表2-15 混凝土浇筑坯层的允许最大厚度

振捣设备类别		浇筑坯层的允许最大厚度
插入式	振捣机	振捣棒(头)工作长度的1.0倍
	电动或风动振捣器	振捣棒(头)工作长度的0.8倍
	软轴式振捣器	振捣棒(头)工作长度的1.25倍
平板式振捣器		200 mm

(10)入仓混凝土应及时平仓振捣,不得堆积。仓内若有粗骨料堆叠,应均匀地分散至砂浆较多处,但不得用水泥砂浆覆盖,以免造成蜂窝。在倾斜面上浇筑混凝土时,应从低处开始浇筑,浇筑面应保持水平,在倾斜面处收仓面应与倾斜面垂直。

(11)在混凝土浇筑过程中,不应在仓内加水。如发现混凝土和易性较差,应采取加强振捣等措施;仓内泌水应及时排除;避免外来水进入仓内;不应在模板上开孔赶水,带走灰浆;黏附在模板、钢筋和预埋件表面的灰浆应及时清除。

(12)不合格的混凝土不应入仓,已入仓的不合格混凝土应彻底清除。在清除混凝土时,应对基础、钢筋、模板等进行保护,如扰动,应重新处理并确保合格。

(13)混凝土浇筑应保持连续性:

①混凝土浇筑允许间歇时间应通过试验确定,无试验资料时可按表2-16控制。

表 2-16　混凝土浇筑的允许间歇时间

混凝土浇筑时的气温(℃)	允许间歇时间(min)	
	普通硅酸盐水泥、中热硅酸盐水泥、硅酸盐水泥	低热矿渣硅酸盐水泥、矿渣硅酸盐水泥、火山灰质硅酸盐水泥
20～30	90	120
10～20	135	180
5～10	195	—

②如因故中止且超过允许间歇时间,但混凝土尚能重塑者,可继续浇筑,否则必须按施工缝处理。

(14)混凝土浇筑的振捣应遵守下列规定:

①振捣设备的振捣能力与入仓强度、仓面大小等相适应,应合理选择振捣设备。混凝土入仓后先平仓后振捣,不应以振捣代替平仓。

②每一位置的振捣时间以混凝土粗骨料不再显著下沉并开始泛浆为准,防止欠振、漏振或过振。

③浇筑块第一层、卸料接触带和台阶边坡的混凝土应加强振捣。

④振捣作业时,振捣器棒头距模板的距离应不小振捣器有效半径的1/2。严禁振捣器直接碰撞模板、钢筋及预埋件等。

(15)采用手持式振捣器时应遵守下列规定:

①振捣器插入混凝土的间距应不超过振捣器有效半径的1.5倍。振捣器有效半径应根据试验确定。

②振捣器垂直插入混凝土中,按顺序依次振捣,每次振捣时间为30 s。如略有倾斜,倾斜方向保持一致,防止漏振、过振。

③振捣上层混凝土时,应将振捣器插入下层混凝土5 cm左右,以加强上、下层混凝土的结合。

④在止水片、止浆片、钢筋密集处等细心振捣,必要时辅以人工捣固密实。

(16)采用振捣机时应遵守下列规定:

①振捣棒组应垂直插入混凝土中,振捣密实后应慢慢拔出;

②移动振捣棒组的间距应根据试验确定;

③振捣上层混凝土时,振捣棒头应插入下层混凝土5～10 cm。

(17)采用平板式振捣器时应遵守下列规定:

①平板式振捣器应缓慢、均匀、连续不断地作业,严禁随意停机等待;

②坡面上从坡底向坡顶振捣,并采取有效措施防止混凝土下滑和骨料集中;

③应根据混凝土坍落度的大小调整振捣频率或速度。

(18)混凝土施工缝的处理应遵守下列规定:

①混凝土收仓面应浇筑平整,在其抗压强度未达到2.5 MPa前,不得进行下道工序的仓面准备工作。

②混凝土表面毛面处理时间由试验确定。毛面处理宜采用 25～50 MPa 高压水冲毛机，也可采用低压水、风砂枪、刷毛机及人工凿毛等方法。

③混凝土施工缝面无乳皮，微露粗砂，有特殊要求的部位微露小石。

（19）结构物设计顶面的混凝土浇筑完毕后，应使其平整，其高程必须符合设计要求。

（20）混凝土浇筑施工质量标准见表 2-17。

表 2-17　混凝土浇筑施工质量标准

项次		检验项目	质量要求	检验方法	检验数量
主控项目	1	入仓混凝土料	无不合格料入仓。如有少量不合格料入仓，应及时处理至达到要求	观察	不少于入仓总次数的 50%
	2	平仓分层	厚度不大于振捣棒有效长度的 90%，铺设均匀，分层清楚，无骨料集中现象	观察、量测	全部
	3	混凝土振捣	振捣器垂直插入下层 5 cm，有次序，间距、留振时间合理，无漏振、无超振	在混凝土浇筑过程中全部检查	
	4	铺筑间歇时间	符合要求，无初凝现象	在混凝土浇筑过程中全部检查	
	5	浇筑温度（指有温控要求的混凝土）	满足设计要求	温度计测量	
	6	混凝土养护	表面保持湿润，连续养护时间基本满足设计要求	观察	
一般项目	1	砂浆铺筑	厚度宜为 2～3 cm，均匀平整，无漏铺	观察	全部
	2	积水和泌水	无外部水流入，泌水排除及时	观察	
	3	插筋、管路等埋设件以及模板的保护	保护好，符合设计要求	观察、量测	
	4	混凝土表面保护	保护时间、保温材料质量符合设计要求	观察	
	5	脱模	脱模时间符合施工技术规范或设计要求	观察或查阅施工记录	不少于脱模总次数的 30%

（八）混凝土的养护

1. 混凝土表面养护的要求

（1）混凝土浇筑完毕初凝前，应避免仓面积水、阳光暴晒；

（2）混凝土初凝后可采用洒水或流水等方式养护；

（3）混凝土养护应连续进行，养护期间混凝土表面及所有侧面应始终保持湿润；

（4）特种混凝土的养护应按有关规定执行。

2. 混凝土养护时间

混凝土养护时间不宜少于 28 d,对重要部位、利用后期强度的混凝土以及其他有特殊要求的部位应延长养护时间。

(九) 混凝土温度控制

1. 混凝土的温度控制

1) 降低混凝土浇筑温度

(1) 采取下列措施降低料场骨料温度:

① 成品料场骨料的堆高不宜低于 6 m,并应有足够的储备;

② 通过地下廊道取料;

③ 搭盖凉棚,喷洒水雾降温(砂子除外)等。

(2) 粗骨料预冷可采用风冷、浸水、喷洒冷水等措施。采用风冷法时,应采取措施防止骨料(尤其是小石)冻仓。采用水冷法时,应有脱水措施,使骨料含水率保持稳定。

(3) 为防止温度回升,骨料从预冷仓到拌和楼应采取隔热、保温措施。

(4) 混凝土拌和时,可采用冷水、加冰等降温措施。加冰时,宜用片冰或冰屑,并适当延长拌和时间。

(5) 高温季节施工时,应根据具体情况,采取下列措施减少混凝土的温度回升:

① 缩短混凝土运输及等待卸料时间,入仓后及时进行平仓振捣,加快覆盖速度,缩短混凝土的暴露时间。

② 混凝土运输工具有隔热、遮阳措施。

③ 采用喷雾等方法降低仓面气温。

④ 混凝土浇筑宜安排在早晚、夜间及阴天进行。

⑤ 当浇筑块尺寸较大时,可采用台阶法,台阶宽应大于 2 m,浇筑块分层厚度宜小于 2 m。

⑥ 混凝土平仓振捣后,及时采用隔热材料覆盖。

(6) 基础部位混凝土,宜在有利季节浇筑,如需在高温季节浇筑,应经过论证采取有效的温度控制措施使混凝土最高温度控制在设计允许范围内。

2) 降低混凝土的水化热温升

(1) 在满足混凝土各项设计指标的前提下,应采用水化热低的水泥,优化配合比设计,采取加大骨料粒径,改善骨料级配,掺用混合材、外加剂和降低混凝土坍落度等综合措施,合理减少混凝土的单位水泥用量。

(2) 基础混凝土和老混凝土约束部位浇筑层厚以 1.5 ~ 2 m 为宜,并应做到短间歇均匀上升。

(3) 采用冷却水管进行初期冷却,通水时间应计算确定,一般为 10 ~ 20 d。混凝土温度与水温之差不应超过 25 ℃,管中水的流速宜为 0.6 ~ 0.7 m/s。水流方向应每 24 h 调换 1 次,日降温不应超过 1 ℃。

3) 降低坝体内外温差

为降低坝体内外温差,防止或减少表面裂缝,应在低温季节前,将坝体温度降至设计要求的温度。如采用冷却水管进行中期通水冷却,通水时间由计算确定,一般为 1~2 个月。通水水温与混凝土内部温度之差不应超过 20 ℃,日降温不超过 0.5 ℃。

4)表面保温

(1)28 d 龄期内的混凝土,应在气温骤降前进行表面保温,必要时应进行施工期长期保温。浇筑面顶面保温至气温骤降结束或上层混凝土开始浇筑前。

(2)在气温变幅较大的季节,长期暴露的基础混凝土及其他重要部位混凝土,应妥善保温。寒冷地区的老混凝土,在冬季停工前,应尽量使各坝块浇筑齐平,其表面保温措施和时间可根据具体情况确定。

(3)模板拆除时间应根据混凝土强度及混凝土的内外温差确定,并应避免在夜间或气温骤降时拆模。在气温较低季节,当预计拆模后有气温骤降时,应推迟拆模时间;如确需拆模,应在拆模后及时采取保温措施。

(4)混凝土侧面保温,应结合模板类型、材料性能等综合考虑,可在拆模后适时贴保温材料,必要时应采用模板内贴保温材料。

(5)混凝土表面保温材料及其厚度,应根据不同部位、结构要求结合混凝土内外温差和气候条件,经计算、试验确定。保温时间和保温后的等效放热系数应符合设计要求。

(6)已浇好的底板、护坦、面板、闸墩等薄板(壁)建筑物,其顶(侧)面宜保温到过水前。对于宽缝重力坝、支墩坝、空腹坝的空腔,在进入低温或气温骤降频繁的季节前,宜将空腔封闭并进行表面保温。隧洞、竖井、调压井、廊道、尾水管、泄水孔及其他孔洞的进出口在进入低温季节前应封闭。浇筑块的棱角和突出部分应加强保温。

5)特殊部位的温度控制措施

(1)对岩基深度超过 3 m 的塘、槽回填混凝土,应采用分层浇筑或通水冷却等温控措施,控制混凝土最高温度,将回填混凝土温度降低到设计要求的温度后,再继续浇筑上部混凝土。

(2)预留槽应在两侧老混凝土温度及龄期达到设计要求后,方可回填混凝土。回填混凝土一般应在低温季节浇筑,并采取温控措施使最高温度不超过设计允许最高温度。

(3)并缝块浇筑前,下部混凝土温度应达到设计要求。并缝块混凝土浇筑应安排在有利季节进行,应采取综合温度控制措施使混凝土最高温度在设计允许范围内,并采用薄层、短间歇、均匀上升的施工方法。

(4)堆石坝面板混凝土初凝后,应及时保温隔热,并养护至水库蓄水。

(5)孔、洞封堵的混凝土宜采用综合温控措施,以满足设计要求。

2.混凝土的温度测量

(1)在混凝土施工过程中,应至少每 4 h 测量一次混凝土原材料的温度、机口混凝土温度以及坝体冷却水的温度和气温,并做好记录。

(2)混凝土浇筑温度的测量,每 100 m² 仓面面积应不少于一个测点,每一浇筑层应不少于 3 个测点。测点应均匀分布在浇筑层面上。

(3)浇筑块内部的温度观测,除按设计规定进行外,还可根据混凝土温度控制的需要,补充埋设仪器进行观测。

3. 低温季节施工

（1）低温季节施工的保温模板，除应符合一般模板要求外，还必须满足保温效果的要求，所有孔洞缝隙均应填塞封堵，保温层的衔接必须严密可靠。

（2）外挂保温层应牢靠地固定于模板上。内贴保温层的表面应平整，且保温层材料强度应满足混凝土表面不变形要求，并有可靠措施保证其固定在混凝土表面，不因拆模而脱落，必要时应进行混凝土表面等效放热系数的验算。

（3）在低温季节施工的模板，在整个低温期间不宜拆除，如需拆除模板应遵守下列规定：

①混凝土强度必须大于允许受冻的临界强度。

②不宜在夜间和气温骤降期间拆模。具体拆模时间应满足温控防裂要求：内外温差不大于20℃或2~3 d内混凝土表面温降不超过6℃，如确需拆模，应及时采取保护措施。

③承重模板的拆除应经计算确定。

④在风沙大的地区拆模后应采取混凝土表面保湿措施。

（4）低温季节施工期间，应特别注意温度检查：

①外界气温宜采用自动测温仪器，若采用人工测温，每天至少测量6次。

②暖棚内气温每4 h至少测量一次，以距混凝土面50 cm的温度为准，测四边角和中心温度的平均数为暖棚内气温值。

③水温、外加剂温度及骨料温度每1 h至少测量一次。测量水、外加剂溶液和细骨料的温度时，温度传感器或温度计插入深度不小于10 cm；测量粗骨料温度时，插入深度不小于10 cm并大于骨料粒径1.5倍，且周围用细粒径充填。用点温计测量，应自15 cm以下取样测量。

④混凝土的出机口温度和浇筑温度，每2 h至少测量一次。温度传感器或温度计插入深度不小于10 cm。

⑤已浇混凝土块体内部温度，浇筑后7 d内加强观测，外部混凝土每天观测最高、最低温度；以后可按气温及构件情况定期观测。测温时应观测边角最易降温的部位。

⑥气温骤降和寒潮期间，应增加温度观测次数。

三、基础处理工程质量控制

（一）灌浆工程

1. 岩石地基固结灌浆质量控制

（1）固结灌浆孔灌浆前的压水试验应在裂隙冲洗后进行，采用单点法。压水试验检查宜在该部位灌浆结束3~7 d后进行。检查孔的数量不宜少于灌浆总孔数的5%。孔段合格率应在80%以上，不合格孔段的透水率值不超过设计规定值的50%，且不集中，灌浆质量可认为合格。

（2）岩体弹性波速和静弹性模量测试，应分别在该部位灌浆结束14 d和28 d后进行。其孔位的布置、测试仪器的确定、测试方法、合格指标以及工程合格标准，均应按照设计要求执行。

（3）灌浆孔灌浆和检查孔检查结束后，应排除孔内积水和污物，采用压力灌浆法或机械压浆法进行封孔，并将孔口抹平。

（4）整理、分析灌浆资料，验证灌浆效果。

①计算出各次序灌浆孔的单位吸水量和单位注入量的平均值，由其逐序的减少程度，评断灌浆效果。

②依照不同的灌浆次序，绘制出单位吸水量频率曲线及频率累计曲线、单位注入量频率曲线及频率累计曲线，并根据其变化情况，评断灌浆效果。

（5）钻设检查孔检查。在单位注入量大的地段或认为灌浆质量有疑问的地段，应钻设检查孔，进行压水试验和灌浆以检查固结灌浆的效果。检查孔的数目一般可按灌浆孔数的 5% ~10% 来控制。

①做压水试验的压水检查工作宜在该部位灌浆结束不少于 3 d 后进行。压水试验多选用一个压力阶段，其压力值多与该段同一高程的灌浆压力相同。深孔固结灌浆检查孔压水试验的压力值，可根据工程实际情况确定，当单位吸水量小于规定数值时，认为合格。《水工建筑物水泥灌浆施工技术规范》中规定：固结灌浆检查孔的孔段合格率应在80%以上，其余孔段的指标值亦不应超过设计值的 50%（如设计值为 0.03，则不应超过 0.045），即可认为合格。

②单位注入量检查孔压水试验完毕后，本孔还需进行灌浆，其单位注入量值的大小也作为检查固结灌浆的一个标志。有些工程规定：检查孔的单位吸水量和单位注入量均需小于某一规定数值，固结灌浆才被认为是合格。例如，某一工程有这样的规定：检查孔的单位吸水量和单位注入量均分别小于 0.03 L/（min·m·m）和 25 kg/m 时，该区的固结灌浆才算合格。

③测定弹性模量或弹性波速。鉴定坝基岩石经固结灌浆后其物理力学性能和改进程度，常利用弹性模量（或弹性波速）来表示。用弹性模量检查，宜在该部位灌浆结束不少于 14 d 后进行。弹性模量（简称弹模，用 E 表示）测试方法有静力弹性模量（简称静弹模，用 E_s 表示）和动力弹性模量（简称动弹模，用 E_d 表示）两种。静弹模测试比较复杂，且所测得的数据代表岩体的范围也很小，而动弹模测试方法比较简便、速度快，且能反映出深部岩层及较大范围的岩体的弹性模量，故在固结灌浆效果检查中常被广泛采用。

弹性波速也能间接反映出岩石的物理力学性能，所以有些工程就直接用它来表示岩石经固结灌浆后的效果。

④钻孔取岩芯、开挖竖井或平洞检查。除上述各项试验检查方法外，还可利用检查孔所采取的岩芯，观察水泥结石充填及胶结情况。根据需要，对岩芯也可进行必要的物理力学性能试验。

在大坝基础深部有危及坝基安全的软弱破碎带，经灌浆处理后，为确定灌浆效果，必要时，也可开挖井洞或钻设大口径钻孔，人员下去，进行实地直观检查。同时，在井、洞内还可做岩石力学性能试验，如测定岩石的弹性模量等。

（6）岩石地基固结灌浆单孔施工质量评定标准见表2-18。

表2-18　岩石地基固结灌浆单孔施工质量评定标准

工序	项次		检测项目	质量要求	检验方法	检验数量
钻孔	主控项目	1	孔深	不小于设计孔深	测绳或钢尺测钻杆、钻具	逐孔
		2	孔序	符合设计要求	现场查看	
		3	施工记录	齐全、准确、清晰	查看	抽查
	一般项目	1	终孔孔径	符合设计要求	卡尺或钢尺量测钻头	逐孔
		2	孔位偏差	符合设计要求	现场钢尺量测	
		3	钻孔冲洗	沉积厚度小于200 mm	测绳量测	
		4	裂隙冲洗和压水试验	回水变清或符合设计要求	目测或计时	
灌浆	主控项目	1	压力	符合设计要求	记录仪或压力表检测	逐段
		2	浆液及变换	符合设计要求	比重秤或重量配比等检测	
		3	结束标准	符合设计要求	体积法或记录仪检测	
		4	抬动观测	符合设计要求	千分表等量测	
		5	施工记录	齐全、准确、清晰	查看	抽查
	一般项目	1	特殊情况处理	处理后不影响质量	现场查看、记录查看	逐项
		2	封孔	符合设计要求	现场查看或探测	逐孔

注：本质量标准适用于全孔一次灌浆，其他灌浆方法可参照执行。

2. 岩石地基帷幕灌浆质量控制

（1）帷幕灌浆钻孔位置与设计位置的偏差不得大于10 cm。因故变更孔位时，应征得设计人同意。实际孔位应有记录，孔深应符合设计规定。

（2）垂直的或顶角小于5°的帷幕灌浆孔，其孔底的偏差值不得大于表2-19中的规定。

表2-19　钻孔孔底最大允许偏差值

孔深（m）	20	30	40	50	60
最大允许偏差值（m）	0.25	0.50	0.80	1.15	1.50

当孔深大于60 m时，孔底最大允许偏差值应根据工程实际情况并考虑帷幕的排数具体确定，一般不宜大于孔距。

（3）顶角大于5°的斜孔，孔底最大允许偏差值可根据实际情况按表2-19中的规定适当放宽，方位角偏差值不宜大于5°。

（4）帷幕灌浆工程质量检查应以检查孔压水试验成果为主，结合对竣工资料和测试成果的分析，综合评定。

（5）帷幕灌浆检查孔的数量宜为灌浆孔总数的10%。一个坝段或一个单元工程内，至少应布置一个检查孔。

（6）帷幕灌浆检查孔压水试验应在该部位灌浆结束 14 d 后进行。

（7）帷幕灌浆检查孔应自上而下分段卡塞进行压水试验，试验采用五点法或单点法。

（8）帷幕灌浆检查孔压水试验结束后，按技术要求进行灌浆和封孔。

（9）帷幕灌浆检查孔应采取岩芯，计算获得率并加以描述。

（10）帷幕灌浆质量压水试验检查，坝体混凝土与基岩接触段及其下一段的合格率应为 100%；再以下各段的合格率应在 90% 以上，不合格段的透水率值不超过设计规定值的 100%，且不集中，灌浆质量可认为合格。否则，应由参建各方商定处理方案。

（11）对帷幕灌浆孔的封孔质量宜进行抽样检查。

（12）岩石地基帷幕灌浆单孔施工质量评定标准见表 2-20。

表 2-20　岩石地基帷幕灌浆单孔施工质量评定标准

工序	项次		检测项目	质量要求	检验方法	检验数量
钻孔	主控项目	1	孔深	不小于设计孔深	测绳或钢尺测钻杆、钻具	逐孔
		2	孔底偏差	符合设计要求	测斜仪测量	
		3	孔序	符合设计要求	现场查看	逐段
		4	施工记录	齐全、准确、清晰	查看	抽查
	一般项目	1	孔位偏差	≤100 mm	钢尺量测	逐段
		2	终孔孔径	≥46 mm	测量钻头直径	
		3	冲洗	沉积厚度小于 200 mm	测绳量测孔深	
		4	裂隙冲洗和压水试验	符合设计要求	目测和检查记录	
灌浆	主控项目	1	压力	符合设计要求	压力表或记录仪检测	逐段
		2	浆液及变换	符合设计要求	比重秤、记录仪等检测	
		3	结束标准	符合设计要求	体积法或记录仪检测	
		4	施工记录	齐全、准确、清晰	查看	抽查
	一般项目	1	灌浆段位置及段长	符合设计要求	测绳或钢尺测钻杆、钻具	抽检
		2	灌浆管口距灌浆段底距离（仅用于循环式灌浆）	≤0.5 m	钻杆、钻具、灌浆管量测或钢尺、测绳量测	逐段
		3	特殊情况处理	处理后不影响质量	现场查看、记录查看	逐项
		4	抬动观测	符合设计要求	千分表等量测	逐段
		5	封孔	符合设计要求	现场查看或探测	逐孔

注：本质量标准适用于自上而下循环式灌浆和孔口封闭灌浆法，其他灌浆方法可参照执行。

(二)防渗工程

1. 高压喷射防渗体的质量控制

(1)施工前对高压喷射灌浆防渗板墙的施工,应按设计要求进行现场试验,确定水、气、浆的压力、流量、提升速度、旋转速度以及孔距等技术参数。

(2)灌浆液密度,回浆液密度,水、气、浆的压力和流量,摆喷角度,孔距等应符合规定的要求。

(3)钻孔施工时应采用预防孔斜的措施,孔深小于 30 m 时,钻孔偏斜率不应超过 1%;钻孔就位允许偏差为 ±50 mm,钻孔的有效深度应超过设计 300 mm;每 30 m 左右应作一先导孔,以核对地层,并采取岩样,做详细的钻孔记录

(4)灌浆时因故中断施工,复喷搭接长度不应小于 500 mm;在进浆正常情况下,若孔口回浆密度变小,回浆量增大,应降低气压并加大进浆浆液密度或进浆量;若孔内发生严重漏浆,应采取立即停止提升、降低压力、原位灌浆、加大浆液密度、填堵漏材料等措施。在喷射过程中,应定时记录各项参数及异常阻碍处理情况。

(5)高压摆喷灌浆通常的质量检查方法是采取挖槽观察、钻孔取芯和做围井试验。质量检查的内容主要是墙体连续性、墙体厚度和墙体的抗压强度、渗透系数等指标是否满足要求。

挖槽观察是最直观的办法,但往往受各种条件限制,很难挖到防渗体底部。钻孔取芯可以检查芯样情况、做强度试验和对钻孔进行压水试验,取得高喷防渗体的抗渗指标。

目前,对高压摆喷防渗体大多采取围井试验与浅层开挖相结合的办法进行最终质量检查。

围井试验宜在高喷灌浆结束 7 d 后进行;墙体钻孔检查宜在该部位施工完成后 28 d 进行。

(6)高压喷射灌浆防渗墙工程单孔施工质量标准见表 2-21。

表 2-21　高压喷射灌浆防渗墙工程单孔施工质量标准

项次		检验项目	质量要求	检验方法	检验数量
主控项目	1	孔位偏差	≤50 mm	钢尺量测	逐孔
	2	钻孔深度	大于设计墙体深度	测绳或钻杆、钻具量测	
	3	喷射管下入深度	符合设计要求	钢尺或测绳量测喷管	
	4	喷射方向	符合设计要求	罗盘量测	
	5	提升速度	符合设计要求	钢尺、秒表量测	
	6	浆液压力	符合设计要求	压力表量测	
	7	浆液流量	符合设计要求	体积法	
	8	进浆密度	符合设计要求	比重秤量测	
	9	摆动角度	符合设计要求	角度尺或罗盘量测	
	10	施工记录	齐全、准确、清晰	查看	抽查

项次		检验项目	质量要求	检验方法	检验数量
一般项目	1	孔序	按设计要求	现场查看	逐孔
	2	孔斜率	≤1%，或符合设计要求	测斜仪、吊线等量测	
	3	摆动速度	符合设计要求	秒表量测	
	4	气压力	符合设计要求	压力表量测	
	5	气流量	符合设计要求	流量表量测	
	6	水压力	符合设计要求	压力表量测	
	7	水流量	符合设计要求	流量表量测	
	8	回浆密度	符合规范要求	比重秤量测	
	9	特殊处理	符合设计要求	根据实际情况定	

注：1. 本质量标准适用于摆喷施工法，其他施工法可调整检验项目。

2. 使用低压浆液时，"浆液压力"为一般项目。

2. 混凝土防渗墙工程质量控制

（1）防渗墙导墙平面轴线应与防渗墙轴线平行，其允许偏差为 ±15 mm。导墙内墙面应竖直，墙顶高程允许偏差为 ±20 mm。

（2）应按规定的配合比配制泥浆，各种成分的加量误差不得大于 5%。储浆池内的泥浆应经常搅动，保持泥浆性能指标均一。

（3）槽孔建造质量应按下列要求控制：

①槽壁应平整垂直，不应有梅花孔、小墙等。

②孔位允许偏差不大于 30 mm。

③孔斜率：钻劈法、钻抓法和铣削法施工时不得大于 4‰；抓取法施工时不得大于 6‰。接头套接孔的两次孔位中心在任一深度的偏差值，不得大于设计墙厚的 1/3。

④槽孔深度（包括入岩深度）满足设计要求。

（4）清孔换浆完成 1 h 后进行检验，应达到如下质量要求：

①孔底淤积厚度不大于 100 mm。

②当使用膨润土泥浆时，槽内泥浆密度不大于 1.15 g/cm³；当使用黏土泥浆时，槽内泥浆密度不大于 1.30 g/cm³。泥浆取样位置距孔底 0.5~1.0 m。

（5）墙体材料的质量控制与检查应遵守下列规定：

①墙体材料的性能主要检查 28 d 龄期的抗压强度和抗渗性能。

②抗渗性能的检查：普通混凝土和黏土混凝土检查其抗渗等级；塑性混凝土、固化灰浆和自凝灰浆检查其渗透系数和允许渗透坡降。

③质量检查试件数量：抗压强度试件每 100 m³ 成型一组，每个墙段至少成型一组；抗渗性能每 3 个墙段成型一组；弹性模量试件每 10 个墙段成型一组。

④混凝土成型试件宜在槽口取样，也可在机口取样。

（6）墙体质量检查应在成墙后 28 d 进行，检查内容为墙体的物理力学性能指标、墙段接缝和可能存在的缺陷。检查可采用钻孔取芯、注水试验或其他检测方法。检查孔的数量宜为每 10~20 个槽孔一个，位置应具有代表性。

（7）混凝土防渗墙施工质量标准见表 2-22。

表 2-22　混凝土防渗墙施工质量标准

工序	项次		检验项目	质量要求	检验方法	检验数量
造孔	主控项目	1	槽孔孔深	不小于设计孔深	钢尺或测绳量测	逐槽
		2	孔斜率	符合设计要求	重锤法或测井法量测	逐孔
		3	施工记录	齐全、准确、清晰	查看	抽查
	一般项目	1	槽孔中心偏差	≤30 mm	钢尺量测	逐孔
		2	槽孔宽度	符合设计要求(包括接头搭接厚度)	测井仪或量测钻头	逐槽
清孔	主控项目	1	接头刷洗	符合设计要求,孔底淤积不再增加	查看、测绳量测	逐槽
		2	孔底淤积	≤100 mm	测绳量测	
		3	施工记录	齐全、准确、清晰	查看	
	一般项目	1	孔内泥浆密度 黏土	≤1.30 g/cm^3	比重秤量测	逐槽
			膨润土	根据地层情况或现场试验确定		
		2	孔内泥浆稠度 黏土	≤30 s	500 mL/700 mL 漏斗量测	
			膨润土	根据地层情况或现场试验确定	马氏漏斗量测	
		3	孔内泥浆含砂率 黏土	≤10%	含沙量测量仪量测	
			膨润土	根据地层情况或现场试验确定		
混凝土浇筑	主控项目	1	导管埋深	≥1 m,不宜大于 6 m	测绳量测	逐槽
		2	混凝土上升速度	≥2 m/h	测绳量测	
		3	施工记录	齐全、准确、清晰	查看	
	一般项目	1	钢筋笼、预埋件、仪器安装埋设	符合设计要求	钢尺量测	逐槽
		2	导管布置	符合规范及设计要求	钢尺或测绳量测	
		3	混凝土面高差	≤0.5 m	测绳量测	
		4	混凝土最终高度	不小于设计高程 0.5 m	测绳量测	
		5	混凝土配合比	符合设计要求	现场检验	逐批
		6	混凝土扩散度	34～40 cm	现场试验	逐槽或逐批
		7	混凝土坍落度	18～22 cm,或符合设计要求	现场试验	
		8	混凝土抗压强度、抗渗等级、弹性模量等	符合抗压、抗渗、弹模等设计指标	室内试验	
		9	特殊情况处理	处理后符合设计要求	现场查看、记录、检查	逐项

(三)复合地基工程

1. 振冲地基加固的质量控制

(1)振冲法适用于处理砂土、粉土、粉质黏土、素填土和杂填土等地基。对于处理不排水抗剪强度不小于 20 kPa 的饱和黏性土和饱和黄土地基,应在施工前通过现场试验确定其适用性。不加填料振冲加密适用于处理黏粒含量不大于 10% 的中砂、粗砂地基。

(2)施工前应检查振冲的性能,电流表、电压表的准确度及填料的性能,为确切掌握好填料量、密实电流和留振时间,使各段桩体都符合规定的要求,应通过现场试成桩确定这些施工参数。

(3)填料应选择不溶于地下水,或不受侵蚀影响且本身无侵蚀性和性能稳定的硬粒料。粒径过大,在边振边填过程中难以落入孔内;粒径过小,在孔中沉入速度太慢,不易振密。

(4)施工中应检查密度电流、供水压力、供水量、填料量、孔底留振时间、振冲点位置、振冲器施工参数等(施工参数由振冲试验或设计确定)。

不加填料振冲加密宜采用大功率振冲器,为了避免造孔过程中塌砂将振冲器抱住,下沉速度宜快,造孔速度宜为 8 ~ 10 m/min,到达深度后将射水量减至最小,留振至密实电流达到规定时,上提 0.5 m,逐段振密直至孔口,一般每米振密时间约 1 min。

(5)振冲施工结束后,除砂土地基外,应间隔一定时间后方可进行质量检验。对粉质黏土地基间隔时间可取 21 ~ 28 d,对粉土地基间隔时间可取 14 ~ 21 d。

(6)振冲桩的施工质量检验可采用单桩载荷试验,检验数量为桩数的 0.5%,且不少于 3 根。对碎石桩体检验可用重型动力触探进行随机检验。对桩间土的检验可在处理深度内用标准贯入、静力触探等进行检验。

(7)振冲处理后的地基竣工验收时,承载力检验应采用复合地基载荷试验。复合地基载荷试验检验数量不应少于总桩数的 0.5%,且每个单体工程不应少于 3 点。

(8)对不加填料振冲加密处理的砂土地基,竣工验收承载力检验应采用标准贯入、动力触探、载荷试验或其他合适的试验方法。检验点应选择在有代表性或地基土质较差的地段,并位于振冲点围成的单元形心处及振冲点中心处。检验数量可为振冲点数量的 1%,总数不应少于 5 点。振冲地基质量检验标准应符合表 2-23 的规定。

表 2-23 振冲地基质量检验标准

项目类别	序号	检查项目	允许偏差或允许值	检查方法
主控项目	1	填料粒径	符合设计要求	抽样检查
	2	密实电流(黏性土)(A) 密实电流(砂性土或粉土)(A) (以上为功率 30 kW 振冲器) 密实电流(其他类型振冲器)(A_0)	50 ~ 55 40 ~ 50 $(1.5 ~ 2.0)A_0$	电流表读数,A_0 为空振电流
	3	地基承载力	符合设计要求	按规定方法

项目类别	序号	检查项目	允许偏差或允许值	检查方法
一般项目	1	填料含泥量(%)	<5	抽样检查
	2	振冲器喷水中心与孔径中心偏差(mm)	≤50	钢尺量检查
	3	成孔中心与设计孔位中心偏差(mm)	≤100	钢尺量检查
	4	桩体直径(mm)	≤50	钢尺量检查
	5	孔深(mm)	±200	量钻杆或重锤测

2. 水泥土搅拌桩质量控制

(1)水泥土搅拌桩施工前应根据设计进行工艺性试桩,数量不得少于 2 根。当桩周为成层土时,应对相对软弱土层增加搅拌次数或增加水泥掺量。

(2)施工中应保持搅拌桩机底盘的水平和导向架的竖直,搅拌桩的垂直偏差不得超过 1%;桩位的偏差不得大于 50 mm;成桩直径和桩长不得小于设计值。

(3)施工过程中必须随时检查施工记录和计量记录,并对照规定的施工工艺对每根桩进行质量评定。检查重点是水泥用量、桩长、搅拌头转数和提升速度、复搅次数和复搅深度、停浆处理方法等。

(4)水泥土搅拌桩的施工质量检验可采用以下方法:

①成桩 7 d 后,采用浅部开挖桩头(深度宜超过停浆(灰)面下 0.5 m),目测检查搅拌的均匀性,量测成桩直径,检查量为总桩数的 5%。

②成桩后 3 d 内,可用轻型动力触探(N10)检查每米桩身的均匀性。检验数量为施工总桩数的 1%,且不少于 3 根。

(5)竖向承载水泥土搅拌桩地基竣工验收时,承载力检验应采用复合地基载荷试验和单桩载荷试验。

(6)载荷试验必须在桩身强度满足试验荷载条件时,并宜在成桩 28 d 后进行,检验数量为桩总数的 0.5%～1%,且每项单体工程不应少于 3 点。

(7)进行强度检验时,对承重水泥土搅拌桩应取 90 d 后的试件;对支护水泥土搅拌桩应取 28 d 后的试件。

(8)对相邻桩搭接要求严格的工程,应在成桩 15 d 后,选取数根桩进行开挖,检查搭接情况。

(9)基槽开挖后,应检验桩位、桩数与桩顶质量,如不符合设计要求,应采取有效补强措施。

(10)水泥土搅拌桩地基质量检验标准应符合表 2-24 的规定。

表 2-24　水泥土搅拌桩地基质量检验标准

项目	序号	检查项目	允许偏差或允许值		检查方法
			单位	数值	
主控项目	1	水泥及外掺剂质量	符合设计要求		查产品合格证书或抽样送检
	2	水泥用量	参数指标		查看流量计
	3	桩体强度	符合设计要求		按规定办法
	4	地基承载力	符合设计要求		按规定办法
一般项目	1	机头提升速度	m/min	≤0.5	量机头上升距离及时间
	2	桩底标高	mm	±200	测机头深度
	3	桩底标高	mm	$+100 \atop -50$	水准仪(最上部500 mm 不计入)
	4	桩位偏差	mm	<50	用钢尺量
	5	桩径	mm	<0.04D	用钢尺量,D 为桩径
	6	垂直度	%	≤1.5	经纬仪
	7	搭接	mm	>200	用钢尺量

注:本表中桩体强度的检查方法,各地均有成熟的方法,只要可靠均可。如用轻便触探器检查均匀程度、用对比法判断桩身强度,可参照国家现行行业标准《建筑地基处理技术规范》(JGJ 79—2002)。

3. 灰土挤密桩和土挤密桩复合地基的质量控制

(1)灰土挤密桩法和土挤密桩法适用于处理地下水位以上的湿陷性黄土、素填土和杂填土等地基,可处理地基的深度为 5～15 m。当以消除地基土的湿陷性为主要目的时,宜选用土挤密桩法;当以提高地基土的承载力或增强其水稳性为主要目的时,宜选用灰土挤密桩法;当地基土的含水量大于 24%、饱和度大于 65% 时,不宜选用灰土挤密桩法或土挤密桩法。

(2)成孔和孔内回填夯实应符合下列要求:

①成孔和孔内回填夯实的施工顺序,当整片处理时,宜从里(或中间)向外间隔 1～2 孔进行,对大型工程,可采取分段施工;当局部处理时,宜从外向里间隔 1～2 孔进行。

②向孔内填料前,孔底应夯实,并应抽样检查桩孔的直径、深度和垂直度。

③桩孔的垂直度偏差不宜大于 1.5%。

④桩孔中心点的偏差不宜超过桩距设计值的 5%。

⑤经检验合格后,应按设计要求,向孔内分层填入筛好的素土、灰土或其他填料,并应分层夯实至设计标高。

(3)雨季或冬季施工,应采取防雨或防冻措施,防止灰土和土料受雨水淋湿或冻结。

(4)成桩后,应及时抽样检验灰土挤密桩或土挤密桩处理地基的质量。对一般工程,主要应检查施工记录、检测全部处理深度内桩体和桩间土的干密度,并将其分别换算为平均压实系数和平均挤密系数。对重要工程,除检测上述内容外,还应测定全部处理深度内桩间土的压缩性和湿陷性。

（5）抽样检验的数量，对一般工程不应少于桩总数的 1%，对重要工程不应少于桩总数的 1.5%。

（6）灰土挤密桩和土挤密桩地基竣工验收时，承载力检验应采用复合地基载荷试验。

（7）检验数量不应少于桩总数的 0.5%，且每项单体工程不应少于 3 点。

（8）土挤密桩和灰土挤密桩地基质量检验标准应符合表 2-25 的规定。

表 2-25　土挤密桩和灰土挤密桩地基质量检验标准

项目	序号	检查项目	允许偏差或允许值		检查方法
			单位	数值	
主控项目	1	桩体及桩间土干密度	符合设计要求		现场取样检查
	2	桩长	mm	+500	测桩管长度或垂球测孔深
	3	地基承载力	符合设计要求		按规定的方法
	4	桩径	mm	−20	用钢尺量
一般项目	1	土料有机质含量	%	≤5	试验室焙烧法
	2	石灰粒径	mm	≤20	筛分法
	3	桩位偏差	满堂布桩不大于 0.04D 条基布桩不大于 0.25D		用钢尺量，D 为桩径
	4	垂直度	%	≤1.5	用经纬仪测桩管
	5	桩径	mm	−20	用钢尺量

注：桩径允许偏差负值是指个别断面。

4. 夯实水泥土桩复合地基的质量控制

（1）夯实水泥土桩法适用于处理地下水位以上的粉土、素填土、杂填土、黏性土等地基，处理深度不宜超过 10 m。

（2）夯实水泥土桩设计前必须进行配比试验，针对现场地基土的性质，选择合适的水泥品种，为设计提供各种配比的强度参数。夯实水泥土桩体强度宜取 28 d 龄期试块的立方体抗压强度平均值。

（3）夯填桩孔时，宜选用机械夯实。分段夯填时，夯锤的落距和填料厚度应根据现场试验确定，混合料的压实系数不应小于 0.93。

（4）土料中有机质含量不得超过 5%，不得含有冻土或膨胀土，使用时应过 10 ~ 20 mm 筛，混合料含水量应满足土料的最优含水量，其允许偏差不得超过 ±2%。土料与水泥应拌和均匀，水泥用量不得少于按配比试验确定的质量。

（5）垫层材料应级配良好，不含植物残体、垃圾等杂质。垫层铺设时应压（夯）密实，夯填度不得大于 0.9。采用的施工方法应严禁使基底土层扰动。

（6）在施工过程中，对夯实水泥土桩的成桩质量应及时进行抽样检验。抽样检验的数量不应少于总桩数的 2%。

对一般工程，可检查桩的干密度和施工记录。干密度的检验方法可在 24 h 内采用取土样测定或采用轻型动力触探击数 N10 与现场试验确定的干密度进行对比,以判断桩身质量。

(7)夯实水泥土桩地基竣工验收时,承载力检验应采用单桩复合地基载荷试验。对重要或大型工程,尚应进行多桩复合地基载荷试验。

(8)夯实水泥土桩地基检验数量应为总桩数的 0.5%～1%,且每个单体工程不应少于 3 点。

(9)夯实水泥土桩复合地基质量检验标准应符合表 2-26 的规定。

表 2-26　夯实水泥土桩复合地基质量检验标准

项目	序号	检查项目	允许偏差或允许值		检查方法
			单位	数值	
主控项目	1	桩径	mm	−20	用钢尺量
	2	桩长	mm	+500	测桩孔深度
	3	桩体干密度	符合设计要求		现场取样检查
	4	地基承载力	符合设计要求		按规定的方法
一般项目	1	土料有机质含量	%	≤5	焙烧法
	2	含水量（与最优含水量比）	%	±2	烘干法
	3	土料粒径	mm	≤20	筛分法
	4	水泥质量	设计要求		查产品质量合格证书或抽样送检
	5	桩位偏差	满堂布桩不大于 0.04D条基布桩不大于 0.25D		用钢尺量,D 为桩径
	6	桩孔垂直度	%	≤1.5	用经纬仪测桩管
	7	褥垫层夯填度	≤0.9		用钢尺量

5. 桩基础施工质量控制

(1)桩基工程应进行桩位、桩长、桩径、桩身质量和单桩承载力的检验。

(2)桩基工程的桩位验收,除设计另有规定外,应按下述要求进行:

①当桩顶设计标高与施工现场标高相同时,或桩基施工结束后,有可能对桩位进行检查时,桩基工程的验收应在施工结束后进行。

②当桩顶设计标高低于施工场地标高,送桩后无法对桩位进行检查时,对打入桩可在每根桩桩顶沉至场地标高时,进行中间验收,待全部桩施工结束,承台或底板开挖到设计标高后,再做最终验收。对灌注桩可对护筒位置做中间验收。

当桩顶标高低于施工场地标高时,如不做中间验收,在土方开挖后如有桩顶位移发生,则不易明确责任,可以引起打桩承包商及土方承包商的重视。

(3)预制桩(混凝土预制桩、钢桩)施工前应进行下列检验:

①成品桩应按选定的标准图或设计图制作,现场应对其外观质量及桩身混凝土强度进行检验;

②应对接桩用焊条、压桩用压力表等材料和设备进行检验。

(4)灌注桩施工前应进行下列检验:

①混凝土拌制应对原材料质量与计量、混凝土配合比、坍落度、混凝土强度等级等进

行检查；

②钢筋笼制作应对钢筋规格、焊条规格、品种、焊口规格、焊缝长度、焊缝外观和质量、主筋和箍筋的制作偏差等进行检查,钢筋笼制作允许偏差应符合表 2-27 的要求。

(5)预制桩(混凝土预制桩、钢桩)在施工过程中应进行下列检验：

①打入(静压)深度、停锤标准、静压终止压力值及桩身(架)垂直度检查；

②接桩质量、接桩间歇时间及桩顶完整状况检查；

③每米进尺锤击数、最后 1.0 m 锤击数、总锤击数、最后三阵贯入度及桩尖标高等。

(6)灌注桩在施工过程中应进行下列检验：

①灌注混凝土前,应按照有关施工质量要求,对已成孔的中心位置、孔深、孔径、垂直度、孔底沉渣厚度进行检验；

②应对钢筋笼安放的实际位置等进行检查,并填写相应质量检测、检查记录；

③干作业条件下成孔后应对大直径桩桩端持力层进行检验。

(7)根据不同桩型应按表 2-27 及表 2-28 规定检查成桩桩位偏差。

表 2-27 灌注桩的平面位置和垂直度的允许偏差

序号	成孔方法		桩径允许偏差(mm)	垂直度允许偏差(%)	桩位允许偏差(mm)	
					1~3 根单排桩基垂直于中心线方向和群桩基础的边桩	条形桩基沿中心线方向和群桩基础的中间桩
1	泥浆护壁	$D \leqslant 1\,000$ mm	±50	<1	$D/6$,且不大于 100	$D/4$,且不大于 150
		$D > 1\,000$ mm	±50		$100 + 0.01H$	$150 + 0.01H$
2	套管成孔灌注桩	$D \leqslant 500$ mm	−20	<1	70	150
		$D > 500$ mm			100	150
3	干成孔灌注桩		−20	<1	70	150
4	人工挖孔桩	混凝土护壁	+50	<0.5	50	150
		钢套管护壁	+50	<1	100	200

表 2-28 预制桩(钢桩)桩位的的允许偏差 (单位:mm)

序号	项目	允许偏差
1	盖有基础梁的桩： (1)垂直基础梁的中心线； (2)沿基础梁的中心线	$100 + 0.01H$ $150 + 0.01H$
2	桩数为 1~3 根桩基中的桩	100
3	桩数为 4~16 根桩基中的桩	1/2 桩径或边长
4	桩数大于 16 根桩基中的桩： (1)最外边的桩； (2)中间桩	1/3 桩径或边长 1/2 桩径或边长

（8）工程桩应进行承载力和桩身质量检验。

对于地基基础设计等级为甲级或地质条件复杂、成桩质量可靠性低的灌注桩，应采用静载荷试验的方法进行检验，检验桩数不应少于总数的1%，且不应少于3根。

对重要工程（甲级）应采用静载荷试验检验桩的垂直承载力。关于静载荷试验桩的数量，如果施工区域地质条件单一，当地又有足够的实践经验，数量可根据实际情况由设计确定。承载力检验不仅是检验施工的质量而且也能检验设计是否达到工程的要求。因此，施工前的试桩如没有破坏又用于实际工程中应可作为验收的依据。非静载荷试验桩的数量，可按国家现行行业标准《建筑基桩检测技术规范》（JGJ 106—2003）的规定。

对设计等级为甲级或地质条件复杂、成桩质量可靠性低的灌注桩，抽检数量不应少于总数的30%，且不应少于20根；其他桩基工程的抽检数量不应少于总数的20%，且不应少于10根；对混凝土预制桩及地下水位以上且终孔后经过核验的灌注桩，检验数量不应少于总桩数的10%，且不得少于10根。每个柱子承台下不得少于1根。

（9）桩身质量除对预留混凝土试件进行强度等级检验外，尚应进行现场检测。检测方法可采用可靠的动测法，对于大直径桩还可采用钻芯法、声波透射法；检测数量可根据现行行业标准《建筑基桩检测技术规范》（JGJ 106—2003）确定。

（10）对专用抗拔桩和对水平承载力有特殊要求的桩基工程，应进行单桩抗拔静载试验检测和水平静载试验检测。

四、土石方工程质量控制

（一）土方开挖

（1）开挖应遵循自上而下分层分段依次进行，如某些部位需上、下同时施工，应采取有效的安全技术措施，且须经监理人批准。

（2）开挖轮廓应满足下列要求：

①符合施工详图所示的开口线、坡度和高程的要求；

②如某些部位按施工详图开挖后，不能满足稳定、强度、抗渗要求，或设计要求有变更时，必须按监理、业主、设计商定的要求继续开挖到位；

③最终开挖超、欠挖值满足规范要求，坡度不得陡于设计坡度。

（3）对于地下水位较高部位的土方开挖，在施工前，要求承包人应设计专门的降水、排水方案报监理人批准，以确保所有开挖均为干地施工。现场监理人员要督促承包人按批准的方案实施并对实施的情况进行检查；在开挖边坡上遇有地下水渗流时，要求承包人在边坡修整和加固前，采取有效的疏导和保护措施。

（4）对于在外界环境作用下极易风化、软化和冻裂的软弱基面，若其上建筑物暂时未能施工覆盖，应按设计文件和合同技术要求进行保护。

（5）边坡开挖完成后应及时进行保护。对于高边坡或可能失稳的边坡应按合同或设计文件规定进行边坡稳定检测，以便及时判断边坡的稳定情况和采取必要的加固措施。

（二）石方开挖

（1）开挖后的建筑物基础轮廓不应有反坡（结构本身许可者除外）；若出现反坡，均应处理成顺坡。

对于陡坎，应将其顶部削成钝角或圆沿状。当石质坚硬、撬挖确有困难时，经监理工程师同意，可用密集浅孔装微量炸药爆除，或采取结构处理措施。

（2）建基面应整修平整。在坝基斜坡或陡崖部分的混凝土坝体伸缩缝下的岩基，应严格按设计规定进行整修。

（3）建基面如有风化、破碎，或含有有害矿物的岩脉、软弱夹层和断层破碎带以及裂隙发育和具有水平裂隙等，均应用人工或风镐挖到设计要求的深度。如情况有变化，经监理工程师同意，可使用单孔小炮爆破，撬挖后应根据设计要求进行处理。

（4）建基面附有的方解石薄脉、黄锈（氧化铁）、氧化锰、碳酸钙和黏土等，经设计、地质人员鉴定，认为影响基岩与混凝土的结合时，都应清除。

（5）建基面经锤击检查受爆破影响震松的岩石，必须清除干净。如块体过大，经监理工程师同意，可用单孔小炮炸除。

（6）在外界介质作用下破坏很快（风化及冻裂）的软弱基础建基面，当上部建筑物施工来不及覆盖时，应根据室外试验结果和当地条件所制定的专门技术措施进行处理。

（7）在建基面上发现地下水时，应及时采取措施进行处理，避免新浇混凝土受到损害。

（三）疏浚工程

1.挖槽宽度控制

（1）挖泥船操作人员必须严格按照测量人员设置的开挖标志进行定位和施工，应经常校核和调整船位。

（2）操作人员必须熟悉施工，了解开挖标志的精确度，掌握船舶横移速度和摆动惯性，选择合理的对标位置和挖宽。

（3）操作人员对开挖标志有疑问或发现有错误时，应及时向施工技术人员或测量人员反映，由测量人员进行复核或校正。

（4）挖槽断面边坡宜按阶梯形开挖，开挖时掌握下超上欠，尽量做到超欠平衡。最大允许及计算超宽值见表2-29。

表2-29　挖槽最大允许及计算超宽值

挖泥船类型	机具规格		最大允许及计算超宽（每边，m）
绞吸式	绞刀直径（m）	>2	1.5
		1.5～2	1.0
		<1.5	0.5
链斗式	斗容量（m³）	≥0.5	1.5
		<0.5	1.0
铲斗式	斗容量（m³）	≥2	1.5
		<2	1.0
抓斗式	斗容量（m³）	≥4	1.5
		2～4	1.0
		<2	0.5

2. 挖槽深度控制

（1）施工前应正确记录测量人员所设置的水位标尺读数，并严格按照水位标尺进行挖槽深度控制。

（2）施工前应检查、校正挖泥船上的挖深指示尺，使绞刀或泥斗最低点至水面的垂直距离与挖深指示尺读数一致。

挖深指示尺的零点可定在挖泥船的正常吃水线上，当吃水线变化时，应及时计算出挖深改正值，以便调整绞刀头和泥斗的下放深度。

（3）对挖槽已挖部分要经常进行水深测量，发现欠挖超过允许值时，及时退船处理。

（4）单项疏浚工程完工，施工单位应对挖槽全面进行水深测量，对欠挖处应加密探测。

（5）单项工程验收时，未达到设计深度的欠挖点，应小于施测点总数的10%，并在满足下列各条规定时可不进行返工处理：

①欠挖值小于设计水深的5%，且不大于30cm；

②横向浅埂长度小于挖槽设计底宽的5%，且不大于2m；

③纵向浅埂长度小于2.5m。

最大允许及计算超深值见表2-30。

表 2-30　挖槽最大允许及计算超深值

挖泥船类型	机具规格		最大允许超深（m）	计算超深（m）
绞吸式	绞刀直径（m）	>2	0.6	0.4
		1.5~2	0.5	0.3
		<1.5	0.4	0.3
链斗式	斗容量（m³）	≥0.5	0.4	0.3
		<0.5	0.3	0.2
铲斗式	斗容量（m³）	≥2	0.5	0.3
		<2	0.4	0.3
抓斗式	斗容量（m³）	≥4	0.8	0.5
		2~4	0.6	0.4
		<2	0.4	0.3

（四）土方填筑

（1）清理坝基、岸坡和铺盖地基时，应将树木、草皮、树根、乱石、坟墓以及各种建筑物等全部清除干净，并认真做好水井、泉眼、地道、洞穴等处理。

（2）坝基和岸坡表层的粉土、细砂、淤泥、腐殖土、泥炭等均应按设计要求和有关规定清除。对于风化岩石、坡积物、残积物、滑坡体等应按设计要求和有关规定处理。

（3）设置在岩石地基上的防渗体、反滤和均质坝体与岩石岸坡接合，必须采用斜面连接，不得有台阶、急剧变坡，更不得有反坡。岩石岸坡开挖清理后的坡度，应符合设计要求。对于局部凹坑、反坡以及不平顺岩面,可用混凝土填平补齐,使其达到设计坡度。

(4)非黏性土的坝壳与岸坡接合,亦不得有反坡,清理坡度按设计要求进行。

(5)防渗体和反滤过渡区部位的坝基和岸坡岩面的处理,包括断层、破碎带以及裂隙等处理,尤其是顺河方向的断层、破碎带,必须按设计要求作业,不留后患。

(6)防渗体填筑时,应在逐层取样检查合格后,方可继续铺填。反滤料、坝壳砂砾料和堆石料的填筑,应逐层检查坝料质量、铺料厚度、洒水量,严格控制碾压参数,经检查合格后,方可继续填筑。

防渗体分段碾压时,相邻两段交接带碾迹应彼此搭接,垂直碾压方向搭接带宽度应不小于0.3~0.5 m,顺碾压方向搭接带宽度应为1~1.5 m。

(7)当气候干燥、土层表面水分蒸发较快时,铺料前,压实表土应适当洒水湿润,严禁在表土干燥状态下,在其上铺填新土。

对于中高坝防渗体或窄心墙,凡已压实表面形成光面时,铺前应洒水湿润并将光面刨毛,对低坝洒水湿润即可。

(8)坝壳料的填筑应遵守下列规定:

①坝壳料宜采用进占法卸料,推土机应及时平料,铺料厚度应符合设计要求,其误差不宜超过层厚的10%。坝壳料与岸坡及刚性建筑物结合部位,宜回填一条过渡料带。

②超径石宜在石料场爆破解小,填筑面上不应有超径块石和块石集中、架空。

③坝壳料应用振动平碾压实,与岸坡结合处2 m宽范围内平行岸坡方向碾压,不易压实的边角部位应减薄铺料厚度,用轻型振动碾压实或用平板振动器及其他压实机械压实。

④碾压堆石坝不应留削坡余量,宜边填筑,边整坡、护坡。

(9)黏性土、砾质土、风化料、掺合料纵横向接缝的设置应符合下列要求:

①防渗体及均质坝的横向接坡不宜陡于1:3.0,需采用更陡接坡时,应提出论证,经监理工程师批准后方可实施;

②随坝体填筑上升,接缝必须陆续削坡,直至合格方可回填;

③防渗体及均质坝的接缝削坡取样检查合格后,必须边洒水、边刨毛、边铺料压实,并宜控制其含水率为施工含水率的上限。

(10)砂砾料堆石及其他坝壳料纵横向接合部位宜采用台阶收坡法,每层台阶宽度不小于1 m。

(11)负温下填筑范围内的坝基在冻结前应处理好,并预先填筑1~2 m松土层或采取其他防冻措施,以防坝基冻结。若部分地基被冻结,须仔细检查。如黏性土地基含水率小于塑限,砂和砂砾地基冻结后无显著冰夹层和冻胀现象,并经监理工程师批准后,方可填筑坝体。

(12)雨后复工处理要彻底,首先人工排除防渗体表层局部积水,并视未压实表土含水率情况,可分别采用翻松、晾晒或清除处理。严禁在有积水、泥泞和运输车辆走过的坝面上填土。

(13)料源复查的内容如下:

①覆盖层或剥离层厚度、料层的地质变化及夹层的分布情况;

②料源的分布、开采及运输条件;

③料源的水文地质条件与汛期水位的关系；

④根据料场的施工场面、地下水位、地质情况、施工方法及施工机械可能开采的深度等因素，复查料场的开采范围、占地面积、弃料数量以及可用料层厚度和有效储量；

⑤进行必要的室内和现场试验，核实坝料的物理力学性质及压实特性。

（14）坝料的碾压试验应选择具有代表性的坝料在专门试验场进行。

防渗土料的含水率调整工作应在坝外进行，调整方法按工艺试验成果确定。

（15）坝体压实质量应控制压实参数，并取样检测密度和含水率。检验方法、仪器和操作方法，应符合国家及行业颁发的有关规程、规范要求。

①黏性土现场密度检测，宜采用环刀法、表面型核子水分密度计法。环刀容积不小于 $500 cm^3$，环刀直径不小于 100 mm、高度不小于 64 mm。

②质土现场密度检测宜采用挖坑灌砂（灌水法）。

③土质不均匀的黏性土和砾质土的压实度检测宜用三点击实法。

④反滤料、过渡料及砂砾料现场密度检测，宜采用挖坑灌水法或辅以表面波压实密度仪法。

⑤堆石料现场密度检测，宜采用挖坑灌水法，也可辅以表面波法、测沉降法等快速方法。挖坑灌水法测密度的试坑直径不小于坝料最大粒径的 2～3 倍，最大不超过 2 m，试坑深度为碾压层厚。

⑥黏性土含水率检测宜采用烘干法，也可用核子水分密度计法、酒精燃烧法、红外线烘干法。

⑦砾质土含水率检测宜采用烘干法或烤干法。

⑧反滤料、过渡料和砂砾料含水率检测宜采用烘干法或烤干法。

⑨堆石料含水率检测，宜采用烤干和风干联合法。

⑩防渗土料干密度或压实度的合格率不小于90%，不合格干密度或压实度不得低于设计干密度或压实度的98%。

⑪堆石料砂砾料，取样所测定的干密度，平均值应不小于设计值，标准差应不大于 $0.1 g/cm^3$。当样本数小于 20 组时，应按合格率不小于 90%，不合格干密度不得低于设计干密度的95%控制。

第四节 案 例

【案例 2-1】

【背景】

某寒冷地区拦河闸过程，主要建筑物 1 级，次要建筑物 3 级。设计防洪标准 50 年一遇，共 22 孔，每孔净宽 10.0 m，其中闸室为两孔一联，每联底板顺水流方向长与垂直水流方向宽均为 22.7 m，底板厚 1.8 m。交通桥采用预制 T 形梁板结构；检修桥为现浇板式结构，板厚 0.35 m。各部位混凝土设计强度等级分别为：闸底板、闸墩、检修桥为 C25，交通桥为 C30；混凝土设计抗冻等级除闸墩为 F150 外，其余均为 F100。

施工中发生以下事件：

事件一：基坑开挖时，承包人采用反铲挖掘机配合自卸汽车一次性将闸室地基挖至建基面高程。

事件二：为提高混凝土抗冻性能，承包人严格控制施工质量，采取对混凝土加强振捣与养护等措施。

事件三：为有效防止混凝土底板出现温度裂缝，承包人采取减少混凝土发热量等温度控制措施。

事件四：施工中，承包人组织有关人员对 11# 闸墩出现的蜂窝、麻面等质量缺陷在工程质量缺陷备案表上进行填写，并报监理人备案，作为工程竣工验收备查资料。工程质量缺陷备案表填写内容包括质量缺陷产生的部位、原因等。

事件五：混凝土浇筑时，仓内出现粗骨料堆叠情况，施工人员采取水泥砂浆覆盖的措施进行处理。

【问题】

1. 事件一中承包人选用的开挖方法是否合适？简要说明理由。

2. 除事件二中给出的措施外，提高混凝土抗冻性的主要措施还有哪些？

3. 除事件三中给出的措施外，底板混凝土浇筑还有哪些主要温度控制措施？

4. 指出事件四中质量缺陷备案做法的不妥之处，并加以改正；工程质量缺陷备案表除给出的填写内容外，还应填写哪些内容？

5. 指出事件五中施工措施对工程质量可能造成的不利影响，并说明正确做法。

【答案】

1. 承包人选择的开挖方法不合适。

理由：本工程闸室用挖掘机直接开挖至建基面高程不合适，临近设计高程时，应留出 30～50 cm 的保护层暂不开挖，待上部结构施工时，再由人工挖除闸室地基保护层。

2. 提高混凝土抗冻性的主要措施还有：提高混凝土的密实性，减小水灰比，掺加外加剂（或引气剂）。

理由：影响混凝土抗冻性能的因素主要有水泥品种、强度等级、水灰比、骨料的品质等。提高混凝土抗冻性最主要的措施是：提高混凝土密实度；减小水灰比；掺加外加剂；严格控制施工质量，注意捣实，加强养护等。

3. 底板混凝土浇筑主要温度控制措施还有：降低混凝土入仓温度，加速混凝土散热。

理由：混凝土温控措施主要有减少混凝土的发热量、降低混凝土的入仓温度、加速混凝土散热等。为减少混凝土的发热量可采取减少每立方米混凝土的水泥用量、采用低发热量的水泥等措施。降低混凝土的入仓温度可采取合理安排浇筑时间、加冰或加冰水拌和、骨料预冷等措施。加速混凝土散热可采取自然散热冷却降温、预埋水管通水冷却等措施。

4. 承包人组织质量缺陷备案表填写，报监理单位备案不妥，应由监理人组织质量缺陷备案表填写，报工程质量监督机构备案。

工程质量缺陷备案表除给出的填写内容外，还应填写：对工程安全、使用功能和运行的影响（或对建筑物使用的影响），处理意见或不处理原因分析（或对质量缺陷是否处理和如何处理）。

理由：小于一般质量事故的质量问题称为质量缺陷。对因特殊原因，使得工程个别部位或局部达不到规范和设计要求（不影响使用），且未能及时进行处理的工程质量缺陷问题（质量评定仍为合格），必须以工程质量缺陷备案形式进行记录备案。

质量缺陷备案资料必须按竣工验收的标准制备，作为工程竣工验收备查资料存档。质量缺陷备案表由监理人组织填写，各工程参建单位代表应在质量缺陷备案表上签字，若有不同意见应明确记载。质量缺陷备案表应及时报工程质量监督机构备案。工程竣工验收时，发包人应向竣工验收委员会汇报并提交历次质量缺陷备案资料。质量缺陷备案的内容包括：质量缺陷产生的部位、原因；处理意见或不处理原因分析（或对质量缺陷是否处理和如何处理）；对建筑物使用的影响等。

5.可能造成的不利影响：造成内部蜂窝。

理由：混凝土浇筑时，仓内粗骨料堆叠，应将粗骨料均匀地分布于砂浆较多处，不得用水泥砂浆覆盖。

【案例 2-2】

【背景】

某大型水库的主坝为Ⅰ等 1 级建筑物，其加固扩建按照 100 年一遇洪水标准设计，1 000 年一遇洪水标准校核。100 年一遇洪水时坝上设计洪水位 28.41 m，坝下设计洪水位 26.75 m，相应滞蓄库容 85.6 亿 m³。

主坝为黏土心墙砂壳坝，心墙最小厚度为 1.8 m，河床段坝基上部为厚 6 m 的松散—中密状态的中粗砂层，下部为弱风化岩石，裂隙发育中等；两侧坝肩均为强风化岩石地基，裂隙发育中等。混凝土截渗墙厚度为 0.4 m，采用冲挖工艺成槽，截渗墙在强、弱风化岩石入岩深度分别为 1.5 m、1.0 m，如图 2-4 所示。设计要求混凝土截渗墙应在上游坝面石碴料帮坡施工结束后才能开工，并在截渗墙施工过程中预埋帷幕灌浆管。

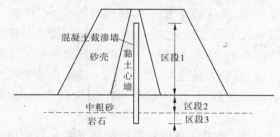

图 2-4 黏土心墙砂壳坝结构

本工程施工过程中发生如下事件：

事件一：工程开工前进行了项目划分，该水库主坝除险加固工程划分为一个单位工程、七个分部工程，其中混凝土截渗墙按工程量划分为两个分部工程。

事件二：为保证工程质量，承包人制订了质量控制方案，明确所有单元工程都应当实行"三检制"，并在自检合格的条件下，经监理人验收合格后，才可进行下道工作。

事件三：施工单位为检验工程质量，在工地建立了试验室。在施工过程中，承包人有关人员在施工技术负责人的监督下，对有关部位的混凝土进行了见证取样，所取试样在工地试验室进行了试验，同时承包人有关人员在监理人的监督下，另取一份试件作为平行检测试样,并在工地试验室进行了试验。

【问题】

1. 根据事件一,指出有关项目划分的原则是什么。

2. 根据图2-4中的混凝土截渗墙布置和各区段地质情况,指出截渗墙施工中质量较难控制的是哪一个区段,并简要说明理由。

3. 指出事件二中有何不妥之处,并说明原因。"三检制"的含义是什么?

4. 指出事件三中承包人做法的不妥之处,并简要说明理由。

【答案】

1.《水利水电工程施工质量检验与评定规程》(SL 176—2007)有关项目划分的原则如下:

(1)项目按级划分为单位工程、分部工程、单元(工序)工程等三级。

(2)水利水电工程项目划分应结合工程结构特点、施工部署及施工合同要求进行,划分结果应有利于保证施工质量以及施工质量管理。

(3)枢纽工程的单位工程项目划分原则:一般以每座独立的建筑物为一个单位工程。当工程规模大时,可将一个建筑物中具有独立施工条件的一部分划分为一个单位工程。

(4)枢纽工程的分部工程项目划分原则:土建部分按设计的主要组成部分划分;金属结构及启闭机安装工程和机电设备安装工程按组合功能划分。

2. 截渗墙施工中,质量较难控制的是区段2,因为在中粗砂地层中,施工混凝土截渗墙易塌孔、漏浆。

理由:混凝土截渗墙施工主要有成槽(孔)、清槽(孔)、混凝土浇筑三个工序。其中,成槽(孔)工序是混凝土截渗墙施工成功关键的第一步,岩石中成槽(孔)固然困难,但最困难的是在卵石层、砂层中成槽(孔),因为卵石层、砂层中易塌孔和漏浆。

3. 事件二的不妥之处是:笼统讲单元工程都应当实行"三检制"验收方法不妥,这是因为单元工程分为一般单元工程、重要隐蔽单元工程和关键部位单元工程。一般单元工程在承包人自检合格的前提下,监理人复核。对于重要隐蔽单元工程及关键部位单元工程质量经承包人自评合格、监理人抽检后,由发包人(或委托监理人)、监理人、设计人、承包人、工程运行管理人(施工阶段已经有时)等单位组成联合小组,共同检查核定其质量等级。

"三检制"是指班组自检、施工队复检和项目经理部专职质检机构终检。

4. 见证取样在施工技术负责人的监督下取样,试样送工地试验室试验不妥。见证取样应在监理人或发包人监督下取样,试样送到具有相应资质等级的工程质量检测机构进行试验。

平行检测由承包人有关人员取样,试样送工地试验室试验不妥。平行检测应由监理人在承包人自行检测的同时独立取样,试样送到具有国家规定的资质条件的检测机构进行试验。

理由:水利工程施工质量检测的总体要求是:严格开展施工自检、监理平行检测,积极推进第三方检测。

见证取样和平行检测是水利工程施工过程中,监理人对质量控制采取的主要方法和手段。对涉及工程结构安全的试块、试件及有关材料,应实行见证取样。见证取样是指在监理人或发包人监督下,由承包人有关人员现场取样,并送到具有相应资质等级的工程质量检测机构所进行的检测。见证取样资料由施工单位制备,记录应真实齐全,参与见证取样人员应在相关文件上签字。

平行检测是指监理人为核验承包人的检测结果,在承包人自行检测的同时独立进行检测。监理人应结合平行检测和跟踪检测结果等,复核工序施工质量检验项目是否符合质量标准的要求。平行检测试样应送到具有国家规定的资质条件的检测机构进行试验。《水利工程建设项目施工监理规范》(SL 288—2003)对监理机构平行检测的检测数量进行了明确规定,混凝土试样不应少于承包人检测数量的3%,重要部位每种强度等级的混凝土最少取样1组;土方试样不应少于承包人检测数量的5%,重要部位至少取样3组。

【案例 2-3】

【背景】

某2级堤防加固工程主要工程内容有:①背水侧堤身土方培厚及堤顶土方加高;②迎水侧砌石护坡拆除;③迎水侧砌石护坡重建;④新建堤基裂隙黏土高压摆喷截渗墙;⑤新建堤顶混凝土防汛道路;⑥新建堤顶混凝土防浪墙。土料场土质为中粉质壤土,平均运距为2 km。施工过程中发生如下事件:

事件一:土方工程施工前,在土料场进行碾压试验;高喷截渗墙工程先行安排施工,施工前亦在土料场进行工艺性试验,确定了灌浆孔间距、灌浆压力等施工参数,并在施工中严格按此参数进行施工。

事件二:高喷截渗墙施工结束后进行了工程质量检测,发现截渗墙未能有效搭接。

【问题】

1. 指出该堤防加固工程施工的两个重点工程内容。

2. 指出土方碾压试验的目的。

3. 指出①、④、⑤、⑥四项工程内容之间合理的施工顺序。

4. 分析高喷截渗墙未能有效搭接的主要原因。

【答案】

1. 该堤防加固工程施工的两个重点工程内容是:堤基裂隙黏土高压摆喷截渗墙、背水侧堤身土方培厚及堤顶土方加高。

理由:本堤防加固工程共有①～⑥项内容,施工重点的内容应主要从工程内容对工程主体安全影响方面进行考虑。堤防加固后要满足抗滑稳定、渗透稳定及相应的洪水标准,这些是本堤防工程需进行加固的最主要的目的。

2. 确定合适的压实机具、压实方法、压实参数等,并核实设计填筑标准的合理性。

理由:根据《堤防工程施工规范》(SL 260—98)和《碾压式土石坝施工技术规范》(SDJ 213—83),土方施工碾压试验项目包括:调整土料含水率、调整土料级配工艺、碾压试验、堆石料开采爆破试验等。通过碾压试验可以确定合适的压实机具、压实方法、压实参数等,并核实设计填筑标准的合理性。

3. 施工顺序为:④→①→⑥→⑤。

理由:水利工程堤防加固近十年来在全国普遍开展,主要加固内容一般均为土方培厚加高、堤基和堤身截渗、护坡拆除重建、堤顶道路及防浪墙建设等。施工现场安排主要考虑作业交叉、施工经济、施工方便等。在正常情况下,本着经济、便利的因素,堤基高喷截渗应在堤身土方施工前;防浪墙基底高程一般均在堤顶道路基层底高程以下,因此均应在堤顶道路前施工防浪墙。

4.高喷截渗工艺性试验场区土质为中粉质壤土,与堤基裂隙黏土存在地质差异(或不应在土料场进行高喷截渗工艺性试验),施工中未进一步检验和调整施工参数。

理由:高喷截渗墙工程施工前应进行工艺性试验,以确定灌浆孔间距、灌浆压力等施工参数,并在施工中严格按此参数进行施工,特别是灌浆孔间距的确定更是至关重要,在其他因素一致的情况下,其具体确定主要在于工程地质。工艺试验的中粉质壤土对应的灌浆间距比实际堤基的裂隙黏土对应的灌浆间距要小,且施工中未进一步检验和调整施工参数,因此才造成未搭接。

【案例 2-4】

【背景】

某渠道倒虹吸工程等别为Ⅰ等,主要建筑物的级别为 1 级。防洪标准为 100 年一遇洪水设计,300 年一遇洪水校核,设计流量 165 m³/s,倒虹吸由进口渐变段、进口闸室、管身段、出口闸室及出口渐变段五部分组成,全长 2 230 m。其中,进口渐变段长 65 m,进口闸段长 10 m,倒虹吸管身段长 2 060 m,出口闸段长 20 m,出口渐变段长 75 m。倒虹吸管身断面为 3 孔一联混凝土箱型结构,每孔净宽为 6.0 m×6.1 m(宽×高),结构断面尺寸为顶板、中墙、边墙厚 1.2 m,底板厚 1.3 m。

管身段采用先底板、再侧墙、后顶板的顺序进行混凝土浇筑施工。承包人在完成某节侧墙混凝土浇筑后,监理人联合承包人进行拆模检查。

在检查过程中发生了以下事件:

事件一:混凝土表面存在大量挂帘、错台,部分错台达 3 cm 左右;

事件二:局部混凝土面存在麻面、气泡,个别气泡直径大于 10 mm;

事件三:侧墙底部出现 2 处蜂窝及 1 处孔洞,孔洞深度大于设计钢筋保护层厚度。

【问题】

1.分别阐述事件一、二、三中质量缺陷可能产生的原因。

2.对于上述混凝土质量缺陷,监理工程师应要求承包人如何进行处理?

【答案】

1.质量缺陷产生原因如下。

事件一:(1)上部支护模板与下部混凝土已成型面不能紧密贴合,或混凝土浇筑过程中模板局部胀模,上部混凝土浇筑时漏浆形成混凝土挂帘。

(2)施工缝上下层模板定位偏差或胀模,或者上层模板纠正后不能完全复位形成施工缝处错台;后浇筑段混凝土模板定位偏差或胀模导致结构缝处出现错台。

事件二:(1)模板表面不光洁或骨料分离、粗骨料集中及振捣不到位等原因导致混凝土局部产生麻面、气泡缺陷。

(2)混凝土拌和物质量出现波动,多余水分聚集于混凝土侧模表面,振捣工未加强振捣,将其引出。

事件三：（1）混凝土拌和物离析、粗骨料集中及振捣不到位等原因导致混凝土局部产生蜂窝、孔洞。

（2）层间结合处局部存在积渣、清仓不洁净或模板底部漏浆导致局部蜂窝。

（3）振捣工在混凝土浇筑过程中出现工作疏漏，振捣交叉衔接部位欠振或接班人员对作业面振捣情况未交接。

2. 处理方法如下。

事件一：混凝土表面出现挂帘或小于1 cm的错台，使用磨光机打磨处理即可，对于3 cm的错台应使用锤子、钢钎进行局部凿除后，再使用磨光机表面修磨。混凝土错台处粗平后应充分浇水湿润，湿润后的混凝土表面用磨石、砂轮片等材料手工研磨，直到混凝土表面磨平、磨光。

事件二：（1）修补麻面时，应清除松动碎块、残渣，直至母体露出密实面。

（2）用风枪将处理混凝土面吹干净，在结合面涂一层界面剂，再使用铁抹子将聚合物水泥砂浆压入，直至将修补面压实抹平。

（3）修补单个直径大于10 mm的气泡时，应根据混凝土表面强度情况决定是否打磨，如混凝土表面密实，则仅对气泡用钢刷进行清孔，清除周边乳皮和孔内杂物，结合面吸水湿润表干洁净后，用聚合物水泥砂浆或环氧胶泥将气泡填补齐平；如混凝土表面强度低，应对混凝土表面进行打磨，磨至坚硬密实面后按麻面质量缺陷进行处理。

事件三：（1）确定蜂窝、孔洞所处部位和影响范围，用手持切割机将混凝土表层切割成较规则的形状，切割时宜向内微倾形成倒楔型。

（2）用铁锤配合钢钎或冲击钻，将缺陷部位内松散的混凝土凿除至密实面，混凝土四周应凿成斜坡状，凿除时应避免造成周边密实混凝土表面碰损。凿除的深度视混凝土面架空的深度而定。凿除时如钢筋外露，凿至钢筋底面以下（或内侧）不小于5 cm，保证混凝土与钢筋的握裹力。

（3）用吹风机或风枪将蜂窝、孔洞部位吹净，混凝土结合面宜涂刷界面剂或水泥净浆。修补材料可采用预缩砂浆、微膨胀砂浆或高强度等级的细石混凝土。

（4）对于深度不大于钢筋保护层的蜂窝、孔洞，可采用分层捣捣预缩砂浆、微膨胀砂浆，用木锤拍打捣实至表面出现少量浆液。

（5）对于深度大于钢筋保护层的蜂窝、孔洞，可采用比原混凝土强度高一等级的细石混凝土修补。分层捣入细石混凝土，用木锤拍打捣实或用小型振捣棒振捣至表面出现泛浆。修补完成后的部位刷养护液，粘贴养护膜、胶带封闭养护。养护期满后，用砂轮将修补的高出部位打磨处理直至平整。

【案例2-5】
【背景】
某新建排涝泵站装机容量为8×800 kW，采用堤后式布置于某干河堤防背水侧，主要工程内容有：①泵室（电机层以下）；②穿堤出水涵洞（含出口防洪闸）；③进水前池；④泵房（电机层以上）；⑤压力水箱（布置在堤脚外）；⑥引水渠；⑦机组设备安装等。施工工期为当年9月至次年12月，共16个月，汛期为6～8月，主体工程安排在一个非汛期内完成。施工过程中发生如下事件：

事件一：泵室段地面高程 19.6 m，建基面高程 15.6 m，勘探揭示 19.6～16.0 m 为中粉质壤土，16.0～13.5 m 为轻粉质壤土，13.5～7.0 m 为粉细砂，富含地下水，7.0 m 以下为重粉质壤土（未钻穿）。粉细砂层地下水具承压性，施工期水位为 20.5 m，渗透系数为 3.5 m/d。施工时采取了人工降水措施。

事件二：在某批（1 个验收批）钢筋进场后，承包人、监理人共同检查了其出厂质量证明书和外观质量，并测量了钢筋的直径，合格后随机抽取了一根钢筋在其端部先截取了 300 mm 后，再截取了一个抗拉试件和一个冷弯试件进行检验。

【问题】

1. 按照施工顺序安排的一般原则，分别指出第③、⑤项工程宜安排在哪几项工程内容完成后施工。

2. 指出事件一中适宜的降水方式并简要说明理由。

3. 指出事件二中的不妥之处并改正。

【答案】

1. 第③项工程宜安排在第①（或第①、④或第①、④、⑦）项工程完成后施工。

第⑤项工程宜安排在第②、第①项工程完成后施工。

理由：水利工程施工先后顺序的一般原则是"先重后轻，先深后浅"。"先重后轻"的目的是使相邻地基沉降变形协调一致；"先深后浅"是考虑建筑物施工完成后的地基不宜因施工相邻的深层建筑物而被挖开暴露产生可能的变形破坏。

根据背景材料，本泵站第③项工程（进水前池）仅为混凝土底板建筑，与泵室的底板分缝止水相邻，自重比相邻的泵室要轻得多，因此它的施工应安排在第①项工程（泵室（电机层以下））施工完成以后或第①项工程（泵室（电机层以下））、第④项工程（泵房（电机层以上））施工完成以后或第①项工程（泵室（电机层以下））、第④项工程（泵房（电机层以上））、第⑦项工程（机组设备安装）施工完成以后再行施工，也即待泵室先期固结沉降基本完成后再施工，以保证变形一致。

第⑤项工程宜安排在第②、第①项工程完成后施工的理由与上相同。

2. 事件一中适宜的降水方式为管井降水（或深井、降水井），其地质条件为：含水层厚度为 6.5 m（＞5.0 m），渗透系数为 3.5 m/d（＞1.0 m/d）（或含水层厚度大，承压水头高、渗透系数大）。

理由：水利工程基坑开挖的降排水一般有两种途径：明排法和人工降水。其中，人工降水经常采用轻型井点降水或管井井点降水两种方式。

轻型井点降水的适用条件：①黏土、粉质黏土、粉土的地层；②基坑边坡不稳，易产生流土、流砂、管涌等现象；③地下水位埋藏小于 6.0 m，宜用单级真空点井，当大于 6.0 m 时，场地条件有限，宜用喷射点井、接力点井，场地条件允许宜采用多级点井。

管井降水适用条件：①第四系含水层厚度大于 5.0 m；②基岩裂隙和岩溶含水层，厚度可小于 5.0 m；③含水层渗透系数 K 宜大于 1.0 m/d。

3. 事件二中，抽取一根钢筋不妥，应为两根钢筋，或两个试件不能在同一根钢筋上截取；端部截去 300 mm 不妥，应为 500 mm。

理由：水利工程钢筋混凝土施工中，水泥、钢筋、砂子、石子、外加剂等原材料检验需按相关规程、规范进行。到货钢筋应分批进行检验。检验时以 60 t 同一炉（批）号、同一规格尺寸的钢筋为一批。随机选取 2 根经外观质量检查和直径测量合格的钢筋，各截取一个抗拉试件和一个冷弯试件进行检验，不得在同一根钢筋上截取两个或两个以上同用途的试件。钢筋取样时，钢筋端部要先截去 500 mm 再截取试样。

【案例 2-6】

【背景】

某水闸为 I 级水工建筑物，共 16 孔，每孔净宽 10 m，总净宽 160 m，设计流量 1 650 m^3/s，闸底板顶▽ -2.0 m，底板厚 1.5 m，闸墩高 10.86 m，中墩厚 110 cm，缝墩及边墩厚 90 cm，闸室总宽 168.74 m；闸孔两孔一联，地基处理采用沉井基础，沉井外壁、隔墙厚分别为 80 cm、50 cm，底▽ -12.5 m；闸上交通桥采用空心板结构，桥面高程为 8.86 m，桥面宽度为（7.0 +2 ×0.25）m；胸墙与闸墩现浇成固定式结构，墙底▽ 3.0 m；工作桥采用"Ⅱ"型结构，桥宽 5.0 m，桥面▽ 16.84 m，两根大梁高、宽分别为 120 cm、40 cm，为方便运行管理、延长启闭机使用时间，在工作桥上设启闭机房，启闭机房宽 5.0 m、净高 3.5 m。

在施工过程中发生了以下事件：

在施工过程中，底板混凝土为 C30F150W8 Ⅱ级配，坍落度要求为 130 ~ 150 mm。承包人在混凝土拌和前对现场存储的砂、石骨料进行了检测，其中砂含水率为 7%，小石逊径为 11%，大石超径为 6%，混凝土浇筑时，承包人使用了设计配合比进行了混凝土拌和生产。

【问题】

1. 承包人采用设计配合比进行混凝土生产的做法是否正确？现场应采用何种配合比进行混凝土生产？混凝土拌和前配合比使用具体的操作程序有哪些？

2. 监理人在出机口实测混凝土坍落度为 18.3 mm，混凝土坍落度过大的原因是什么？监理人此时应采取什么措施保证混凝土拌和质量？

3. 承包人对现场存储的砂、石骨料检测的物理指标是否合格？合格标准是多少？

【答案】

1. 承包人采用设计配合比进行混凝土生产的做法不正确，混凝土拌和生产应在经批准的基准施工配合比的基础上，检测原材料物理性能后而计算出现场混凝土配料单用于混凝土生产，具体操作程序为：

①填写配料单基本资料；

②计算用砂量与砂料含水量；

③计算粗骨料用量；

④计算外加剂用量；

⑤计算混凝土总体积实际用水量；

⑥配料单复核验证；

⑦报送试验监理审核签字。

2. 混凝土坍落度过大的原因是细骨料含水状态发生变化。监理人应立即检查骨料含水状态是否发生变化，查看装载机取料部位是否改变。按照混凝土配料单微调程序调整实际用水量。对料仓存放的砂料含水率有定性的了解，考虑不同批次的砂料堆放时间段和位置,要求装载机在上料时保持铲料的均匀性。要求承包人试验人员加大检测频次,及时对配料单进行微调。

3. 承包人对现场存储的砂、石骨料检测的物理指标不合格。砂含水率应不大于6%、石子超径不大于5%、逊径不大于10%为合格标准。

【案例2-7】

【背景】

某平原河道水闸工程,共10孔,每孔净宽10 m,水闸顺水流方向长22 m。闸底板厚度2.0 m,混凝土强度等级为C25。闸墩厚1.2 m,混凝土强度等级C25。闸室底板建基面高程为15.5 m。

工程于2013年8月底开工,施工过程中发生如下事件:

事件一:2013年9月2日承包人进场一批袋装水泥,经过检验合格。由于设计变更,2013年12月16日才具备混凝土的浇筑条件,承包人准备用此批水泥浇筑混凝土。

事件二:为防止闸室底板及墩墙开裂,承包人组织制订了"减少混凝土发热量、降低混凝土入仓温度、加速混凝土散热"等温控措施。

【问题】

1. 指出事件一中,承包人的不妥之处和正确的做法。

2. 事件二中,承包人可采用哪些方法加速混凝土散热?

【答案】

1. 事件一的不妥之处是:2013年9月2日袋装水泥进场,12月16日才具备混凝土浇筑条件时,承包人准备用此批水泥浇筑混凝土。正确的做法是:袋装水泥进场已经超过3个月,依据有关规范规定,需复检合格后方可使用。

理由:水泥等具有活性的建筑材料,长期放置在空气中,其性能会发生变化,故规范中规定袋装水泥进场超过3个月需要再次复检,合格后方可使用。本批水泥于2013年9月2日进场,2013年12月16日准备使用,已经超过3个月,按规范规定应复检,合格后才能使用。

2. 加速混凝土散热方法有:①采用自然散热冷却降温;②在混凝土内预埋水管通水冷却。

理由:由于混凝土的抗压强度远高于抗拉强度,在温度压应力作用下不致破坏的混凝土,当受到温度拉应力作用时,常因抗拉强度不足而产生裂缝。大体积混凝土温度裂缝有表面裂缝、贯穿裂缝和深层裂缝。大体积混凝土紧靠基础产生的贯穿裂缝,无论对建筑物的整体受力还是防渗效果的影响都比浅层表面裂缝的危害大得多。表面裂缝也可能成为深层裂缝的诱发因素,对建筑物的抗风化能力和耐久性有一定影响。因此,对大体积混凝土应做好温度控制。

大体积混凝土温控措施主要有减少混凝土的发热量、降低混凝土的入仓温度、加速混凝土散热等。其中,结合本案例施工条件,加速混凝土散热的方法有:

(1)采用自然散热冷却降温。主要方法有:①采用薄层浇筑以增加散热面,并适当延长间歇时间;②在高温季节,已采取预冷措施时,则可采用厚块浇筑,防止因气温过高而热量倒流,以保持预冷效果。

（2）在混凝土内预埋水管通水冷却。主要是在混凝土内预埋蛇形冷却水管,通循环冷水进行降温冷却。

【案例 2-8】

【背景】

某水闸改建工程共 10 孔,孔口净宽 10 m,主体工程由闸室段、闸后消能段及两岸连接工程和附属工程组成。闸基防渗采用水平防渗铺盖与垂直防渗墙相结合的方式布置,闸室前端设置水泥深层搅拌防渗墙深 8 m,设计防渗长度 56.86 m,混凝土铺盖强度等级 C25。机架桥采用预制 Ⅱ 型梁结构,混凝土强度等级 C30,支撑于墩顶排架上,其上布置启闭机房。施工中发生以下事件:

事件一:深层搅拌防渗墙施工完成后,承包人在指定的防渗墙中部钻孔,进行现场注水试验测定防渗墙厚度处的渗透系数,试验点数为 2 点。

事件二:受吊装场地限制,承包人对机架桥采用现浇混凝土施工,并对模板及支架进行设计计算,荷载计算时考虑了工作人员及浇筑设备、工具等重量,以及振捣混凝土产生的荷载。

事件三:承包人对工序自检完成后,填写工序施工质量验收评定表并报送给监理人,监理人签署了质量复核意见。

事件四:承包人按规定对混凝土试件进行了留置,经统计铺盖混凝土抗压强度保证率为 93%,混凝土最低值为 22.3 MPa,抗压强度标准差为 4.5 MPa,机架桥混凝土抗压强度保证率为 92.5%,混凝土最低值为 28.5 MPa,抗压强度标准差为 4.8 MPa。

【问题】

1. 指出并改正事件一的不妥之处。

2. 除事件二给出的荷载外,模板设计还应计算哪些基本荷载?

3. 工序施工质量验收评定,除事件三给出的资料外,承包人和监理人分别还应提交哪些资料?

4. 依据《水利水电工程单元工程施工质量验收评定标准——混凝土工程》(SL 632—2012),判断事件四中铺盖混凝土和机架桥混凝土质量等级,并说明理由。

【答案】

1. 不妥之处:在防渗墙中部钻孔进行现场注水试验测定防渗墙厚度的渗透系数,试验点数为 2 点。

正确做法是:应在水泥深层搅拌防渗墙水泥土凝固前,于指定的防渗墙位置贴接加厚一个单元墙,待凝固 28 d 后,在两墙中间钻孔,进行现场注水试验(见图 2-5),试验点数不小于 3 点。

2. 除事件二中给出的荷载外,还应考虑:①模板及其支架的自重;②新浇混凝土重量;③钢筋重量。

理由:模板及其支撑结构要求具有足够的强度、刚度和稳定性,必须能承受施工中可能出现的各种荷载的最不利组合。模板及其支架承受的荷载分基本荷载和特殊

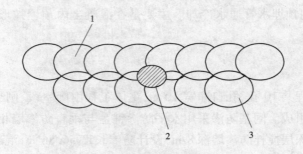

1—工程防渗墙;2—注水试验孔;3—试验贴接防渗墙段

图2-5　注水试验孔布置示意图

荷载两类。基本荷载包括:①模板及其支架的自重;②新浇混凝土重量;③钢筋重量;④工作人员及浇筑设备、工具等荷载;⑤振捣混凝土产生的荷载;⑥新浇混凝土的侧压力。在计算模板及支架的强度和刚度时,应按有关规范选择不同的基本荷载组合进行设计计算。

3. 工序施工质量验收评定,除事件三中给出的资料外,承包人还应提供:①各班、组的初检记录、复检记录、承包人专职质检员终验记录;②工序中各施工质量检验项目的检验资料。

监理人还应提交监理人对工序中施工质量检验项目的平行检测资料(包括跟踪监测)。

理由:《水利水电工程单元工程施工质量验收评定标准》将单元工程按工序划分情况,分为划分工序单元工程和不划分工序单元工程。工序施工质量验收评定应包括下列资料:

(1)施工单位报验时,应提交:

①各班、组的初检记录、施工队复检记录、承包人专职质检员终验记录;

②工序中各施工质量检验项目的检验资料;

③承包人自检完成后,填写的工序施工质量验收评定表。

(2)监理人应提交:

①监理人对工序中施工质量检验项目的平行检测资料(包括跟踪监测);

②监理人签署质量复核意见的工序施工质量验收评定表。

4. 铺盖混凝土质量不合格,因为强度最低值为22.3 MPa,不满足0.9倍设计强度标准值,即$0.9 \times 25 = 22.5$(MPa)的要求。机架桥混凝土满足合格质量等级,其混凝土抗压强度保证率为92.5%(>90%且 <95%);混凝土最低值为28.5 MPa,满足0.9倍设计强度标准值,即$0.9 \times 30 = 27$(MPa)的要求;抗压强度标准差为4.8 MPa(<5.0 MPa)。

理由:按照《水利水电工程单元工程施工质量验收评定标准》(SL 631～637—2012)对混凝土试件质量等级从抗渗性、抗压强度保证率、抗压强度最低值、抗压强度标准差、抗拉强度、抗冻性等指标进行评定,具体质量标准如表2-31所示。

表 2-31　混凝土试件部分指标质量标准

项目		质量标准	
		合格	优良
设计龄期抗渗性		满足设计要求	
抗压强度保证率	无筋(或少筋)混凝土强度	≥80%	≥85%
	配筋混凝土强度保证率	≥90%	≥95%
混凝土强度最低值	< C20	≤4.5	≤3.5
	C20 ~ C35	≤5.0	≤4.0
	> C35	≤5.5	≤4.5
抗拉强度		满足设计要求	
抗冻性合格率		80%	100%

【案例 2-9】

【背景】

某水库枢纽工程由大坝、溢洪道、电站及灌溉引水洞等建筑物组成。其中,大坝为黏土心墙土石坝,最大坝高为 35 m;灌溉引水洞位于大坝左端的山体内,最大洞径为 6.0 m。设计要求回填土料为黏性土,压实度≥98%。在开工前,承包人将料场土样进行了送检,并确定了土方最大干密度为 1.68 g/cm³。

施工过程中发生如下事件:

事件一:在坝体填筑前,承包人进行了现场土料碾压试验。

事件二:施工时先进行黏土心墙填筑,后进行上下游反滤料及坝壳料填筑。

事件三:土方干密度试验采用环刀法,某层土方试验时得出的干密度分别为 1.65 g/cm³、1.61 g/cm³。

【问题】

1. 事件一中承包人确定的土料填筑压实参数主要包括哪些?

2. 根据《碾压式土石坝施工规范》(DL/T 5129—2001),指出事件二中坝体填筑程序的不妥之处,并说明理由。

3. 根据事件三中已给出的干密度结果,能否对该层土方填筑压实度质量进行评定?说明原因并写出干密度计算公式。

【答案】

1. 土料填筑压实参数主要包括碾压机具的重量、含水率、碾压遍数及铺土厚度等,对于振动碾还应包括振动频率及行走速率等。

理由:含砾和不含砾的黏性土的填筑标准应以压实度和最优含水率作为设计控制指标,设计最大干密度应以击实最大干密度乘以压实度求得,1 级、2 级坝和高坝的压实度应为 98% ~100%,3 级中低坝及 3 级以下的中坝压实度应为 96% ~98%,设计地震烈度为 8 度、9 度的地区,宜取上述规定的大值;砂砾石和砂的填筑标准应以相对密度为设计控制指标。砂砾石的相对密度不应低于 0.75,砂的相对密度不应低于 0.7,反滤料宜为 0.7。

土料填筑压实参数主要包括碾压机具的重量、含水量、碾压遍数及铺土厚度等,对于振动碾还应包括振动频率及行走速率等。黏性土料选取试验铺土厚度和碾压遍数,并测定相应的含水量和干密度,作出对应的关系曲线;非黏性土料的试验,只需作铺土厚度、压实遍数和干密度 ρ_d 的关系曲线,据此便可得到与不同铺土厚度对应的压实遍数,根据试验结果选择现场施工的压实参数。

2. 不妥之处:先进行黏土心墙填筑,后进行上下游反滤料及坝壳料填筑。

理由:根据《碾压式土石坝施工规范》(DL/T 5129—2001)第10.2.7条规定:心墙应同上下游反滤料及部分坝壳料平起填筑,跨缝碾压。宜采用先填反滤料后填土料的平起填筑法施工。斜墙宜与下游反滤料及部分坝壳料平起填筑,斜墙也可滞后于坝壳料填筑,但需预留斜墙、反滤料和部分坝壳料的施工场地,且已填筑坝壳料必须削坡至合格面,经监理人验收后方可填筑。

3.(1)不能对该层土方填筑压实度质量进行判定,因为同一土样两次测定干密度的差值不得大于 0.03 g/cm³。

(2)干密度计算公式:

含水率 $\qquad w_0 = (m_0/m_d - 1) \times 100\%$ (准确至 0.1%)

式中 m_d——干土质量,g;

m_0——湿土质量,g。

湿密度 $\qquad \rho_0 = m_0/V$ (准确至 0.01 g/cm³)

理由:根据《土方试验方法标准》(GB/T 50123—1999)密度试验环刀法规定,同一土样两次测定干密度的差值不得大于 0.03 g/cm³。因此,此次试验结果无效,应重新取样检测。

【案例 2-10】

【背景】

某渡槽顺渠水流向总长 1 030 m,其主要建筑物为 1 级,次要建筑物为 3 级。设计流量为 350 m³/s,加大流量为 420 m³/s。渡槽结构为相对独立的三线三槽 40 m 跨的双向全预应力结构 U 形薄壁渡槽,单跨 40 m,共 18 跨,单槽内空尺寸(高×宽)7.23 m×9.0 m,直线段壁厚为 35 cm,端部壁厚为 65 cm。槽身混凝土强度等级为 C50W8F200,单榀槽身混凝土工程量 612 m³,单跨槽身钢筋 89.5 t(槽身混凝土含筋率 14.7%),单跨槽身预应力筋 36.05 t,其中环向无黏结预应力筋 17.33 t、纵向有黏结预应力筋 18.72 t。

在施工过程中发生了以下事件:

事件一:锚夹具在预应力张拉后,夹片"咬不住"钢绞线,产生滑丝现象,张拉钢绞线时,夹片在钢绞线上的咬痕较深,大多在夹片咬合处断丝。

事件二:现场张拉力满足设计要求,钢绞线实际伸长值与理论伸长值对比偏大较多,超出规范允许范围。

事件三:钻孔检查发现孔道中有空隙,向排气管内注水,发现孔道内进水量较大,预应力孔道注浆不饱满。

【问题】

1. 指出事件一中滑丝、断丝现象产生的原因,监理人应如何控制上述现象的发生?

2. 根据事件二的描述,钢绞线实际伸长值与理论伸长值对比偏大较多,监理人应要求施工单位采取什么措施来避免?

3. 为防止事件三的发生,简要阐述具体控制方法。

【答案】

1. 质量产生原因如下所述。

滑丝产生的原因是:

(1)锚夹片硬度指标不合格,硬度过低,夹不住钢绞线导致钢绞线滑动;

(2)预应力张拉时,加载速度过快,夹片与钢绞线咬合处瞬间应力过大,引起咬合处钢绞线变形,导致滑丝。

断丝产生的原因是:

(1)夹片硬度过高而夹伤钢绞线,在张拉时导致钢绞线断丝;

(2)锚夹片齿形和夹角不合理引起断丝;

(3)预应力张拉时,千斤顶、工作锚与孔道三者不在同一轴线上,钢绞线受剪力后发生断丝现象;

(4)钢绞线的质量不稳定,硬度指标起伏较大或外径公差超限,与夹片规格不相匹配导致滑丝或断丝。

控制方法:监理人应要求承包人按要求对夹片及钢绞线进行抽检,现场施工时监理人应逐片对夹片外观质量进行检查。预应力张拉时,尽量减少夹片对钢绞线同一部位的重复"咬合"。

2. 监理人应要求承包人按规定对每批钢绞线进行检验,按实际弹性模量修正计算伸长值;按规定对千斤顶油表等张拉设备定期进行标定;在主体工程施工前,应要求承包人进行预应力工艺性试验,确定施工参数;张拉过程中要确保预应力孔道的线形准确。

3. 为防止事件三发生,具体控制方法有:

(1)施工前应检查波纹管是否有破损,孔道是否堵塞。

(2)孔道在灌浆前应以高压水冲洗,清理杂物、疏通和湿润整个孔道;要求承包人按配合比配制浆液,防止水泥泌水率高、水灰比大、灰浆离析等现象。灌浆过程中监理人按要求进行旁站、抽检。

(3)孔道灌浆严格按照要求施工,出浆口浆液稠度应满足要求,按要求持压后方能停止灌浆。

【案例 2-11】

【背景】

某堤防工程总长为 25 km,堤身高度 6.5 m,按 50 年一遇的防洪标准设计,工程加固设计内容有:桩号 10 + 000 km ~ 12 + 000 km 堤段铲除退建,老堤堤身加高培厚等。施工过程中发生如下事件:

事件一:工程开始前,承包人在土料场选取部分土料进行室内标准击实试验,击实试验证明土料符合少黏性土击实规律,最大干容重 1.68 g/cm³。根据击实试验结果和《水利水电工程单元工程施工质量验收评定标准—堤防工程》(SL 634—2012)的规定确定了新堤身土方填筑、老堤加高培厚施工土料填筑压实度、压实度合格率控制标准。

事件二:承包人对退建、新建堤防分两个作业班组同时进行分层施工,每个工作面长度为 1 km,相邻施工段及与老堤防结合坡度按 1:2 控制。碾压时严格控制土料含水率,土料含水率应控制在最优含水率 ±5% 范围内。

【问题】

1. 指出事件一中本工程土方压实干密度控制值(计算结果保留 2 位有效数字),分别指出新堤身土方填筑、老堤加高培厚施工土料填筑压实度合格率控制标准,并说明理由。

2. 指出并改正事件二的不妥之处,两个作业段同时进行分层施工应注意哪些要点?

【答案】

1. 本工程土方压实度控制值为 $1.68 \times 0.92 = 1.55 (\text{g/cm}^3)$。新堤身土方填筑压实度合格率应大于等于 90%,老堤加高培厚施工土料填筑压实度合格率应大于等于 85%。因为本工程堤防按 50 年一遇的防洪标准设计,为 2 级堤防,采用少黏性土填筑。

理由: 根据《堤防工程设计规范》(GB 50286—2013)的规定,堤防工程的防洪标准主要由防洪对象的防洪要求而定,堤防工程的级别根据堤防工程的防洪标准确定,如表 2-32 所示。

表 2-32　堤防工程的级别

防洪标准 (重现期,年)	≥100	<100,且≥50	<50,且≥30	<30,且≥20	<20,且≥10
堤防工程的级别	1	2	3	4	5

根据《水利水电工程单元工程施工质量验收评定标准—堤防工程》(SL 634—2012)的规定,土料填筑压实度或相对密度合格标准如表 2-33 所示。

表 2-33　土料填筑压实度或相对密度合格标准

序号	上堤土料	堤防级别	压实度(%)	相对密度	压实度或相对密度合格率(%)		
					新筑堤	老堤加高培厚	防渗体
2	少黏性土	1 级	≥94	—	≥90	≥85	—
		2 级和高度超过 6 m 的 3 级堤防	≥92	—	≥90	≥85	—
		3 级以下及低于 6 m 的 3 级堤防	≥90	—	≥85	≥80	—

2. 相邻施工段及与老堤防结合坡度按 1:2 控制不妥,应缓于 1:3。

土料含水率应控制在最优含水率 ±5% 范围内不妥。土料含水率应控制在最优含水率 ±3% 范围内。

两个作业段同时进行分层施工,层与层之间分段接头应错开一定距离,各分段之间不应形成过大的高差。相邻施工段的作业面宜均衡上升,段间出现高差,应以斜坡面相接,结合坡度为 1:3 ~ 1:5。

理由:《堤防工程施工规范》(SL 260—98)对接缝、堤身与建筑物接合部施工提出明确要求:土堤碾压施工分段间有高差的连接或新老堤相接时垂直堤轴线方向的各种接缝应以斜面相接,坡度可采用 1:3 ~ 1:5,高差大时宜用缓坡。在土堤的斜坡结合面上填筑时应符合下列要求:应随填筑面上升进行削坡并削至质量合格层;削坡合格后应控制好结合面土料的含水率边刨毛边铺土边压实;垂直堤轴线的堤身接缝碾压时应跨缝搭接碾压,其搭接宽度不小于 3 m。碾压时必须严格控制土料含水率,土料含水率应控制在最优含水率 ±3% 范围内。

思考题

1.《水利水电工程施工质量检验与评定规程》(SL 176—2007)实施的重要意义是什么?

2.《水利水电工程施工质量检验与评定规程》(SL 176—2007)的主要特点是什么?

3.《水利水电建设工程验收规程》(SL 223—2008)实施的重要意义是什么?

4.《水利水电建设工程验收规程》(SL 223—2008)的主要特点是什么?

5.《土石方工程》(SL 631—2012)规定,工序施工质量验收评定应具备什么条件?

6.《混凝土工程》(SL 632—2012)规定,单元工程施工质量验收评定应具备什么条件?

7.《地基处理与基础工程》(SL 633—2012)规定,单元工程施工质量评定合格标准是什么?

8.《堤防工程》(SL 634—2012)规定,单元工程施工质量评定优良标准是什么?

第三章　施工进度控制

进度控制是监理的重要工作之一,贯穿于项目施工的全过程,关系到施工进度的合理安排及有效控制。进度控制之所以重要,是因为它对施工项目的工期有着直接的影响,并决定着监理项目自身的成本,同时也是衡量合同工期目标是否全面实现的关键。为了实现工程预期的工期目标,科学而有效地控制工程施工进度是非常重要的。因此,监理人在监理过程中,应按合同约定和发包人的授权认真做好进度控制工作。

进度控制是指对工程项目建设各阶段的工作内容、工作程序、持续时间和衔接关系根据进度总目标及资源优化配置的原则编制计划并付诸实施,然后在进度计划的实施过程中经常检查实际进度是否按计划要求进行,对出现的偏差情况进行分析,采取补救措施或调整、修改原计划后再付诸实施,如此循环,使施工进度符合计划目标要求,直到建设工程竣工验收交付使用。

工程进度控制的最终目的是确保建设项目按预定的时间动用或提前交付使用,建设工程进度控制的总目标是合同工期。监理人在实际工作中,应综合采取组织措施、技术措施、经济措施、合同措施等对工程进度进行有效的控制。

本章主要讲解控制性进度计划的编制、工程开工控制、施工进度计划的审核与调整以及进度控制工作中的相关案例与示例。

第一节　控制性进度计划的编制

控制性进度计划是监理人以合同工期和实际情况为依据,由总监理工程师主持编制的以促使工程项目按期完工为目的,通过控制资源配置和关键项目的完成时间节点使进度计划顺利实施,用以指导整个项目施工全过程进度管理的指导性文件。

在编制程序上,编制控制性进度计划应首先认真解读合同工期目标,了解施工环境,并充分与发包人、承包人就进度安排进行沟通,然后由总监理工程师组织编制。编制完成的控制性进度计划应在征求各参建单位意见后报送发包人审阅,并发送其他各参建方。经发包人认可的控制性进度计划是监理人进行进度控制和审核承包人编制的施工进度计划的主要依据。控制性进度计划有较强的综合性和较大的控制性。

大型水利工程项目往往工期较长,为确保监理人做好进度控制工作,在施工监理合同中,通常约定监理人单独编制控制性进度计划,或与发包人共同编制控制性进度计划。控制性进度计划是发包人和监理人衡量实际施工进度是否符合合同进度计划和实际进度目标需要的主要文件。

一、控制性进度计划的编制方法

(1)明确基本条件:如合同工期、阶段目标、工程量、冬雨季时间、征地提交时间等。

（2）分析承包人投标文件：关键线路的正确性、资源配置的合理性、施工方案的可行性等。

（3）确定控制性进度计划的关键因素：关键线路、关键项目、主要控制内容、控制性时间节点、高峰期施工强度、各项资源需求量等。

（4）编制控制性计划文件。

二、控制性进度计划的编制依据

（1）国家及行业部门颁发的现行法律、法规、规程、规范及地方法规、规范等。

（2）合同文件：监理合同、施工合同、设计合同等。

（3）设计文件：设计说明书、设计图纸、设计通知。

（4）施工项目所在地的自然条件：雨季、汛期、冬季。

（5）工程项目设计概算、预算、水利定额等。

（6）施工过程中所采用主要施工工艺、施工方法、施工顺序。

三、控制性进度计划时间节点的设置

控制性进度计划所设置的时间节点应是对施工总进度具有重要影响的施工项目或工作的起止时间点或位于关键线路上的施工项目作业的起止时间点。

施工准备阶段的时间节点：人员和设备进场时间、生活临建完成时间、主要生产临建（如拌和楼、场内施工道路、加工场）完成时间、测量控制网布设完成时间、混凝土和砂浆配合比提交时间、主要材料进场时间和材料复试完成时间等。

施工阶段进度的时间节点：合同项目开工时间、分部工程开工时间、关键建筑物开工时间、建筑物（设备）基础完成时间、机电及金属结构设备进场时间、建筑物完工时间、设备安装完成时间、试通水（蓄水）时间等。

工程验收的时间节点包括：分部工程验收、单位工程验收、水电站（泵站）中间机组启动验收、合同项目完工验收等法人验收时间以及阶段验收、专项验收、竣工验收等政府验收时间。

四、控制性进度计划的内容

控制性进度计划的编制内容应包括：编制依据、控制内容、进度调整和控制程序、有关附表和附图。其中，控制内容是控制性进度计划的主要部分。

当合同文件有关进度的条件发生改变或重新进行约定时，如征地无法按期交付、不可抗力对工期造成了严重影响、合同双方对合同中工期条件进行了修改、承包人延误工期等，控制性进度计划应根据实际进度发生的变化进行调整和修改，此时监理人应充分分析造成计划偏离的原因，根据工程实际情况制订新的控制性进度计划；除非合同工期发生变化，否则控制性进度计划的完工时间不应改变。

第二节　工程开工控制

一、影响工程开工的因素

在工程实践中，影响工程开工的主要因素有发包人或承包人未能履行合同约定的义务影响工程开工，或者由于不利的自然条件影响工程开工等。发包人和承包人都应做好各自的施工准备工作，任何工作不到位都可能会影响工程开工。常见的主要影响因素如下所述。

(一)征地拆迁

征地拆迁工作是影响水利工程开工的最关键的因素。不论是枢纽工程还是引水工程、河道治理工程等，征地拆迁的进度都直接影响工程开工，尤其是在引水工程和河道治理工程中，由于征地拆迁、移民安置等不能顺利进行而导致工程无法按预期目标开工是较为常见的现象，必将导致工程不能按合同约定工期完工，最终因合同工期延长而造成经济损失。

(二)工程预付款支付

工程预付款是否按合同约定期限支付也是影响工程开工的主要因素之一。当承包人按合同约定提交了预付款担保，具备了合同约定的支付条件时，发包人应在约定的期限内向承包人支付工程预付款。如果发包人不能按合同约定期限向承包人支付工程预付款，合同工程则可能无法按时开工。

(三)提供施工图纸

没有施工图纸，承包人将不能如期开工组织实施。因此，按合同约定的期限向承包人提供施工图纸，是发包人应履行的合同义务。对于中小型水利水电工程的施工图纸，发包人可以要求设计人在开工前一次性提供；对于大型水利水电工程的施工图纸，可由承包人根据施工顺序和进度计划编制施工图用图计划，经监理人批准后，由发包人按施工图用图计划提供施工图纸。

(四)提供测量基准点(线)

按施工合同约定，发包人应在合同约定的期限内，通过监理人向承包人提供测量基准点、基准线及其书面资料。承包人应根据国家测量基准点和工程测量技术规范要求对上述测量基准点(线)及其书面资料进行复核，在此基础上完成施工测量控制网的布设及施工区原始地形图的测绘。如果发包人(监理人)未按合同约定期限提供上述测量基准点(线)，必然影响承包人施工测量放线工作，导致开工时间延误。

(五)不利自然条件

不利自然条件包括不利的气候条件(如连续阴雨天、高温天气、季节变化等)以及地震、水灾、海啸、飓风等不可预见的不可抗力。不利自然条件和不可抗力的发生，也必然会造成工程不能及时开工。

(六)施工准备

发包人应按合同约定向承包人提供必要的施工条件，主要包括供水、供电、交通道路等。承包人应按合同约定做好以下工作：

（1）调遣足够的施工人员，调配满足施工要求的设备与材料等进入施工现场；

（2）根据施工需要完成生产和生活设施建设；

（3）完成施工总进度计划等方案的编制工作；

（4）根据施工需要及时开展现场试验室工作和技术交底工作等。

二、工程开工控制

开工日期是指监理发布的开工通知中写明的开工日，即合同工程的开工日期，是承包人安排施工进度的重要依据。

完工日期是指合同规定的全部工程、单位工程或部分工程完工和通过完工验收后在移交证书（或临时移交证书）中写明的完工日。

合同工程开工，按合同约定应以监理人签发的开工通知为准，承包人不得擅自开工。自开工日期至合同约定的完工日期，即承包人在投标函中承诺的完成合同工程所需的期限，也包括依据合同所作的工期变化。在监理过程中，当合同项目具备了开工条件，监理人应在合同约定的期限（一般开工日期7天前）内并征得发包人同意后，向承包人发出开工通知。承包人在收到开工通知后，应及时调遣人员和调配施工设备、材料进场，按照开工通知中所明确的开工日期尽快组织施工。开工日期一经确定，不应轻易推迟，否则将增加承包人施工组织的难度和造成损失。

监理人签发开工通知应认真核查合同项目是否具备开工条件，当不具备开工条件时，监理人不应签发开工通知；当具备开工条件时，监理人应及时签发开工通知，避免造成开工延误，给承包人和发包人造成不必要的损失。

监理人应依照合同和实际工程需要检查发包人和承包人所提供或具备的开工条件，具体包括以下几个方面的内容。

（1）检查开工前发包人应提供的开工条件包括下列内容：

①首批开工项目施工图纸和文件的供应；

②测量基准点的移交；

③施工用地；

④首次工程预付款的付款情况；

⑤施工合同中约定应由发包人提供的道路、供电、供水、原材料、通讯等条件。

（2）检查开工前承包人的施工准备情况是否满足开工要求，应包括下列内容：

①承包人派驻现场的主要管理人员、技术人员及特种作业人员是否与施工投标文件一致。如主要管理人员（项目经理、技术负责人等）有变化，应报发包人同意后再批复。

②承包人进场施工设备的数量和规格、性能是否符合合同要求，进场情况和计划是否满足开工及施工进度的要求。

③进场原材料、中间产品、金属结构和机电产品的质量、规格是否符合合同要求，原材料的储存量及供应计划是否满足工程开工及施工进度的需要。

④承包人的检测条件是否符合合同及有关规定要求。

⑤承包人对发包人提供的测量基准点的复核，以及承包人在此基础上完成施工测量

控制网的布设及施工区原始地形图的测绘。

⑥砂石料系统、混凝土拌和系统或商品混凝土供应方案以及场内道路、供水、供电、供风等施工辅助设施的准备情况。

⑦承包人的质量保证体系是否已经健全。

⑧承包人的安全生产责任制度和安全生产教育培训制度。

⑨承包人提交的施工组织设计、专项施工方案、施工措施计划、施工总进度计划、资金流计划、安全技术措施、度汛方案和应急救援预案等。

⑩应由承包人负责提供的设计文件和施工图纸。

⑪按照合同约定和施工图纸的要求需进行的施工工艺试验情况。

⑫承包人在施工准备完成后递交的合同工程开工申请报告。

三、延期开工的处理

如发包人未能按合同约定向承包人提供开工的必要条件,属于发包人违约,承包人有权提出延长工期的要求。如发包人未按合同约定提供"四通一平"、支付工程预付款、移交测量基准点(线)、签发施工图纸和开工通知等,均属发包人违约。如因发包人原因造成工程不能按预期目标开工,监理人应以书面形式通知发包人导致工程延期开工的原因,提请发包人尽快履行合同约定的义务,并承担延误工期的责任。

如承包人的原因未能在合同约定的期限内按施工进度计划要求调遣施工人员、调配施工设备和材料进场组织施工的,属于承包人违约。监理人应以监理通知的形式督促承包人及时履行合同约定的义务,承包人应采取有效措施尽快开工,且无权要求延长工期,给发包人造成损失的应予以赔偿。

第三节　施工进度计划的审核与调整

一、进度计划与其他计划的关系

征地拆迁计划是制订施工进度计划的前提,进度计划是为在预定的时间目标完成项目任务制订的总体时间计划,资金流计划、施工图纸供应计划、材料供应计划、施工设备使用计划、施工人员派遣计划是为保证进度计划落实而制订的分计划,上述分计划编制的合理性和实施的结果直接影响施工进度计划能否实现。

(一)征地拆迁计划

征地拆迁直接关系到工程项目能否顺利实施。如征地拆迁是发包人的合同义务,应按合同约定的期限将建设用地移交给承包人(包括永久用地和临时用地)。否则,承包人将不能组织施工。因此,发包人应制订详细的征地拆迁计划,做好征地拆迁工作,及时按合同约定的期限向承包人提供施工用地。

(二)施工图纸供应计划

施工图纸供应计划应根据合同进度需要制订。在合同施工项目开工前,应由发包人按合同约定的期限或监理工程师批准的供图计划向承包人提供满足施工需要的图纸。施工图纸供应计划还应为设计交底、图纸审核、材料购置、配合比试验等工作留出足够的时间。

（三）资金流计划

资金流计划应为合同项目的施工进度提供足够的资金保证。在施工准备阶段，发包人应按合同约定向承包人支付工程预付款，以满足承包人为合同工程施工调遣人员和设备进场、购置材料和修建临时设施等对资金的需要，关系到合同项目能否按合同进度计划开工。在施工阶段，发包人应按合同约定向承包人支付工程进度款。由于大中型水利水电工程的施工工期较长，为了使承包人能及时得到工程价款，解决承包人资金周转的困难，通常采用阶段性（按月进度）支付工程价款的办法。月进度支付工程价款是指承包人根据一个工程月时间内实际完成的支付工程量，按投标时的单价进行计算并提出支付申请，经监理人审核后签发月支付证书，由发包人向承包人进行支付。月进度付款除合同清单项目外，还应包括当月发生的工程变更、材料预付款、索赔等价款支付。在收尾阶段应充分考虑在进度款减少、变更及索赔等资金尚未落实的情况下如何保证工程按期完工。按合同约定，承包人在向监理人提交施工总进度计划的同时，应按合同约定的格式向监理人提交资金流计划申报表，以供发包人筹措资金参考，有利于按计划向承包人付款。如需调整，承包人还应按监理人要求提交修订的资金流计划申报表。

（四）材料供应计划

材料供应计划应按施工进度计划编制。材料主要是指合同项目所需要的水泥、钢材、砂石料等。在施工项目开工前，工程所需的材料应按计划运至施工现场，承包人应按合同约定进行材料的试验和检验，经检验质量合格的材料才能用于合同工程。按合同约定应由监理人与承包人共同进行试验和检验的，由承包人负责提供必要的试验资料和原始记录。承包人应按相关规定和标准对水泥、钢材等原材料与中间产品质量进行检验，并报监理人复核。材料进场的种类应按进度计划中的施工项目确定，材料每月进场的数量应与月进度计划的完成工程量相匹配。

（五）施工设备供应计划

施工设备使用计划应按合同施工进度计划编制。施工设备是指为完成合同约定的各项工作所需的设备、器具和其他物品，不包括临时工程和材料。施工设备包括发包人提供的施工设备以及承包人配置的施工设备。进入施工场地的承包人设备需经监理人核查后才能投入使用。承包人使用的施工设备不能满足合同进度计划和质量要求时，监理人有权要求承包人增加或更换施工设备，承包人应及时增加或更换。运入施工场地的所有施工设备应专用于合同工程。未经监理人同意，不得将上述施工设备和临时设施中的任何部分运出施工场地或挪作他用。经监理人同意，承包人可根据进度计划撤走闲置的施工设备。

（六）施工人员派遣计划

施工人员派遣计划应由承包人根据合同项目施工强度及施工进度要求编制。按合同约定，承包人应为完成合同约定的各项工作向施工现场派遣技术合格和数量足够的施工人员，包括具有相应资格的各类专业技术工人和具有相应岗位资格的各级管理人员，以满足施工强度及保证施工进度和质量要求。按施工合同约定，承包人派往施工现场的主要人员,未经发包人或监理人同意,不得随意更换。

二、施工进度计划的审核

(一)施工总进度计划的审核

施工总进度计划是在施工合同签订后,承包人按施工合同约定的内容和期限以及监理人编制的控制性进度计划来编制的合同项目施工进度计划。由承包人编制并经监理人批准的施工总进度计划称为合同进度计划,具有合同效力。合同项目施工进度计划必须符合控制性进度计划所制订的目标,是对控制性进度计划的具体分解,是承包人组织施工并据此编制年、季和月进度计划的基础,也是监理人和承包人控制具体作业进度以及处理进度调整等合同问题的依据。

在承包人按合同约定期限提交了施工总进度计划后,监理人应在合同约定时间内,对其提交的施工总进度计划进行全面、深入的审核,并提出审核意见。必要时应召集由发包人、设计人等参加的施工进度计划审查专题会议,听取承包人的汇报,分析研究有关问题。如发现施工进度计划中存在问题,监理人有权提出审查意见,要求承包人进行修改或调整。此外,对进度计划的审核,不能只局限于对进度计划本身的审核,还应重视进度计划与施工技术方案、施工总体部署、资源供应计划、资金流计划、施工图纸供应计划、施工人员派遣计划、施工设备使用计划等有关方面的关系,还应考虑不利自然条件可能对计划实施的影响。监理人对施工总进度计划审核的主要内容包括以下几个方面。

1. 审核施工总进度计划内容的完整性

施工总进度计划的内容一般应包括:

(1)施工总进度计划的工程概况,包括本进度计划所涉及的工程项目、工程数量、工程特点、施工环境(包括施工条件和时间资源)、施工方法五个方面。施工方法可与进度计划同报单列。

(2)编制依据,包括合同文件(图纸、规范、工程量清单)、相应定额、工料机配备等。

(3)主要工程量。

(4)总体施工部署。

(5)主要施工方法介绍。

(6)计划目标及分解描述。

(7)关键线路描述及分析,是指总进度计划必须明确工程中的关键线路以及关键线路中各施工项目的工期和时间节点。

(8)存在的问题及建议。

(9)高峰期施工强度分析。高峰期施工强度分析是指要在计划中明确施工高峰阶段每日的主要施工强度,包括单日混凝土浇筑量、土方开挖量、砌筑量等主要工程量,并分析人员、设备、材料是否能满足该施工强度的需求。

(10)资源配置计划。资源(劳动力、材料、设备、资金等)配置计划要明确列出为完成本工程所投入的劳动力、材料、设备、资金等资源的数量和时间,以便于监理人在施工期间核查。

(11)有利和不利因素分析及措施。要充分考虑到工程质量的特殊要求,征地、拆迁、冬雨季、汛期、新材料、新工艺、新技术、新设备的使用风险,资金不到位,民扰、相关单位的干扰,国家政策、法律、法规的制约等因素对工期的影响,并采取相应保证措施。

(12)配套图表(横道图、网络图、劳动力分布图、施工强度分析图等)。

2. 审核施工总进度计划与施工合同的符合性

施工总进度计划的总工期和主要项目工期是否满足合同文件要求。合同文件中载明的开工时间、主要项目工期和完成时间、汛期及冬季前完成工程量要求、汛期和冬季停工安排、设备进场时间、阶段验收时间、完工时间、竣工验收时间、移交时间等均是施工总进度计划审核时应关注的内容,如果施工总进度计划的时间节点与合同约定不符,应要求承包人进行修改。

施工总进度计划应满足合同工期和阶段性目标的要求。施工合同约定的工程完工日期是承包人编制进度计划的基本要求和约束条件。为了有效控制施工进度,应当将总工期目标分解为若干个分目标或阶段性目标。在进度计划审查过程中,既要分析各项工作任务对总工期的影响,也要分析它对各个分目标或阶段性目标实现的影响。如截流、度汛、水库蓄水、引水工程通水、分期投产等工程建设过程中的重要阶段,这些阶段性目标对工程总体进展和效益影响很大,应作为进度控制的重点。

3. 审核施工总进度计划的正确性与可行性

施工总进度计划应无项目内容漏项或重复的情况,工作项目的持续时间、资源需求等基本数据准确,各项目之间逻辑关系正确,施工方案可行。这样的计划才切合实际,才能指导施工。一个合同项目包括的工作数目很多,漏项、逻辑关系错误或数据错误是经常发生的,这就要求监理人在审核进度计划时,既要有严肃认真的工作作风,又要有科学严谨的工作方法,同时,还应具有一定的工程经验和发现问题的直观判断能力。

施工方案是施工进度顺利进行的技术保证。因此,在进度计划审查时,应重视施工方案的分析、论证。不可行的施工方案,将直接影响工程按计划完成,关键施工方案的不可行甚至会导致承包人无能力补救的局面,从而影响到工程投资效益。

在进度计划审核中,常见的施工方案不可行情形有:承包人采用的施工方案不能保证进度要求,实际施工强度达不到计划强度,作业交叉与工艺间歇要求而影响施工工效,现场干扰较大而影响施工工效,自然条件不利而影响施工工效,存在安全或质量隐患而可能影响工程进度,实际成本过高导致承包人在正常情况下不可能按计划投入,施工方案不适用于本工程的作业条件(如工程地质条件、水文地质条件、气候条件等)或不能满足本工程的技术标准要求等。诸如上述问题,监理人应明确要求承包人调整施工方案或进度计划。

施工总进度计划中,关键线路的确定决定了管理工作的重点所在以及有限资源的配置,关键线路的进度决定了整个计划的工期。相反,关键线路的错误选择,必将会影响工程总体进度。在审核关键线路时,监理人应与承包人就作业条件、地质条件、气候条件、施工方案、资源投入、作业效率、不可抗力及其他影响因素等进行仔细分析,在全面、系统的分析论证基础上审定关键路线。

4. 审核施工总进度计划与资源计划的协调性

施工总进度计划应与人力、材料、施工设备等资源配置计划相协调,与工程设备供应计划相协调，与发包人提供施工条件相协调。资源供应是施工进度实施的基本保证。要使施工进度计划顺利实施，必须要有与之相匹配的资源供应计划（如施工设备计划、工程设备计划、材料计划、劳动力计划、场地使用计划、道路使用计划、图纸供应计划、资金计划等）。因此，监理人在施工进度计划审批中，应仔细分析进度计划与资源计划的协调性，并应分析影响资源供应的因素，尤其是对于工程线路长、施工场地分散、施工强度高、资金需求大、图纸提供与场地提供要求集中的项目。

5. 审核施工总进度计划与各标段施工进度计划之间的协调性

当工程项目规模大、涉及专业技术跨度大时，经常进行分标发包。多个承包人在一个工程上施工，经常会因为场地交叉、交通通道交叉、作业面交叉或干扰发生冲突。因此，监理人在审批进度计划时，应仔细分析各标段承包人提交的进度计划中相关作业的工作条件及其关系，通过沟通、协商，使进度计划在时间上、空间上衔接有序。

6. 审核施工总进度计划中施工强度的合理性和施工环境的适应性

施工进度计划中的施工强度应尽量均衡，既有利于施工质量与安全，又有利于资源调配与降低成本。水利水电工程施工受到社会、自然因素影响大，如施工期的供水要求、施工度汛、冬季施工等。因此，监理人在审查施工进度计划时，应仔细分析施工进度计划与自然影响因素的关系。施工进度计划应尽量避开不利的施工时段，承包人应随同进度计划提交特殊施工期的施工方案与措施，监理人在进度计划审批中应仔细分析、深入考察，系统论证方案的可行性。

7. 审核施工总进度计划与控制性进度计划的符合性

控制性进度计划是工程项目进度控制的纲领性文件，承包人所编制的施工总进度计划应与控制性进度计划相符合。监理人在审核施工总进度计划过程中，应认真分析、审核二者的一致性、符合性，当出现偏差时应找出原因所在，视情况要求承包人修改施工总计划计划或决定修改控制性进度计划。

（二）月施工进度计划的审核

月进度计划是对总进度计划或年（季）进度计划的阶段分解，月进度计划审核应首先核查月进度计划是否符合总（季）进度计划的安排，如果月进度计划安排明显偏离总（季）进度计划，监理人不应批复，并要求承包人重新编制。

月进度计划应包括以下内容：

（1）本月主要施工项目概况；

（2）主要施工方法简介；

（3）上月进度计划完成情况；

（4）上月进度偏差原因分析；

（5）关键线路是否发生转移以及计划的调整情况；

（6）本月计划完成工程量；

（7）本月进度计划执行中可能发生的问题和应对措施；

（8）资源（人、机、料）投入情况；

（9）进度计划图表等。

月进度计划的批复意见应根据当月施工特点和进度实施情况编写，批复意见必须具体明确,不要内容笼统、千篇一律。

三、工程停工、复工、工期索赔的处理

(一)暂停施工与复工

监理人应按合同约定条款对暂停施工进行处理并及时将暂停施工对施工进度的影响报告发包人。《水利水电工程标准施工招标文件》(2009 年版)通用合同条款对暂停施工和复工以及监理人如何处理的有关条款如下:

12.1　承包人暂停施工的责任

因下列暂停施工增加的费用和(或)工期延误由承包人承担:

(1)承包人违约引起的暂停施工;

(2)由于承包人原因为工程合理施工和安全保障所必需的暂停施工;

(3)承包人擅自暂停施工;

(4)承包人其他原因引起的暂停施工;

(5)专用合同条款约定由承包人承担的其他暂停施工。

12.2　发包人暂停施工的责任

由于发包人原因引起的暂停施工造成工期延误的,承包人有权要求发包人延长工期和(或)增加费用,并支付合理利润。

属于下列任何一种情况引起的暂停施工,均为发包人的责任:

(1)由于发包人违约引起的暂停施工。

(2)由于不可抗力的自然或社会因素引起的暂停施工。

(3)专用合同条款中约定的其他由于发包人原因引起的暂停施工。

12.3　监理人暂停施工指示

12.3.1　监理人认为有必要时,可向承包人作出暂停施工的指示,承包人应按监理人指示暂停施工。不论由于何种原因引起的暂停施工,暂停施工期间承包人应负责妥善保护工程并提供安全保障。

12.3.2　由于发包人的原因发生暂停施工的紧急情况,且监理人未及时下达暂停施工指示的,承包人可先暂停施工,并及时向监理人提出暂停施工的书面请求。监理人应在接到书面请求后的 24 小时内予以答复,逾期未答复的,视为同意承包人的暂停施工请求。

12.4　暂停施工后的复工

12.4.1　暂停施工后,监理人应与发包人和承包人协商,采取有效措施积极消除暂停施工的影响。当工程具备复工条件时,监理人应立即向承包人发出复工通知。承包人收到复工通知后,应在监理人指定的期限内复工。

12.4.2　承包人无故拖延和拒绝复工的,由此增加的费用和工期延误由承包人承担;因发包人原因无法按时复工的,承包人有权要求发包人延长工期和(或)增加费用,并支付合理利润。

12.5　暂停施工持续 56 天以上

12.5.1　监理人发出暂停施工指示后 56 天内未向承包人发出复工通知,除了该项停工属于第 12.1 款的情况外,承包人可向监理人提交书面通知,要求监理人在收到书面通

知后 28 天内准许已暂停施工的工程或其中一部分工程继续施工。如监理人逾期不予批准，则承包人可以通知监理人，将工程受影响的部分视为按第 15.1(1) 项的可取消工作。如暂停施工影响到整个工程，可视为发包人违约，应按第 22.2 款的约定办理。

12.5.2 由于承包人责任引起的暂停施工，如承包人在收到监理人暂停施工指示后 56 天内不认真采取有效的复工措施，造成工期延误，可视为承包人违约，应按第 22.1 款的约定办理。

（二）工期索赔

当发生干扰事件导致工期延误，无法按原定进度计划实施，承包人可能提出工期索赔。当监理人批准工期索赔成立时，进度计划相应进行调整；当监理人批准工期索赔不成立时，进度计划不予调整，承包人要采取赶工措施实现原进度计划目标。《水利水电工程标准施工招标文件》（2009 年版）通用合同条款对于工期延误和工期索赔的有关条款如下：

11.3 发包人的工期延误

在履行合同过程中，由于发包人的下列原因造成工期延误的，承包人有权要求发包人延长工期和（或）增加费用，并支付合理利润。需要修订合同进度计划的，按照第 10.2 款的约定办理。

(1) 增加合同工作内容；

(2) 改变合同中任何一项工作的质量要求或其他特性；

(3) 发包人迟延提供材料、工程设备或变更交货地点的；

(4) 因发包人原因导致的暂停施工；

(5) 提供图纸延误；

(6) 未按合同约定及时支付预付款、进度款；

(7) 发包人造成工期延误的其他原因。

11.4 异常恶劣的气候条件

11.4.1 当工程所在地发生危及施工安全的异常恶劣气候时，发包人和承包人应按本合同通用合同条款第 12 条的约定，及时采取暂停施工或部分暂停施工措施。异常恶劣气候条件解除后，承包人应及时安排复工。

11.4.2 异常恶劣气候条件造成的工期延误和工程损坏，应由发包人与承包人参照本合同通用合同条款第 21.3 款的约定共同协商处理。

11.4.3 本合同工程界定异常恶劣气候条件的范围在专用合同条款中约定。

11.5 承包人工期延误

由于承包人原因，未能按合同进度计划完成工作，或监理人认为承包人施工进度不能满足合同工期要求的，承包人应采取措施加快进度，并承担加快进度所增加的费用。由于承包人原因造成工期延误，承包人应支付逾期竣工违约金。逾期竣工违约金的计算方法在专用合同条款中约定。承包人支付逾期竣工违约金，不免除承包人完成工程及修补缺陷的义务。

11.6 工期提前

发包人要求承包人提前完工，或承包人提出提前完工的建议能够给发包人带来效益的，应由监理人与承包人共同协商采取加快工程进度的措施和修订合同进度计划。发包人应承担承包人由此增加的费用,并向承包人支付专用合同条款约定的相应奖金。发包人要求提前完工的,双方协商一致后应签订提前完工协议,协议内容包括:

(1)提前的时间和修订后的进度计划。

(2)承包人的赶工措施。

(3)发包人为赶工提供的条件。

(4)赶工费用(包括利润和奖金)。

在施工合同履行过程中,一旦发生由于发包人原因造成工期延误,承包人提出工期索赔,监理人应按合同约定进行处理,并应调整施工进度计划。

1. 工期索赔的处理

工期索赔的处理通常按原因分析、网络计划分析、发包人责任分析、索赔结果判断四个步骤来进行。

原因分析是指监理人收到索赔文件之后要首先分析工期延误是否是承包人的原因造成的。承包人的原因造成的工期延误不应提出索赔申请报告,如果是发包人或承包人都不可控的原因造成的工期延误可以提出索赔申请报告。

网络计划分析是分析发生延误的工作是否在关键线路上,如果不在关键线路上还要进一步分析延误的时间是否导致了关键线路变化,以及延误的时间是否超出了该项工作的自由时差和该条线路的总时差。在关键线路上延误的时间超出自由时差的时间或总时差的时间才是可以索赔的工期时间。

发包人责任分析主要是分析发包人在发生索赔事件中是否有过失和直接责任,以此判断发包人是否承担相关索赔费用。

索赔结果判断是综合上述分析得出索赔的工期和费用的数值。

在施工过程中,监理人收到承包人提交的索赔申请报告后,应在合同约定的期限内作出处理。首先,要分析索赔事件属于谁的原因,如果属于承包人原因则索赔不成立,如果属于发包人原因则索赔成立,应补偿工期或费用。工期或费用索赔分析处理如图 3-1 和图 3-2 所示。

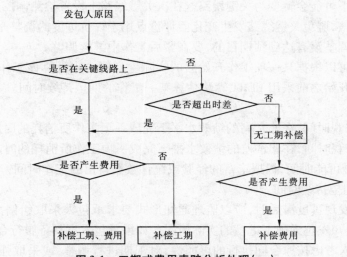

图 3-1   工期或费用索赔分析处理(一)

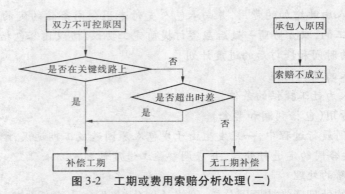

图 3-2　工期或费用索赔分析处理（二）

2. 工期索赔后进度计划的调整

如果工期索赔成立,进度计划将相应进行调整,工期索赔和批复资料作为进度计划调整的依据。发生在关键线路上或导致关键线路发生变化的工期索赔将导致总工期延长,总进度计划应进行调整;发生在非关键线路上的工期索赔不会对总工期造成影响,只对相关线路进度计划或月进度计划进行调整即可。

四、进度实施过程中的控制纠偏与进度调整

(一)进度情况测算

为保证进度计划目标的实现,在施工开始一段时间后应评价实际生产能力并测算实际工期。在关键线路和次关键线路上设置检测调控点,在关键线路和网络图的重要汇合点设置评价点,以进行进度调控和判断进度情况。所谓"检测调控点",是指设置在项目施工过程中用于检测实际进度情况并开始进行调控的时间点,通常是指在某个工作开始后消耗工作时间 5% ~10% 的位置,主要用于检测实际生产能力是否满足进度计划需要,如果不满足进度计划需要,则要加大资源投入,提高生产能力,以实现进度目标。之所以要在次关键线路上也设置检测调控点,是因为关键线路存在发生变化的可能,次关键线路在滞后的情况下可能会转变为关键线路。在次关键线路上设置检测调控点可以及时发现问题并进行调整,避免关键线路发生变化。评价点用于评价进度的调整是否达到目的,如果紧前工作的调整没有达到预期目的,要在紧后工作中继续调整。

监理人既可以根据某一项工作开始后的实际生产能力来计算该工作的总持续时间,也可以在工作开始之前采用 PERT 算法估算某一工作的期望持续时间。

$$t_e = (a + 4m + b) \div 6$$

式中　a——乐观时间,在非常高的绩效水平下完成一项工作所消耗的时间;

　　　b——悲观时间,在非常差的绩效水平下完成一项工作所消耗的时间;

　　　m——最可能时间,根据丰富的经验或统计数据得出的工作时间;

　　　t_e——期望持续时间。

当监理人发现进度滞后时,应以监理通知形式要求承包人采取纠偏措施弥补进度损失,同时书面告知发包人施工进度的实际情况。如果承包人不具备履行合同的能力,监理人应建议发包人考虑按原合同执行的可能性,对工期进行调整,或采取强行分包、更换承包人等措施来保证工期。

（二）进度控制程序

施工进度计划的控制程序如图 3-3 所示。

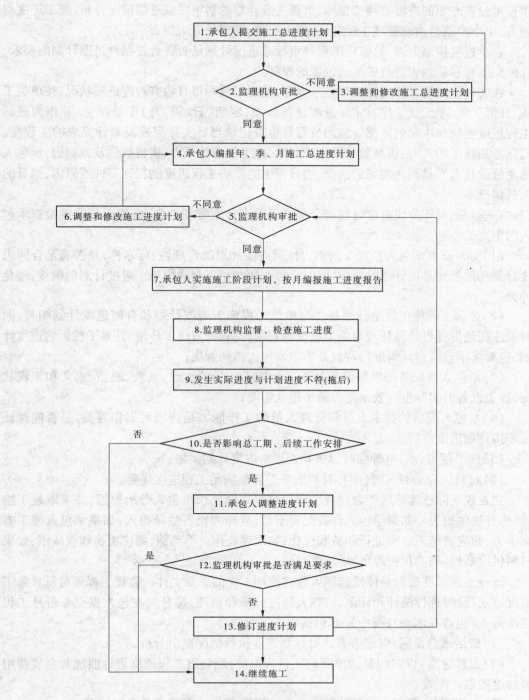

图 3-3　施工进度计划的控制程序图

(三)施工进度的过程控制

监理人进行进度控制首先要明确各级监理人员监督检查进度情况的职责分工。大型项目可设置专职的进度监理工程师,负责进度计划的初审以及进度情况分析、施工进度纠偏等;中小型项目由总监理工程师、监理工程师、监理员分工负责。

在总进度控制方面,总监理工程师审核总进度计划是否符合控制性进度计划的要求,并组织监理和承包人进行施工总进度的控制。

在实际进度情况检查比较和记录方面,监理工程师每日检查进度进展状况,按单位工程、分部工程、单元或工序对实际进度进行检查,定期(日、周、月)汇总报告,并作为进行工程进度控制和决策的依据。监理员每日检查记录当日实际完成及累计完成的工程量,实际参加施工的人力、机械数量及生产效率,施工停滞的人力、机械数量及其原因,承包人的主管及技术人员到达现场的情况,当日发生的影响工程进度的特殊事件或原因,当日的天气情况等。

在季、月、周等阶段进度计划或分部工程进度计划管理方面,监理人员着重检查承包人的下列工作:

(1)分析研究承包人所提交的季、月、周进度计划的合理性、可靠性,是否满足合同进度计划和控制性进度计划的要求,同时合理兼顾与相邻合同段施工进度计划的衔接,避免冲突;

(2)分部工程施工进度计划是否与单位工程施工进度计划和合同进度计划相符,同时关注征地拆迁等外界环境与施工进度计划是否协调,若施工环境、外界干扰影响进度计划,应要求承包人对计划进行调整并请求发包人协调解决;

(3)承包人所配备的机械设备是否适合施工现场的地形、地貌、地质、水文和工程状况,施工设备的实际生产效率是否满足进度需要;

(4)承包人配备的技术人员和管理人员的工作能力是否满足工作需要,是否能保证工程按计划进度进行;

(5)施工便道、水、电等临时设施是否影响进度计划实施;

(6)材料供应是否及时,库存材料数量是否能满足工程进度需要。

在发现实际进度落后于合同进度计划时应立即要求承包人分析原因,并采取赶工措施,弥补进度损失。如果承包人设备配置不足,应加大设备数量投入;如果承包人施工方案不力,则应对施工方案进行调整和优化;如果现场作业不熟练,则应更换作业队伍;如果材料供应断档,则应积极筹措,增加库存。

每月工程进度报告是体现监理人进度控制工作的重要文件。监理工程师对每日施工进度记录,及时进行统计和标记,监理人通过分析和整理,每月向发包人提交一份月工程进度报告(包含在监理月报中),其包括以下主要内容:

(1)概括或总说明:以记事方式对计划进度执行情况提出分析。

(2)工程进度:以工程量清单所列项目为单位,编制出工程进度累计曲线和完成费用额的进度累计曲线。

(3)工程图片:能显示关键线路上一些主要工程的施工活动及进展情况。

(4)其他特殊事项:应主要记述影响工程进度或造成延误的因素及解决措施。

进度图表是分析进度情况的有效手段。监理工程师编制和建立各种用于记录、统计、标记、反映实际工程进度与计划工程进度差距的进度监理图及进度统计表，以便随时对工程进度进行分析和评价，并作为要求承包人加快工程进度、调整进度计划或采取其他合同措施的手段。

第四节　案　例

【案例 3-1】　延期开工的处理案例

【背景】

某城市水环境治理工程，承包人进场后，因拆迁原因导致工程无法按期开工，承包人向监理人发出了工作联系单，监理人据此向发包人发出了关于延期开工的监理报告，内容如下：

关于目前工程延期开工及相关事宜的报告

致：×市×区河道管理所

我监理部于 2011 年 4 月 6 日收到承包人×××水务工程有限公司之《关于催促尽快开工事宜》的工作联系单，考虑承包人的要求、目前工程实际启动情况与可能引发的相关问题，为发包人提供以下意见，敬请参考。

一、合同条件的变化

1. 原合同条件：×地区水环境综合治理工程招标文件所列计划工期为"2011 年 1 月 1 日开工，2011 年 9 月 30 日竣工，共计 273 日历天"；发包人与承包人签订的施工合同约定的工期为 2011 年 1 月 15 日开工，2011 年 10 月 15 日竣工，共计 273 日历天。

2. 工程实际启动情况：目前监理机构及一标部分人员已经进场，二标人员尚未进场，但由于施工场地拆迁原因，截至目前×地区水环境综合治理工程一标、二标均未开工。

二、延迟开工可能引发的相关问题

1. 工期调整：本工程计划工期 273 天，目前已过 84 天，占计划工期的 30%，而拆迁完成并具备施工条件的时间尚不能确定，工期必须进行调整。请发包人考虑工期调整方案，顺延工期或压缩工期。

2. 费用增加：工期的调整将产生相关费用，如果顺延工期，承包人将进行冬季施工，产生冬季施工费；如果完工日期不变，压缩工期，承包人必须增加施工人员、机械、周转材料，将产生赶工措施费。由于拆迁工作由发包人负责，承包人可能据此要求发包人支付冬季施工费或赶工措施费。

3. 承包人组织机构的变化：由于工程不能按合同约定时间启动，如果长时间处于无法开工的状态，承包人为满足自身生产经营的需要而将原投标文件中承诺的人员投入到其他工程项目中，投标文件承诺的组织机构将产生变化。

三、对发包人的建议

1. 加快拆迁工作，推动工程尽快开工，并明确提出拆迁计划表和施工用地移交时间表。

2. 与承包人协商，并签订补充合同，明确工期调整的原则及工期调整所产生的费用计价依据。承包人将据此重新编制进度计划和施工组织设计。

3. 明确对承包人组织机构变化报审程序、人员调整的要求。

【问题】

该报告延期产生的问题是否全面？如果承包人提出更换主要管理人员，监理是否应予以支持？

【答案】

1. 该报告中延期产生的问题基本概括了延期开工可能引起的不利情况。

2. 如果承包人提出更换主要管理人员，监理应根据时间段予以考虑。如果承包人在原合同工期内提出更换，且更换的人员资格、工作业绩低于原投标文件的拟投入人员，监理不应支持；如果超过原合同完工日期，承包人提出更换人员，监理应首先征求发包人意见再予以审批。

【案例 3-2】 控制性进度计划的编制示例

在以前的监理教材中未见成型的《控制性进度计划》，本部分为从事具体进度控制工作的监理工程师提供一个较为完整的《控制性进度计划》示范文本，供大家参考。

【背景】

某大型引水工程开工在即，监理人为做好进度控制，编写了《控制性进度计划》。

某大型引水工程干线二标控制性进度计划

一、编制依据

1. 某大型引水工程干线工程建设管理局直管项目建设管理部编制的《直管项目实施总进度计划》。

2. 某大型引水工程一期工程干线工程《二标施工合同文件》。

3.《某大型引水工程干线工程直管项目计划管理实施细则（试行）》。

4.《某大型引水工程一期工程总干渠干线二标技施设计图册》。

5. 某大型引水工程干线二标《监理规划》。

6. 某大型引水工程干线二标《施工进度控制监理实施细则》。

二、进度计划控制内容

1. 控制性工期目标：依据本工程合同约定，控制性总工期按 36 个月考虑。

2. 关键项：本工程中现浇混凝土箱涵长 13.8 km，是本工程的控制性施工项目。

3. 总进度计划的关键线路为施工准备→第四工区输水方涵施工（XW69+900～XW73+000 段，包括：土方开挖→垫层混凝土施工→钢筋混凝土箱涵施工→土方回填）→工程扫尾及资料整理→工程验收。

4. 阶段性控制目标分为三大阶段：施工准备阶段 2.5 个月，施工阶段 31.5 个月，完工验收阶段 2 个月。

5. 总体控制性目标：总工期 36 个月，因征地原因，暂按 2009 年 12 月 20 日开工考虑，完工日期为 2012 年 12 月 20 日。如发生征地延迟或不能一次性交付用地的情况，则按调整后的计划确定控制性总工期。

（1）准备工作计划。

现场施工准备工作自 2009 年 12 月 20 日开始,至 2010 年 3 月 29 日完成,历时 100 天。准备工作内容主要包括:人员、设备进场与申报,现场测量控制网布设、混凝土原材料及其他原材料筛选与检验、混凝土配合比试验、生活营地建设、混凝土拌和站建设与调试、现场道路建设、现场试验室及项目法人试验室建设、现场供水及供电系统建设、各项施工技术文件报审、各分包商资质报审及考察等。

(2)计划施工部位和项目。

①输水箱涵:总长 13.807 km,施工项目为土方开挖、土方填筑、碎石填筑、地基处理、垫层浇筑、方箱涵钢筋混凝土施工、止水及埋件安装等。

②倒虹吸:总长 0.438 km,共 4 段(津保公路北排干倒虹吸、雄固霸沟倒虹吸、胜利渠倒虹吸、大庄排干倒虹吸),施工项目为土方开挖、土方填筑、碎石填筑、垫层浇筑、方箱涵钢筋混凝土施工、钢筋石笼、浆砌石砌筑等。

③公路涵:总长 0.72 km,共 14 段,施工项目为土方开挖、土方填筑、地基处理、垫层浇筑、方箱涵钢筋混凝土施工、止水及埋件安装等。

④通气孔:总长 0.105 km,共 7 座,施工项目为土方开挖、土方填筑、地基处理、垫层浇筑、方箱涵及竖井钢筋混凝土施工、止水及埋件安装等。

⑤分水口:总长 0.015 km,施工项目为土方开挖、土方填筑、地基处理、垫层浇筑、钢筋混凝土施工、止水及埋件安装、机电设备及金属结构安装等。

⑥荣雄管理所:施工项目包括地基基础、墙体结构、地面及屋面、电气设备安装、采暖、室内给排水、装饰、围栏及道路工程等。

(3)计划完成工程量以及各年度的控制性工程形象。

①施工准备阶段:2009 年 12 月~2010 年 2 月,完成施工营地建设和现场临时道路建设和水电供应系统布置,冬季备料完成、拌和楼具备生产能力,完成部分方箱涵开挖,约 35 万 m³。

②第一施工阶段:2010 年 3 月~2010 年 12 月,完成方箱涵 5.9 km,完成 3 座通气孔,1 座分水口和 3 座倒虹吸(胜利渠倒虹吸、雄固霸沟倒虹吸、大庄排干倒虹吸)的主体工程。

③第二施工阶段:2011 年 1 月~2011 年 12 月,完成方箱涵 6.1 km,完成 4 座通气孔,津同公路涵、津保公路涵及倒虹吸、荣雄管理所的主体工程、分水口装修工程、倒虹吸上的砌体工程。

④第三施工阶段:2012 年 1 月~2012 年 9 月,完成方箱涵及公路涵共 2.5 km,分水口的水机设备和供电设备安装与调试、乡村公路涵及路面恢复。

⑤完工验收阶段:2012 年 10 月~2012 年 12 月,整理工程资料,准备验收。

⑥土方及混凝土施工强度分析:

经计算最大施工强度将出现在 2010 年第 3 季度,土方最大挖方量为 55.75 万 m³,最大回填量为 57.67 万 m³,混浇筑量为 9.23 万 m³。

(4)各年度计划完成的主要工程量见下表。

各年度计划完成的主要工程量

序号	工程项目	单位	2009 年	2010 年	2011 年	2012 年
1	土方开挖	万 m³	0	191.47	169.66	72.97
2	土方回填	万 m³	0	116.67	125.63	60.00
3	混凝土浇筑	万 m³	0	19.90	17.06	10.44
4	钢筋制安	万 t	0	1.59	1.37	0.83

(5)各年控制完成投资分解情况。

按合同约定工期和现场实际情况,将 2010 年和 2011 年作为主要生产年,2012 年完成工程收尾工作。2010 年控制完成投资 2.03 亿元,2011 年控制完成投资 2.02 亿元,2012 年控制完成投资 0.84 亿元。

各年度计划完成投资额分解表如下表所示。

2010 年计划完成投资额分解表

序号	项目	名称	单位	数量	控制完成投资(元)
1		方箱涵			
1.1		土方开挖	m³	1 680 100	12 583 949
1.2		土方回填	m³	371 760.0	1 126 433
1.3		土工隔栅	m²	1 938.63	17 448
1.4		土工布	m²	3 742.64	16 019
1.5		碎石回填	m³	619.29	76 166
1.6		碎石土回填	m³	457.73	36 335
1.7		壤土回填	m³	5 385.09	72 322
1.8		C30W6F150 混凝土	m³	161 472	74 311 029
1.9		C10 素混凝土	m³	9 331.00	2 993 851
1.10		橡胶止水带	m	21 443.04	1 873 907
1.11		双组分聚硫胶	kg	21.69	977
1.12		泡沫板	m³	321.23	394 144
2		胜利渠倒虹吸			
2.1		土方开挖	m³	23 000.00	172 270
2.2		土方回填	m³	8 940.00	28 250
2.3		土工布	m²	1 120.80	4 797

序号	项目	名称	单位	数量	控制完成投资(元)
2.4		沥青	m²	691.80	8 938
2.5		碎石垫层	m³	198.00	24 352
2.6		C30W6F150 混凝土	m³	2 703.00	1 273 113
2.7		C10 素混凝土	m³	127.00	40 748
2.8		橡胶止水带	m	318.00	27 790
2.9		双组分聚硫胶	kg	1.00	45
2.10		闭孔泡沫塑料板	m³	4.00	4 908
3		雄固霸沟			
3.1		土方开挖	m³	45 600.00	341 544
3.2		土方回填	m³	29 000.00	91 640
3.3		土工布	m²	2 430.00	10 400
3.4		沥青	m²	1 629.00	21 047
3.5		碎石垫层	m³	429.00	52 763
3.6		C30W6F150 混凝土	m³	3 527.00	1 661 217
3.7		C10 素混凝土	m³	166.00	53 261
3.8		橡胶止水带	m	371.00	32 422
3.9		双组分聚硫胶	kg	1.00	45
3.10		闭孔泡沫板	m³	6.00	7 362
4		大庄排干			
4.1		土方开挖	m³	25 400.00	190 246
4.2		土方回填	m³	16 900.00	53 404
4.3		土工布	m²	1 188.00	5 085
4.4		沥青	m²	1 253.00	16 189
4.5		碎石垫层	m³	262.00	32 223
4.6		C30W6F150 混凝土	m³	2 703.00	1 273 113
4.7		C10 素混凝土	m³	127.00	40 748
4.8		橡胶止水带	m	318.00	27 790
4.9		双组分聚硫胶	kg	1.00	45
4.10		闭孔泡沫板	m³	4.00	4 908
5		分水口			
5.1		土方开挖	m³	21 700.00	162 533

序号	项目	名称	单位	数量	控制完成投资(元)
5.2		基坑回填	m³	17 400.00	54 984
5.3		C30W6F150 混凝土	m³	2 419.00	1 323 895
5.4		C10 素混凝土	m³	101.00	32 406
5.5		橡胶止水带	m	215.00	18 789
5.6		双组分聚硫胶	kg	1.00	45
5.7		闭孔泡沫板	m³	5.00	6 135
5.8		SBS 沥青卷材	m²	471.00	39 960
5.9		钢材	t	14.13	127 073
5.10		伸缩节	个	4.00	1 297
6		通气孔			
6.1		土方开挖	m³	13 286.00	99 512
6.2		C30W6F150 混凝土	m³	2 100.00	1 073 730
6.3		C10 素混凝土	m³	76.70	24 609
6.4		钢格栅盖板	t	0.69	6 302
6.5		钢管栏杆	t	1.50	15 925
6.6		钢梯	t	3.81	23 300
7		公路穿越			
7.1		津保开挖	m³	45 700.00	562 567
7.2		降水井	个	12.00	50 727
7.3		C30W6F150 混凝土	m³	3 903.00	1 767 161
7.4		C10 素混凝土	m³	204.00	65 453
7.5		HPZ – A4 止水带	m	541.37	64 781
7.6		APP 防水卷材	m²	3 555.09	292 157
7.7		津同开挖	m³	7 840.00	103 645
8	钢筋		t	15 043.00	76 475 002
9	水保				737 437.69
10	通信				639 929.00
11	砌石				1 003 087.40
12	措施项目				16 530 000.00
13	供电				446 597.53
14	建筑				2 277 354.91
总计					203 029 637.53

2011 年计划完成投资额分解表

序号	项目	名称	单位	数量	控制完成投资(元)
1		方箱涵			
1.1		土方开挖	m³	1 709 323.00	12 802 829
1.2		土方回填	m³	1 439 580.00	4 361 927
1.3		土工隔栅	m²	7 507.04	67 563
1.4		土工布	m²	14 492.77	62 029
1.5		碎石回填	m³	2 398.08	294 940
1.6		碎石土回填	m³	1 772.50	140 701
1.7		壤土回填	m³	20 852.90	280 054
1.8		C30 混凝土	m³	161 472.00	74 311 029
1.9		C10 素混凝土	m³	9 331.00	2 993 851
1.10		橡胶止水带	m	21 443.04	1 873 907
1.11		双组分聚硫胶	kg	21.69	977
1.12		泡沫板	m³	321.23	394 144
2		胜利渠倒虹吸			
2.1		土方回填	m³	5 960.00	18 834
2.2		土工布	m²	747.20	3 198
2.3		沥青	m²	461.20	5 959
2.4		碎石垫层	m³	132.00	16 235
3		分水口			
3.1		场区开挖	m³	2 800.00	8 848
4		通气孔			
4.1		土方开挖	m³	17 714.67	132 683
4.2		C30W6F150 混凝土	m³	2 800.00	1 431 640
4.3		C10 素混凝土	m³	102.30	32 823
4.4		钢格栅盖板	t	0.91	8 403
4.5		钢管栏杆	t	2.00	21 234

序号	项目	名称	单位	数量	控制完成投资(元)
4.6		钢梯	t	5.09	31 067
5		公路穿越			
5.1	津保穿越	土方回填	m³	27 200.00	85 952
5.2		土工布	m²	2 551.00	10 918
5.3		碎石垫层	m³	450.00	55 346
5.4		C30W6F150 混凝土	m³	2 355.00	1 066 273
5.5		C10 素混凝土	m³	123.00	39 465
5.6		HPZ - A4 止水带	m	326.63	39 084
5.7		APP 防水卷材	m²	2 144.91	176 269
5.8		津同开挖	m³	21 560.00	285 023
5.9		C30W6F150 混凝土	m³	4 348	1 968 644
5.10		C10 素混凝土	m³	262	84 063
5.11		HPZ - A4 止水带	m	690	82 565
5.12		APP 防水卷材	m²	4 565	375 152
5.13		土方回填	m³	13 800	43 608
6	钢筋		t	16 625.00	84 517 510
7	水保				655 500.16
8	通信				568 825.86
9	砌石				1 225 995.71
10	公路穿越				5 438 683.98
11	水机设备				0.00
12	措施项目				4 285 409.67
13	供电				0.00
14	建筑				2 331 577.64
总计					202 630 740.0

2012 年计划完成投资额分解表

序号	项目	名称	单位	数量	控制完成投资(元)
1		方箱涵			
		土方开挖	m^3	648200.00	4 855 018
		土方回填	m^3	1 085 060.00	3 287 732
		土工隔栅	m^2	5 658.31	50 925
		土工布	m^2	10 923.69	46 753
		碎石回填	m^3	1 807.52	222 306
		碎石土回填	m^3	1 335.99	106 051
		壤土回填	m^3	15 717.53	211 086
		C30 混凝土	m^3	64 036.00	29 470 008
		C10 素混凝土	m^3	3 704.94	1 188 730
		橡胶止水带	m	8 513.93	744 032
		双组分聚硫胶	kg	8.61	388
		泡沫板	m^3	127.54	156 494
2		乡村公路涵路面恢复			
		8% 石灰土	m^3	1 608	97 927
		10% 石灰土	m^3	1 206	79 813
		12% 石灰土	m^3	1 206	86 169
		二灰碎石(6:12:82)	m^3	1 608	328 064
		粗粒沥青混凝土	m^3	362	296 536
		细粒沥青混凝土	m^3	201	185 931
3	钢筋		t	6 261.40	31 831 455
4	水保				245 812.56
5	通信				213 309.70
6	砌石				0.00
7	公路穿越				5 438 683.98
8	水机采购安装				98 886.24
9	措施项目				4 285 409.67
10	供电				0.00
11	建筑				813 341.04
总计					84 340 861.19

6. 实现进度计划的监理控制措施以及相应的施工图需求计划。

（1）实现进度计划的监理控制措施。

①在工程项目开工前依据施工合同约定的工期总目标、阶段性目标等，编制控制性总进度计划，并以此为依据，督促检查承包人进度实施情况，并根据客观条件和合同条件的变化及时要求承包人调整总体、年、季、月进度计划。

②在工程进度计划实施中，监理工程师对承包人的实际工程进度进行跟踪监督，应用网络技术，实施动态控制。发现偏离及时要求承包人采取措施，实现进度计划安排。

③每周监理部检查工程实际进度，并与计划进度相比较，如实际工程进度滞后于计划进度，则召开监理会议进行协调，查明滞后的原因，按合同要求承包人采取措施，挽回工程进度。

④对总进度计划根据动态控制原则，勤检查，常调整，使实际工程进度符合计划进度，并制订出总工期被突破后的补救措施计划。

⑤根据工程的规模、质量标准，各部分工艺的复杂程度和施工难度，施工现场条件以及施工队伍的人员、设备等具体情况，全面分析承包人编制的施工总进度计划的合理性、可行性，从中发现可能影响施工进度的因素，并采取预控措施，降低或消除控制进度计划的风险程度。

⑥分析、掌握承包人主要工程材料、设备供应的安排，人力、物力、资金的状况，及时调整和修改进度计划。

⑦随时调查了解施工现场各种可能影响施工进度计划实现的因素的产生、变化，积极协调各方关系，为控制施工进度计划创造良好环境。

（2）施工图纸需求计划。首批施工图纸需求计划见下表。

首批施工图纸需求计划表

序号	图纸名称	要求供图时间	说明
1	箱涵结构布置图	2009 年 11 月	模板设计及方案布置用图
2	箱涵结构开挖图	2009 年 11 月	开挖施工
3	河渠交叉建筑物结构布置图	2009 年 11 月	开挖施工
4	河渠交叉建筑物开挖图、配筋图、细部图	2009 年 11 月	开挖施工
5	公路穿越施工图、细部图	2010 年 3 月	施工准备
6	分水口上部结构布置图、配筋图、细部图	2010 年 10 月	开挖施工
7	通气孔上部结构图、配筋图、细部图	2010 年 10 月	模板设计及方案布置用图
8	分水口埋件图、设备安装图、电气图	2011 年 3 月	
9	荣雄管理所土建施工图	2011 年 2 月	
10	监测站房土建施工图	2011 年 2 月	

7. 材料设备的采购供应计划。

（1）主要材料需求计划。

本工程中使用的主要材料为钢筋和混凝土原材料,按施工阶段列表如下。

主要材料供需求划表

时间 (年-月)	水泥 (t)	粉煤灰 (t)	钢筋 (t)	石子 (m³)	砂 (m³)	电 (kW·h)
2010-03	6 029	1 513	1 515	19 349	7 870	482 376
2010-04	9 074	2 277	2 280	29 124	11 846	726 059
2010-05	9 074	2 277	2 280	29 124	11 846	726 059
2010-06	9 074	2 277	2 226	29 124	11 846	726 059
2010-07	8 857	2 222	2 177	28 425	11 561	708 647
2010-08	8 864	2 175	2 147	27 808	11 310	693 264
2010-09	8 543	2 143	2 147	27 420	11 153	683 585
2010-10	8 522	2 113	2 117	27 030	10 995	673 878
2010-11	8 695	2 207	2 210	28 228	11 482	703 739
2010-12						
2011-01						
2011-02						
2011-03	8 795	2 207	2 210	28 229	11 482	703 739
2011-04	8 795	2 207	2 210	28 228	11 482	703 739
2011-05	8 402	2 108	2 111	26 964	10 967	672 206
2011-06	8 134	2 041	2 044	26 107	10 619	650 845
2011-07	8 134	2 041	2 044	26 107	10 619	650 845
2011-08	6 508	1 633	1 635	20 887	8 496	520 709
2011-09	6 508	1 633	1 635	20 887	8 496	520 709
2011-10	4 771	1 197	1 199	15 313	6 228	381 744
2011-11	2 896	727	728	9 297	3 782	231 783
2011-12						
2012-01						
2012-02						
2012-03	2 897	727	728	9 297	3 782	231 783
2012-04	3 449	865	867	11 609	4 502	275 957
2012-05	2 897	727	727	9 297	3 782	231 783
2012-06	2 152	540	541	6 905	2 809	172 144
2012-07	1 712	430	430	5 495	2 235	136 991
2012-08	1 419	356	357	4 553	1 852	113 520

（2）设备采购供应计划。

设备安装调试在主体工程完工后进行,安排在 2012 年,主要设备的采购供应计划如下表所示。

设备采购供应计划表

序号	设备名称	规格	数量	设备到场时间
1	电动调动蝶阀	DN700、PN0.6 MPa、操作电源、开度指示及开度反馈信号装置、现地控制设备	1 台	2012 年 4 月
2	电磁流量计	DN700、PN0.6 MPa、电源 AC220V 量程 0~1.0 m³/s、液晶显示	1 台	2012 年 4 月
3	电动蝶阀	DN700、PN0.6 MPa、电源 AC380V	3 台	2012 年 4 月
4	伸缩节	DN700、PN0.6 MPa	4 台	2012 年 4 月
5	便携式潜水电泵	WQX-15-15-2.2,$Q=15$ m³/h,$H=15$ m,$N=2.2$ kW 配套供应输水软管 50 m	1 台	2012 年 4 月
6	阀门控制箱		4 台	2012 年 4 月

8. 资金流计划。

按工程控制性进度计算的资金流计划如下表所示。

二标资金流计划表 （单位:元）

年份	月	预付款	完成投资	月支付	扣保留金	扣预付款	其他	支付款
	10	20 281 083	1 000 000	0	0			20 281 083
2009	11		2 000 000	3 000 000	240 000	0		2 760 000
	12		2 800 000	2 800 000	224 000	0		2 576 000
	1		388 394	0	0	0		0
	2		628 140	0	0	0		0
	3	30 421 625	20 512 707	21 529 241	1 722 339	0		50 228 527
	4		24 238 278	24 238 278	1 939 062	0		22 299 216
	5		21 898 966	21 898 966	1 751 917	0		20 147 049
	6		21 205 837	21 205 837	1 696 467	0		19 509 370
2010	7		21 205 837	21 205 837	1 696 467	2 067 535		17 441 835
	8		21 205 837	21 205 837	1 696 467	3 029 405		16 479 965
	9		21 496 717	21 496 717	1 719 737	3 070 960		16 706 020
	10		21 733 057	21 733 057	1 738 645	3 104 722		16 889 690
	11		21 733 057	21 733 057	1 738 645	3 104 722		16 889 690
	12		982 811	0	0	0		0

年份	月	预付款	完成投资	月支付	扣保留金	扣预付款	其他	支付款
2011	1		982 800	0	0	0		0
	2		982 800	294 8411	235 873	421 202		2 291 337
	3		22 258 966	22 258 966	1 780 717	3 179 852		17 298 396
	4		22 410 348	22 410 348	1 792 828	3 201 478		17 416 042
	5		22 410 348	22 410 348	1 792 828	3 201 478		17 416 042
	6		22 221 274	22 221 274	1 777 702	3 174 468		17 269 105
	7		22 030 232	22 030 232	1 762 419	3 147 176		17 120 637
	8		22 030 232	22 030 232	45 242	3 147 176		18 837 814
	9		22 030 232	22 030 232	0	3 147 176		18 883 056
	10		22 030 232	22 030 232	0	3 147 176		18 883 056
	11		2 187 6061	21 876 061	0	3 125 152		18 750 910
	12		894 298	0	0	0		0
2012	1		819 406	0	0	0		0
	2		894 306	2 608 010	0	372 573		2 235 437
	3		19 657 475	19 657 475	0	2 808 211		16 849 264
	4		19 582 575	19 582 575	0	2 797 511		16 785 064
	5		19 582 575	19 582 575	0	1 454 736		18 127 839
	6		16 955 445	16 955 445	0	0		16 955 445
	7		16 695 522	16 695 522	0	0		16 695 522
	8		3 992 867	3 992 867	0	0		3 992 867
	9		1 357 583	1 357 583	0	0		1 357 583
	10		1 003 782	1 003 782	0	0		1 003 782
	11		776 974	0	0	0		0
	12		521 107	1 298 081	0	0	12 675 677	13 973 758
保修期满							12 675 677	12 675 677
合计		50 702 708	507 027 078	507 027 078	25 351 355	50 702 709	25 351 354	507 027 078

9. 其他需要说明的事项。

（1）总控制性进度计划工期按 36 个月编制，符合合同条件，但由于征地拆迁原因的影响，计划开工时间已经后延，并存在继续后延的可能性。

（2）发包人可根据需要修订进度计划。

三、进度调整和控制程序

1. 因发包人提出的进度调整。

由于征地原因,本工程开工日期晚于合同约定日期,但发包人有权修订进度计划,限制完工日期。依据本工程《通用合同条款》第 20.2 条的规定,发生发包人原因造成的工期延误时,"若发包人要求修订的进度计划仍应保证工期按期完工,则应由发包人承担由于采取赶工措施所增加的费用"。监理部将按照发包人的工期调整文件对承包人发出监理通知,监理部将重新编制控制性进度计划,承包人也应重新编制施工进度计划或赶工计划。

2. 进度符合计划。

在工程实施期间,如果实际进度(尤其是关键线路上的实际进度)与计划进度基本相符,则现场监理工程师不应干预承包人对进度计划的执行,应提供和创造各种外部条件,及时调查处理影响和妨碍工程进展的不利因素,促进工程按计划进行。

3. 监理人提出的进度计划调整。

监理人发现工程现场的组织安排、施工程序或人力和设备与进度计划上的方案有较大不一致时,要求承包人对原工程进度计划及现金流动计划予以调整,调整后的工程进度计划应符合工程现场实际,并应保证在合同工期内完成。调整工期进度计划,主要是调整关键线路上的施工安排,对于非关键线路,如果实际进度与计划进度的差距并不对关键线路上的实际进度产生不利影响,监理人可不必要求承包人对整个工程进度计划进行调整。

不论何种原因发生工程的实际进度与合同进度计划不符时,承包人应按监理人的指示在 3 天内提交修订的进度计划报送监理人审批,监理人在收到该进度计划后的 3 天内批复承包人。批准后的修订进度计划作为合同进度计划的补充文件。若需调整总体进度计划时间或需要顺延工期,按合同约定履行相应的报批程序。

4. 加快工程进度。

承包人在无任何理由取得合理延期的情况下,监理人认为实际工程进度过慢,将不能按照进度计划预定的竣工期完成工程时,应要求承包人采取加快的措施,以赶上控制性进度计划中的阶段目标和总目标,承包人提出和采取的加快工程进度的措施必须经过监理人批准:

(1)承包人提出的加快工程进度的措施符合施工程序并能确保工程质量,监理人应予以批准;

(2)因自行采取加快工程进度措施而增加施工费用应由承包人自负。

5. 进度计划的延期。

由于发包人或监理人的责任,或承包人在实施过程中遇到不可预见或不可抗力的因素,因而使工程进度延误时,监理人依据合同的约定批准承包人延长工期,批准延期后,监理人要求承包人对原来的工程进度计划及现金流动计划予以调整,并按调整后的进度计划实施工程。

不论何种原因造成施工进度计划拖后,承包人均应按监理人的指示,采取有效措施赶上进度。承包人应在向监理人报送修订进度计划的同时,编制一份赶工措施报告报送监理人审批,赶工措施应以保证工程按期完工为前提调整和修改进度计划。由于发包人原因造成施工进度拖后，应按合同条款第 20.2 款的规定办理；由于承包人原因造成施工进度拖后，应按合同条款第 20.3 款的规定办理。

6. 对承包人延误的处理。

由于承包人的责任造成工程进度的延误，而且承包人接受监理人加快工程进度指令，或虽采取了加快工程进度的措施，但仍然不能赶上预期的工程进度并将使工程在合同工期内难以完成时，监理人应对承包人的施工能力重新进行审查和评价，必要时向发包人提出书面报告，建议对工程的一部分实行指令分包或考虑更换承包人。

四、有关附表及附图

（1）高峰期施工强度分析图。

（2）控制性进度计划横道图。

（3）控制性进度计划网络图。

【案例 3-3】 审核施工总进度计划

【背景】

某大型引水工程，承包人在进场后编制了《施工总进度计划》，监理人审核后首先提出了初步审核意见，并上报发包人，其初步审核意见如下。

某干线工程总进度计划初步审核意见

2009 年 9 月 18 日收到某集团工程有限公司干线工程第三设计单元项目部报送的《施工总进度计划》（第一稿），我部在结合承包人投标文件中技术方案和总体布置，并考虑征地拆迁等可能发生的不利影响因素的基础上，现提出以下初步审核意见供发包人参考。

一、总体工期安排

1. 总计划按 36 个月编制，响应了《专用合同条款》第 18.1 条中"计划工期为 36 个月"的要求。

2. 由于征地交付延期等问题，计划完工日期按工期顺延 3 个月考虑，初步定为 2012 年 10 月 15 日，与《专用合同条款》第 18.4 条中"计划完工日期：2012 年 7 月 15 日"的要求存在差异。按目前情况，承包人可依据《通用合同条款》第 20.1 条的规定要求工期顺延；或者修订进度计划，依据《通用合同条款》第 20.2 条的规定，发生发包人的工期延误时，"若发包人要求修订的进度计划仍应保证工期按期完工，则应由发包人承担由于采取赶工措施所增加的费用"。

3. 总计划目标的分解较为合理，里程碑目标的设置能够体现进度计划控制的重点。

4. 倒虹吸的施工按干槽作业考虑，与《技术条款》中关于导流的要求不符。

二、施工工序安排及资源投入

1. 施工机械：土石方机械、钢筋加工机械、起重运输设备可以满足现场施工需求。

2. 施工人力：本工程中的钢筋工和模板工是主要工种，施工高峰期用工数量达 1 200 人，可以满足用工需求。

3. 主要材料和周转材料：主要材料用量计划表应进一步细化，按月分列；考虑汛期无法采砂，应在汛期前至少储备 3 个月的砂料。

4. 施工强度：总计划对于土方、混凝土施工的平均强度和高峰强度的分析均较为准确,夏季高温季节混凝土浇筑量相应减少,安排较为合理。

5. 施工段划分:按场地条件和长度划分为 5 个施工区和 22 个作业面较为合理。

6. 冬雨季施工安排:冬季避免进行混凝土施工,与投标文件的施工安排基本相符。

三、计划网络的合理性

1. 关键线路的选择:总计划网络图中选择混凝土箱涵为关键线路是正确的。

2. 逻辑关系:关键线路与其他工作间平行作业,无逻辑关系错误。

四、风险因素的分析及建议

1. 应充分考虑发包人无法按征地计划一次性提交全部施工用地的不利情况或部分现场作业面施工道路不能贯通对施工进度的不利影响。

2. 工程中的倒虹吸施工周期过长(2010 年 7 月 20 日~2011 年 11 月 25 日),应增加施工强度,并适当优化,建议在一个枯水期内完成全部倒虹吸工程。

3. 混凝土施工设备应充分考虑高峰期的需求,混凝土罐车、模板、皮带布料机数量应予增加。

4. 浆砌石施工完工时间不宜晚于 10 月 15 日,公路北沟等浆砌石施工完成时间过晚,进入低温季节,不易保证质量,应进行调整。

5. 每月作业时间不宜按 30 天计算,考虑各种影响因素每月计划作业时间应按 25 天计算。

6. 每年夏收和秋收季节应采取措施稳定劳务队伍,保证生产一线有充足的劳动力。

五、审核结论

1. 该总体进度计划工期按 36 个月编制,符合合同条件,但由于征地拆迁原因的影响,计划开工时间已经拖延,并存在继续拖延的可能性;承包人按顺延工期 3 个月进行了计划调整,应引起发包人对征地问题的重视,并应明确选择延期或赶工。

2. 在施工场地交付使用时间尚未确定、设计文件不完整的情况下,工期计划的边界条件存在一定的不确定性,本次承包人提交的总体进度计划有待进一步优化和调整,仅供发包人分析参考,不能视为对该计划的批准。

发包人在收到监理人提出的初步审核意见后组织召开了专题会议,在参建单位讨论协商的基础上,发包人提出了分阶段交地计划时间表,决定工期予以顺延,承包人在此基础上调整了《施工总进度计划》上报监理人,监理人也做出了正式批复如下:

致:某工程有限公司干线工程第三设计单元项目部

你方于 2009 年 11 月 10 日报送的《施工总进度计划》(〔2009〕进度 01 号)经监理部审核,审批意见如下:

1. 总计划按 36 个月编制,响应了《专用合同条款》第 18.1 条中"计划工期为 36 个月"的要求,总计划目标的分解比较合理,资源投入基本匹配,关键线路及各参数计算正确,原则上同意按此进度计划组织施工。

2. 计划实施中应注意以下几点:

(1)该计划实施的前提条件是发包人按上次会议提出的分阶段交地计划时间表交付全部工程用地,如果在实施过程中再次发生征地延迟的情况,承包人应按实际征地提交情况调整作业面分布并及时对进度计划进行调整。

（2）第四工区输水箱涵施工是关键线路，对其进展情况应及时检查和跟踪，发现延误，应及时分析原因，调整施工力量和资源投入，确保关键线路工期。

（3）工程施工宜坚持"样板先行"的原则，以验证施工方案和施工工艺的合理性和实际生产能力是否满足进度需要，并得到较为准确的各工序施工时间、模板配置等参数，若发现时间生产能力与原计划有较大偏差，则应修改原计划，由此引起的计划调整和资源投入变化以及相关合同条件变化的责任由承包人承担。

（4）依据《通用合同条款》第20.2条的规定，"虽因发包人原因导致计划延误，但若发包人要求修订进度计划仍应保证工期按期完工，则承包人应按要求调整进度计划，采取赶工措施，按时完工"，你公司应制订赶工计划作为本《施工总进度计划》的补充文件，一旦发生赶工，所产生的费用另行申报，并按合同文件约定进行计量支付。

【问题】

应从哪几个方面对施工总进度计划进行审核？

【答案】

监理人对施工总进度计划审核的主要内容有：

（1）审核施工总进度计划内容的完整性。

（2）审核施工总进度计划与施工合同的符合性。

（3）审核施工总进度计划的正确性与可行性。

（4）审核施工总进度计划与资源计划的协调性。

（5）审核施工总进度计划与各标段施工进度计划之间的协调性。

（6）审核施工总进度计划施工强度的合理性和施工环境的适应性。

（7）施工总进度计划与控制性进度计划的符合性。

【案例3-4】 审核施工月进度计划案例

【背景】

某水电工程中，承包人全面负责土建施工和设备制造与安装。承包人上报了月进度计划，监理人根据合同文件和现场实际情况认真审核后，作出了如下批复。

致：中国水利水电第×工程局有限公司×××工程×标项目经理部

你方于2012年3月25日报送的《2012年4月进度计划》（水电×局〔2012〕进度04号）经监理部审核，审批意见如下：

1.你标段编制的《2012年4月进度计划》基本符合《施工总进度计划》、现场实际情况和发包人的要求，同意按此进度计划组织4月份的施工。

2.月计划实施中应注意以下几点。

（1）施工顺序：在工作面施工顺序方面，因第4区挖方量小，建议优先进行第4区土方开挖，第4区形成工作面后，集中第4、第5工作面设备开挖第7作业面土方。

（2）材料供应：由于土工膜试验周期较长，本月土工膜用量大（约20万 m^2），你方应提前组织进场并完成复试。

（3）降雨影响：预报本月中旬有降雨，请提前做好现场排水和苫盖措施，避免降雨对进度造成不利影响。

（4）质量控制：上月第3作业面进度稍有滞后，主要原因是现场质控人员经验不足和三检制度不落实,发生多次返工,进而影响了进度目标的实现,必须加强第 3 作业面的质控力量,确保该作业面的进度按计划实现。

(5)关键工作:第 8 工区的泵站工程是关键线路上的主要工程项目,土方开挖完成后必须按计划时间开始基础桩施工,桩基施工专项方案要在本月 7 日前报审,桩基施工设备应在本月 12 日前进场。

(6)人力资源:第 9 作业面劳务人员来自茶叶产区,建议你部在月底采取措施稳定该区劳务人员数量,确保一线工人数量,避免因劳务人员回乡采茶人力不足而影响进度。

(7)施工设备:本月计划施工的现浇混凝土栈桥所选择的混凝土泵车臂长难以满足施工需要,你部应根据现场实际情况和施工图纸中标识的栈桥尺寸重新选择泵送设备。

(8)金结安装:钢闸门计划于月底安装,你部应在 3 日内安排技术人员到钢结构厂家检查钢闸门加工质量和生产进度,明确钢闸门能否按计划时间进场。

(9)后续工作:本地区 6 月将进入高温季节,考虑到临建周期和混凝土配合比的试验周期,你部应于本月中旬开始冰硝厂建设和高温季节混凝土配合比试配工作。

【问题】

承包人月进度计划一般应包含哪些内容?

【答案】

承包人编制的月进度计划应至少包括以下内容:

(1)本月主要施工项目概况;

(2)主要施工方法简介;

(3)上月进度计划完成情况;

(4)上月进度偏差原因分析;

(5)关键线路是否发生转移以及计划的调整情况;

(6)本月计划完成工程量;

(7)本月进度计划执行中可能发生的问题和应对措施;

(8)资源(人、机、料)投入情况;

(9)进度计划图表等。

思 考 题

1. 监理人进度控制应重点做好哪些工作?

2. 影响工程开工的主要因素有哪些? 监理人检查工程开工条件的主要内容是什么?

3. 监理人编制或协助发包人编制控制性进度计划时,应重点做好哪些工作?

4. 监理人应如何处理工期索赔? 简述工作步骤及程序。

5. 监理人如何界定延期开工的责任? 应如何处理?

6. 工期调整的原则是什么? 监理人应从哪几方面审核承包人的工期调整计划?

7. 在工程各类计划中,直接影响进度计划编制与执行的有哪些? 应怎样协调之间的关系?

8. 监理人在审核承包人上报的施工总进度计划时,应重点审核哪些方面内容?

第四章　施工安全生产监督管理

建设工程的安全生产,不仅关系到人民群众的生命和财产安全,而且关系到国家经济的发展和社会的全面进步。在工程建设活动中,保证安全是工程施工中的一项非常重要的工作。施工安全应包括在施工现场的承包人、监理人、发包人、设计人及监督检查等所有人员的人身安全,也包括现场施工设备、工程设备、材料、物资等财产的安全。水利水电工程施工人员众多,各工种往往交叉作业,机械施工与手工操作并进,高空或地下作业多,建设环境复杂,不安全因素多,安全事故也较多。因此,必须充分认识水利水电工程施工过程中的不安全因素,提高安全生产意识,坚持"安全第一,预防为主"的方针,防患于未然,保证工程施工的顺利进行。

第一节　安全生产法律法规概述

安全生产法律体系是一个包含多种法律形式和法律层次的综合性系统,从法律规范的形式和特点来讲,既包括作为整个安全生产法律法规基础的宪法规范,也包括行政法律规范、技术性法律规范、程序性法律规范。

一、安全生产法律体系分类

按法律地位及效力同等原则,安全生产法律体系分为以下五类。

(一)宪法

宪法包括安全生产法律体系在内的所有法律体系的最高层级。宪法第四十二条中"加强劳动保护,改善劳动条件"是有关安全生产方面最高法律效力的规定。

(二)安全生产相关法律

1. 基础法

我国有关安全生产的法律包括《中华人民共和国安全生产法》和与它平行的专门法律和相关法律。《中华人民共和国安全生产法》是综合规范安全生产法律制度的法律,它适用于所有生产经营单位,是我国安全生产法律体系的核心。

2. 专门法律

专门安全生产法律是规范某一专业领域安全生产法律制度的法律。我国在专业领域的法律有《中华人民共和国矿山安全法》、《中华人民共和国消防法》、《中华人民共和国道路交通安全法》等。

3. 相关法律

相关法律是指安全生产专门法律以外的其他法律中涵盖有安全生产内容的法律,如《中华人民共和国劳动法》、《中华人民共和国建筑法》、《中华人民共和国煤炭法》、《中华人民共和国铁路法》、《中华人民共和国民用航空法》、《中华人民共和国工会法》、《中华人民共和国全民所有制企业法》、《中华人民共和国乡镇企业法》、《中华人民共和国矿产资源法》等。还有一些与安全生产监督执法工作有关的法律,如《中华人民共和国刑法》、《中华人民共和国刑事诉讼法》、《中华人民共和国行政处罚法》、《中华人民共和国行政复议法》、《中华人民共和国国家赔偿法》和《中华人民共和国标准化法》等。

(三)安全生产行政法规

安全生产行政法规是由国务院组织制定并批准公布的,是为实施安全生产法律或规范安全生产监督管理制度而制定并颁布的一系列具体规定,是我们实施安全生产监督管理和监察工作的重要依据。我国已颁布了多部安全生产行政法规,如《国务院关于特大安全事故行政责任追究的规定》和《建设工程安全生产管理条例》等。

(四)部门安全生产规章

1. 地方政府安全生产规章

根据《中华人民共和国立法法》的有关规定,部门规章之间、部门规章与地方政府规章之间具有同等效力,在各自的权限范围内施行。

2. 国务院部门安全生产规章

国务院部门安全生产规章由有关部门为加强安全生产工作而颁布的规范性文件组成,从部门角度可划分为交通运输业、化学工业、石油工业、建筑业等。如水利部《水利工程建设安全生产管理规定》(水利部令第 26 号)。

(五)安全生产标准

安全生产标准是安全生产法规体系中的一个重要组成部分,也是安全生产管理的基础和监督执法工作的重要技术依据。安全生产标准大致分为设计规范类,安全生产设备、工具类,生产工艺安全卫生类,防护用品类等四类标准。如《工程建设标准强制性条文》(水利工程部分)、《水利水电工程劳动安全与工业卫生设计规范》(GB 50706—2011)、《水利水电工程施工通用安全技术规程》(SL 398—2007)、《水利水电工程土建施工安全技术规程》(SL 399—2007)等。

(六)已批准的国际劳工安全公约

国际劳工组织自 1919 年创立以来,一共通过了 185 个国际公约和为数较多的建议书,这些公约和建议书统称国际劳工标准,其中 70% 的公约和建议书涉及职业安全卫生问题。我国政府为国际性安全生产工作已签订了国际性公约,当我国安全生产法律与国际公约有不同时,应优先采用国际公约的规定(除保留条件的条款外)。目前,我国政府已批准的公约有 23 个,其中 4 个是与职业安全卫生相关的。

二、工程建设领域安全生产法律法规

1997 年 11 月 1 日,第八届全国人民代表大会常务委员会第二十八次会议审议通过了《中华人民共和国建筑法》(以下简称《建筑法》),2011 年 4 月 22 日由中华人民共和国第十一届全国人民代表大会常务委员会第二十次会议审议通过了《全国人民代表大会常务委员会关于修改〈建筑法〉的决定》,修改后的《建筑法》自 2011 年 7 月 1 日起施行。《建筑法》对建筑工程安全生产管理做出了明确规定。

2002 年 6 月 29 日,第九届全国人民代表大会常务委员会第二十八次会议审议通过了《中华人民共和国安全生产法》(以下简称《安全生产法》),作为安全生产领域的基本法律,全面规定了安全生产的原则、制度、具体要求及责任。作为新中国成立以来第一部全面规定安全生产各项制度的法律,它的出台不仅表明党中央、国务院对安全问题的高度重视,也反映了人民群众对安全生产的意愿和要求,也是安全生产管理全面纳入法制化的标志,是安全生产各项法律责任完善与健全的标志。《安全生产法》的实施,对于全面加强我国安全生产法制建设,强化安全生产监督管理,规范生产经营单位的安全生产,遏制重大、特大事故,促进经济发展和保持社会稳定,具有重大而深远的意义。但随着近年来我国经济社会快速发展,我国安全生产形势仍然比较严峻。在经过广泛调研、多方征求意见的基础上,2014 年 1 月,国务院第 36 次常务会议讨论通过了安全生产法修正案草案。同年 2 月 25 日,第十二届全国人大常委会第七次会议初次审议了安全生产法修正案草案。

为了加强建设工程安全生产监督管理,保障人民群众生命和财产安全,根据《建筑法》、《安全生产法》,2003 年 11 月 12 日国务院第 28 次常务会议审议通过了《建设工程安全生产管理条例》(国务院令第 393 号)(以下简称《安全生产管理条例》),于 2004 年 2 月 1 日起施行。《安全生产管理条例》中明确规定:"在中华人民共和国境内从事建设工程的新建、扩建、改建和拆除等有关活动及实施对建设工程安全生产的监督管理,必须遵守本条例。"

《安全生产管理条例》是对《建筑法》和《安全生产法》的有关规定的进一步细化,结合建设工程的实际情况,将两部法律规定的制度落到实处,明确规定了建设单位、勘察单位、设计单位、施工单位、工程监理单位和其他与建设工程有关的单位的安全责任,并对安全生产的监督管理、生产安全事故应急救援与调查处理等做出了规定。这也是首次在法规中直接明确了监理单位在工程建设中应承担的安全责任。

三、水利工程建设安全生产管理规章

为了加强水利工程建设安全生产监督管理,明确安全生产责任,防止和减少安全生产事故,保障人民群众生命和财产安全,结合水利工程的特点,水利部于 2005 年 7 月 22 日颁发了《水利工程建设安全生产管理规定》(水利部令第 26 号,以下简称《安全生产管理规定》)。《安全生产管理规定》明确指出:"项目法人、勘察(测)单位、设计单位、施工单位、建设监理单位及其他与水利工程建设安全生产有关的单位,必须遵守安全生产法律、法规和本规定,保证水利工程建设安全生产,依法承担水利工程建设安全生产责任。"

水利部为了进一步加强水利行业安全生产监督管理,明确安全生产责任,防止和减少生产安全事故,保障人民群众生命和财产安全,促进水利事业健康发展,根据《安全生产法》、《中华人民共和国水法》等有关法律法规,结合水利行业实际,计划制定出台《水利安全生产监督管理规定》。此规定将明确水利工程安全生产监督管理主体及其职责与权利、水利生产经营单位安全生产责任主体及其在安全生产过程中应尽的义务、水利生产安全事故应急救援与事故报告制度等内容。

为了完善水利安全生产规章制度,水利部已经或将要编制、出台一系列安全生产管理的规章和规范,具体包括:

（1）《水利工程建设项目安全评价管理办法（试行）》；

（2）《水利工程建设安全生产监督检查导则》；

（3）《水利工程建设项目安全生产监督指导意见》；

（4）《水利工程建设项目安全评价导则》；

（5）《水利工程建设项目安全评价报告编制规定》；

（6）《水利工程建设项目安全评价机构和人员资质资格管理规定》；

（7）《水利安全隐患分类和管理办法》；

（8）《水利工程重大生产安全事故应急预案管理规定》；

（9）《水工金属结构安全监督管理办法》；

（10）《水利安全生产监督管理规定》；

（11）《水利工程施工安全管理导则》；

（12）《水利工程施工安全防护设施技术规范》；

（13）《水利工程安全生产标准化通用规范》。

上述规章和规范的编制与出台将逐步形成包括安全监督、隐患排查治理、事故查处、应急管理和教育培训等主要内容的水利安全生产规章制度体系。

四、水利水电工程建设工程安全技术标准

水利水电工程建设常用安全生产主要技术标准包括以下几个方面。

（一）建设标准强制性条文

《工程建设标准强制性条文》（以下简称《强制性条文》）（水利工程部分，2010年版）的发布与实施是水利部贯彻落实国务院《建设工程质量管理条例》的重要举措，是水利工程建设全过程中的强制性技术规定，是参与水利工程建设活动各方必须执行的强制性技术要求，也是政府对工程建设强制性标准实施监督的技术依据。《强制性条文》的内容是从水利建设技术标准中摘录的，直接涉及人民生命财产安全、人身健康、水利工程安全、环境保护、能源和资源节约及其他公众利益，且必须执行的技术条款。2010年版《工程建设标准强制性条文》（水利工程部分）以2004年版《强制性条文》篇章框架为基础，进行了全面系统的修订。《强制性条文》第三篇"劳动安全与工业卫生"以专篇的形式强调了水利工程建设过程中必须遵循的安全技术条款。

在《强制性条文》第三篇"劳动安全与工业卫生"第12节"劳动安全"中分别摘录了《水利水电工程钻探规程》（SL 291—2008）、《水利水电工程坑探规程》（SL 166—96）、《水利水电工程劳动安全与工业卫生设计规范》（DL 5061—1996）（注：现已更新为《水利水电工程劳动安全与工业卫生设计规范》（GB 5076—2011））、《水利水电工程施工组织设计规范》（SL 303—2004）、《水工建筑物地下开挖工程施工规范》（SL 378—2007）以及《水利水电工程施工通用安全技术规程》（SL 398—2007）、《水利水电工程土建施工安全技术规程》（SL 399—2007）、《水利水电工程金属结构与机电设备安装安全技术规程》（SL 400—2007）、《水利水电工程施工作业人员安全操作规程》（SL 401—2007）等规程、规范中的有关安全方面的条款，作为强制性条文。

（二）《水利水电工程施工通用安全技术规程》（SL 398—2007）

《水利水电工程施工通用安全技术规程》（SL 398—2007）是对《水利水电建筑安装安全技术工作规程》（SD 267—88）的第 1、2、3、4、5、12、15、17 等篇内容进行修编，并增加了施工排水、现场保卫、安全防护设施、大型施工设备安装与运行等内容的安全技术规定。主要内容包括总则、术语、施工现场、施工用电、供水、供风及通信、安全防护设施、大型施工设备安装与运行、起重与运输、爆破器材与爆破作业、焊接与气割、锅炉及压力容器和危险品管理等安全技术规定。本标准适用于大中型水利水电工程施工安全技术管理、安全防护与安全施工。小型水利水电工程可参照执行。

（三）《水利水电工程土建施工安全技术规程》（SL 399—2007）

《水利水电工程土建施工安全技术规程》（SL 399—2007）是对《水利水电建筑安装安全技术工作规程》（SD 267—88）的第 6、7、8、9、10 篇内容进行了修编，增加了土石方填筑、碾压混凝土等章节及突出新工艺的"沥青混凝土"、水利特色的"砌石工程、堤防工程、疏浚工程与吹填工程、渠道、水闸与泵站工程"，还有危险程度较高的"拆除工程"等。主要内容包括总则、术语、土石方工程、地基与基础工程、砂石料生产工程、混凝土工程、沥青混凝土、砌石工程、堤防工程、疏浚与吹填工程、渠道、水闸与泵站工程、房屋建筑工程、拆除工程等安全技术规定。本标准适用于大中型水利水电工程施工安全技术管理、安全防护与安全施工。小型水利水电工程及其他土建工程可参照执行。

（四）《水利水电工程金属结构与机电设备安装安全技术规程》（SL 400—2007）

《水利水电工程金属结构与机电设备安装安全技术规程》（SL 400—2007）是对《水利水电建筑安装安全技术工作规程》（SD 267—88）的第 13、14 两篇内容进行了修编，并增加了金属结构制作、升船机安装、钢栈桥和供料线等其他金属结构安装，及金属防腐涂装等内容。主要内容有总则、术语、基本规定、金属结构制作、闸门安装、启闭机安装、升船机安装、引水钢管安装、其他金属结构安装、施工脚手架及平台、金属防腐涂装、水轮机安装、发电机安装、电气设备安装、水轮发电机组启动试运行、桥式起重机安装、施工用具及专用工具等安全技术规定。本标准适用于大型水利水电工程现场金属结构制作、安装和水轮发电机组及电气设备安装工程的安全技术管理、安全防护与安全施工。小型水利水电工程现场金属结构制作、安装和水轮发电机组及电气设备安装工程可参照执行。

（五）《水利水电工程施工作业人员操作规程》（SL 401—2007）

《水利水电工程施工作业人员操作规程》（SL 401—2007）是对《水利水电建筑安装安全技术工作规程》（SD 267—88）的第 11、16 两篇内容进行的修编，删除了一些水利水电工程施工中现已很少出现的工种，按照现行施工要求合并了一些工种，并增加了一些新的工种；对水利水电工程施工的各专业工种和主要辅助工种的施工作业人员，规范其行为准则，明确其安全操作标准。主要内容有总则、基本规定、施工供风、供水、用电、起重、运输各工种，土石方工程、地基与基础工程、砂石料工程、混凝土工程、金属结构与机电设备安装、监测与试验、主要辅助工种等安全技术规定。本规程适用于大中型水利水电工程施工现场作业人员安全技术管理、安全防护与安全文明施工，小型水利水电工程可参照执行。

本规程采用按工程项目分类的方法，分别对施工供风、供水、供电、起重运输各工种、土石方工程、地基与基础工程、砂石料工程、混凝土工程、金属结构与机电安装、监测与试验及辅助工种等 73 项工种的作业人员安全操作标准以及作业中应注意事项进行了规范，并对具体的条文进行了说明。要求参加水利水电工程施工的作业人员应熟悉、掌握本专业工程的安全技术要求，严格遵守工种的安全操作规程，并应熟悉、掌握和遵守配合作业的相关工种的安全操作规程。规程还将"三工活动"（即工前安全会、工中巡回检查和工后安全小结）、每周一次的"安全日"活动以及定期培训、教育纳入规范的重要内容，施工企业对新参加水利水电工程施工的作业人员以及转岗的作业人员，在作业前应进行不少于一次的学习培训，考试合格后方可进入现场作业；施工作业人员每年进行一次本专业安全技术和安全操作规程的学习、培训和考核，考核不合格者不应上岗。

上述《水利水电工程施工通用安全技术规程》（SL 398—2007）、《水利水电工程土建施工安全技术规程》（SL 399—2007）、《水利水电工程金属结构与机电设备安装安全技术规程》（SL 400—2007）、《水利水电工程施工作业人员操作规程》（SL 401—2007）等四个部颁标准在内容上各有侧重、互为补充，形成一个相对完整的水利水电工程建筑安装安全技术标准体系，应相互配套使用。

（六）《水利水电工程劳动安全与工业卫生设计规范》（GB 50706—2011）

为了贯彻"安全第一，预防为主"的方针，做到劳动安全卫生设施必须与主体工程同时设计、同时施工、同时投入生产和使用，保障劳动者在劳动过程中的安全与健康，制订了本规范。内容包括总则、基本规定、工程总体布置、劳动安全、工业卫生、安全卫生辅助设施等内容。本规范适用于新建、扩建及改建的水利水电工程的劳动安全与工业卫生的设计。

除上述技术标准外，如《水工建筑物地下开挖工程施工规范》（SL 378—2007）、《水利水电工程锚喷支护技术规范》（SL 377—2007）、《锚杆喷射混凝土支护技术规范》（GB 50086—2001）、《爆破安全规程》（GB 6722—2011）等专业工程技术规程、规范及标准中也针对施工过程中安全生产提出了具体的要求。

五、法规和规章以及规程、规范中有关监理施工安全监督管理的规定

《安全生产管理条例》首次以法规的形式明确了监理人在工程建设中应承担的安全职责，规定：工程监理单位应当审查施工组织设计中的安全技术措施或者专项施工方案是否符合工程建设强制性标准。工程监理单位在实施监理过程中，发现存在安全事故隐患的，应当要求施工单位整改；情况严重的，应当要求施工单位暂时停止施工，并及时报告建设单位。施工单位拒不整改或者不停止施工的，工程监理单位应当及时向有关主管部门报告。

《安全生产管理规定》中规定：建设监理单位和监理人员应当按照法律、法规和工程建设强制性标准实施监理，并对水利工程建设安全生产承担监理责任。建设监理单位应当审查施工组织设计中的安全技术措施或者专项施工方案是否符合工程建设强制性标准。建设监理单位在实施监理过程中，发现存在生产安全事故隐患的，应当要求施工单位整改；对情况严重的，应当要求施工单位暂时停止施工，并及时向水行政主管部门、流域管理机构或者其委托的安全生产监督机构以及项目法人报告。

《水利工程建设项目施工监理规范》（SL 288—2003）"6.5 施工安全与环境保护"中，

明确了监理应在开工前、施工过程中、发生施工安全事故和防汛、度汛时的安全监理工作内容和要求。

《水利水电工程施工通用安全技术规程》(SL 398—2007)中明确规定:水利水电建设工程施工安全管理,应实行建设单位统一领导、监理单位现场监督、施工承包单位为责任主体的各负其责的管理体制。水利水电工程施工安全管理,应由建设单位组织建立有施工、设计、监理等单位参加的工程施工安全管理机构,制订安全生产管理办法,明确各单位安全生产的职责和任务,各司其职,各负其责,共同做好施工安全生产工作。监理单位应监督施工单位履行安全文明生产职责。各单位应按国家规定建立安全生产管理机构、配备符合规定的安全监督管理人员、健全安全生产保障体系和监督管理体系。监理单位应审核施工单位编制的专项施工技术方案。

《水利水电工程土建施工安全技术规程》(SL 399—2007)中明确:水利水电建设、设计、监理及施工单位应遵守本标准,坚持"安全第一,预防为主"的方针,并进行综合治理,确保安全生产。建立健全安全生产管理体系及安全生产责任制,保证安全生产投入,及时消除施工生产事故隐患,确保安全施工。

《水利水电工程金属结构与机电设备安装安全技术规程》(SL 400—2007)中明确:工程建设各单位应建立安全生产责任制,设立安全生产管理机构,配备专职安全管理人员,各负其责。

此外,部分地方政府也出台了有关安全监理的规程,如上海市2014年重新颁布了《建设工程监理施工安全监督规程》(DG/T J08—2035—2014)、云南省2005年出台的《云南省建设工程安全监理实施细则》等,对水利工程监理安全监督管理工作有很强的借鉴和指导意义。

第二节 施工安全监督管理的实施

在工程施工过程中,监理人应按照法律、法规、工程建设强制性标准及监理合同实施监理,对所监理工程的施工安全生产进行监督检查,并对工程安全生产承担监理责任。

一、施工安全监督管理监理职责

监理人应在监理大纲(监理规划)和监理实施细则中明确安全监理的范围、内容、工作程序、制度和措施,以及人员配备计划和职责,所配备监理人员应满足水利工程施工安全监督管理的需要。其施工安全监督管理职责应包括:

(1)编制施工安全监理规划、监理实施细则。

(2)协助发包人编制施工安全生产措施方案。

(3)审查施工安全技术措施、专项施工方案,并监督实施。

(4)按照法律、法规和工程建设强制性标准,根据施工合同文件的有关约定,开展施工安全检查、监督。

（5）组织或参与安全防护设施、施工设施设备、危险性较大的专项工程验收。

（6）协助生产安全事故调查等。

二、施工安全监督管理监理工作内容

水利工程施工安全监督管理监理的主要内容按阶段可分为施工准备阶段的工作内容、施工阶段的工作内容、验收阶段的工作内容和其他。

（一）施工准备阶段的工作内容

在施工准备阶段，监理人在组织编制监理规划时，其主要内容除工程质量控制、进度控制、投资控制、合同管理、信息管理及协调等主要工作内容外，还应依据《安全生产管理条例》和《安全生产管理规定》等法律法规的规定，在监理规划中明确加入施工安全监督管理监理的内容、工作程序、工作制度和有关措施等。对于施工安全风险较大的工程，监理人应单独编制施工安全监督管理监理实施细则。监理人施工安全监督管理监理的主要工作有：

（1）调查了解和熟悉施工现场及周边环境情况，掌握工程施工的要点，对可能存在的危险源进行全面的梳理并列出清单，使制定的安全监理工作制度的针对性和可操作性更强。

（2）监理人应对承包人的资质证书特别是安全生产许可证进行合规性审查；对项目经理、专职安全生产管理人员的安全生产考核合格证书及专职安全人员的配备与到位情况进行合规审查；对特种作业人员操作证的合法有效性进行审查。

（3）审核承包人的施工安全生产目标管理计划和安全生产责任制，检查承包人安全生产规章制度和安全管理机构的建立情况，并督促承包人检查各分包人的安全生产规章制度的建立情况。

（4）审查承包人编制的施工组织设计、施工措施计划中的安全技术措施和危险性较大的分部工程或单元工程专项施工方案，是否符合工程建设强制性标准及相关规定的要求。

（5）检查承包人的施工总平面布置图是否符合安全生产的要求，办公、宿舍、食堂、道路等临时设施设置以及排水、防火措施是否符合强制性标准要求。

（6）审核承包人所报防洪度汛措施计划和防汛、救灾预案等。

（二）施工阶段的工作内容

（1）监督承包人按照施工组织设计中的安全技术措施和专项施工方案组织施工，及时制止违规施工作业。

（2）定期巡视检查施工过程中危险性较大的施工作业情况。

（3）定期巡视检查承包人的用电安全、消防措施、危险品管理和交通管理等情况。

（4）核查施工现场施工起重机械、整体提升脚手架和模板等自升式架设设施和安全设施的验收手续。

（5）检查承包人的度汛方案中对洪水、暴雨、台风等自然灾害的防护措施与抢险预案。

（6）检查施工现场各种安全标志和安全防护措施是否符合有关规定及强制性条文要求。

（7）督促承包人进行安全自查工作，并对承包人自查情况进行抽查。

（8）参加发包人和有关部门组织的安全生产专项检查。

（9）审批承包人的安全生产救援预案和灾害应急预案，并检查配备必要的救助物资和器材的落实情况。

（10）检查承包人安全防护用品的配备情况。

（11）检查承包人按批准的施工安全技术措施或专项施工方案，对作业人员进行的安全技术交底情况。

（12）检查承包人安全文明措施费的使用情况，督促承包人按规定投入、使用安全文明施工措施费，对未按照规定使用的，总监理工程师应对承包人申报的安全文明施工措施费用不予签认，并向发包人报告，保证承包人列入合同安全施工措施的费用按照合同约定专款专用。

（13）监理人发现存在生产安全事故隐患时，应当要求承包人整改；对情况严重的，应当要求承包人暂停施工，消除不安全因素，并按有关规定报告。

（14）当发生安全事故时，监理人应指示承包人采取有效措施防止损失扩大，并按有关规定立即上报，配合安全事故调查组的调查工作，监督承包人按调查处理意见处理安全事故。

（三）验收阶段的工作内容

监理人应对承包人提交的安全生产档案材料履行审核签字手续。凡承包人未按规定要求提交安全生产档案的，不得通过验收。

（四）其他

施工安全监督管理监理的具体工作内容可参考水利部于 2011 年 9 月 14 日印发的《水利工程建设安全生产监督检查导则》，其中规定了对监理人安全生产监督检查内容，详见表 4-1。

表 4-1　建设监理单位安全生产检查表

序号	检查项目	检查内容要求与记录	检查意见
1	工程建设强制性标准	（1）相关强制性标准要求识别完整	
		（2）标准适用正确	
		（3）发现不符合强制性标准时，有记录	
2	审查施工组织设计的安全措施	（1）审查施工组织设计	
		（2）审查专项安全技术方案	
		（3）相关审查意见有效	
		（4）安全生产措施执行情况	

序号	检查项目	检查内容要求与记录	检查意见
3	安全生产责任制	(1)相关人员职责和权利、义务明确	
		(2)检查施工单位安全生产责任制	
4	安全生产事故隐患	(1)及时发现并报告	
		(2)及时要求整改	
		(3)复查整改验收	
5	监理例会制度	(1)按期召开例会	
		(2)会议记录完整	
		(3)会议要求检查落实	
6	生产安全事故报告制度等执行情况	(1)报告制度	
		(2)及时报告	
		(3)处理措施检查监督	
7	监理大纲、监理规划、监理实施细则中有关安全生产措施执行情况等	(1)措施完善	
		(2)执行情况	
8	执业资格	(1)执业资格符合规定	
		(2)执业人员签字	

三、施工安全监督管理监理制度的建立

(一)监理大纲及监理规划中安全监理内容的编写

现行《水利工程建设项目施工监理规范》(SL 288—2003)的附录 A"监理规划编写要点及主要内容"中未明确施工安全监督管理监理工作应编制的内容。为了贯彻、落实《安全生产管理条例》和《安全生产管理规定》中的安全监理责任,更好地履行监理任务,监理人在投标时编制的监理大纲及进场后编制的监理规划中,应加入施工安全监督管理监理工作内容。

监理大纲(监理规划)中安全监理一般应包括以下主要内容。

1. 施工安全监督管理监理的依据

应根据工程实际情况,列举与本工程安全管理相关的法律法规、规程规范及技术文件。

如某隧洞工程监理规划中安全监理的依据包括:

(1)《建设工程安全生产管理条例》(国务院令第 393 号);

(2)《水利工程建设安全生产管理规定》(水利部令第 26 号);

(3)《水利工程建设项目施工监理规范》(SL 288—2003);

（4）《工程建设标准强制性条文》（水利工程部分）；

（5）《水利水电工程施工通用安全技术规程》（SL 398—2007）；

（6）《水利水电工程土建施工安全技术规程》（SL 399—2007）；

（7）《水利水电工程金属结构与机电设备安装安全技术规程》（SL 400—2007）；

（8）《水利水电工程施工作业人员操作规程》（SL 401—2007）；

（9）《水工建筑物地下开挖工程施工规范》（SL 378—2007）；

（10）《水利水电工程锚喷支护技术规范》（SL 377—2007）；

（11）《爆破安全规程》（GB 6722—2011）；

（12）工程施工监理合同；

（13）工程施工承包合同；

（14）工程施工组织设计。

2. 施工安全监督管理监理工作目标

施工安全监督管理监理工作目标应结合工程特点、参建各方的管理水平提出切实可行、量化的目标。

如某工程安全工作目标包括：

（1）杜绝因监理原因导致的安全责任事故；

（2）无重大人身伤亡事故；

（3）无重大火灾事故；

（4）创建安全生产文明施工工地。

3. 施工安全监督管理监理工作范围和内容

施工安全监督管理监理工作范围是指在施工阶段落实安全生产监理责任所开展的工作。

施工安全监督管理监理主要工作内容是指在开工前的施工准备阶段和施工阶段监理人应开展的工作，包括对承包人安全保证体系、安全人员持证及上岗情况、安全技术措施或专项安全施工技术方案的审核，施工过程中安全行为监督检查等。

4. 施工安全监督管理监理工作程序

施工安全监督管理监理工作基本程序：建立健全安全监督管理制度→明确安全责任→编制安全监督管理措施→审查安全技术措施、预案→重大危险源的检查、验收→过程监控。

如图 4-1 所示为某工程安全监理工作程序框图。

5. 施工安全监督管理监理组织机构设置、人员配备和职责分工

施工安全监督管理监理的组织机构设置和职责分工应与其他监理工作紧密结合。规模较大的工程应考虑设置专职安全监理人员。与其他监理工作一样，施工安全监督管理监理也是实行总监理工程师负责制，其他各专业监理人员根据分工分别承担相应的职责。专业监理工程师在其工作职责范围内，监督检查承包人的施工安全行为，并做好相应的记录，记入监理日志和监理月报中。信息管理人员及时收集、整理施工安全监督管理监理资料，做好归档工作。

6. 施工安全监督管理监理工作制度和措施

监理人在开展施工安全监督管理监理过程中，应建立以下工作制度：

（1）安全生产责任制度；

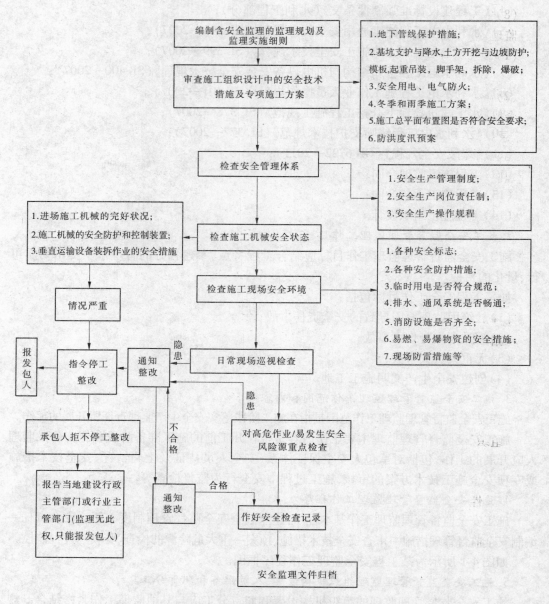

图 4-1　某工程安全监理工作程序框图

（2）安全生产教育培训制度；

（3）安全生产费用、技术、措施、方案审查制度；

（4）安全生产事故隐患排查制度；

（5）危险源监控管理制度；

（6）安全防护设施、生产设施及设备、危险性较大的专项工程、重大事故隐患治理验收制度；

（7）安全例会制度；

（8）安全资料管理与归档制度。

监理人建立和收集施工安全监督管理监理的全过程资料，应包括以下内容：

（1）监理人应当建立严格的施工安全监督管理监理资料管理制度，规范资料管理工作。

（2）施工安全监督管理监理资料必须真实、完整，能够反映监理人及监理人员依法履行安全监理职责的全貌。在实施施工安全监督管理监理过程中，以文字材料作为传递、反馈、记录各类信息的凭证。

（3）监理人员应在监理日记和监理日志中记录当天施工现场安全生产和施工安全监督管理监理工作情况，记录发现和处理的安全问题。总监理工程师应定期审阅并签署意见。

（4）监理月报应包含施工安全监督管理监理工作内容，对当月施工现场的安全施工状况和施工安全监督管理监理工作做出评述报发包人。必要时，应当向工程所在地行业主管部门报告。

（5）提倡使用音像资料记录施工现场安全生产重要情况和施工安全隐患，并摘要载入监理月报。

7. 确定危险性较大工程和需要编制的安全监理实施细则

根据国务院《安全生产管理条例》、住建部《危险性较大的分部分项工程安全管理办法》（建质〔2009〕87号，适用于房屋建筑和市政工程）、水利部《安全生产管理规定》和拟颁布的《水利水电工程施工安全管理导则》有关要求，结合工程实际情况，监理人在监理大纲（监理规划）中应对需要编制专项施工方案的危险性较大工程及需要进行专家论证的分部分项工程进行初步认定，并编制相应的专项安全监理实施细则。危险性较大工程及需要组织专家论证审核专项施工方案工程认定标准参见表4-2。

（二）安全监理实施细则

安全监理实施细则可根据工程的实际情况，按照有关规定确定编制方式。工程规模较小、危险性较大、工程种类少的项目，可考虑编制一份综合性安全监理实施细则。对于工程规模大、危险性较大、工程种类多的项目，应分类编制专项安全监理实施细则。安全监理实施细则应包括以下内容：

（1）适用范围。

（2）编制依据如下：

①现行相关法律、法规、规章、工程建设强制性标准和设计文件；

②已批准的包含安全监理内容的监理规划；

③已批准的施工组织设计中的安全技术措施、专项施工方案和专家组评审意见。

（3）施工安全特点。

（4）安全监理工作内容和控制要点。

（5）安全监理的方法和措施。

（6）安全隐患识别、防范及处理预案。

（7）安全检查记录和报告格式。

表 4-2　危险性较大工程及需要组织专家论证审核专项施工方案工程认定标准

工程名称	《危险性较大的分部分项工程安全管理办法》(建质〔2009〕87号)		《水利工程建设安全生产管理规定》(水利部令第26号)		《水利工程施工安全管理导则》(拟颁布)	
	危险性较大的分部分项工程	超过一定规模的危险性较大的分部分项工程需要组织专家论证审核	危险性较大工程(达到一定规模)	超过一定规模的危险性较大工程需要论证审核	达到一定规模的危险性较大的单项工程	超过一定规模的危险性较大的单项工程需要组织专家论证
1. 基坑支护与降水工程	①开挖深度超过3m(含3m)的基坑(槽)的支护、降水工程 ②基坑虽未超过3m,但地质条件、周围环境和地下管线复杂,或影响毗邻建筑(构筑)物安全的基坑(槽)支护、降水、土方开挖工程		基坑支护与降水工程	深基坑	基坑支护、降水工程。开挖深度超过3m(含3m)或基坑虽未超过3m但地质条件和周边环境复杂的基坑(槽)支护、降水工程	①开挖深度超过5m(含5m)的基坑(槽)的土方开挖、支护、降水工程 ②开挖深度虽未超过5m,但地质条件和周围环境复杂、或影响毗邻建筑(构筑)物安全的基坑(槽)支护、降水工程
2. 土方开挖工程	开挖深度超过3m(含3m)的基坑(槽)的土方开挖工程		土方和石方开挖工程		土方和石方开挖工程。开挖深度超过3m(含3m)的基坑土方和石方开挖工程	
3. 模板工程及支撑体系	①各类工具式模板工程:包括滑模、爬模、飞模、大模板等 ②混凝土模板支撑工程:搭设高度5m及以上,施工总荷载10kN/m² 及以上,搭设跨度10m及以上,集中线荷载15kN/m及以上,高度大于支撑水平投影宽度且相对独立无联系构件的混凝土模板支撑工程		模板工程	高大模板工程	高大模板工程	①工具式模板工程,包括滑模、爬模、飞模工程 ②混凝土模板支撑工程:搭设跨度18m及以上;施工总荷载15kN/m² 及以上;集中线荷载20kN/m及以上

续表 4-2

序号	工程类别		
3. 模板工程及支撑体系		③承重支撑体系：用于钢结构安装等满堂支撑体系，承受单点集中荷载700 kg以上	③承重支撑体系：用于钢结构安装等满堂支撑体系，承受单点集中荷载700 kg以上
4. 起重吊装及安装拆卸工程	起重吊装工程	①采用非常规起重设备、方法，且单件起重量在10 kN及以上的起重吊装工程 ②采用起重机械进行安装的工程 ③起重机械设备自身的安装、拆卸	①采用非常规起重设备、方法，且单件起重量在100 kN及以上的起重吊装工程 ②起重量300 kN及以上的起重设备安装工程 ③高度200 m及以上内爬升起重设备的拆除工程
5. 脚手架工程	脚手架工程	①高度超过24 m的落地式钢管脚手架 ②附着式升降脚手架，包括整体式升降与分片提升 ③悬挑式脚手架 ④吊篮脚手架工程 ⑤自制卸料平台、移动操作平台工程 ⑥新型及异型脚手架工程	①搭设高度50 m及以上落地式钢管脚手架工程 ②提升高度150 m及以上附着式整体和分片提升脚手架工程 ③架体高度20 m及以上悬挑式脚手架工程

工程类别	危险性较大的分部分项工程	工程类别	超过一定规模的危险性较大的分部分项工程	工程类别	超过一定规模的危险性较大的分部分项工程
6. 拆除、爆破工程	① 建筑物、构筑物拆除工程 ② 采用爆破拆除的工程	拆除、爆破工程	① 采用爆破拆除的工程 ② 码头、桥梁、高架、烟囱、水塔或拆除中容易引起有害气体或粉尘扩散、易燃易爆事故发生的特殊建(构)筑物的拆除工程 ③ 可能影响行人、交通、电力设施、通讯设施或其他建(构)筑物安全的拆除工程 ④ 文物保护建筑、优秀历史建筑或历史文化风貌控制范围的拆除工程	拆除、爆破工程	① 采用爆破拆除的工程 ② 可能影响行人、交通、电力设施、通讯设施或其他建(构)筑物安全的拆除工程 ③ 文物保护建筑、优秀历史建筑或历史文化风貌控制范围区制范围的拆除工程
7. 其他危险性较大的工程、工艺	① 建筑幕墙的安装工程 ② 钢结构、网架和索膜结构安装工程 ③ 人工挖扩孔桩工程 ④ 地下暗挖、顶管及水下作业工程 ⑤ 预应力工程 ⑥ 采用新技术、新工艺、新材料、新设备及尚无相关技术标准的危险性较大的分部分项工程	围堰工程 其他危险性较大的工程	① 施工高度 50 m 及以上的建筑幕墙安装工程 ② 跨度大于 36 m 及以上的钢结构安装工程;跨度大于 60 m 及以上的网架和索膜结构安装工程 ③ 开挖深度超过 16 m 的人工挖孔桩工程 ④ 地下暗挖工程、顶管工程及水下作业工程 ⑤ 采用新技术、新工艺、新材料、新设备及尚无相关技术标准的危险性较大的分部分项工程	围堰工程 高边坡工程 地下暗挖工程(隧洞施工) 其他危险性较大的工程	① 开挖深度超过 16 m 的人工挖孔桩工程 ② 地下暗挖工程、顶管工程、水下作业工程 ③ 采用新技术、新工艺、新材料、新设备及尚无相关技术标准的危险性较大的单项工程
		高边坡			
		地下暗挖工程			

(三)监理人内部的安全保证体系

作为工程参建一方,监理人内部也应制定相应的安全保证体系,以保证监理人员工作中自身安全。监理人内部的安全保证组织机构实行总监负责制,设立专职部门或人员负责监理人内部的安全管理,并为现场监理人员配备必要的安全防护用具。监理人内部的安全保证体系如图4-2所示。

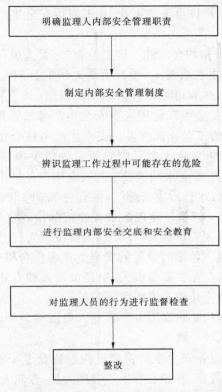

图4-2 监理人内部的安全保证体系图

四、施工安全监督管理监理工作实施要点

(一)承包人安全生产管理体系的审核

监理人在审核承包人安全生产管理体系的过程中,首先应对承包人安全生产目标管理计划审核,同时要求承包人制定安全生产责任制、成立安全生产领导组织机构,经监理人审核,报发包人备案。承包人应按照"安全第一,预防为主,综合治理"的方针,遵循"安全生产,人人有责"的原则,建立覆盖企业所有方面(包括企业各级负责人员、职能部门及其工作人员、工程技术人员和各岗位操作人员)的安全责任制,纵向到底、横向到边。纵向到底即明确从上到下各级人员的安全生产职责,横向到边即明确各职能部门的安全生产责任,按一岗双责的原则分别对其在安全生产中应承担的职责作出规定。

其次是对承包人资质证书和安全生产证书的有效性进行检查。主要包括承包人资质证书中的承包类别和承包工程范围应同承包的工程内容、工程规模、工程数量和合同额相适应;承包人的安全生产许可证在有关主管部门动态管理中应合法有效。《安全生产许可证条例》（国务院令第397号）规定:安全生产许可证的有效期为3年。安全生产许可期满需要延期的,企业应当于期满前3个月向原安全生产许可证颁发管理机关办理延期手续。水利部2005年3月9日印发的《关于建立水利建设工程安全生产条件市场准入制度的通知》（水建管〔2005〕80号）要求各级水行政主管部门、各有关单位除继续加强对投标施工企业的能力（如资质、业绩等）审查外,还必须增加对投标施工企业是否取得建设行政主管部门颁发的安全生产许可证的审查,凡未取得安全生产许可证的施工企业不得参加水利工程的投标。

重点审核"三类人员"资格的合法性。施工企业"三类人员"是指《安全生产许可证条例》中规定的建筑施工企业主要负责人、项目负责人（项目经理）和专职安全生产管理人员,均应通过安全生产考核,并取得考核合格证书。根据《关于印发〈建筑施工企业主要负责人、项目负责人和专职安全生产管理人员安全生产考核管理暂行规定〉的通知》（建质〔2004〕59号）规定:建筑施工企业管理人员安全生产考核合格证书有效期为三年。有效期满需要延期的,应当于期满前3个月内向原发证机关申请办理延期手续。水利部2005年3月9日印发的《关于建立水利建设工程安全生产条件市场准入制度的通知》（水建管〔2005〕80号）要求:各级水行政主管部门、各有关单位除继续加强对投标施工企业有关人员（如项目经理）的能力（如项目经理证书或建造师执业资格证书、业绩等）审查外,还必须增加对投标施工企业主要负责人（A证）、项目负责人（B证）和专职安全生产管理人员（C证）是否取得水行政主管部门颁发的安全生产考核合格证书的审查,凡未取得安全生产考核合格证书的施工企业主要负责人、项目负责人和专职安全生产管理人员不得参与水利工程的投标并不得担任相关施工管理职务。

监理人在审查项目经理和专职安全生产管理人员资格是否合法时,还应检查实际配备的人员是否与投标文件承诺一致。

承包人应按《建筑施工企业安全生产管理机构设置及专职安全生产管理配备办法》（建质〔2008〕91号）要求配备专、兼职安全生产管理人员,专职人员不得兼任其他工作。

总承包单位配备项目专职安全生产管理人员应当满足下列要求:

（1）建筑工程、装修工程按照建筑面积配备:

①1万平方米以下的工程不少于1人;

②1万~5万平方米的工程不少于2人;

③5万平方米及以上的工程不少于3人,且按专业配备专职安全生产管理人员。

（2）土木工程、线路管道、设备安装工程按照工程合同价配备:

①5 000万元以下的工程不少于1人;

②5 000万~1亿元的工程不少于2人;

③1亿元及以上的工程不少于3人,且按专业配备专职安全生产管理人员。

分包单位配备项目专职安全生产管理人员应当满足下列要求:

（1）专业承包单位应当配置至少1人,并根据所承担的分部分项工程的工程量和施工危险程度增加。

（2）劳务分包单位施工人员在50人以下的,应当配备1名专职安全生产管理人员;50~200人的,应当配备2名专职安全生产管理人员;200人及以上的,应当配备3名及以上专职安全生产管理人员，并根据所承担的分部分项工程施工危险实际情况增加，不得少于工程施工人员总人数的5‰。

审核特种作业人员的特种作业操作资格证书是否合法有效。特种作业是指容易发生事故，对操作者本人、他人的安全健康及设备、设施的安全可能造成重大危害的作业。特种作业人员是指直接从事特种作业的从业人员。特种作业范围在《特种作业人员安全技术培训考核管理规定》（国家安全生产监督管理总局令 第30号）所附特种作业目录中有界定。划分为电工作业、焊接与热切割作业、高处作业、制冷与空调作业、煤矿安全作业等共11个作业类别51个工种。相关特种作业人员的培训、考核、管理等工作有安全生产监督管理部门负责。

实际工作中应注意区别特种作业人员与特种设备作业人员。锅炉、压力容器、电梯、起重机械、客运索道、大型游乐设施、场（厂）内专用机动车辆的作业人员及其相关管理人员称为特种设备作业人员。从事特种设备作业的人员必须经过培训考核合格取得《特种设备作业人员证》，方可从事相应的作业，各种特种设备作业人员证都要复审，复审年限有所不同。特种设备作业人员证由质量技术监督部门颁发。国家质监总局于2011年发布了《特种设备作业人员作业种类与项目》目录，目录中明确了特种设备作业人员的范围与种类，共12大类。如水利工程施工设备中的塔式起重机司机、门座式起重机司机、起重机械指挥等均属于此范畴。

（二）安全技术措施审核

承包人的施工组织设计应包含安全技术措施专篇或单独编制安全技术措施及施工现场临时用电方案。

安全技术措施应包括以下内容：

（1）安全生产管理机构设置、人员配备和安全生产目标计划；

（2）施工现场、办公区、生活区总平面图，毗邻区域内供水、排水、供电、供气等地下管线资料，气象和水文观测资料，相邻建筑物和构筑物、地下工程的有关资料；

（3）危险源的辨识、评价及采取的控制措施、生产安全事故隐患排查治理方案；

（4）安全警示标志设置；

（5）安全防护措施；

（6）危险性较大的专项工程安全技术措施；

（7）对可能造成损害的毗邻建筑物、构筑物和地下管线等专项防护措施；

（8）机电设备使用安全措施；

（9）冬季、雨季、高温等不同季节及不同施工阶段的安全措施；

（10）文明施工及环境保护措施；

（11）消防安全措施；

（12）危险性较大的专项工程专项施工方案等。

临时用电设备在5台及以上或设备总容量在50 kW及以上的工程，需按《施工现场临时用电安全技术规范》（JGJ 46—2005）的规定编制施工现场临时用电方案，并履行有关审批手续。施工现场临时用电方案至少包括以下内容：

（1）供电系统图；

（2）电源引入位置；

（3）配电柜或总配电箱、分配电箱、开关箱的位置及其安装方式；

（4）架空线路及地下电缆的走向、编号及其敷设方式；

（5）施工用电管理办法及安全用电措施；

（6）用电设备清单及用电量。

监理人应审查安全技术措施和施工现场临时用电方案是否符合工程建设强制性标准和相关规范的要求。

（三）重大危险源的识别与管理

在工程开工前应要求承包人对施工现场危险设施或场所进行重大危险源辨识，制定相应重大危险源管理办法，并报监理人和发包人备案。

水利水电施工的重大危险源一般包括以下方面。

1. 高边坡作业

（1）土方边坡高度大于 30 m 或地质缺陷部位的开挖作业。

（2）石方边坡高度大于 50 m 或滑坡地段的开挖作业。

2. 深基坑工程

（1）开挖深度超过 5 m（含 5 m）的深基坑作业。

（2）开挖深度虽未超过 5 m，但地质条件、周围环境和地下管线复杂，或影响毗邻建（构）筑物安全的深基坑作业。

3. 洞挖工程

（1）断面大于 20 m^2 或单洞长度大于 50 m 以及地质缺陷部位的开挖作业。

（2）不能及时支护的部位，地应力大于 20 MPa 或大于岩石强度的 1/5 或埋深大于 500 m 部位的作业。

（3）洞室临近相互贯通时的作业；当某一工作面爆破作业时，相邻洞室的施工作业。

4. 模板工程及支撑体系

（1）工具式模板工程，包括滑模、爬模、飞模工程。

（2）混凝土模板支撑工程：搭设高度 8 m 及以上，搭设跨度 18 m 及以上，施工总荷载 15 kN/m^2 及以上，集中线荷载 20 kN/m 及以上。

（3）承重支撑体系：用于钢结构安装等满堂支撑体系，承受单点集中荷载 700 kg 以上。

5. 起重吊装及安装拆卸工程

（1）采用非常规起重设备、方法，且单件起吊重量在 100 kN 及以上的起重吊装作业。

（2）起重量 300 kN 及以上的起重设备安装工程；高度 200 m 及以上内爬起重设备的拆除作业。

6. 脚手架工程

（1）搭设高度 50 m 及以上落地式钢管脚手架工程。

（2）提升高度 150 m 及以上附着式整体和分片提升脚手架工程。

（3）架体高度 20 m 及以上悬挑式脚手架工程。

7. 拆除、爆破工程

（1）围堰拆除作业，爆破拆除作业。

（2）可能影响行人、交通、电力设施、通讯设施或其他建（构）筑物安全的拆除作业。

（3）文物保护建筑、优秀历史建筑或历史文化风貌区控制范围的拆除作业。

8. 危险场所

储存、生产和供给易燃易爆、危险品的设施、设备及易燃易爆、危险品的储运，主要分布于工程项目的施工场所。

（1）油库（储量：汽油≥20 t；柴油≥50 t）。

（2）炸药库（储量：炸药 1 t）。

（3）压力容器（$P_{max} \geq 0.1$ MPa 和 $V \geq 100$ m^3）。

（4）锅炉（额定蒸发量≥1.0 t/h）。

（5）重件、超大件运输。

9. 重大聚会、人员集中区域及突发事件

（1）重大聚会、人员集中区域（场所、设施）的活动。

（2）居住区、办公区、重要设施、重要场所的火灾事件，地质性放射物质群体性危害。

（3）突发的群体性中毒、流行性传染疾病事件等。

10. 其他

（1）开挖深度超过 16 m 的人工挖孔桩工程。

（2）地下暗挖、顶管作业、水下作业工程。

（3）采用新技术、新工艺、新材料、新设备及尚无相关技术标准的危险性较大的专项工程。

（4）其他特殊情况下可能造成生产安全事故的作业活动、大型设备、设施和场所等。

11. 水利工程施工重大危险源分类

水利工程施工重大危险源按发生事故的后果分为以下四级：

（1）可能造成特别重大安全事故的危险源为一级重大危险源；

（2）可能造成重大安全事故的危险源为二级重大危险源；

（3）可能造成较大安全事故的危险源为三级重大危险源；

（4）可能造成一般安全事故的危险源为四级重大危险源。

（四）专项安全方案审核

工程开工前，监理人应要求承包人确认危险性较大工程清单，报送监理人审核，并要求承包人应在施工前，对达到一定规模的危险性较大的专项工程编制专项施工方案；对于超过一定规模的危险性较大的专项工程，承包人应组织专家对专项施工方案进行审查论证。专项施工方案应包括以下内容：

（1）工程概况：危险性较大的专项工程概况、施工平面布置、施工要求和技术保证条件等；

（2）编制依据：相关法律、法规、规范性文件、标准、规范及图纸（国标图集）、施工组织设计等；

（3）施工计划：包括施工进度计划、材料与设备计划等；

（4）施工工艺技术：技术参数、工艺流程、施工方法、质量标准、检查验收等；

（5）施工安全保证措施：组织保障、技术措施、应急预案、监测监控等；

（6）劳动力计划：专职安全生产管理人员、特种作业人员等；

（7）设计计算书及相关图纸等。

监理人应重点从以下三个方面审核承包人报送的专项施工方案：

（1）程序性审查。专项施工方案必须由施工单位技术负责人审批，分包单位编制的，应经总承包单位审批；应组织专家组进行论证的必须有专家组最终确认的论证审查报告，专家组的成员组成和人数应符合有关规定；对监理人审查后不符合要求的，承包人应按原程序重新办理报审手续。

由专家审查论证确认的专项施工方案，应经施工单位技术负责人、总监理工程师、项目法人单位负责人审核签字后，方可实施。

（2）符合性审查。专项施工方案必须符合工程建设强制性标准要求，并包括安全技术措施、监控措施、安全验算结果等内容，要求设计依据可靠，设计条件应符合实际情况，设计参数、荷载取值应合理，计算方法应正确，计算结果符合规定要求。

（3）针对性审查。专项施工方案应针对工程特点以及所处环境等实际情况，编制内容应详细具体，明确操作要求。

①施工方案应具有较强的针对性，采取的施工方法、技术措施应符合实际，充分考虑本工程的特点、施工条件、环境条件的影响，当实际情况、环境条件不能满足安全要求时，应采取必要的安全措施。

②施工进度计划中各工序的施工流向、顺序应合理，并充分考虑技术间隙的时间，当不能满足时，应采取相应的技术措施。

③专项施工方案应有必须的施工图，包括：平面布置图和立面图、关键部位构造做法、节点大样，施工图应与计算参数一致，与实际情况一致。

（五）承包人安全防护措施费使用审核

根据财政部、国家安全生产监管总局《企业安全生产费用提取和使用管理办法》（财企〔2012〕16 号）的规定：建设工程施工企业以建筑安装工程造价为计提依据。各建设工程类别安全费用提取标准如下：

……

（二）房屋建筑工程、水利水电工程、电力工程、铁路工程、城市轨道交通工程为 2.0%；

……

建设工程施工企业提取的安全费用列入工程造价，在竞标时，不得删减，列入标外管理。国家对基本建设投资概算另有规定的，从其规定。

总承包人应当将安全费用按比例直接支付分包人并监督使用，分包人不再重复提取。

承包人应在开工前编制安全生产费用使用计划，经监理人审核，报发包人同意后执行。同时，要求承包人提取的安全费用应专户核算，建立安全费用使用台账。台账应按月度统计、年度汇总。工程有分包的，总承包人对安全生产费用的使用负总责，分包人对所分包工程的安全生产费用的使用负直接责任。

根据住建部《建筑工程安全防护、文明施工措施费用及使用管理规定》（建办〔2005〕89 号）中的安全防护、文明施工措施费用是指《建筑安装工程费用项目组成》（建标

〔2003〕206 号）所含的文明施工费、环境保护费、临时设施费、安全施工费等。其中，文明施工与环境保护费用包括安全警示标志牌、现场围挡、材料堆放、现场防火、垃圾清运等费用。临时设施费包括现场办公生活设施、施工现场用电等费用。安全施工费由临边、洞口、交叉、高处作业安全防护费，危险性较大工程安全措施费及其他费用组成。

《水利水电工程标准施工招标文件技术标准和要求（合同技术条款）》（2009 版）第 3 章中明确，施工安全保护措施包括：劳动保护、伤病防治和卫生保健、危险物品的安全管理、照明安全、接地及防雷装置、防有毒有害物品的控制、爆破作业安全防护、消防、洪水和气象灾害的防护、安全标志、施工安全监测等施工安全措施和应急救援措施等内容。

综上所述，承包人的安全生产费用应当按照以下范围支出：

（1）完善、改造和维护安全防护设施设备支出，包括施工现场临时用电系统、洞口、临边、机械设备、高处作业防护、交叉作业防护、防火、防爆、防尘、防毒、防雷、防台风、防地质灾害、地下工程有害气体监测、通风、临时安全防护等设施设备支出。

（2）配备、维护、保养应急救援器材、设备支出和应急演练支出。

（3）开展重大危险源和事故隐患排查、评估、监控和整改支出。

（4）安全生产检查、评价（不包括新建、改建、扩建项目安全评价）、咨询和标准化建设支出。

（5）配备和更新现场作业人员安全防护用品支出。

（6）安全生产宣传、教育、培训支出。

（7）适用的安全生产新技术、新标准、新工艺、新装备的推广应用支出。

（8）安全设施及特种设备检测、检验支出。

（9）其他与安全生产直接相关的支出。

监理人应对承包人落实安全生产费用情况进行监理，并在监理月报中反映监理及承包人安全生产工作开展情况、工程现场安全状况和安全生产费用使用情况。在实践过程中，很多承包人对于安全生产费用支出范围不明确，如有将专职人员工资和工程保险等列入安全生产费用支出范围，监理人应重点加强此方面的监督审核工作。

（六）施工过程中施工安全监督管理监理工作

在工程项目施工过程中，监理人加强施工安全监督管理，依据法律法规以及发包人授权和合同的约定，应做好以下几项工作：

（1）监理人应同发包人、承包人定期组织对安全技术交底情况进行检查，并填写检查记录。

（2）对承包人已经落实的安全防护、文明施工措施，总监理工程师应当及时审查并审核所发生的费用。监理人发现承包人未落实施工组织设计及安全专项施工方案中安全防护、文明施工措施的，应责令其立即整改；对承包人拒不整改或未按期限要求完成整改的，监理人应当及时向发包人报告，并责令其暂停施工。

（3）监理人应会同发包人定期对承包人安全管理制度执行情况、施工设施设备使用情况、操作人员持证情况等进行监督检查，规范对施工设备的安全。承包人设施设备投入使用前，应报监理人验收。验收合格后，方可投入使用。

（4）对于危险性较大的专项工程，监理人应组织承包人等有关人员进行验收，验收合格的,经承包人技术负责人及总监理工程师签字后,方可进入下一道工序,并与承包人指定的专人对专项施工方案情况进行旁站监督。

(七)防洪度汛措施的审核

新版《水利工程建设项目施工监理规范》中规定:监理人应检查承包人的度汛方案中对洪水、暴雨、台风等自然灾害的防护措施与抢险预案,审批承包人按有关安全规定和合同要求提交的专项施工方案、度汛方案与应急救援预案。

《水利水电工程施工通用安全技术规程》(SL 398—2007)规定:建设单位应组织成立有施工、设计、监理等单位参加的工程防汛机构负责工程安全度汛工作,组织制订度汛方案及超标准洪水的度汛预案;施工单位应按设计要求和现场施工情况制定度汛措施报建设单位、监理审批后成立防汛抢险队伍配置足够的防汛物资随时做好防汛抢险的准备工作。

监理人在审核承包人报送的度汛方案时应重点做好以下工作:

(1)汛前工程应达到的形象面貌。

(2)临时和永久工程建筑物的汛期防护措施。

(3)防汛器材设备和劳动力配备。

(4)施工区和生活区的度汛防护措施。

(5)临时通航的安全度汛措施。

(6)遭遇超标准洪水时的应急预案。

(7)监理人要求提交的其他施工度汛资料。

第三节　案　例

【案例 4-1】 　某工程安全监理实施细则中规定的安全控制要点、检查方法和检查记录表格摘录

……:

第四条　各承包人须在日常检查和专项检查(按附件 1 表式)基础上,每月对本单位的安全生产及文明施工情况进行一次自检(按附件 2-1、附件 2-2 表式),并将自检结果及时报监理人。

第五条　监理人在日常监督、检查基础上,每季度分别由工程一、二部组织一次安全生产及文明施工联合检查(按附件 2-1、附件 2-2 表式),并及时将自查与联查结果和整改意见进行整编,经技术信息部报××公司。

第六条　各承包人须于每年 12 月 20 日前将下一年安全生产及文明施工检查计划报监理人,并经工程一、二部审查、汇总后由技术信息部于 12 月 25 日前报××公司。

第七条　承包人若在施工生产过程中发生伤亡事故,须按××号文件第五十条、第五十一条及五十二条规定和附件 3、附件 4 格式及时报告。

第八条　月监理例会各承包人须汇报本月安全生产和文明施工情况。

第九条　每年 6 月 10 日前各承包人须制订工程防洪度汛措施计划和防汛、救灾预案,并报发包人批准;6 月 20 日前监理人组织联合防汛检查。

附件 1:单项工程安全检查表

1. 施工现场安全检查表

2. 施工现场道路运输安全检查表

3. 施工现场用电安全检查表

4. 高处作业安全检查表

5. 起重机机械作业安全检查表

6. 隧洞开挖作业安全检查表

7. 爆破作业安全检查表

8. 混凝土施工(准备作业)安全检查表

9. 混凝土(浇筑作业)安全检查表

10. 混凝土拌和作业安全检查表

11. 砂石料生产安全检查表

12. 灌浆作业安全检查表

13. 机电设备安装作业安全检查表

14. 焊接作业安全检查表

15. 金属加工修理车间安全检查表

16. 木工厂安全检查表

17. 炸药库安全检查表

18. 油库安全检查表

表4-3和表4-4分别是施工现场安全检查表和混凝土(浇筑作业)安全检查表示例。

表 4-3　施工现场安全检查表

承包人：　　　　　　　　　　　天气：

检查部位			结果表示	合格:√;不合格:×;无此项:—
项目		检查内容		结果
一、施工管理	1	施工现场布置合理,危险作业有安全措施和负责人		
	2	有安全值班检查人员		
二、施工人员	3	穿戴好劳动保护用品和正确使用防护工具(安全帽、安全带、工作服、电工绝缘鞋等)		
	4	在工作期间,不准穿拖鞋、高跟鞋或赤脚上班,不准干与工作无关的事情		
	5	机动车司机、起重机械司机、电工、爆破工、架子工、焊工等特殊工种必须持证上岗		
	6	不准酒后上班、爬车、跳车、强行搭车、拦车		
	7	不准任意拆除和挪动各种防护装置、设施、标志		
	8	在禁止烟火的区域内不准吸烟、动用明火等		
	9	非施工人员和无关人员不得进入作业现场		

检查部位		检查内容	结果表示	合格:√;不合格:×;无此项:—
项目				结果
三、场地	10	材料、设施堆放整齐、稳固、不乱堆乱放		
	11	废物、废渣及时检查、清理、不乱丢乱扔		
	12	露天场地夏季设防暑凉棚,冬季设取暖棚		
	13	尘、毒作业有防护措施,禁止打干钻		
	14	排水良好,平坦不积水		
	15	照明足够		
四、危险区域	16	悬岩、深沟、边坡、临空面、临水面边坡等设有栏杆或明显警告标志		
	17	孔、坑、井口、漏斗口等加盖或围栏,或有明显警告标志		
	18	孔洞、高边坡、危岩等处有专人检查及时处理危石或设置挡墙、防护棚等		
	19	滑坡体、泥石流区域进行定期专人监测,发现异常及时报告处理		
	20	多层作业有隔离防护措施和专人监护		
	21	洞内作业有专人检查处理危石并保持通风良好、支护可靠		
五、道路	22	路基可靠、路面平坦、不积水、不乱堆器材、废料,保持通畅		
	23	通道、桥梁、平台、扶梯牢固、临空有扶手栏杆		
	24	横跨路面的电线、设施不影响施工、器材和人员通过		
	25	影响交通的作业有专人监护		
	26	倒料、出渣地段平坦,临空边缘有车挡		
	27	冬季雪、霜、冰冻期间有明显的警告标志和防护设施		
	28	危险地段有明显的警告标志和防护设施		
六、机电设备	29	施工机械设施运行状态良好,技术指标清楚,制动装置可靠		
	30	裸露的传动部位有防护装置		
	31	机电设备基础可靠,大型机械四周和行走、升降、转动的构件有明显颜色标志		
	32	作业空间内不许架高压线,线路与原高压线保持足够安全距离		
	33	高压电缆绝缘可靠,临时用电线路布置合理,不准乱拉乱接		
	34	变压器有围栏,挂明显警告标志		
七、易燃易爆场	35	施工区域内不准设炸药、油库		
	36	氧气瓶、电石桶等单独存放安全地点,远离火源 5 m 以上		
	37	易燃、易爆物品使用的影响区内,禁止烟火		
	38	有足够的消防器材		

检查部位			结果表示	合格：√；不合格：×；无此项：—	
项目		检查内容			结果
八、临时房屋	39	基础稳定，房屋牢固			
	40	不准建在泥石流、洪水、滚石等施工危险区域内			
	41	有可靠的防火措施			
	42	与铁路、公路有一定的安全距离，不影响交通畅通			
备注					
评定		安全　　　　危险　　　　立即停工		应立即整改项目	

检查人：　　　　　负责人：　　　　　年　月　日

表 4-4　混凝土（浇筑作业）安全检查表

承包人：　　　　　　　　　天气：

检查部位			结果表示	合格：√；不合格；×；无此项：—	
项目		检查内容			结果
一、混凝土运送	1	道路平坦不积水，及时清理废料掉渣			
	2	手推车运送混凝土时架子平台要牢固，四周有栏杆，暂不用的孔、洞应加盖或围拦			
	3	平台脚手板铺满平坦，倒料口应有挡车设施			
	4	汽车卸混凝土场地应平坦，不得有坡度，并应有专人指挥			
	5	汽车在临空边缘卸混凝土时，应有挡车设施，并有专人指挥，防止汽车坠落			
	6	卸完混凝土后，自卸车厢应立即复原，不得边走边落			
	7	机车牵引装运混凝土，沿途信号、标志须明确，应有专人指挥装卸			
	8	混凝土吊罐制作应符合安全要求，严密牢固			
	9	吊罐吊运应符合起重作业安全要求，信号明确，并应有专人指挥			
	10	吊罐停放就位后，才可开门			
	11	吊罐正下方严禁站人			
	12	吊罐卸空，关紧弧门后，才可以起吊			
二、混凝土浇捣	13	仓内排架、支撑、模板、漏斗溜管的设置应可靠牢固			
	14	平台暂时不用的预留孔、下料孔应加盖			
	15	人员上下进出仓内应设扶梯、通道，不准从模板或钢筋上攀登			
	16	振捣器接地可靠，或装触电保安器			
	17	电缆、开关绝缘良好，无破损			

检查部位			结果表示	合格:√;不合格:×;无此项:—	
项目		检查内容			结果
三、其他	18	同一工作面,上下层不准同时凿毛			
	19	风沙罐喷毛时砂罐应符合压力容器的使用规定			
	20	冲毛时,各种设备应移开			
	21	冲毛、养护时,水、石渣出口处下方都不得有人作业			
备注					
评定	安全	危险	立即停工	应立即整改项目	

检查人: 负责人: 年 月 日

对承包人的安全生产检查记录表可参考《水利工程建设安全生产监督检查导则》中的"施工单位安全生产检查表",如表 4-5 所示。

表 4-5 对承包人安全生产检查表

序号	检查项目	检查内容要求与记录	检查意见
1	资质等级	(1)本单位资质	
		(2)项目经理资质	
		(3)分包单位资质	
		(4)分包项目经理资质	
2	安全生产许可证	(1)本单位许可证	
		(2)分包单位许可证	
3	安全管理机构设立和人员配备	(1)安全管理机构设立	
		(2)安全管理人员到位	
4	现场专职安全生产管理人员配备	(1)人员数量满足需要	
		(2)人员跟班作业	
5	安全生产责任制	(1)相关人员职责和权利、义务明确	
		(2)单位与现场机构责任明确	
		(3)检查分包单位安全生产责任制(包括总包与分包的安全生产协议)	
6	安全生产培训	(1)制度明确,并有效实施	
		(2)培训经费落实	
		(3)所有员工每年至少培训一次	
		(4)进入新工地或换岗培训	
		(5)使用"四新"(新技术、新材料、新设备、新工艺)培训	
		(6)培训档案齐全	

序号	检查项目	检查内容要求与记录	检查意见
7	安全生产例会制度	(1)制度明确	
		(2)执行有效	
		(3)记录完整	
8	定期安全生产检查制度	(1)制度明确	
		(2)执行有效	
		(3)整改验收情况	
		(4)记录完整	
9	制定安全生产规章和安全生产操作规程	(1)制度明确	
		(2)制度齐全,执行有效	
10	"三类人员"安全生产考核合格证	(1)施工企业主要负责人	
		(2)项目负责人	
		(3)专职安全生产管理人员	
11	特种作业人员资格证	(1)所有特种作业人员资格证	
		(2)资格证有效期	
12	安全施工措施费	(1)措施费用使用计划	
		(2)有效使用费用不低于报价	
		(3)满足需要	
13	生产安全事故应急预案管理	(1)预案完整并与其他相关预案衔接合理	
		(2)定期演练	
		(3)应急设备器材	
14	隐患排查	(1)定期排查,及时上报	
		(2)隐患治理"五落实"	
15	事故报告	(1)报告制度	
		(2)及时报告	
16	接受安全监督	(1)及时提供监督所需资料	
		(2)监督意见及时落实	
17	分包合同管理	(1)安全生产权利、义务明确	
		(2)安全生产管理及时、有效	
18	专项施工方案	(1)危险性较大的工程明确	
		(2)制订专项施工方案	

序号	检查项目	检查内容要求与记录	检查意见
18	专项施工方案	(3)制订施工现场临时用电方案	
		(4)审核手续完备	
		(5)专家论证	
19	施工前安全技术交底	(1)项目技术人员向施工作业班组	
		(2)施工作业班组向作业人员	
		(3)签字手续完整	
20	专项防护措施	(1)毗邻建筑物、地下管线	
		(2)粉尘、废气、废水、固体废物、噪声、振动	
		(3)施工照明	
21	安全防护用具、机械设备、机具	(1)生产许可证	
		(2)产品合格证	
		(3)进场前查验	
		(4)制度明确并有专人管理	
		(5)定期检查、维修和保养	
		(6)资料档案齐全	
		(7)使用有效期	
22	特种设备	(1)施工起重设备验收	
		(2)整体提升脚手架验收	
		(3)自升式模板验收	
		(4)租赁设备使用前验收	
		(5)特种设备使用有效期	
		(6)验收合格证标志置放	
		(7)特种设备合格证或安全检验合格标志	
		(8)维修保养制度建立和维修、保养、定期检测落实情况	
23	危险作业人员	(1)危险作业明确	
		(2)办理意外伤害保险	
		(3)保险有效期	
		(4)保险费用支付	
24	工程度汛	(1)度汛措施落实	
		(2)组织防汛抢险演练	

被检查单位(签字):　　　　　　　　检查组组长(签字):

【案例4-2】 一起安全生产事故中监理人的责任

一、事故发生经过

2012年4月8日下午,某泵站工程工地承包人在准备浇筑泵站底板垫层混凝土前通知监理人对泵站基础进行验收。监理人于15:00到达施工现场时,发现有2名工人受伤,现场人员正组织急救,并拨打120救援。15:20救护车到达现场进行抢救并送附近医院,其中1人抢救无效身亡。经了解,承包人在等待监理人验收期间,进行垫层混凝土浇筑前的施工准备工作,这2名工人在关闭吊斗斗门时触电受伤(在吊车上方有10 kV高压线通过)。

二、对监理人的安全管理责任调查

事故发生后,工程所在地政府根据《生产安全事故报告和调查处理条例》成立事故调查组,按照事故调查处理"四不放过"原则,对该起事故进行全面调查处理。

1. 调查组对现场监理人安全管理工作检查情况。

(1)监理人分别对《施工组织设计》、《专项施工安全方案》(3个)、《泵站基础专项施工方案》、《安全应急预案》、《安全组织机构》等进行了审批,泵站基础底板混凝土施工方案为泵送混凝土施工。

(2)在3月29日和4月3日,监理人2次召开会议研究安全生产工作,要求承包人对高压线可能引起的安全隐患采取有效防护措施,并形成了会议纪要。

(3)承包人变更底板混凝土施工方案,将泵送混凝土改为吊车入仓,未向监理人申请变更。事故发生后,现场监理及时将事故向发包人和监理人进行了报告。总监理工程师于当日16:00下达《工程暂停施工通知》,要求承包人保护现场,启动安全应急预案,采取必要措施防止事故扩大。

(4)本工程施工前,监理人制定了《安全监理实施细则》,在细则中要求距离10 kV输电线路的最小安全操作距离不应小于6 m。3月30日,承包人在土方开挖和混凝土工程技术交底中要求"在距高压线6 m范围内不得进行任何作业,基础混凝土采用泵送混凝土施工"。

2. 调查组对监理人主要负责人和监理人安全管理情况进行了调查,主要查询了以下内容:

(1)企业组织机构代码、资质证书、营业执照;

(2)法定代表人和总经理身份证明书、法定代表人和总经理身份证复印件;

(3)单位组织机构图;

(4)安全管理规章制度。

三、关于监理人安全管理责任的规定

1.《中华人民共和国安全生产法》(中华人民共和国主席令第70号)的有关规定。

第四条:生产经营单位必须遵守本法和其他有关安全生产的法律、法规,加强安全生产管理,建立健全安全生产责任制度,完善安全生产条件,确保安全生产。

第十七条:生产经营单位的主要负责人对本单位安全生产工作负有下列职责:

（1）建立健全本单位安全生产责任制；

（2）组织制定本单位安全生产规章制度和操作规程；

（3）保证本单位安全生产投入的有效实施；

（4）督促、检查本单位的安全生产工作，及时消除生产安全事故隐患；

（5）组织制订并实施本单位的生产安全事故应急救援预案；

（6）及时、如实报告生产安全事故。

第二十六条：施工单位应当在施工组织设计中编制安全技术措施和施工现场临时用电方案，对下列达到一定规模的危险性较大的分部分项工程编制专项施工方案，并附具安全验算结果，经施工单位技术负责人、总监理工程师签字后实施，由专职安全生产管理人员进行现场监督：

（1）基坑支护与降水工程；

（2）土方开挖工程；

（3）模板工程；

（4）起重吊装工程；

（5）脚手架工程；

（6）拆除、爆破工程；

（7）国务院建设行政主管部门或者其他有关部门规定的其他危险性较大的工程。

2.《建设工程安全生产管理条例》关于监理责任的有关规定。

第十四条：工程监理单位应当审查施工组织设计中的安全技术措施或者专项施工方案是否符合工程建设强制性标准。工程监理单位在实施监理过程中，发现存在安全事故隐患的，应当要求施工单位整改；情况严重的，应当要求施工单位暂时停止施工，并及时报告建设单位。施工单位拒不整改或者不停止施工的，工程监理单位应当及时向有关主管部门报告。工程监理单位和监理工程师应当按照法律、法规和工程建设强制性标准实施监理，并对建设工程安全生产承担监理责任。

3.《关于落实建设工程安全生产监理责任的若干意见》关于监理责任的有关规定。

（1）监理单位应对施工组织设计中的安全技术措施或专项施工方案进行审查，未进行审查的，监理单位应承担《建设工程安全生产管理条例》第五十七条规定的法律责任。

施工组织设计中的安全技术措施或专项施工方案未经监理单位审查签字认可，施工单位擅自施工的，监理单位应及时下达工程暂停令，并将情况及时书面报告建设单位。监理单位未及时下达工程暂停令并报告的，应承担《建设工程安全生产管理条例》第五十七条规定的法律责任。

（2）监理单位在监理巡视检查过程中，发现存在安全事故隐患的，应按照有关规定及时下达书面指令要求施工单位进行整改或停止施工。监理单位发现安全事故隐患没有及时下达书面指令要求施工单位进行整改或停止施工的，应承担《建设工程安全生产管理条例》第五十七条规定的法律责任。

（3）施工单位拒绝按照监理单位的要求进行整改或者停止施工的，监理单位应及时将情况向当地建设主管部门或工程项目的行业主管部门报告。监理单位没有及时报告，应承担《建设工程安全生产管理条例》第五十七条规定的法律责任。

（4）监理单位未依照法律、法规和工程建设强制性标准实施监理的，应当承担《建设工程安全生产管理条例》第五十七条规定的法律责任。

承包人未执行监理人指令继续施工或发生安全事故的，应依法追究其法律责任。

4.《水利工程建设安全生产管理规定》关于监理责任的有关规定。

第十四条：建设监理单位和监理人员应当按照法律、法规和工程建设强制性标准实施监理，并对水利工程建设安全生产承担监理责任。建设监理单位应当审查施工组织设计中的安全技术措施或者专项施工方案是否符合工程建设强制性标准。建设监理单位在实施监理过程中，发现存在生产安全事故隐患的，应当要求施工单位整改；对情况严重的，应当要求施工单位暂时停止施工，并及时向水行政主管部门、流域管理机构或者其委托的安全生产监督机构以及项目法人报告。

5. 关于生产安全事故等级的有关规定。

（1）《生产安全事故报告和调查处理条例》根据生产安全事故（以下简称事故）造成的人员伤亡或者直接经济损失，事故一般分为以下等级：

特别重大事故：是指造成 30 人以上死亡，或者 100 人以上重伤（包括急性工业中毒，下同），或者 1 亿元以上直接经济损失的事故；

重大事故：是指造成 10 人以上 30 人以下死亡，或者 50 人以上 100 人以下重伤，或者 5 000 万元以上 1 亿元以下直接经济损失的事故；

较大事故：是指造成 3 人以上 10 人以下死亡，或者 10 人以上 50 人以下重伤，或者 1 000万元以上 5 000 万元以下直接经济损失的事故；

一般事故：是指造成 3 人以下死亡，或者 10 人以下重伤，或者 1 000 万元以下直接经济损失的事故。

（2）《水利工程建设重大质量与安全事故应急预案》按事故的严重程度和影响范围，将水利工程建设质量与安全事故分为Ⅰ、Ⅱ、Ⅲ、Ⅳ四级。对应相应事故等级，采取Ⅰ级、Ⅱ级、Ⅲ级、Ⅳ级应急响应行动。其中：

Ⅰ级（特别重大质量与安全事故）：已经或者可能导致死亡（含失踪）30 人以上（含本数，下同），或重伤（中毒）100 人以上，或需要紧急转移安置 10 万人以上，或直接经济损失 1 亿元以上的事故。

Ⅱ级（特大质量与安全事故）：已经或者可能导致死亡（含失踪）10 人以上 30 人以下（不含本数，下同），或重伤（中毒）50 人以上 100 以下，或需要紧急转移安置 1 万人以上10 万人以下，或直接经济损失 5 000 万元以上 1 亿元以下的事故。

Ⅲ级（重大质量与安全事故）：已经或者可能导致死亡（含失踪）3 人以上 10 人以下，或重伤（中毒）30 人以上 50 人以下，或直接经济损失 1 000 万元以上 5 000 万元以下的事故。

Ⅳ级（较大质量与安全事故）：已经或者可能导致死亡（含失踪）3 人以下，或重伤（中毒）30 人以下，或直接经济损失 1 000 万元以下的事故。

6. 发生生产安全事故对监理单位处罚的相关规定。

（1）《建设工程安全生产管理条例》规定。

第五十七条：违反本条例的规定，工程监理单位有下列行为之一的，责令限期改正；逾期未改正的，责令停业整顿，并处 10 万元以上 30 万元以下的罚款；情节严重的，降低资质等级，直至吊销资质证书；造成重大安全事故，构成犯罪的，对直接责任人员，依照刑法有关规定追究刑事责任；造成损失的，依法承担赔偿责任：①未对施工组织设计中的安全技术措施或者专项施工方案进行审查的；②发现安全事故隐患未及时要求施工单位整改或者暂时停止施工的；③施工单位拒不整改或者不停止施工，未及时向有关主管部门报告的；④未依照法律、法规和工程建设强制性标准实施监理的。

第五十八条：注册执业人员未执行法律、法规和工程建设强制性标准的，责令停止执业 3 个月以上 1 年以下；情节严重的，吊销执业资格证书，5 年内不予注册；造成重大安全事故的，终身不予注册；构成犯罪的，依照刑法有关规定追究刑事责任。

（2）《生产安全事故报告和调查处理条例》规定。

第三十五条：事故发生单位主要负责人有下列行为之一的，处上一年年收入 40% 至 80% 的罚款；属于国家工作人员的，并依法给予处分；构成犯罪的，依法追究刑事责任：①不立即组织事故抢救的；②迟报或者漏报事故的；③在事故调查处理期间擅离职守的。

第三十六条：事故发生单位及其有关人员有下列行为之一的，对事故发生单位处 100 万元以上 500 万元以下的罚款；对主要负责人、直接负责的主管人员和其他直接责任人员处上一年年收入 60% 至 100% 的罚款；属于国家工作人员的，并依法给予处分；构成违反治安管理行为的，由公安机关依法给予治安管理处罚；构成犯罪的，依法追究刑事责任：①谎报或者瞒报事故的；②伪造或者故意破坏事故现场的；③转移、隐匿资金、财产，或者销毁有关证据、资料的；④拒绝接受调查或者拒绝提供有关情况和资料的；⑤在事故调查中作伪证或者指使他人作伪证的；⑥事故发生后逃匿的。

第三十七条：事故发生单位对事故发生负有责任的，依照下列规定处以罚款：①发生一般事故的，处 10 万元以上 20 万元以下的罚款；②发生较大事故的，处 20 万元以上 50 万元以下的罚款；③发生重大事故的，处 50 万元以上 200 万元以下的罚款；④发生特别重大事故的，处 200 万元以上 500 万元以下的罚款。

第三十八条：事故发生单位主要负责人未依法履行安全生产管理职责，导致事故发生的，依照下列规定处以罚款；属于国家工作人员的，并依法给予处分；构成犯罪的，依法追究刑事责任：①发生一般事故的，处上一年年收入 30% 的罚款；②发生较大事故的，处上一年年收入 40% 的罚款；③发生重大事故的，处上一年年收入 60% 的罚款；④发生特别重大事故的，处上一年年收入 80% 的罚款。

第三十九条：有关地方人民政府、安全生产监督管理部门和负有安全生产监督管理职责的有关部门有下列行为之一的，对直接负责的主管人员和其他直接责任人员依法给予处分；构成犯罪的，依法追究刑事责任：①不立即组织事故抢救的；②迟报、漏报、谎报或者瞒报事故的；③阻碍、干涉事故调查工作的；④在事故调查中作伪证或者指使他人作伪证的。"

第四十条：事故发生单位对事故发生负有责任的，由有关部门依法暂扣或者吊销其有关证照；对事故发生单位负有事故责任的有关人员，依法暂停或者撤销其与安全生产有关的执业资格、岗位证书;事故发生单位主要负责人受到刑事处罚或者撤职处分的,自刑罚执行完毕或者受处分之日起,5年内不得担任任何生产经营单位的主要负责人。

四、本工程事故处理结果及监理安全管理责任分析

事故调查组根据《生产安全事故报告和调查处理条例》形成事故调查报告,认定该起事故为一般安全生产责任事故,事故发生责任单位为该工程的承包人,其单位主要负责人未依法履行安全生产管理职责,导致事故发生。事后有关部门对该工程的承包人处以20万元罚款,对承包人主要负责人按年收入的30%进行罚款,对其他相关责任人进行了严肃处理。

同时,报告认为,监理人的主要负责人未严格督促、检查施工安全生产工作,及时消除生产安全事故隐患。违反了《中华人民共和国安全生产法》第十七条第(四)项的规定,即主要负责人应督促、检查本单位的安全生产工作,及时消除生产安全事故隐患。依据《安全生产安全事故报告和调查处理条例》第三十八条第(一)项的规定,对个人按年收入的30%进行罚款;现场监理人员未及时发现作业现场存在的事故隐患。报告要求监理人进一步加强对本单位监理人员的安全教育培训工作,提高监理人员的安全意识,认真落实建设工程监理相关规范、监理实施细则及公司的安全生产责任制,完善监管体系,要进一步明确监理人员的安全责任和管理范围,针对施工安全的薄弱环节,加强监督管理。

《建设工程安全生产管理条例》和《关于落实建设工程安全生产监理责任的若干意见》是监理人对工程实施安全管理的主要依据。监理人对安全的管理包括技术标准、施工前审查和施工过程中监督检查等三个方面。一是监理人员应当严格按照国家的法律、法规和技术标准进行工程的监理。二是监理人施工前应当履行有关文件的审查义务。对施工组织设计和专项施工方案的审查责任,不仅仅是一种书面形式上的审查,实际是监理人员运用自己的专业知识,以法律、法规和监理合同以及施工合同中约定的强制性标准为依据,对施工组织设计中的安全技术措施和专项施工方案是否符合强制性标准进行审查。三是监理人应当对施工过程中的安全生产情况进行监督检查。发现施工过程中存在安全事故隐患时,应当要求承包人整改。在承包人拒不整改或者不停止施工等情况下,监理人应当履行及时报告的义务。

从本工程事故调查确认的事实中可以看出,监理人按照相关规范规程对承包人上报的相关技术方案和专项施工方案进行了审批;在监理巡视检查过程中,对高压线可能引起的安全隐患要求承包人要采取有效措施防止发生安全事故,对于高压线的安全批复意见符合强制性条文规定。在事故发生后,现场监理及时将事故发生情况向发包人和监理人进行了报告,并采取了现场处理措施。现场监理工作符合《建设工程安全生产条例》和《关于落实建设工程安全生产监理责任的若干意见》有关规定。在本工程中,监理人切实履行了法律、法规规定的安全生产监理责任。

《中华人民共和国安全生产法》对生产经营单位加强安全管理的职责有明确的规定。该法所称"生产经营单位"也包括监理人。监理人按照有关安全生产的法律、法规规定,建立健全安全生产责任制度,完善安全生产条件,单位的主要负责人应切实履行自身职责,加强安全生产管理,确保安全生产。否则,一旦发生安全事故,就要承担相应的监理责任。

【案例 4-3】 一起监理人违法而应承担的安全责任

某调水工程渠首暗渠工程，总长 3 572 m，钢筋混凝土结构。工程位于市区主干道北侧 20 m，南侧 100 m 为一住宅小区，基槽平均开挖深度 12 m，采取混凝土灌注桩加锚索联合支护方式。工程开工前，承包人编制了土方开挖、支护专项施工方案，报监理人审批后实施。2011 年 5 月 21 日，承包人为赶在主汛期前完成最后一段暗涵施工，在混凝土灌注桩完成后 17 天即进行基槽开挖。监理人获悉后，立即口头通知承包人灌注桩混凝土龄期未到，不得施工。承包人未执行监理人要求仍继续施工，现场监理立即向总监理工程师进行了汇报，总监理工程师立即向承包人下达了停工通知，但仍未得到承包人响应。5 月 22 日，在即将开挖到设计高程时，局部混凝土灌注桩断裂，基槽发生坍塌，将正在作业的挖掘机及操作人员、测量人员等 3 人掩埋，虽经一昼夜的紧急抢救无果，3 人全部遇难。试分析此案例中监理人工作失职之处及应承担的安全责任。

【分析】

1. 专项施工方案审查程序不合法。本工程中的基槽开挖深度 12 m，根据《危险性较大的分部分项工程安全管理办法》（建质〔2009〕87 号）和《水利工程建设安全生产管理规定》（水利部令第 26 号）的规定，属于超过一定规模的危险性较大的基坑支护与降水工程（开挖深度大于 5 m）。承包人应按要求编制专项施工方案并组织专家论证，履行审批程序后才能组织实施。在本工程中，承包人所编制的专项施工方案仅经过了监理人审批即组织实施，程序不合法。根据规定，该专项施工方案应组织专家组进行论证，经施工单位技术负责人、总监理工程师、项目法人单位负责人审核签字后，方可实施。监理人在审批专项方案过程中，不掌握危险性较大的分部分项工程安全管理要求，未要求承包人履行法定的论证、审批手续。

2. 监理人未按要求及时上报安全事故隐患。在本案例中，当监理人发现承包人未按专项施工方案进行施工，存在安全隐患后，仅以停工通知的方式要求承包人暂停实施，在承包人拒不整改的情况下未及时向建设单位和有关主管部门报告。根据《安全生产管理条例》和《水利工程建设安全生产管理规定》的要求：工程监理单位在实施监理过程中，发现存在安全事故隐患的，应当要求施工单位整改；情况严重的，应当要求施工单位暂时停止施工，并及时报告建设单位。施工单位拒不整改或者不停止施工的，工程监理单位应当及时向有关主管部门报告。

3. 承担责任。

根据《安全生产管理条例》第五十七条规定，工程监理单位有下列行为之一的，责令限期改正；逾期未改正的，责令停业整顿，并处 10 万元以上 30 万元以下的罚款；情节严重的，降低资质等级，直至吊销资质证书；造成重大安全事故，构成犯罪的，对直接责任人员，依照刑法有关规定追究刑事责任；造成损失的，依法承担赔偿责任：

（1）未对施工组织设计中的安全技术措施或者专项施工方案进行审查的；

（2）发现安全事故隐患未及时要求施工单位整改或者暂时停止施工的；

（3）施工单位拒不整改或者不停止施工，未及时向有关主管部门报告的；

（4）未依照法律、法规和工程建设强制性标准实施监理的。

本案例中，监理人涉及了（1）、（3）和（4）项违法行为。

【案例 4-4】 一起监理人未尽责任而发生的安全事故

某水利工程施工现场,为满足钢筋加工、运输需要,施工单位决定配备一台门座式起重机。经过筛选,选定一家门机制造厂商(无安装资质)。采购合同中明确,由门机制造厂商负责现场安装。安装完成后,经承包人现场的质量、安全等部门联合验收后即投入使用。在使用过程中,未配备专业的操作人员,由现场钢筋加工工人自行操作。某日在吊运钢筋过程中,因操作不当发生斜拉,导致门机倾覆,当场重伤 2 人。试分析此案例中,监理人工作失职之处。

【分析】

1. 监理人未核查施工起重机械安装验收手续,对存在的安全事故隐患未及时发现和制止。根据《中华人民共和国特种设备安全法》、《安全生产管理条例》和《水利工程安全生产管理规定》等的要求,起重机械属于特种设备,应由具有相应资质等级的起重设备安装工程专业承包企业进行安装,安装完成后经特种设备检测机构检测合格,出具合格证书。同时,应向负责特种设备安全监督管理的部门办理使用登记,取得使用登记证书。登记标志应当置于该特种设备的显著位置。

2. 监理人未核查特种设备作业人员上岗证件。根据《水利水电工程施工作业人员安全操作规程》(SL 401—2007)的规定:"门座式起重机司机应经过专业培训,并经考试合格取得特种作业人员操作证书后,方可上岗操作。"

【案例 4-5】 某特长隧洞工程施工安全控制

本案例侧重从施工技术及施工组织方面介绍工程施工安全管理。旨在提示除按安全生产有关法律、法规和标准、规范开展施工安全监督管理工作外,也不能忽视施工技术及施工组织管理对保证施工安全的重要性。

一、全方位地关注重点、难点洞段

某特长隧洞工程,采用 3 台开敞式 TBM 和钻爆法联合施工方案。

采用 TBM 进行隧洞施工,存在着地质、设备和技术管理三大风险。

隧洞的六河施工段,集富水的向斜构造核部、地下水与地表水连通、三条断层交叉切割及原位溶蚀大理岩风化砂等各种灾害地质条件为一体,既存在高压涌水的威胁,也存在着突泥突沙的灾害,成为隧洞工程施工的瓶颈洞段。其设计和施工是整个隧洞工程成败的关键。

对此关键、难点洞段,在工程建设前期阶段和整个工程建设期间,有关各方都给予了全方位的关注和高度的重视。

(1)在该项工程申报立项期间,负责审核的专家非常谨慎,要求发包人一定要把整个洞线的地下水条件搞清楚,预谋对策和措施,对确保安全实施该方案作出可靠的论证。

(2)在初步设计阶段和工程建设期间,采用地面勘探、高密度电法、孔内电视、跨孔波速测试、洞内超前钻孔及 TSP 超前地质预报等一切可行的手段,查明该段工程地质、水文地质条件,为设计和施工提供可靠的依据。

(3)在招标阶段,鉴于六河段的重要性,尽管本段 15 + 700 ~ 15 + 840 长度只有 140 m,而且是在 DB3 标段 7#、8#两条施工支洞之间,但仍作为一个单独的标段,另行招标,以便选择更有施工经验的承包人承建。

（4）为了加强本段工程建设质量的管理，将本段140 m洞段单独划分为一个单位工程。

（5）在查明地质条件的前提下，将本段围岩划分成3类4段：

①15+700～15+730洞段，长30 m；15+800～15+840洞段，长40 m。两段围岩同属裂隙岩体。

②15+730～15+750洞段，长20 m。围岩以全风化的原位溶蚀大理岩沙为主，一旦被扰动形成临空面，极易产生突水突沙。

③15+750～15+800洞段，长50 m。为岩性杂乱洞段，主要由断层碎块岩、碎裂岩、角砾岩、构造透镜体、断层泥及全风化的原位溶蚀大理岩沙等组成。

（6）针对上述地质条件分段，经反复研究，邀请国内知名专家学者咨询确定：

①同时从上、下游两侧的1、4段向中间的2、3段进行夹击攻坚的策略；

②采用超前预注浆技术，将地下压力水拒于洞周10 m之外；

③采用超前管棚技术，将溶蚀大理岩沙棚护在洞周管棚之外；

④最终采用超前预注浆（见图4-3）和超前管棚对接（见图4-4）技术，以规避单向施工可能造成的纵向突水突沙的风险。

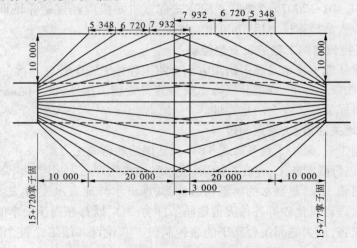

图4-3　六河施工段超前预注浆对接布置图

对于事关本工程成败关键的洞段，在全方位地关注和重视下，采用夹击攻坚的策略是正确的，施工技术科学合理、稳妥可靠，确保六河段安全、顺利地实现了贯通，如图4-5所示。

从监理人的角度，需要掌握以下要点：

【重点难点】详细掌握第2、3段水沙地质条件。

【地质灾害】塌方、涌水、涌沙乃至淹洞灾害。

【处理对策】拒水于注浆范围之外，棚沙于管棚之上；夹击攻坚，实现注浆、管棚对接，确保万无一失。

【施工方案】严格审查施工方案。

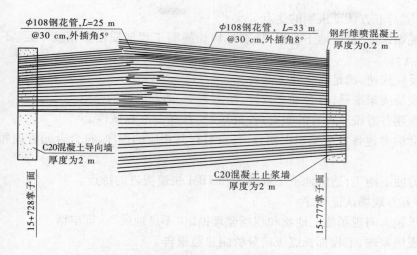

图 4-4　六河施工段超前管棚对接图

【旁站监理】超前处理后,为确保拱圈安全,按照台阶分部、短进尺、强支护原则,严格执行以人工为主、辅以机械或弱爆破开挖。对于每道工序,严格实行旁站监理。

图 4-5　2007 年 3 月 28 日六河段安全顺利地实现高精度贯通

二、隧洞施工的五方快速反应机制

(一)五方快速反应机制的建立

地下工程施工,不可预见的因素多。特长隧洞工程线路长,施工支洞多。为了满足安全施工和方便施工的需要,及时解决现场所遇到的问题,更好地体现地下工程动态设计、动态施工、动态管理的特点,对不良地质洞段,建立了五方现场认证的快速反应机制。

这里所说的五方是指发包人、设计人、勘察人、监理人和承包人。

所谓的"不良地质洞段",从设计和施工的角度明确地规定,凡是必须采取典型支护设计以外的特殊措施,方能保证施工期围岩稳定的洞段,均属不良地质洞段。

（二）实行五方认证机制的优点

（1）现场认证，符合地下工程，特别是特长隧洞工程地质勘察精度不足、不可预见因素多的特点。

（2）反应快速，满足安全施工需要。

（3）现场决策准确，符合动态设计、动态施工、动态管理的原则。

（4）参建各方按照各自的职责，各负其责，决策具有权威性。

（5）会后参建各方按照职责划分，各自履行其相应的程序，符合合同管理和程序化管理的规定。

（6）方便了施工，适应地下工程施工和 TBM 快速掘进的特点。

（三）五方现场认证程序

（1）承包人向现场施工地质和现场监理提出"不良地质"认证申请。

（2）现场监理、工程部长逐级向分管副总监报告。

（3）副总监与发包人工程部商定五方认证的现场会议事项。

（4）发包人通知设计代表。

（5）副总监通知施工地质一方（施工地质业务隶属设计院，现场归监理人统一管理）。

（6）副总监主持五方现场认证会议，监理编写会议纪要，五方代表签字。

（7）会后，承包人和现场监理即可按照五方认证会议决策意见执行。

（8）凡涉及永久结构变化或超出原设计的，设计应补发设计变更通知单。

（9）凡需承包人补报施工方案的，会后应履行报批程序。

（10）上述会议纪要、设计变更通知单或经批准的施工方案，均作为工程量计量和结算支付的依据。

（11）围岩变好，现场地质工程师及时提出，按照认证程序，履行五方会议，结束"不良地质"。

（四）五方现场认证的责任划分

"五方认证机制"通过五方现场会议形式实施。

参会各方的责任是：

（1）勘察人：根据掌子面的实际地质条件，负责认定是否属于"不良地质"；负有及时结束不良地质的责任。

（2）设计代表：负责对"不良地质"洞段提出支护、处理措施或认定处理方案；会后按照会议决策意见（如需要）补发设计变更通知单。

（3）发包人代表：对"不良地质"和支护、处理措施提出决策意见或者予以认定。

（4）承包人：按照决策的开挖、支护方案进行施工；如需补报施工方案，应履行报批程序。

【监理职责】

（1）负责组织、主持五方现场认证会议。

（2）编制现场会议纪要。

（3）向承包人发送设计变更通知单。

（4）审批承包人的施工方案。

（5）按照决策的开挖、支护方案进行监理。

五方快速反应机制，是保证隧洞工程安全顺利施工的要素之一。

三、高应力洞段安全施工预报

（一）高应力或极高应力的概念和判断

高应力或极高应力，是一个专业术语。

它不是以其数值的大小来定义或判断的。

《工程岩体分级标准》（GB 50218—94）推荐，以岩石的单轴饱和抗压强度 R_c 与垂直洞轴线方向最大初始地应力 σ_{max} 的比值，作为评估初始应力区的指标，如表4-6所示。

表4-6　应力区的评估指标

应力区	R_c/σ_{max}
高应力区	4 ~ 7
极高应力区	< 4

（二）极高或高应力区开挖过程中岩体的表征

（1）极高应力区。

①硬岩：开挖过程中时有岩爆发生，有岩块弹出，洞壁岩体发生剥离，新生裂缝多，成洞性差；基坑有剥离现象，成形性差。

②软质岩：岩芯常有饼化现象，开挖过程中洞壁岩体有剥离，位移极为显著，甚至发生大位移，持续时间长，不易成洞；基坑发生显著隆起或剥离，不易成形。

（2）高应力区。

①硬质岩：开挖过程中可能出现岩爆，洞壁岩体有剥离和掉块现象，新生裂缝较多，成洞性较差；基坑时有剥离现象，成型性一般，尚好。

②软质岩：岩芯时有饼化现象，开挖过程中洞壁岩体位移显著，持续时间较长，成洞性差；基坑有隆起现象，成型性较差。

（三）高应力或极高应力实例

（1）硬岩——锦屏电站排水隧洞。

锦屏隧洞围岩的岩石强度 $R_c = 22 ~ 114$ MPa。

1600 m 埋深最大主应力值 $\sigma_{max} = 70.1$ MPa。

其应力比值为 0.31 ~ 1.63 < 4，表明其处于极高应力区。

强烈乃至极强烈的岩爆，导致人员伤亡、TBM 被埋事故的发生。

（2）软岩——青海引大济湟引水隧洞。

大坂山南缘断层带，岩石为挤压破碎岩和糜棱岩，单轴抗压强度 20 ~ 30 MPa。

该段最大水平地应力为 21.1 ~ 22.1 MPa。

其应力比值为 0.90 ~ 1.42 < 4。

表明该段为软岩极高应力区。

在掘进过程中，隧洞变形显著，持续时间长，导致双护盾 TBM 连续发生卡机事故。经多方处理无效，不得不改用钻爆法施工后 TBM 再通过。

（3）D 隧洞 731 m 塑性变形洞段（简称 27 + 500 洞段）。

该段有多条断层与洞轴线小角度相交。围岩主要为正常斑岩、煌斑岩和构造岩。开敞式 TBM 掘进通过后，围岩持续产生塑性大变形，严重地侵占了隧洞衬砌断面乃至隧洞净空。塑性变形的持续发展，严重地危及了施工安全。经返工处理，耗时两年，耗资 2 000万，拖延了建设工期，增加了工程投资。

究其原因，该部位的最大水平主应力 16.08 MPa，正常斑岩的单轴饱和抗压强度 R_c = 55.43 MPa，应力比 55.43/16.08 = 3.45 < 4.00，表明本段处于极高应力区。这就是 27 + 500 洞段持续产生大变形的症结所在。

（四）高应力的启示

（1）高应力区的硬岩会遭致强烈的岩爆危害，这早已众所周知。以往的地质、设计报告和招投标文件多有论述。但用应力比的概念来判别应力区，除专业人士外，却为数并不多。

（2）高应力区的软岩会长期持续产生塑性大变形。这是一种地质灾害，可能会导致连续卡机或侵占设计断面或连续塌方堵住后路或埋人埋机的危险。然而，在以往的报告或文件中却很少述及。

（3）地应力测试，可以成为隧洞工程安全施工长期、可靠的预报手段。

（五）应用应力比进行安全施工预报

应用应力比进行安全施工预报的方法和程序是：

（1）确定地应力测试孔所代表的洞段；

（2）查明该洞段所穿越的岩性及其岩石的单轴饱和抗压强度 R_c；

（3）根据隧洞埋深查得垂直洞轴线方向最大初始地应力 σ_{max}；

（4）据此求得应力比 R_c/σ_{max}，从而判定该洞段是处于极高应力区（<4），或高应力区（4~7），或一般应力区（>7）；

（5）如系高或极高应力区，尚需进一步查明或在施工期进一步复核验证，如本洞段无任何地质构造，岩体比较完整，则应做好高或极高应力区硬岩防止岩爆的预案及相应的对策和措施；

（6）如系高或极高应力区，尚需进一步查明或在施工期进一步复核验证，如本洞段为断层破碎带等不良地质地段，则应做好高或极高应力区软岩防止长期持续产生塑性大变形的预案及相应的对策和措施。

地应力测试和工程地质条件，在初步设计期间即可获得。因此，在有经验的情况下，即可在《地质勘察报告》和《初步设计报告》中，对洞线的"高应力区"和"极高应力区"作出预报。至于是属于硬岩"高应力区"或"极高应力区"还是属于软岩"高应力区"或"极高应力区"，则可根据地质构造作出初判，待施工过程中根据所揭示的地质条件，进行复核验证确定。

从监理的角度，注重以下几个环节：

【建议提示】提请发包人要求地质或设计提交高或极高应力区沿洞线的分布。

【应对预案】督促承包人提前做好硬岩、软岩高或极高应力区的应对预案。

【现场辨识】现场确定软、硬岩，启动执行的应对预案程序。

四、做好仰拱是隧洞工程安全和质量的保障

(一)高或极高应力区软岩塑性变形严重

以 D 隧洞 27 + 500 的 731 m 洞段为例。

严重塑性变形的主要表征有以下两方面:

(1)仰拱隆起高度如表 4-7 所示。

(2)隧洞周边收敛变形大,且持续发展,如表 4-8 所示。

表 4-7　仰拱隆起高度

桩　　号	隆起高度 mm)	桩　　号	隆起高度 mm)
27 + 478. 70	29	27 + 532. 20	49
27 + 490. 60	49	27 + 551. 80	34
27 + 500. 40	174	27 + 559. 90	82
27 + 510. 80	82	27 + 582. 20	109
27 + 521. 30	21	27 + 592. 59	80

表 4-8　围岩收敛变形

桩号	最大值(mm)	桩号	最大值(mm)
27 + 208. 72	279	27 + 439. 21	212
27 + 243. 05	220	27 + 462. 44	346
27 + 269. 01	183	27 + 522. 98	370
27 + 305. 39	242	27 + 678. 20	191
27 + 424. 70	349		

注:二次混凝土衬砌厚度 260 mm。

由此可以看出,仰拱隆起高度、收敛变形量都很大。

对于 D 隧洞而言:

(1)隧洞设计没有预留允许的收敛变形量,只要变形就侵占设计断面;

(2)收敛变形量 < 260 mm,侵占了衬砌断面;

(3)收敛变形量 > 260 mm,侵占了隧洞净空。

(二)持续产生大变形的原因

持续产生大变形的最根本的原因是,该洞段与几条断层小角度相交,属软岩洞段。其应力比是 55. 43/16. 08　= 3. 45 < 4. 00,表明该洞段处于极高应力区。此外,还与 TBM 设备性能密切相关:

(1)TBM 撑靴单扇宽 980 mm,钢拱架间距只能大于 1. 0 m,不能加密;如加密,将被撑靴挤压变形,起不到支护作用。

(2)喷射混凝土范围只能达到 300°圆心角。下部 60°仰拱部位,无法喷射混凝土,不能实现仰拱的封闭。

(3)TBM 后支撑在步进过程中对地面压力大,致使底部仰拱部位的钢拱架不能进行

纵向连接。

所以,设备本身存在的问题是:

(1)在需要加强支护的洞段,钢拱架不能加密;

(2)仰拱的钢拱架之间又不能进行纵向连接;

(3)尤其是不能实现仰拱喷射混凝土的封闭。

变形如此之大,而且还在继续发展,确实存在塌方堵住后路或埋机埋人的风险。因此决定:TBM 停止掘进,立即封闭仰拱。

(三)封闭仰拱的效果

D 隧洞 27 +500 洞段仰拱封闭前后围岩变形速度对比如表 4-9 所示。

表 4-9 仰拱封闭前后围岩变形速度对比表

桩号	水平收敛速度（mm/d）		拱顶下沉速度（mm/d）	
	封闭前	封闭后	封闭前	封闭后
27 +625	0.32	0.06	0.05	0.01
27 +599	0.58	0.03	0.20	0.04
27 +583	1.24	0.18	0.07	0.03
27 +572	1.80	0.16	0.22	0.06
27 +560	2.35	0.05	0.20	0.06
27 +548	1.92	0.14	0.07	0.06
27 +536	0.49	0.02	0.01	0.03
27 +524	1.41	0.03	0.24	0.01
27 +512	0.94	0.05	0.71	0.01
27 +500	0.21	0.14	0.12	0.05
27 +485	0.49	0.04	0.08	—

从表 4-9 中可以看出:

(1)周边水平收敛变形速度:封闭前均很高,变形仍在持续发展;封闭后均小于 0.2 mm/d,变形趋于稳定。

(2)拱顶下沉速度:封闭前在继续发展;封闭后均小于 0.1 mm/d,基本稳定。

(3)这表明,封闭仰拱可以有效地遏制围岩收敛变形的大幅度增长。

(4)及时封闭仰拱,极端重要。

(四)及时封闭仰拱的决策

(1)标准:以设计预留的允许变形量为控制标准。

(2)手段:以现场监控量测为手段。

(3)依据:以即时对现场监控量测资料的统计分析成果和趋势为依据。

(4)判断:将统计分析成果和变形的发展趋势与允许的收敛变形量进行比较作出判断。

（5）决策：如果出现以下两种情况：①当前的变形量已接近允许变形量；②变形的发展趋势将超过允许变形量。则应立即作出决策，停止掘进，封闭仰拱。

防止围岩变形侵占设计断面，进行返工处理；或塌方堵住后路；或埋人埋机，确保施工安全顺利地进行。

（五）仰拱承载变形机理探讨

（1）在高应力区的软弱岩体内开挖隧洞，打破了原来的平衡状态。

（2）在围岩压力作用下，四周洞壁均产生向洞内的变形，以调整应力重分布。

（3）初期支护防止围岩松动变形向深处发展。

（4）同时它也与围岩一道共同承受着围岩压力。

（5）在仰拱未封闭的情况下，该部位的岩体既承受原本它固有的那部分围岩压力，又需额外地承受着来自边顶拱初期支护传递过来的集中荷载。

（6）由于仰拱部位同属软弱岩体，因而拱脚部位在集中荷载作用下产生下沉，从而带动了整个边顶拱的下沉。

（7）仰拱拱脚以外的自由面，在围岩压力和边顶拱集中荷载挤压作用下，必然向自由面方向产生起鼓或隆起。

（8）原本已成环的钢拱架，没有纵向连接，没有混凝土的固定和支撑，在极大的围岩压力作用下，像柔性杆件一样产生"N"字形的变形。

这说明，浇筑混凝土封闭仰拱非常重要。

（六）小结

（1）仰拱是隧洞承载的关键部位。

（2）封闭仰拱可以有效地遏制围岩收敛变形的发展。

（3）及时封闭仰拱极端重要。

（4）做好仰拱是隧洞工程安全和质量的保障。

（七）监理人应注重以下环节

【督促要求】承包人及时统计分析监控量测资料，定期报告或特事特报。

【观察现场】现场监理应随时观察围岩安全状况，及时报告险情。

【沟通各方】密切沟通各方，抓住决策时机。

【下达指令】及时向承包人下达封闭仰拱指令。

五、涌水淹洞事件性质的判断

（一）14+026洞段的地质条件

在D隧洞工程施工中，8 km长的大理岩洞段，地质构造复杂、岩溶发育，曾多次发生突水、突沙、淹洞及大规模塌方等，对隧洞施工造成了极大影响。

14+026洞段附近，岩性为中厚层条带状大理岩夹薄层大理岩，普遍含石墨。

本段节理发育，沿节理面溶蚀发育，局部围岩呈黄色。

地下水以线流状出露，整个洞段出现大面积淋水现象。

围岩受地下水溶蚀及冲刷作用，均有不同程度的风化，致使岩体胶结不好。

该段洞室埋深85 m。地表为牛毛河古河床，地下水与地表水联系密切。

（二）14 +026 涌水淹洞事件的发生

（1）2005 年 5 月 18 日晚开挖到 14 +026 掌子面,进行通风散烟和清撬危石等作业,随后进行出渣,作业正常。

（2）次日凌晨 4:30,由两组节理切割形成的三角体坍落。地下水冲开岩溶管道,从线流状逐步发展为 500 m³/h、1 000 m³/h 的涌水,最大涌水量达 1 500 m³/h。

9:00 起,开始向洞外转移施工设备。10:30 被迫断电。

7# 施工支洞全部被淹。

突发涌水后,地表出现两处塌陷。一处位于洞轴线右侧,距开挖掌子面 14 +026 地表位置 103 m,另一处在掌子面上游 30 m 处。圆形塌坑直径 3.0 m,深 3.0 m,并有地下水出露。另外,在 14 +032 地表产生地裂缝,与洞轴线夹角 40°,长约 30 m。

（三）淹洞事件的处理

地下洞室在与地表水存在渗漏通道且已被淹的情况下,从地面进行灌浆,是封堵渗漏通道的唯一选择。

14 +026 涌水处理分两个步骤:

第一步,通过地面灌浆截堵渗漏通道;

第二步,排除洞内积水,清除洞内淤积物,在洞内进行超前预处理。

由于系通过地面钻孔,仅对已开挖隧洞掌子面部位洞室的前后、两侧及其顶部一定范围的岩体进行灌浆,类似于给 14 +026 部位隧洞的头部戴上一顶遮蔽水、沙的帽子,故将这种灌浆称为"盖帽法灌浆"。

"盖帽法灌浆"是既可达到截堵掌子面附近渗漏通道的目的,又不致造成大量浆液无效浪费的一种科学、有效的灌浆技术。其难点在于:复杂地层的成孔方式,实现栓塞式灌浆的钻孔结构,对非灌浆段的处理要求严格,对灌浆段实行了 3 重控制。

对非灌浆段处理的要求是:通过灌浆加固孔壁,防止浆液的无效扩散,做到卡塞可靠,防止绕塞渗漏造成固管事故。

对灌浆段的灌浆:必须对大注入量、大耗浆量和洞周孔段灌浆压力进行严格控制,以便既能封堵渗漏通道,又可避免浆液的无效扩散,防止灌穿洞壁产生新的渗漏通道。

本次"盖帽法灌浆"地面灌浆在完成 5 排 39 孔灌浆后(见图 4-6),顺利地排除了洞内积水,为清除洞内淤积物、检查处理洞周被淹受损部位的初期支护、继续进行掌子面附近超前加固处理、恢复隧洞工程正常施工创造了条件。

（四）查明涌水原因,确定事件性质

隧洞被淹之后,在抓紧研究涌水处理方案的同时,也抓紧研究制订补充勘察计划,查明发生涌水的地质条件。

为此,在 14 +026 附近布设 5 个勘探钻孔,并对涌水区进行高密度电法勘察。

勘察查明,本洞段附近发育有两条断裂构造,在 14 +026 掌子面后方拱顶相交。当两组节理切割形成的三角体坍落后,地下水冲开岩溶管道,形成岩溶漏斗,导致了涌水、涌沙,隧洞被淹。

勘察表明,涌水淹洞属于承包人在现场施工时遇到的,招标文件中未加说明的、作为一个有经验的承包人也无法推断和预见的,对其施工不利的自然物质条件、物质障碍和污

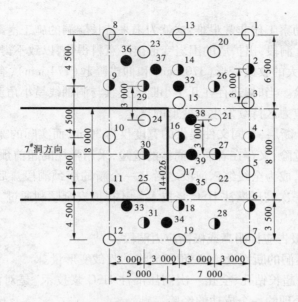

图 4-6 14 +026"盖帽法灌浆"地面灌浆平面布置图

染物等,亦即"不可预见的物质条件"。

14 +026 涌水淹洞事件系灾害地质所致,而非人为所能避免。

因此,为处理该事件所延误工期、增加费用,承包人有权提出索赔。

对于这类突发事件,不管事件性质如何确定,但都潜藏着索赔的可能。因此,监理人应该把握住以下几点:

【突发事件】排险无望,立即撤离,力避人员伤亡,尽可能减少设备损失。

【性质判断】听凭科学调查和合同规定,以事实为依据、合同为准绳。

【同期记录】督促承包人做好时、空、人、材、机等同期记录。

【认证记录】监理做好同期认证记录。

六、特长隧洞 TBM 施工的三大风险

(一)特长隧洞 TBM 施工的三大风险

特长隧洞工程采用 TBM 施工,存在着三大风险。这就是:

(1)地质风险。

(2)设备风险。

(3)技术管理风险。

(二)地质风险

随着 TBM 施工技术的发展和应用,现代大规模跨流域调水工程越来越多。例如,甘肃的引大入秦工程、青海的引大济湟工程、山西的引黄入晋工程、陕西的引汉济渭工程、吉林的引松供水工程等。隧洞长度动辄几十千米,长者达到一百多千米。

隧洞工程是地下工程,地下工程的地质条件本身就有很多不可预见因素,特别是特长隧洞工程,战线很长,大多跨越于崇山峻岭的穷乡僻壤或荒无人迹的深山老林,交通十分不便,水电供应极其困难。

因为前期地质勘察工作非常艰难,这就为未来特长隧洞的施工潜藏了地质风险。

前述的 27+500 洞段,出护盾的围岩变形出乎意料得快,以致不得不拆掉主机的护栏才能通过;产生如此大的收敛变形(370 mm)和仰拱隆起(174 mm),有随时垮塌、埋机埋人或堵住后路的危险。当时,还存在几个小断层连续与洞轴线呈小角度相交的情况,且还没有建立起软岩高应力区持续发生大变形的概念。

9# 洞上游的 F12 断层,合同文件提供的宽度仅为 30 m,而实际的宽度是 184.8 m。这段既存在着垮塌的危险,又存在着涌水涌沙的危险,采用常规的超前预注浆和超前管棚方案,照样塌方和涌水,成为全线继六河段之后又一个新的瓶颈洞段。后来,采用现场研制的"超长钻孔、全孔一次高压灌注 HSC 浆技术",才得以安全顺利通过。

【经验教训】

(1)设计、地质报告应标明高或极高应力洞段。

(2)TBM 施工隧洞的断面设计,应预留允许的收敛变形量。

(3)研制、采用"超长钻孔、全孔一次高压灌注 HSC 浆技术"是对洞轴线沿着断层走向洞段进行预加固处理的一个成功的经验。

(三)设备风险

TBM 是集掘进、出渣、初期支护、通风除尘为一体的现代隧洞工程大型施工设备,又是一种庞大繁杂、既笨重又精密的高新技术装备。

在 TBM 施工段招标期间,招标文件约定:采用全新的 TBM。

全新 TBM 的含义是:采用现代工艺技术水平、专门针对本工程地质条件设计制造的TBM。然而,一家承包人却采用了 1993 年为瑞士费尔艾那隧道制造的备用而未用的主轴承。该主轴承设计寿命 15 000 h,拟掘进长度 20 km。但在开始掘进后不久,主轴承即发生磨损。在完成第一段施工后,TBM 仅掘进 5 800 m、运行 4 000 h,主轴承便出现过度滚划,磨损严重。经厂家鉴定:该轴承绝对不能继续使用。这是由于承包人违约采用 20 世纪 90 年代而非 21 世纪工艺技术水平加工制造的主轴承导致的 TBM 设备风险。

【经验教训】TBM 设备采购应进行设备监造。

(四)技术管理风险

技术管理风险主要是由于经验缺乏所致。

TBM 的掘进是以设计洞轴线为基准线、在允许的掘进偏差范围内随时进行纠偏的"蛇形线"。允许的掘进偏差规定为:横向 ±100 mm,竖向 ±60 mm。一台 TBM,由于操作者缺乏经验,在试掘进一开始便产生机头下沉,致使最大竖向偏差达 330 mm,直到掘进93 m 才调回到允许偏差范围内。

【经验教训】

(1)开始试掘进,一定要把 TBM 的方位、姿态控制准确。

(2)选用有经验的操作手,掌握 TBM 的性能和地质条件。

(3)始发洞要选择在适合 TBM 掘进的洞段。

为了确保 TBM 单机掘进 20 km,在每台 TBM 施工段都设有中间施工支洞,以便对TBM 设备进行检修、维护与保养。鉴于主轴承的重要性,在中间检修期间是否需要对主轴承进行拆卸检修,这既是一个关系重大又是一个难以作出而又必须作出的决策。一台TBM,在完成第一段掘进前的四五个月,主轴承就已发生磨损。但决策者未能在中间检修期间决定对主轴承进行拆封检修,错过了大好的时机和优越的检修条件,以致不得不在第二段掘进1.7 km的掘进途中更换主轴承。掘进途中更换主轴承,工程浩大、繁杂,难度大,占用直线工期长,是一个非常沉痛的教训。

【经验教训】

(1)设置中间施工支洞,是确保TBM掘进20 km的重要保证。

(2)中间施工支洞为进行TBM检修创造了条件。

(3)主管TBM的经理要把握住时机,排除已有的一切障碍,保证TBM施工安全顺利地进行。

七、超前地质预报管理办法

(一)缘由

特长隧洞施工,由于存在着地质风险,因而进行超前地质预报极其重要。

为了查明问题洞段的地质条件,做好隧洞工程建设的动态管理、动态设计、动态施工,保证施工安全,需要进行超前地质预报。超前地质预报占用直线工期,涉及参建各方,需要做好协调工作。为使超前地质预报工作能够紧凑、有序地进行,特编制本办法。

(二)方法及承包人

根据当前超前地质预报技术水平,结合工程具体地质条件,选定超前地质预报方法。

D工程选定以下两种超前地质预报方法:

(1)中距离的超前钻探法,由承包人承担。

(2)长距离的TSP(Tunnel Seismic Prediction)法(其原理见图4-7,炮孔及接收孔布置见图4-8、图4-9),由设计人地质分院承担。发包人与其另签合同。

(三)提出与决策

(1)参建各方均可提出超前地质预报要求。

(2)承包人可以根据地质条件,提出进行超前地质预报的申请。

(3)发包人可以直接要求承包人进行超前地质预报。

(4)设计、地质、监理三方提出超前地质预报要求,需事先征得发包人同意。

(5)发包人、设计人、地质人、监理人,统称发包方。

(6)超前地质预报的决策权在发包人。

(四)承包人申请超前钻探的报批程序

(1)承包人应提前3 d提出申请,阐明理由、时间、掌子面桩号、钻孔深度等。

(2)监理人应在接到申请后36 h内提出审查意见,报发包人审定。

(3)发包人应在接到监理人审查意见后36 h内将审定意见通知监理人。

(4)监理人将审批意见正式批复承包人。

(5)承包人接到批复后,应按合同规定做好钻探前的准备工作,并将开钻时间通知监理人(发包人)。

（五）发包人方下达超前钻探指令程序

（1）发包人方超前钻探指令由监理人下达承包人。

（2）承包人按"（四）（5）"执行。

（六）超前钻探成果

承包人应及时整理超前钻探成果，包括两部分：

（1）钻孔岩芯及钻进记录；

（2）《超前钻探成果报告》一式8份：发包人3份、监理人2份、承包人3份。

（七）承包人申请TSP超前地质预报程序

（1）承包人应提前6 d提出申请，阐明理由、时间、掌子面桩号等。

（2）监理人应在接到申请后36 h内提出审查意见，报发包人审定。

（3）发包人应在36 h内，将审定意见通知监理人和地质分院。

（4）监理人将审批意见正式批复承包人。

（5）地质分院应在接到发包人通知后36 h内到达现场。

（6）监理人主持协调地质分院与承包人配合事宜，确定预报作业时间周知各方。

（7）地质分院和承包人的准备工作应在36 h内完成。

（八）发包人方下TSP超前地质预报指令程序

（1）TSP超前地质预报指令由发包人下达地质分院。

（2）TSP超前地质预报指令由监理人下达承包人。

（3）按"（七）（5）、（6）、（7）"执行。

（九）TSP超前地质预报成果

（1）地质分院应在完成现场测试作业后，立即在驻地进行TSP成果解译（见表4-10）。

（2）2 d内提出《TSP超前地质预报中间报告》。

（3）10 d内提出《TSP超前地质预报最终报告》。

（4）中间报告和最终报告均一式8份，履行校审签字制度。

（5）递交报告份数和程序：地质分院→发包人8份→监理人5份→承包人3份。

（十）召开五方现场会议

如超前地质预报揭示前方地质条件发生重大变化，构成不良地质，经沟通，由监理人召开五方现场会议，启动"五方快速反应机制"，确认不良地质条件，研究确定开挖、初期支护参数。

（十一）不免责条款

发包人委托地质分院提供的TSP超前地质预报成果，仅供承包人参考，不免除承包人独立进行超前地质预报并作出正确判断的责任。TSP作为地下工程超前地质预报的一种手段，是宏观预报。承包人宜根据TSP预报成果，视需要可结合其他手段如超前钻探等，对可能存在的地质问题进行综合分析评判，以采取相应的开挖、支护方案。

【关于指令】

（1）一般而言，进行超前地质预报均由承包人提出申请。

（2）由于超前地质预报占用直线工期，承包人为了赶进度，能不安排就不安排超前地质预报。

（3）为了保证施工安全,发包人有权利更有责任指令承包人进行超前地质预报。

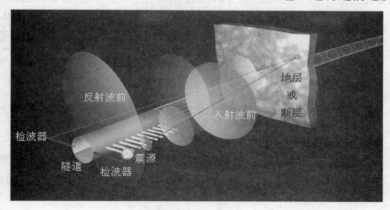

图 4-7　TSP 探测原理

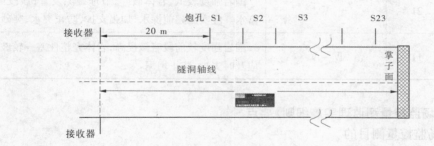

图 4-8　炮孔及接收孔布置(1)

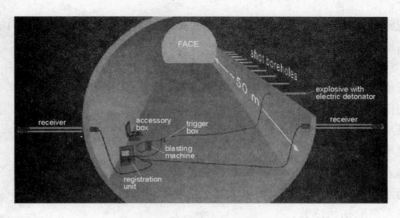

图 4-9　炮孔及接收孔布置(2)

表 4-10　实例——断层洞段 TSP 超前预报解译成果

序号	段长（m）	预报围岩类别	TSP 地质解译
1	12	V	围岩强度较低,岩体破碎,富水,易坍塌,应加强超前支护。超前止水,防止突水、突砂和坍塌事故的发生
2	11	Ⅳ～V	围岩强度较低,岩体完整性差—破碎。应加强支护,防止坍塌
3	28	Ⅳ～V	围岩强度较前段略有提高,但节理裂隙发育,岩体破碎。应进行超前支护,防止坍塌
4	27	V	围岩强度较前段稍低,岩体破碎,节理裂隙发育;19＋960～19＋940 段可能富水。应实施超前探水,加强支护,防止突水、突砂
5	10	Ⅳ～V	围岩强度较低,岩体完整性差—破碎。应加强支护,防止坍塌
6	21	V	围岩强度较低,岩体破碎,节理裂隙发育;该段可能富水。应实施超前探水,加强支护,防止突水、突砂
7	11	Ⅳ～V	围岩强度较前段略微提高,岩体完整性差—较破碎。应及时支护,防止坍塌

八、《现场监控量测监理实施细则》要点

（1）现场监控量测目的。

现场监控量测是采用新奥法（NATM）进行隧洞施工的三大支柱之一。

（2）现场监控量测的目的是:

①实时监测支护结构和围岩变形特征,为实现隧洞工程施工的动态管理提供信息,保证施工安全;

②将观测数据与设计指标比较,验证支护结构设计合理性,修正工程设计;

③总结地下工程的规律和特点。

（3）现场监控量测监理工作程序:

①审查承包人施工组织设计、仪器设备定货及厂家、操作人员资质;

②参加仪器设备运抵现场时的开箱检查;

③监督承包人对仪器设备进行检查率定;

④督促承包人及时进行测点的安装埋设——这是监理工作的重点;

⑤承包人对测点的自检;

⑥现场监理复检;

⑦承包人测取初始读数;

⑧承包人及时或定期提交《现场监控量测报告》;

⑨审查承包人按月形成的《现场监控量测报告》；

⑩反馈设计与施工。

（3）现场监控量测内容与断面间距。

现场监控量测的内容有：

①观察洞内围岩地质、支护状况、洞外地表、边坡稳定、地表水渗透等；

②水平收敛位移量测；

③拱顶下沉位移量测；

④必要时进行仰拱隆起量测；

⑤对洞口浅埋洞段和土洞段，进行地表下沉量测。

现场监控量测断面布置：

①Ⅳ、Ⅴ类围岩及洞口附近，量测断面间距不应大于20 m；

②TBM扩大洞室，量测断面间距20 m；

③在主、支洞交叉点上、下游各5 m的主洞分别设置一个量测断面；

④围岩变化处增设1～2个量测断面。

（4）断面布置、测点布置与安装。

监测断面布置时，为了能够及时地监测到开挖后的围岩变形，在满足断面间距要求的前提下，应注意以下几点：

①钻爆段应将监测断面布置在距掌子面1 m范围内，并在开挖后12 h内或下一循环开挖之前，完成测点安装并测取初始读数。

②TBM段应将监测断面布置在指型护盾后，及时完成测点安装并测取初始读数。

测点布置要点如下：

①主洞和支洞，均可布设三点三线制测点，如图4-10(a)所示。

②各类扩大洞室，可布设五点六线制测点，如图4-10(b)所示。

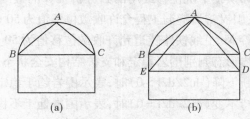

图4-10　现场监控量测测点布置示意图

测点预埋件安装要点如下：

①在设定现场监控量测断面上进行测点定位；

②在定位测点钻设测点预埋件安装孔；

③在钻孔中注入水泥砂浆，插入预埋件；

④待砂浆凝固、预埋件稳固后即可量测。

（5）现场监控量测频率。

现场监控量测频率根据位移速度及距掌子面距离确定，如表4-11所示。

表 4-11　现场监控量测频率

位移速度（mm/d）	量测断面距掌子面距离	量测频率
>10	(0~1)B	1~2 次/d
10~5	(1~2)B	1 次/d
5~1	(2~5)B	1 次/2d
<1	>5B	1 次/周

注：B 为毛洞宽度。

当水平收敛速度<0.2 mm/d、拱顶位移速度<0.1 mm/d 时，持续稳定 3 周，经现场地质工程师批准，可停止量测。

（6）数据处理。

①承包人全面负责现场监控量测工作，及时进行测点安装并测取初始读数。

②量测时应填写《水平收敛位移量测表》、《拱顶下沉位移量测表》，同时，应注明量测时的施工工序和量测断面距掌子面的距离。

③根据量测数据，及时绘制水平收敛和拱顶下沉位移时态曲线。

④当位移时态曲线的曲率趋于平缓时，应对数据进行回归分析，确定位移变化规律，推算最终位移值。

⑤承包人应对量测数据随时进行整理分析，按月形成《现场监控量测报告》。

⑥当量测数据出现异常时，应特事特报。

（7）成果应用。

施工控制与管理应注意以下几个方面：

①实测位移应控制在允许位移之内。

实测水平收敛位移和拱顶下沉位移或用回归分析推算的最终位移，均应小于设计规定的允许位移值。例如，引汉济渭隧洞工程允许收敛位移值为 50 mm。L 隧洞工程允许收敛位移值为 45 mm。秦岭 No.1 线铁路隧道允许收敛位移值为 50 mm。

②根据位移时态曲线形态判别围岩稳定和支护结构安全状态：

当围岩位移速率不断下降（$du2/d2t>0$）时，表示围岩趋于稳定状态；

当围岩位移速率保持不变（$du2/d2t=0$）时，表示围岩处于不稳定状态；

当围岩位移速率不断上升（$du2/d2t<0$）时，表示围岩进入危险状态。

③安全施工管理要做到以下几点：

当判别围岩处于不稳定状态时，应采取加强支护措施。

当判别处于下列状态时，必须停止掘进，立即采取加强支护措施：水平收敛、拱顶下沉位移接近允许位移值时；或推算的最终位移有可能超过允许位移值时；围岩进入危险状态时。

数据处理与反馈应注意以下方面：

应对现场监控量测数据进行整理分析，及时报告、反馈有关部门。遇有特殊危险状况，应在采取紧急措施的同时，单独即时上报。

二次支护时机控制应注意以下方面：

采用两次支护的地下工程，后期支护的施作，应在同时达到下列三项标准时进行：

①隧洞周边水平收敛速度小于0.2 mm/d，拱顶或仰拱垂直位移速度小于0.1 mm/d；

②隧洞周边水平位移速度以及拱顶或仰拱垂直位移速度明显下降；

③隧洞位移相对值已达到总位移量（最终位移）的90%以上。

（8）监理工作分工与工作重点：

①现场监控量测工作由承包人承担；

②监理工作由地质专业监理工程师负责，现场监理人员协助；

③监理工作的重点是督促承包人按照前文"断面布置，测点布置与安装"的要求及时进行测点安装，抓住测取初始读数的时机；

④在监理过程中，遇有围岩失稳或支护不安全因素，应督促承包人采取措施并及时报告反馈信息。

思 考 题

1.《中华人民共和国建筑法》对建筑安全作了哪些规定？

2.《中华人民共和国安全生产法》立法目的和适用范围是什么？

3. 水利部颁发了哪些有关水利工程建设安全生产的管理规定？

4.《建设工程安全生产管理条例》规定的监理单位的安全监理职责是什么？

5. 监理人在监理过程中的安全监理职责是什么？

6. 监理人安全生产监督检查的内容是什么？

第五章　施工监理文件资料管理

监理文件的资料管理是工程项目管理的重要组成部分,是监理工程师执行监理依据,实施质量控制、进度控制、投资控制、合同管理、安全监督管理,组织协调各方关系的基础性工作。众所周知,监理工作的主要方法是控制,实施控制的基础是信息管理,而信息管理工作的主要对象为监理文件资料。施工监理文件资料是监理信息的主要载体,详细体现了工程建设项目的施工方法、施工过程、质量评定、价款结算和工程验收等。通过加强监理文件资料管理能够有效提高监理工作的标准化和规范化程度,从而提高监理工作质量,实现水利工程项目的监理工作目标。监理文件的资料管理包括制定文档资料收集、分类、保管、保密、查阅、复制、整编、移交、验收、归档等制度,也包括制定文件资料签收、送阅程序,制定文件起草、打印、校核、签发等程序。监理文件资料管理的目的是监理人通过有组织的信息传递,及时、真实地反映施工现场情况,提供准确的信息,更好地为工程建设服务。

由于建设环境复杂多变、型式多样、结构复杂和体积庞大等基本特征,决定了水利工程施工具有建设周期长、资源使用的品种多、用量大、空间流动性高等特点,在监理实施过程中会涉及和产生大量的文件资料,这些文件资料不仅是实施建设工程监理的重要依据,也是建设工程监理的成果资料。新版《水利工程建设项目施工监理规范》明确了水利工程监理的基本表式,《水利工程建设项目档案管理规定》列明了水利工程监理主要文件资料,并要求监理人明确监理文件资料管理部门和人员的归档职责,按相关要求规范化地管理水利工程监理文件资料。

第一节　施工监理文件资料建立

一、监理文件资料管理体系

监理人建立的监理文件资料管理体系应包括下列内容:

(1)设置文件资料管理人员并制定相应岗位职责。

(2)制定包括文档资料收集、分类、保管、保密、查阅、复制、整编、移交、验收、归档等制度。

(3)制定包括文件资料签收、送阅程序,制定文件起草、打印、校核、签发等管理程序。

(4)文件、报表格式:

①常用报告、报表格式宜采用新版《水利工程建设项目施工监理规范》附录E所列的和水利部印发的其他标准格式。

②文件格式应遵守国家及有关部门发布的公文管理格式,如文号、签发、标题、关键词、主送与抄送、密级、日期、纸型、版式、字体、份数等。

（5）建立信息目录分类清单、信息编码体系，确定监理信息资料内部分类归档方案。

（6）建立计算机辅助信息管理系统。

二、监理文件资料内容

根据《水利工程建设项目档案管理规定》（水办〔2005〕480 号）、《水利水电工程验收规程》（SL 223—2008），施工监理在实施过程中的信息资料主要包括下列内容：

（1）监理合同协议、监理规划、监理实施细则。

（2）设备材料审核文件。

（3）施工进度、延长工期、索赔及付款报审材料。

（4）开（停、复、返）工通知、指示。

（5）监理通知，协调会审纪要，监理工程师指令、指示，来往信函。

（6）工程材料监理检查、复检、试验记录、报告。

（7）监理日志、监理周（月、季、年）报、备忘录。

（8）各项控制、测量成果及复核文件。

（9）质量检测、抽查记录。

（10）施工质量检查分析评估、工程质量事故、施工安全事故等报告。

（11）工程进度计划实施的分析、统计文件。

（12）变更价格审查、支付审批、索赔处理文件。

（13）单元工程检查及开工（开仓）签证。

（14）会议纪要。

（15）监理工程师联系单、监理机构备忘录。

（16）设备验收、交接文件。

（17）监理工作声像材料。

（18）质量缺陷备案表。

（19）其他有关的重要来往文件。

三、监理文件资料的形成

监理文件资料形成途径如图 5-1 所示。

四、新版《水利工程建设项目施工监理规范》对监理文件资料相关规定

（一）监理文件应符合的规定

监理文件应符合下列规定：

（1）按规定程序起草、打印、校核、签发监理文件。

（2）监理文件应表述明确、数字准确、简明扼要、用语规范、引用依据恰当。

（3）按规定格式编写监理文件，紧急文件宜注明"急件"字样，有保密要求的文件应注明密级。

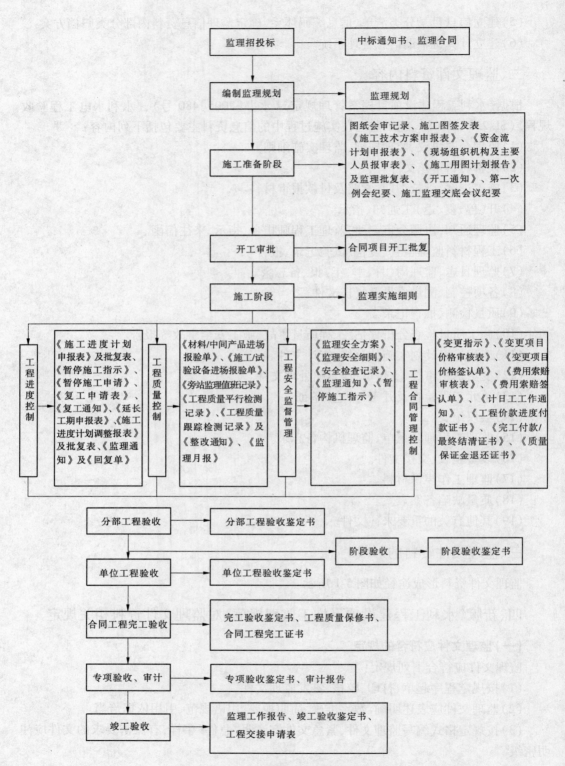

图 5-1 监理文件资料形成途径

（二）通知与联络应符合的规定

通知与联络应符合下列规定：

（1）监理人与发包人和承包人以及与其他人的联络应以书面文件为准。在特殊情况下，可先口头或现场临时通知，但事后应及时予以书面确认。

（2）监理人发出的书面文件，应由总监理工程师或其授权的监理工程师签名并加盖本人执业印章及监理部公章。在紧急情况下，监理工程师或监理员现场签发的书面通知可不加盖监理部公章，作为临时书面指示，承包人应遵照执行。承包人在收到上述临时书面指示后应在 24 小时内向监理人发出书面确认函。监理人在收到承包人的书面确认函后 24 小时内予以答复的，该书面确认函应被视为监理人的正式指示。

（3）监理人应及时填写发文记录，根据文件类别和规定的发送程序，送达对方指定联系人，并由收件方指定联系人签收。

（4）监理人对所有来往文件均应按施工合同约定的期限及时发出和答复，不得扣压或拖延，也不得拒收。

（5）监理人收到发包人和承包人的文件，均应按规定程序办理签收、送阅、收回和归档等手续。

（6）在监理合同约定期限内，发包人应就监理人书面提交并要求其做出决定的事宜予以书面答复；超过期限，监理人未收到发包人的书面答复，则视为发包人同意。

（7）对于承包人提出要求确认的事宜，监理人应在合同约定时间内做出书面答复，逾期未答复的，则视为监理人认可。

（三）文件的传递应符合的规定

文件的传递应符合下列规定：

（1）除施工合同另有约定外，文件应按下列程序传递：

①承包人向发包人报送的文件均应报送至监理人，经监理人审核后转报发包人。

②发包人关于工程施工中与承包人有关事宜的决定，均应通过监理人通知承包人。

（2）所有来往的文件，除书面文件外还宜同时发送电子文档。当电子文档与书面文件内容不一致时，应以书面文件为准。

（3）不符合文件报送程序规定的文件，均视为无效文件。

（四）监理日志、报告与会议纪要应符合的规定

监理日志、报告与会议纪要应符合下列规定：

（1）监理人员应及时、准确完成监理日记。由监理人指定专人按照规定格式与内容填写监理日志并及时归档。

（2）监理人应在每月的固定时间，向发包人报送监理月报。

（3）监理人应根据工程进展情况和现场施工情况，向发包人报送监理专题报告。

（4）监理人应按照有关规定，在工程验收前，提交工程建设监理工作报告，并提供备查档案资料。

（5）监理人应安排专人负责各类监理会议的记录和纪要编写。会议纪要应经与会各方签字确认后实施，也可由监理人依据会议决定另行发文实施。

（五）档案资料管理应符合的规定

档案资料管理应符合下列规定：

（1）工程开工前，发包人应组织监理人、承包人确定档案资料管理相关事宜。监理人应要求承包人安排专人负责工程档案资料的管理工作，监督承包人按照有关规定和施工合同约定进行档案资料的预立卷和归档，并对承包人移交的资料进行审查。

（2）监理人应按有关规定及监理合同约定，安排专人负责监理档案资料的管理工作。凡要求立卷归档的资料，应按照规定及时归档。在监理服务期满后，对应由监理人负责归档的工程档案资料逐项清点、整编、登记造册，向发包人移交。

（3）监理档案资料应有专人管理，妥善保管。对于存放档案资料的房间及设施，发包人在提供监理设施时应予以统筹考虑。

五、《水利水电建设工程验收规程》（SL 223—2008）对监理文件资料相关规定

为加强水利水电建设工程验收管理，使水利水电建设工程验收制度化、规范化，保证工程验收质量，水利部颁布的《水利水电建设工程验收规程》（SL 223—2008）对水利工程验收的组织、验收应具备的条件和验收成果性文件，验收所需报告和资料的制备，工程验收应包括的主要内容作出了明确的规定。涉及监理文件资料的相关规定如下：

（1）检查已完工程在设计、施工、设备制造安装等方面的质量及相关资料的收集、整理和归档情况为工程验收的主要内容之一。

（2）验收资料制备由发包人统一组织，有关单位应按要求及时完成并提交。

（3）验收资料分为应提供的资料和需备查的资料。有关单位应保证其提交资料的真实性并承担相应责任。

（4）工程验收的图纸、资料和成果性文件应按竣工验收资料要求制备。除图纸外，验收资料的规格宜为国际标准 A4（210 mm×297 mm）。文件正本应加盖单位印章且不得采用复印件。

（5）单位工程验收、合同工程完工验收、机组启动验收、阶段验收、技术预验收、竣工验收等阶段提供工程建设监理工作报告。

（6）监理人应在分部工程验收、单位工程验收、合同工程完工验收、机组启动验收、阶段验收、技术预验收、竣工验收等阶段准备工程监理资料、质量缺陷备案表、工程建设中使用的技术标准、工程建设标准强制性条文等文件资料备查。

第二节　施工监理文件资料归档

水利工程档案是指水利工程在前期、实施、竣工验收等各建设阶段形成的，具有保存价值的文字、图表、声像等不同形式的历史记录。水利部《水利工程建设项目档案管理规定》（水办〔2005〕480 号）对水利工程建设项目档案管理工作作了具体规定，明确了监理人对水利工程监理文件资料归档的职责和要求。

一、管理职责及要求

水利工程档案工作应贯穿于水利工程建设程序的各个阶段。即从水利工程建设前期就应进行文件资料的收集和整理工作;在签订有关合同、协议时,应对水利工程档案的收集、整理、移交提出明确要求;在检查水利工程进度与施工质量时,要同时检查水利工程档案的收集、整理情况;在进行项目成果评审、鉴定和水利工程重要阶段验收与竣工验收时,要同时审查、验收工程档案的内容与质量,并作出相应的鉴定评语。

水利工程档案的归档工作一般由产生文件资料的单位或部门负责。

监理文件资料档案是水利工程档案的组成部分,监理人应按有关规定及监理合同约定,做好监理资料档案的管理工作,及时、准确、完整地收集、整理、编制、传递监理文件资料,宜采用信息技术进行监理文件资料管理。监理人除执行新版《水利工程建设项目施工监理规范》中监理资料文件相关规定外,在实际工作中还应做到:

(1)加强领导,将档案工作纳入水利工程建设与管理工作中,明确相关部门、人员的岗位职责,健全制度,统筹安排档案工作经费。

(2)切实做好职责范围内水利工程档案的收集、整理、归档和保管工作,在监理服务期满后,属于向发包人等单位移交的应归档文件材料,在完成收集、整理、审核工作后,逐项清点、整编、登记造册,及时提交发包人等单位。

(3)督促承包人按有关规定和施工合同约定做好工程资料档案的管理工作。凡要求立卷归档的资料,应按照规定及时归档,监理资料档案应妥善保管。

(4)监理文件资料应以施工及验收规范、工程合同、设计文件、工程施工质量验收标准和《水利工程建设项目施工监理规范》为依据填写,并随工程进度及时收集、整理,认真书写,项目齐全、准确、真实,无未了事项。表格应采用统一格式,特殊要求需增加的表格应统一归类,按要求归档。

(5)文件格式应遵守国家及有关部门发布的公文管理格式,如文号、签发、标题、关键词、主送与抄送、密级、日期、纸型、版式、字体、份数等。

二、监理文件资料收集

(一)文件资料管理体系的建立

监理人应在现场管理机构组建的同时,设定专人负责文件资料的管理,并应由总监或副总监主管文书、资料工作,形成专人负责、领导主管审核的文件资料管理体系。

(二)文件资料管理责任的落实

监理人应明确文件资料管理人员的岗位责任,切实做好职责范围内水利工程文件资料的收集、整理、归档和保管工作;属于向发包人等单位移交的应归档文件材料,在完成收集、整理、审核工作后,应及时提交发包人。

工程建设的专业技术人员和管理人员是文件资料管理工作的直接责任人,须按要求将工作中形成的应归档文件资料进行收集、整理、归档,如遇工作变动,须先交清原岗位应归档的文件资料。

监理工程师对承包人提交的归档材料应履行审核签字手续,监理文件由监理人收集、积累。监理人应向发包人提交工程档案内容与整编质量情况的专题审核报告。

经发包人授权的监理人应负责监督、检查项目建设中的文件收集、积累和完整情况，审核竣工验收中文件资料收集、整理情况，并向发包人提交其监理业务范围内经审核、签认后的有关专项报告、验证材料及监理文件。

（三）文件资料收集范围、时间

1. 收集范围

凡是反映与项目有关的重要职能活动、具有查考利用价值的各种载体的文件，都应收集齐全，归入建设项目成套档案。

2. 收集时间

各类文件应按其形成的先后顺序或项目完成情况及时收集；凡是引进技术、设备文件必须首先由发包人（或接受委托的承包人）登记、归档，再行译校、复制和分发使用。

（四）文件资料的质量要求

文件资料应满足以下质量要求：

（1）字迹清楚，图样清晰，图表整洁，签字手续完备。

（2）永久、长期保存的文件不应用易褪色的书写材料（红色墨水、纯蓝墨水、圆珠笔、复写纸、铅笔等）书写、绘制。

（3）复印、打印文件及照片字迹、线条和影像的清晰及牢固程度应符合设备标定质量。

（4）录音、录像文件应保证载体的有效性，归档的声像材料均应标注事由、时间、地点、人物、作者等内容。工程建设重要阶段、重大事件、事故，必须有完整的声像材料归档。

（5）电子文件应以光盘为长期储存介质，电子文档质量要求如下：

①电子文件归档的时间、范围、技术环境、相关软件、版本、数据类型、格式、被操作数据、检测数据等应符合要求，保证归档电子文件的质量。

②归档电子文件同时存在相应的纸质或其他载体形式的文件时，应在内容、相关说明及描述上保持一致。具有永久保存价值的文本或图形形式的电子文件，如没有纸质等拷贝文件，必须制成纸质文件或缩微品等。归档时，应同时保存文件的电子版本、纸质版本或缩微品。

③应保证电子文件的凭证作用，对只有电子签章的电子文件，归档时应附加有法律效力的非电子签章。

三、监理文件资料收发与传阅

（一）监理文件资料收文与登记

监理人所有收文应有清晰的记录，应建立收文记录簿。记录簿的内容应包括序号、发文单位、文件名称、文号、发文时间、收文时间、签收人、处理记录（含文号、回文时间、处理内容、文件处理责任人）。

在监理文件资料有追溯性要求的情况下，应注意核查所填内容是否可追溯。如工程材料报审表中是否明确注明使用该工程材料的具体工程部位，以及该工程材料质量证明原件的保存处等。

当不同类型的监理文件资料之间存在相互对照或追溯关系（如监理通知与监理通知

回复单)时,在分类存放的情况下,应在文件和记录上注明相关文件资料的编号和存放处。

监理人文件资料管理人员应检查监理文件资料的各项内容填写和记录是否真实、完整,签字认可人员应为符合相关规定的责任人员,并且不得以盖章和打印代替手写签认。监理文件资料以及存储介质的质量应符合要求,所有文件资料必须符合文件资料归档要求,如用碳素墨水填写或打印生成,以满足长期保存的要求。

对于工程照片及声像资料等,应注明拍摄日期及所反映的工程部位等摘要信息。收文登记后应交给总监理工程师或由其授权的监理工程师进行处理,重要文件内容应记录在监理日志中。

涉及发包人的指令、设计人的技术核定单及其他重要文件等,应将其复印件公布在监理人专栏中。

(二)监理文件资料发文与登记

监理文件资料发文应由总监理工程师或其授权的监理工程师签名,并加盖监理机构公章。若为紧急处理的文件,应在文件资料首页标注"急件"字样。

所有监理文件资料应按要求进行分类编码,并在发文登记表上进行登记。登记内容包括序号、文件名称、文号、发文时间、收文时间、签收人。

发文应留有底稿,并附一份文件传阅纸,信息管理人员根据文件签发人指示确定文件责任人和相关传阅人员。在文件传阅过程中,每位传阅人员阅后应签名并注明日期。发文的传阅期限不应超过其处理期限。重要文件的发文内容应记录在监理日志中。

监理人现场管理机构的信息管理人员应及时将发文原件归入相应的资料柜(夹)中,并在文件资料目录中予以记录。

(三)监理文件资料传阅

监理文件资料需要由总监理工程师或其授权的监理工程师确定是否需要传阅。对于需要传阅的,应确定传阅人员名单和范围,并在文件传阅纸(见表5-1)上注明,将文件传阅纸随同文件资料一起进行传阅。也可按文件传阅样式刻制方形图章,盖在文件资料空白处,代替文件传阅纸。

每一位传阅人员阅后应在文件传阅纸上签名,并注明日期。文件资料传阅期限不应超过文件资料的处理期限。传阅完毕后,文件资料原件应交还信息管理人员存档。

表 5-1　文件传阅纸样式

文件名称			
收/发文日期			
责任人		传阅期限	
传阅人员			(　　)
			(　　)
			(　　)

四、监理文件资料组卷与归档

监理文件资料经收/发文、登记和传阅工作程序后,必须进行科学的分类后进行存放。这样既可以满足工程项目实施过程中查阅、求证的需要,又便于工程竣工后文件资料的归档和移交。

监理文件资料归档内容、组卷方式及监理档案验收、移交和管理工作,应根据《水利工程施工监理规范》《水利工程建设项目档案管理规定》(水办〔2005〕480号)以及工程所在地有关部门的规定执行。

(一)监理文件资料编制要求

监理文件资料编制应满足以下要求:

(1)文件资料一般应为原件。

(2)文件资料的内容及其深度须符合国家有关工程勘察、设计、施工、监理等方面的技术规范、标准的要求。

(3)文件内容必须真实、准确,与工程实际相符。

(4)文件资料应采用耐久性强的书写材料,如碳素墨水、蓝黑墨水,不得使用易褪色的书写材料,如红色墨水、纯蓝墨水、圆珠笔、复写纸、铅笔等。

(5)文件资料应字迹清楚,图样清晰,图表整洁,签字盖章手续完备。

(6)文件资料中文字材料幅面尺寸规格宜为A4(210 mm×297 mm)。纸张应采用能够长时间保存的韧力大、耐久性强的纸张。

(7)文件资料的缩微品,必须按国家缩微标准进行制作,主要技术指标(解像力、密度、海波残留量等)要符合国家标准,保证质量,以适应长期安全保管。

(8)文件资料中的照片及声像档案,要求图像清晰,声音清楚,文字说明或内容准确。

(9)采用打印形式并使用档案规定用笔,手工签字,在不能使用原件时,应在复印件或抄件上加盖公章并注明原件保存处。

大中型工程监理文件资料应采用计算机进行辅助管理。应用计算机辅助管理工程监理文件资料时,相关文件和记录经相关负责人员签字确认、正式生效并已存入监理人相关资料夹时,文件资料管理人员应将储存在计算机中的相应文件和记录的属性改为"只读",并将保存的目录名记录在书面文件上,以便于进行查阅。在监理文件资料归档前,不得删除计算机中保存的有效文件和记录。

(二)监理文件资料组卷方法及要求

1.组卷原则及方法

(1)组卷应遵循监理文件资料的自然形成规律,保持卷内文件的有机联系,便于档案的保管和利用。

(2)一个工程项目由多个单位工程组成时,应按单位工程组卷。

(3)监理文件资料可按单位工程、分部工程、专业、阶段等组卷。

(4)成册、成套的水利工程文件宜保持其原有形态。

(5)通用图、标准图可放入相应项目文件中或单独组卷。其他涉及这些通用图、标准图的项目,应在卷内备考表中注明并标注通用图、标准图的图号和档号。

2.组卷要求

(1)案卷不宜过厚,一般不超过 40 mm。

(2)案卷内不应有重份文件,不同载体的文件一般应分别组卷。

3.卷内文件排列

(1)文字材料按事项、专业顺序排列。同一事项的请示和批复、同一文件的印本与定稿、主件与附件不能分开,并按批复在前、请示在后,印本在前、定稿在后,主件在前、附件在后的顺序排列。

(2)图纸按专业排列,同专业图纸按图号顺序排列。

(3)既有文字材料又有图纸的案卷,文字材料排前,图纸排后。

(三)监理文件资料归档范围和保管期限

监理文件资料的归档保存应严格遵循保存原件为主、复印件为辅和按照一定顺序归档的原则。

《水利工程建设项目档案管理规定》(水办〔2005〕480 号)规定的监理文件资料归档范围和保管期限见表 5-2。

表 5-2　水利工程建设项目监理文件资料归档范围与保管期限

序号	归档文件	保管期限			说明
		项目法人	运行管理单位	流域机构档案馆	
一	工程建设管理文件材料				
1	各种专业会议记录	长期	长期*		
2	专业会议纪要	永久	永久*	永久*	
3	工程建设不同阶段产生的有关工程启用、移交的各种文件材料	永久	永久	永久*	
二	监理文件材料				
1	监理合同协议,监理大纲,监理规划、细则,采购方案,监造计划及批复文件	长期			
2	设备材料审核文件	长期			
3	施工进度、延长工期、索赔及付款报审材料	长期			
4	开(停、复、返)工令、许可证等	长期			
5	监理通知,协调会审纪要,监理工程师指令、指示,来往信函	长期			
6	工程材料监理检查、复检、试验记录、报告	长期			
7	监理日志、监理周(月、季、年)报、备忘录	长期			
8	各项控制、测量成果及复核文件	长期			
9	质量检测、抽查记录	长期			
10	施工质量检查分析评估、工程质量事故、施工安全事故等报告	长期	长期		

序号	归档文件	保管期限			说明
		项目法人	运行管理单位	流域机构档案馆	
11	工程进度计划实施的分析、统计文件	长期			
12	变更价格审查、支付审批、索赔处理文件	长期			
13	单元工程检查及开工(开仓)签证,工程分部分项质量认证、评估	长期			
14	主要材料及工程投资计划、完成报表	长期			
15	设备采购市场调查、考察报告	长期			
16	设备制造的检验计划和检验要求、检验记录及试验,分包单位资格报审表	长期			
17	原材料、零配件等的质量证明文件和检验报告	长期			
18	会议纪要	长期	长期		
19	监理工程师通知单、监理工作联系单	长期			
20	有关设备质量事故处理及索赔文件	长期			
21	设备验收、交接文件,支付证书和设备制造结算审核文件	长期	长期		
22	设备采购、监造工作总结	长期	长期		
23	监理工作声像材料	长期	长期		
24	其他有关的重要来往文件	长期	长期		
三	竣工验收文件材料				
1	工程验收申请报告及批复	永久	永久	永久	
2	工程监理工作报告	永久	永久	永久	

注:保管期限中有 * 的类项,表示只保存与监理单位有关或较重要的相关文件材料。

五、监理文件资料验收与移交

(一)验收

档案验收依据《水利工程建设项目档案验收评分标准》对项目档案管理及档案质量进行量化赋分,大中型以上和国家重点水利工程建设项目,应按《水利工程建设项目档案验收评分标准》要求进行档案验收。档案验收不合格的,不得进行项目竣工验收。

1. 验收申请

(1)申请档案验收应具备以下条件:

①项目主体工程、辅助工程和公用设施已按批准的设计文件要求建成,各项指标已达到设计能力并满足一定运行条件。

②发包人与各参建单位已基本完成应归档文件资料的收集、整理、归档与移交工作。

③监理人对主要承包人提交的工程档案的整理与内在质量进行了审核，认为已达到验收标准，并提交了专项审核报告。

④发包人基本实现了对项目档案的集中统一管理，且按要求完成了自检工作，并达到《水利工程建设项目档案验收评分标准》规定的合格以上分数。

（2）发包人在确认已达到档案验收的条件后，应早于工程计划竣工验收的3个月前，按以下原则，向项目竣工验收主持单位提出档案验收申请：主持单位是水利部的，应按归口管理关系通过流域机构或省级水行政主管部门申请；主持单位是流域机构的，直属项目可直接申请，地方项目应向省级水行政主管部门申请；主持单位是省级水行政主管部门的，可直接申请。

（3）档案验收申请应包括发包人开展档案自检工作的情况说明、自检得分、自检结论等内容，并将发包人的档案自检工作报告和监理人专项审核报告附后。

档案自检工作报告的主要内容有：工程概况，工程档案管理情况，文件资料收集、整理、归档与保管情况，竣工图编制与整理情况，档案自检工作的组织情况，对自检或以往阶段验收发现问题的整改情况，按《水利工程建设项目档案验收评分标准》自检得分与扣分情况，目前仍存在的问题，对工程档案完整、准确、系统性的自我评价等。

专项审核报告的主要内容有：监理人履行审核责任的组织情况，对监理人和承包人提交的项目档案审核、把关情况，审核档案的范围、数量，审核中发现的主要问题与整改情况，对档案内容与整理质量的综合评价，目前仍存在的问题，审核结果等。

2. 验收组织

（1）档案验收由项目竣工验收主持单位的档案业务主管部门负责组织。

（2）档案验收的组织单位应对申请验收单位报送的材料进行认真审核，并根据项目建设规模及档案收集、整理的实际情况，决定先进行预验收或直接进行验收。对预验收合格或直接进行验收的项目，应在收到验收申请后的40个工作日内组织验收。

（3）对需进行预验收的项目，可由档案验收组织单位组织，也可由其委托流域机构或地方水行政主管部门组织（应有正式委托函）。被委托单位应在受委托的20个工作日内，按《水利工程建设项目档案验收管理办法》要求组织预验收，并将预验收意见上报验收委托单位，同时抄送申请验收单位。

（4）档案验收的组织单位应会同国家或地方档案行政管理部门成立档案验收组进行验收。验收组成员一般应包括档案验收组织单位的档案部门，国家或地方档案行政管理部门，有关流域机构和地方水行政主管部门的代表及有关专家。

（5）档案验收应形成验收意见。验收意见须经验收组三分之二以上成员同意，并履行签字手续，注明单位、职务、专业技术职称。验收成员对验收意见有异议的，可在验收意见中注明个人意见并签字确认。验收意见应由档案验收组织单位印发给申请验收单位，并报国家或省级档案行政管理部门备案。

3. 验收程序

（1）档案验收通过召开验收会议的方式进行。验收会议由验收组组长主持，验收组成员及发包人、各参建单位和运行管理等单位的代表参加。

（2）档案验收会议主要议程：

①验收组组长宣布验收会议议程及验收组组成人员名单；

②发包人汇报工程概况和档案管理与自检情况；

③监理人汇报工程档案审核情况；

④已进行预验收的，由预验收组织单位汇报预验收意见及有关情况；

⑤验收组对汇报有关情况提出质询，并察看工程建设现场；

⑥验收组检查工程档案管理情况，并按比例抽查已归档文件材料；

⑦验收组结合检查情况按验收标准逐项赋分，并进行综合评议、讨论，形成档案验收意见；

⑧验收组与发包人交换意见，通报验收情况；

⑨验收组组长宣读验收意见。

（3）档案验收意见应包括的内容：

①前言：验收会议的依据、时间、地点及验收组组成情况，工程概况，验收工作的步骤、方法与内容简述；

②档案工作基本情况：工程档案工作管理体制与管理状况；

③文件资料的收集、整理质量，竣工图的编制质量与整理情况，已归档文件资料的种类与数量；

④工程档案的完整、准确、系统性评价；

⑤存在问题及整改要求；

⑥得分情况及验收结论；

⑦附件：档案验收组成员签字表。

（4）对档案验收意见中提出的问题和整改要求，验收组织单位应加强对落实情况的检查、督促；发包人应在工程竣工验收前，完成相关整改工作，并在提出竣工验收申请时，将整改情况一并报送竣工验收主持单位。

（5）对未通过档案验收（含预验收）的，发包人应在完成相关整改工作后，重新按要求申请验收。

（二）移交

（1）列入地方或流域档案管理部门接收范围的工程，发包人在工程竣工验收后3个月内向地方或流域档案管理部门移交一套符合规定的工程档案（监理文件资料）。

（2）停建、缓建工程的监理文件资料暂由发包人保管。

（3）对改建、扩建和维修工程，发包人应组织监理人据实修改、补充和完善监理文件资料，对改变的部位，应当重新编写，并在工程竣工验收后3个月内向城建档案管理部门移交。

（4）发包人向地方或流域档案管理部门移交工程档案（监理文件资料），应办理移交手续，填写移交目录，双方签字、盖章后交接。

（5）监理人应在工程竣工验收前将监理文件资料按合同约定的时间、套数移交给发包人，办理移交手续。

第三节　水利工程施工监理基本表式

新版《水利工程建设项目施工监理规范》修改了监理实施细则的主要内容,并对相关表格进行了补充完善,规定常用报告、报表格式宜采用该规范附录 E 所列的和水利部印发的其他标准格式。

一、施工监理工作常用报告、报表格式说明

（1）表格分为以下两种类型：
①承包人用表,以 CB×× 表示。
②监理机构用表,以 JL×× 表示。
（2）表头采用如下格式：

CB11	施工放样报验单
	（承包[　]放样　　号）

说明："CB11"—表格类型及序号；
"施工放样报验单"—表格名称。
"承包[　]放样　号"—表格编号。其中,①"承包":指该表以承包人为填表人,当填表人为监理人时,即以"监理"代之。当监理工程范围包括两个以上承包单位时,为区分不同承包人的用表,"承包"可用其简称表示。②[　]:年份,[2014]表示 2014 年的表格。③"放样":表格的使用性质,即用于"放样"工作。④"　号":一般为 3 位数的流水号。

如承包人简称为"华安",则 2014 年承包人向监理人报送的第 3 次报表可表示为：

CB11	施工放样报验单
	（华安[　]放样 003 号）

二、施工监理常用表格使用说明

（1）监理人可根据施工项目的规模和复杂程度,采用其中的部分或全部表格；如果表格种类不能满足工程实际需要,可按照表格的设计原则另行增加。

（2）各表格脚注中所列单位和份数为基本单位和推荐份数,工作中应根据具体情况和要求具体指定各类表格的报送单位和份数。

（3）相关单位都应明确文件的签收人。

（4）"CB01 施工技术方案申报表"可用于承包人向监理人申报关于施工组织设计、施工措施计划、专项施工方案、度汛方案、应急救援预案、施工工艺试验方案、施工工艺试验成果、专项试验计划和方案、工程测量施测计划和方案、工程放样计划和方案、变更项目施工技术方案等需报请监理人批准的方案。

（5）承包人的施工质量检验月汇总表、工程事故月报表除作为施工月报附表外,还应按有关要求另行单独填报。

(6)表格底部注明的"设代机构"是代表工程设计人在施工现场的机构,如设计代表、设代组、设代处等。

(7)表格中凡属部门负责人签名的,项目经理都可以签署;凡属监理工程师签名的,总监理工程师都可以签署。

(8)监理用表中的合同名称和合同编号是指所监理的施工合同名称和编号。

三、施工监理工作常用表格目录

(一)承包人用表

承包人用表目录见表5-3。

表5-3　承包人用表目录

序号	表格名称	表格类型	表格编号		
1	施工技术方案申报表	CB01	承包[	]技案	号
2	施工进度计划申报表	CB02	承包[	]进度	号
3	施工图用图计划报告	CB03	承包[	]图计	号
4	资金流计划申报表	CB04	承包[	]资金	号
5	施工分包申报表	CB05	承包[	]分包	号
6	现场组织机构及主要人员报审表	CB06	承包[	]机人	号
7	材料/中间产品进场报验单	CB07	承包[	]报验	号
8	施工/试验设备进场报验单	CB08	承包[	]设备	号
9	工程预付款申报表	CB09	承包[	]工预付	号
10	工程材料预付款报审表	CB10	承包[	]材预付	号
11	施工放样报验单	CB11	承包[	]放样	号
12	联合测量通知单	CB12	承包[	]联测	号
13	施工测量成果报验单	CB13	承包[	]测量	号
14	合同工程开工申请表	CB14	承包[	]合开工	号
15	分部工程开工申请表	CB15	承包[	]分开工	号
	工程施工安全交底记录	CB15 附件1			
	工程施工技术交底记录	CB15 附件2			
16	工程设备采购计划申报表	CB16	承包[	]设采	号
17	混凝土浇筑开仓报审表	CB17	承包[	]开仓	号
18	＿＿＿工序/单元工程质量报验单	CB18	承包[	]工报	号
19	施工质量缺陷处理方案报审表	CB19	承包[	]缺方	号
20	施工质量缺陷处理报审表	CB20	承包[	]缺陷	号
21	事故报告单	CB21	承包[	]事故	号
22	暂停施工申请	CB22	承包[	]暂停	号
23	复工申请表	CB23	承包[	]复工	号

序号	表格名称	表格类型	表格编号	
24	变更申请表	CB24	承包[ ]变更	号
25	施工进度计划调整申报表	CB25	承包[ ]进调	号
26	延长工期申报表	CB26	承包[ ]延期	号
27	变更项目价格申报表	CB27	承包[ ]变价	号
28	索赔意向通知	CB28	承包[ ]赔通	号
29	索赔申请报告	CB29	承包[ ]赔报	号
30	工程计量报验单	CB30	承包[ ]计报	号
31	计日工单价报审表	CB31	承包[ ]计价	号
32	计日工工程量签证单	CB32	承包[ ]计签	号
33	工程价款进度支付申请书	CB33	承包[ ]进度付	号
34	工程价款进度支付汇总表	CB33 附表1	承包[ ]进度总	号
35	已完工程量汇总表	CB33 附表2	承包[ ]量总	号
36	合同分类分项项目进度支付明细表	CB33 附表3	承包[ ]分类价	号
37	合同措施项目进度支付明细表	CB33 附表4	承包[ ]措施价	号
38	合同变更项目进度支付明细表	CB33 附表5	承包[ ]变更付	号
39	计日工项目进度支付明细表	CB33 附表6	承包[ ]计付	号
40	索赔项目价款进度支付汇总表	CB33 附表7	承包[ ]赔总	号
41	施工月报表	CB34	承包[ ]月报	号
42	材料/中间产品使用情况月报表	CB34 附表1	承包[ ]材料月	号
43	材料/中间产品检验月报表	CB34 附表2	承包[ ]检验月	号
44	主要施工机械设备情况月报表	CB34 附表3	承包[ ]设备月	号
45	现场人员情况月报表	CB34 附表4	承包[ ]人员月	号
46	施工质量检测月汇总表	CB34 附表5	承包[ ]质检月	号
47	工程质量缺陷/事故月报表	CB34 附表6	承包[ ]缺事月	号
48	合同完成额月汇总表	CB34 附表7	承包[ ]完成额	号
49	（一级项目）完成合同额月统计表	CB34 附表7－_	承包[ ]完成额总	号
50	主要实物工程量月汇总表	CB34 附表8	承包[ ]实物	号
51	验收申请报告	CB35	承包[ ]验报	号
52	报告单	CB36	承包[ ]报告	号
53	回复单	CB37	承包[ ]回复	号
54	确认单	CB38	承包[ ]确认	号
55	完工付款/最终结清申请表	CB39	承包[ ]付结	号
56	工程交接申请表	CB40	承包[ ]交接	号
57	质量保证金退还申请表	CB41	承包[ ]保退	号

(二) 监理机构用表

监理机构用表目录见表5-4。

表 5-4　监理机构用表目录

序号	表格名称	表格类型	表格编号		
1	开工通知	JL01	监理[	]开工	号
2	合同工程开工批复	JL02	监理[	]合开工	号
3	分部工程开工批复	JL03	监理[	]分开工	号
4	工程预付款支付证书	JL04	监理[	]工预付	号
5	批复表	JL05	监理[	]批复	号
6	监理通知	JL06	监理[	]通知	号
7	监理报告	JL07	监理[	]报告	号
8	计日工工作通知	JL08	监理[	]计通	号
9	工程现场书面通知	JL09	监理[	]现通	号
10	警告通知	JL10	监理[	]警告	号
11	整改通知	JL11	监理[	]整改	号
12	变更指示	JL12	监理[	]变指	号
13	变更项目价格审核表	JL13	监理[	]变价申	号
14	变更项目价格签认单	JL14	监理[	]变价签	号
15	费用变更和工期调整通知	JL15	监理[	]变调	号
16	暂停施工指示	JL16	监理[	]停工	号
17	复工通知	JL17	监理[	]复工	号
18	费用索赔审核表	JL18	监理[	]索赔审	号
19	费用索赔签认单	JL19	监理[	]索赔签	号
20	工程价款进度付款证书	JL20	监理[	]进度付	号
21	进度支付审核汇总表	JL20 附表 1	监理[	]付汇总	号
22	合同解除后付款证书	JL21	监理[	]解付	号
23	完工付款/最终结清证书	JL22	监理[	]付结	号

序号	表格名称	表格类型	表格编号
24	质量保证金退还证书	JL23	监理[ ]保退 号
25	施工图纸核查意见单	JL24	监理[ ]图核 号
26	施工图纸签发表	JL25	监理[ ]图发 号
27	监理月报	JL26	监理[ ]月报 号
28	完成合同额月统计表	JL26 附表 1	监理[ ]额月统 号
29	工程质量评定月统计表	JL26 附表 2	监理[ ]评月统 号
30	工程质量平行检测试验月统计表	JL26 附表 3	监理[ ]平行统 号
31	工程变更月统计表	JL26 附表 4	监理[ ]变更统 号
32	监理发文月统计表	JL26 附表 5	监理[ ]发文统 号
33	监理收文月统计表	JL26 附表 6	监理[ ]收文统 号
34	旁站监理值班记录	JL27	监理[ ]旁站 号
35	监理巡视记录	JL28	监理[ ]巡视 号
36	工程质量平行检测记录	JL29	监理[ ]平行 号
37	工程质量跟踪检测记录	JL30	监理[ ]跟踪 号
38	见证取样记录	JL31	监理[ ]见证 号
39	安全检查记录	JL32	监理[ ]安检 号
40	机电设备进场开箱验收单	JL33	监理[ ]机电 号
41	监理日记	JL34	监理[ ]日记 号
42	监理日志	JL35	监理[ ]日志 号
43	监理机构内部会签单	JL36	监理[ ]内签 号
44	监理发文登记表	JL37	监理[ ]监发 号
45	监理收文登记表	JL38	监理[ ]监收 号
46	会议纪要	JL39	监理[ ]纪要 号
47	监理机构联系单	JL40	监理[ ]联系 号
48	监理机构备忘录	JL41	监理[ ]备忘 号

第四节　监理常用资料编写要点及实例

一、监理主要文件编写要点及实例

(一)监理规划

1. 监理规划编写要点

(1)监理规划的具体内容应根据不同工程项目的性质、规模、工作内容等情况编制,格式和条目可有所不同。

(2)监理规划的基本作用是指导监理人全面开展监理工作。监理规划应当对项目监理的计划、组织、程序、方法等做出表述。

(3)总监理工程师应主持监理规划的编制工作,所有监理人员应熟悉监理规划的内容和要求。

(4)监理规划应在监理大纲的基础上,结合承包人报批的施工组织设计、施工总进度计划编写。

(5)监理规划应根据其实施情况、工程建设的重大调整或合同重大变更等对监理工作要求的改变进行修订。

2. 监理规划的主要内容

1)总则

(1)工程项目基本概况。工程项目的名称、性质、等级、建设地点、自然条件与外部环境;工程项目组成及规模、特点;工程项目建设目的。

(2)工程项目主要目标。工程项目总投资及组成、计划工期(包括项目阶段性目标的计划开工日期和完工日期)、质量目标。

(3)工程项目组织。工程项目主管部门、发包人、质量监督机构、设计人、承包人、监理人、材料设备供货人的简况。

(4)监理工程范围和内容。发包人委托监理的工程范围和服务内容等。

(5)监理主要依据。列出开展监理工作所依据的法律、法规、规章,国家及部门颁发的有关技术标准,批准的工程建设文件和有关合同文件、设计文件等的名称、文号等。

(6)监理组织。现场监理机构的组织形式与部门设置,部门分工与协作,主要监理人员的配置和岗位职责等。

(7)监理工作基本程序。

(8)监理工作主要制度。包括技术文件审核与审批、会议、施工现场紧急情况处理、工作报告、工程验收等方面。

(9)监理人员守则和奖惩制度。

2)工程质量控制

(1)质量控制的内容。

(2)质量控制的制度。

(3)质量控制的措施。

3)施工安全及文明施工监督管理

(1)安全监督管理的内容。

(2)安全监督管理的制度。

（3）安全监督管理的措施。

（4）文明施工监督管理。

4）工程进度控制

（1）进度控制的内容。

（2）进度控制的制度。

（3）进度控制的措施。

5）工程资金控制

（1）资金控制的内容。

（2）资金控制的制度。

（3）资金控制的措施。

6）合同管理

（1）变更的处理程序和监理工作方法。

（2）违约事件的处理程序和监理工作方法。

（3）索赔的处理程序和监理工作方法。

（4）担保与保险的审核和查验。

（5）分包管理的监理工作内容与程序。

7）协调

（1）明确监理人协调工作的主要内容。

（2）明确协调工作的原则与方法。

8）工程质量评定与验收

（1）工程质量评定。

（2）工程验收。

9）质量保修期监理

（1）工程质量保修期的监理内容。

（2）工程质量保修期的监理措施。

10）信息管理

（1）信息管理程序、制度及人员岗位职责。

（2）文档清单及编码系统。

（3）文档管理计算机管理系统。

（4）文件信息流管理系统。

（5）文件资料归档系统。

（6）现场记录的内容、职责和审核。

（7）指示、通知、报告和程序。

11）监理设施

（1）现场交通、通讯、试验、办公、食宿等设施设备的使用计划。

（2）交通、通讯、试验、办公等设施使用的规章制度。

12）监理实施细则编制计划

（1）监理实施细则文件规划。

（2）监理实施细则编制工作计划。

13）其他

根据合同工程需要应包括的内容。

（二）监理实施细则

1. 监理实施细则编写要点

（1）监理实施细则应在施工措施计划批准后、专业工程（或作业交叉特别复杂的专项工程）施工前或专业工作开始前，由监理工程师编制，相关专业监理人员参与，并经总监理工程师批准后实施。

（2）监理实施细则应符合监理规划的基本要求，充分体现工程特点和合同约定的要求，结合工程项目的施工方法和专业特点，明确具体的控制措施、方法和要求，具有针对性、可行性和可操作性。

（3）监理实施细则应针对不同情况制订相应的对策和措施，突出监理工作的事前审批、事中监督和事后检验。

（4）监理实施细则可根据实际情况按进度、分阶段编制，但应注意前后的连续性、一致性。

（5）总监理工程师在审核监理实施细则时，应注意各专业监理实施细则间的衔接与配套，以组成系统、完整的监理实施细则体系。

（6）在监理实施细则条文中，应具体写明引用的规程、规范、标准及设计文件的名称、文号；文中涉及采用的报告、报表时，应写明报告、报表所采用的格式。

（7）在监理工作实施过程中，监理实施细则应根据实际情况进行补充、修改和完善。

2. 监理实施细则的主要内容

1）专业工程监理实施细则

专业工程主要是指施工导流工程、土方明挖、石方明挖、地下洞室开挖、支护工程、钻孔和灌浆工程、基础防渗墙工程、地基及基础工程、土石方填筑工程、混凝土工程、沥青混凝土工程、砌体工程、疏浚及吹填工程、屋面和地面建筑工程、压力钢管制造和安装、钢结构的制作和安装、钢闸门及启闭机安装、预埋件埋设、机电设备安装、工程安全监测等。

专业工程监理实施细则应包括下列内容：

（1）适用范围。

（2）编制依据。

（3）专业工程特点。

（4）专业工程开工条件检查。

（5）现场监理工作内容、程序和控制要点。

（6）检查和检验项目、标准和工作要求。一般应包括：巡视检查要点；旁站监理的范围（包括部位和工序）、内容、控制要点和记录；检测项目、标准和检测要求，跟踪检测和平行检测的数量和要求，见证取样要求。

（7）资料和质量评定工作要求。

（8）采用的表式清单。

2)专业工作监理实施细则

专业工作主要是指测量、地质、试验、检测（跟踪检测和平行检测）、施工图核查与发布、验收、计量支付、信息管理等工作，可根据专业工作特点单独编制。根据监理工作需要，也可增加有关专业工作的监理实施细则，如进度控制、变更、索赔等。专业工作监理实施细则应包括下列内容：

（1）适用范围。

（2）编制依据。

（3）专业工作特点和控制要点。

（4）现场监理工作内容、技术要求和程序。

（5）采用的表式清单。

3)安全监理实施细则

安全监理实施细则应包括下列内容：

（1）适用范围。

（2）编制依据。

（3）施工安全特点。

（4）安全监理工作内容和控制要点。

（5）安全监理的方法和措施。

（6）安全隐患识别、防范及处理预案。

（7）安全检查记录和报告格式。

4)原材料、中间产品、工程设备进场检验监理工作细则

原材料、中间产品、工程设备进场检验监理工作细则可根据各类原材料、中间产品、工程设备的各自特点单独编制，应包括下列内容：

（1）适用范围。

（2）编制依据。

（3）检查、检验、验收的特点。

（4）进场报验程序。

（5）原材料、中间产品检验的内容、技术指标、检验方法与要求。包括原材料、中间产品的进场检验内容和要求，检测项目、标准和检测要求，跟踪检测和平行检测的数量和要求，见证取样的要求。

（6）工程设备交货验收的内容和要求。

（7）检验资料和报告。

（8）采用的表式清单。

（三）监理报告

1.监理报告编写要求

（1）在施工监理实施过程中，由监理人提交的监理报告包括监理月报、监理专题报告、监理工作报告。

（2）监理月报应全面反映当月的监理工作情况，编制周期与支付周期宜同步，在约定时间前报送发包人。

（3）监理专题报告针对施工监理中某项特定的专题事件撰写。专题事件持续时间较长时，监理人可提交关于该专题事件的中期报告。

（4）在进行监理范围内各类工程验收时，监理人应按规定提交相应的监理工作报告。监理工作报告应在验收工作开始前完成。

（5）总监理工程师应负责组织编制监理报告，审核后签字盖章。

（6）监理报告应真实反映工程或事件状况、监理工作情况，做到内容全面、重点突出、语言简练、数据准确，并附必要的图表和照片。

2. 监理月报的主要内容

（1）本月工程施工概况。

（2）工程质量控制（包括本月工程质量状况及影响因素分析、工程质量问题处理过程及采取的控制措施等）。

（3）工程进度控制（包括本月施工资源投入、实际进度与计划进度比较、对进度完成情况的分析、存在的问题及采取的措施等）。

（4）工程资金控制（包括本月工程计量、工程款支付情况及分析、本月合同支付中存在的问题及采取的措施等）。

（5）合同管理其他事项（包括本月施工合同双方提出的问题、监理人的答复意见以及工程分包、变更、索赔、争议、协调等处理情况，对存在的问题采取的措施等）。

（6）施工安全监理（本月施工安全措施执行情况、安全隐患及处理情况，对存在的问题采取的措施等）。

（7）文明施工监督（本月文明施工情况，对存在的问题采取的措施等）。

（8）监理机构运行状况（包括本月监理部的人员及设施、设备情况，尚需发包人提供的条件或解决的问题等）。

（9）本月监理小结（包括对本月工程质量、进度、计量与支付、合同管理其他事项、施工安全、监理机构运行状况的综合评价）。

（10）下月监理工作计划（包括监理工作重点，在质量、进度、资金、合同其他事项和施工安全等方面需采取的预控措施等）。

（11）本月工程监理大事记。

（12）其他应提交的资料和说明事项等。

（13）监理月报中的表格宜采用《水利工程建设项目施工监理规范》附录 E 中施工监理工作常用表格。

3. 用于汇报专题事件实施情况的专题报告主要内容

（1）事件描述。

（2）事件分析：

①事件发生的原因及责任分析；

②事件对工程质量影响分析；

③事件对工程安全影响分析；

④事件对施工进度影响分析；

⑤事件对工程资金影响分析。

（3）事件处理：

①承包人对事件处理的意见；

②发包人对事件处理的意见；

③设计人对事件处理的意见；

④其他单位或部门对事件处理的意见；

⑤监理人对事件处理的意见；

⑥事件最后处理方案和结果（如果为中期报告，应描述截至目前事件处理的现状）。

（4）对策与措施（为避免此类事件再次发生或其他影响合同目标实现事件的发生，监理人提出的意见和建议）。

（5）其他应提交的资料和说明事项等。

4. 用于汇报专题事件情况并建议解决的专题报告主要内容

（1）事件描述。

（2）事件分析：

①事件发生的原因及责任分析；

②事件对工程质量影响分析；

③事件对工程安全影响分析；

④事件对施工进度影响分析；

⑤事件对工程资金影响分析。

（3）事件处理建议。

（4）其他应提交的资料和说明事项等。

5. 监理工作报告的主要内容

（1）验收工程概况，包括工程特性、合同目标、工程项目组成等。

（2）监理规划，包括监理制度的建立、监理部的设置与主要工作人员、检测采用的方法和主要设备等。

（3）监理过程。

（4）监理效果和工程评价：

①质量控制监理工作成效及评价；

②资金控制监理工作成效及评价；

③进度控制监理工作成效及评价；

④施工安全与文明施工监督管理监理工作成效及评价；

⑤工程监理综合评价。

（5）经验与建议。

（6）其他需要说明或报告事项。

（7）其他应提交的资料和说明事项等。

（8）附件：

①监理部的设置与主要工作人员情况表；

②工程建设监理大事记。

6. 监理月报实例

监 理 月 报

（××××监理［2014］月报004号）

2014 年第 04 期

2014 年 3 月 26 日至 2014 年 4 月 25 日

工 程 名 称：××××排涝闸站及河道治理工程

发 包 人：×××× 投 资 发 展 有 限 公 司

监 理 机 构：××××监理有限公司×××监理部

总监理工程师：＿＿＿＿＿＿＿＿＿＿＿＿＿＿＿＿

日 期：＿＿＿2014＿年＿4＿月＿25＿日

目　录

一、本月工程施工概况

本工程2014年3月10日正式开工,本月主要完成外侧围堰土方施工、12根道路及桥梁工程钢筋混凝土灌注桩施工,正在进行围堰外侧护坡防护、基坑开挖和降水等工作,在发包人的支持下,目前工程正在有序开展中。

(1)现场人员情况。

建筑工15人,砌石工25人,泥浆泵工20人,电工2人,钢筋工14人,模板工16人,机械工12人,检验人员2名,运输工5名,管理人员10名,辅助工30名,合计151名。

(2)机械使用情况,如表5-5所示。

表5-5 机械使用情况

序号	机械设备			本月工作台时	完好率(%)	利用率(%)
	名称	型号规格	数量(台)			
1	挖掘机	Cat320	2	300	100	95
2	泥浆泵		4	250	100	95
3	渣土车		2	200	100	90
4	拌和楼	0.75	2	100	100	95
5	拌和楼	0.5	1	100	100	90
6	混凝土泵送机组		2	100	100	90
7	搅拌机		1	90	100	85
8	装载机		3	200	100	90
9	混凝土运输车		3	100	100	90
10	发电机组	300/120 kW	2			
11	洒水车		1	30	100	90
12	沉管灌注桩桩机	DZ30	2			
13	磨盘钻		1	120	100	90
14	推土机		1	50	100	90

(3)主要材料使用情况。

C25水下混凝土用量150 m³,下月计划用量800 m³;C25混凝土用量120 m³,下月计划用量200 m³;灌砌块石用量450 m³,下月计划用量600 m³。

二、工程质量控制情况评析

在工程开工前监理部已审查承包人施工组织设计和施工方案,并提出一些完善意见,审查了承包人的工程质保体系。监理部 2014 年 3 月 10 日签发了开工令,工程进入实质性施工。

监理部已对进场原材料及钢筋焊接质量进行见证取样,并送×××建设工程检测有限公司,试验结果均符合质量要求。监理部与×××质量检测站签订监理平行检测协议,对承包人进场材料已按监理检测计划进行独立抽检,以保证工程原材料质量。本月送检铜止水原材 1 组,Φ 16、Φ 22、Φ 25 钢筋,黄砂、碎石、水泥原材各 1 组,送检 C25 围堰底格梗混凝土试压块 3 组。

监理旁站钢筋混凝土灌注桩的施工过程,钢筋笼、桩位、桩径、桩身垂直度、泥浆比重、含砂率、桩长、混凝土配合比、充盈系数等符合设计和规范要求。

承包人对目前已完成的各道工序进行了报验,监理部对各道工序进行了抽检,对不符合设计规范和设计要求的,监理部已经督促承包人进行了整改。

发包人召开了围堰方案专家论证会,对临时围堰提高了设计等级,以确保工程安全度汛。监理部组织了围堰专题会,对临时围堰和导流堤的结合提出了合理化建议,得到了发包人、设计单位和承包人的肯定。

本月工程质量状况较好,没有出现任何质量问题,目前影响工程质量的主要因素是潮汐,在大汛期间容易造成围堰外侧护坡底脚泥沙淤积和对新浇筑混凝土冲刷。监理部及时督促承包人赶潮水作业,退潮后及时督促承包人将泥沙清理干净,监理部检查合格后方可浇筑混凝土。为了防止潮水对混凝土的影响,建议承包人在混凝土中添加早强剂,潮水到达底格梗前 3 个小时不得浇筑混凝土,浇筑好的混凝土及时覆盖养护,监理部旁站护坡细石混凝土的灌注过程。

三、工程进度控制情况评析

(1)本期开工的分部工程如下:下游导流堤护坡工程,闸站地基基础及防渗工程。

(2)2014 年 4 月工程原施工计划:

①围堰及导流堤土方填筑工程。

②基槽开挖。

③闸站基础工程完成 30%。

④下游护坡完成 40%。

表 5-6　工程量统计表

序号	工程项目名称	单位	合同工程量	累计完成工程量	总工程量完成率(%)
1	围堰及导流堤土方填筑	m³	131 938.99	97 652.3	74
2	下游护坡	m²	8 497.94	2 549.38	30
3	灌注桩	m³	133	133	100

(3)2014 年 5 月工程施工进度计划:

①闸站身基础工程。

②下游护砌完成80%。

③下游护底完成50%。

（4）进度综合评析。

本月主要完成了外侧围堰土方施工、桥梁及道路工程钢筋混凝土灌注桩施工，正在进行围堰外侧护坡防护、基坑开挖和降水等工作，施工进度略滞后。主要原因是近期大汛，护坡作业时间少，进展缓慢。监理部督促承包人采取必要的赶工措施，包括增加一个块石施工班组，用挖机调运块石，减少砌石工劳动强度等。

下月工程重点进行闸站地基基础及防渗工程施工，承包人要编制更详细的施工进度计划并严格执行。目前，要抓紧完成的工作：

①承包人要抓紧围堰外防护的施工。

②承包人要抓紧降水和基坑开挖的施工。

③承包人要尽快开始高压旋喷桩和沉管灌注桩的试桩工作。

四、工程投资控制情况评析

监理部联合承包人对原地形进行了复核，经复核计算土方工程量与招标工程量相符，并报请审计单位进行了复核，为工程计量提供了原始记录，做好计量的事前控制。

工程投资控制以工程量计量为核心，每个单元工程完工后，并经发包人、监理人、承包人三方验收合格后现场进行计量。合同支付严格按工程承建合同文件规定，由承包人申报，经监理部对其工程量、单价进行审核，并经发包人审定后进行支付。本月未批复工程款。

本月承包人未提交额外工程量增补申请。

对于合同外工程量，监理将按照以下流程进行审核：承包人书面申请→监理人签署意见报发包人→发包人同意→监理人现场测量→内业整理对比→提出初步审核意见→发包人、监理人、承包人三方现场测量→内业整理→向发包人提交书面审核文件。

五、施工安全监督管理工作情况评析

为使项目安全文明工地的工作能井然有序地进行，将责任落实到人，监理人成立了以总监理工程师×××为组长，组员×××、×××的安全文明工地监理领导小组，小组对承包人的安全生产、文明施工、临建设施、办公设施、现场图牌、人员形象等安全文明工地规划和实施方案进行监督。督查承包人加强安全专项方案的编制和实施，承包人已编制《围堰施工安全专项方案》和《基坑开挖及降水安全专项方案》。下一步，监理将督促承包人完成《高大模板安全专项方案》、《高空作业安全专项方案》和《起重吊装安全专项方案》等，并加强督促施工按照监理审批后的方案认真落实。督促承包人加强对重大危险源的监控，加强自查自纠工作，不留安全隐患，确保工程安全开展。

本月监理部编发了《监理安全计划》和《安全生产监理实施细则》和各专项方案监理细则，会同承包人进行了二次安全大检查，对危险源进行了排查。本阶段主要危险源是：用电、机械作业、交通安全、块石滚落。监理下发了《安全检查记录表》，对存在的安全隐患，监理督促承包人及时整改到位。在监理部的督促和指导下，在承包人自身的努力和发包人的帮助下，现场安全工作处在可控状态。承包人要进一步加强安全管理工作，下月特别要加强基坑安全管理工作，基坑四周设置围挡和警示标志，基坑按照设计人和监理人批

复的施工方案施工。

六、文明工地监督情况

经监理检查项目部环境保护体系健全，人员到岗情况符合招投文件要求，项目部人员能做到佩戴胸牌上岗。生活区安排了专人打扫，能保持整洁干净。食堂卫生状况良好，本月增加了一台消毒柜。承包人专门安排一辆车对砂石路洒水降尘，混凝土浇筑和钻桩基本安排在白天进行。本月监理部督促承包人在项目部大门口增添了"八排二图"，对全体施工人员起到宣传、教育、警示、交底作用。存在的问题是：承包人没有及时对堤顶采取水土保持措施，遇到大风天漫天扬尘。监理部在下月重点督促承包人采取覆盖、洒水等措施。

七、合同管理情况

工程施工过程中根据建设监理合同中发包人的授权范围进行了合同管理。主持监理合同授权范围内工程建设各方的工地例会和协调工作，编制会议纪要。对照工程建设施工承包合同条款，检查甲乙双方履约的情况：承包人基本能按合同有关约定组织施工，工程开工前或分部工程开工前提交工程报告。但老海堤内侧原地面未提交测量报告，未经监理复测就开始开挖施工，导致局部土方量无法计量，不符合施工及监理合同要求。监理人在下月督促承包人及时整改，杜绝类似情况再次发生。

八、监理人现场管理机构运行情况

×××建设监理有限公司派驻现场的监理人现场管理机构为"×××建设监理有限公司×××沿海经济开发区排涝闸站及河道治理工程监理部"。

根据建设监理"三控制、两管理、一协调"的职责和建设监理合同中发包人的授权，本着高效精简、层次清晰、责权利一致的原则，组建现场监理机构，统一进行管理。目前，进场的有总监理工程师×××，专业监理工程师×××、×××，监理员×××、×××。

监理人主要按各类工程的监理实施细则的步骤进行质量监控，在事前、事中、事后跟踪检查。现场定期或不定期地巡视、检查、抽查，关键部位进行旁站监理，对施工情况进行平行检测。主要开展了如下工作：

(1)本月监理部签发2份监理通知单至×××水利电力建筑工程有限责任公司。

(2)现场定期或不定期地巡视、检查、抽查，及时纠正施工过程中存在的各类质量缺陷和安全隐患。本月监理部组织进行了2次工地安全大检查，并编发了安全检查记录，及时督促承包人按要求整改到位。

(3)监理部协助发包人做好了图纸会审及技术交底工作。监理部协助发包人做好了围堰方案的优化工作。

(4)监理部联合承包人完成了对测量基准点的复核，完成了对原地貌的测量。监理部复核了承包人闸站工程的轴线、钢筋混凝土灌注桩的桩位、高压旋喷桩防渗墙轴线和沉管灌注桩桩位。

(5)监理部检查了承包人开工应具备的条件，并审批了开工申请：

①检查了承包人派驻现场的主要管理、技术人员数量及资格，结果表明与投标文件一致；

②确认了承包人进场的施工设备的数量和规格、性能符合施工需要；

③检查进场的原材料(土工布、水泥、黄砂、石子、钢材及块石等)的质量、规格、性能，并进行了见证取样，结果表明，原材料符合有关技术标准和技术条款的要求；

④查验了承包人的施工安全、环境保护措施、规章制度的制定及关键岗位上岗人员的资格；

⑤审批了承包人提交的施工组织设计、施工进度计划等。

(6)监理部完成了《监理规划》的编制，经公司技术负责人审核后，已报发包人批复。

(7)监理部完成了《安全生产监理实施细则》、《围堰工程监理实施细则》、《基坑开挖监理实施细则》、《钢筋混凝土灌注桩监理实施细则》、《高压旋喷桩防渗墙监理实施细则》、《沉管灌注桩监理实施细则》的编制工作。

(8)协助发包人组织监理、设计人及承包人进行项目划分，在主体工程开工前报×××××水利工程质量监督站确认。

(9)监理部组织召开监理例会2次，围堰专题会2次。

(10)组织监理部人员学习工程建设有关规范、制度和强制性条文，并召开监理机构内部会议2次，参加承包人组织的技术交底会议2次。

(11)监理旁站钢筋混凝土灌注桩全过程施工，并形成了钢筋混凝土监理记录和旁站记录。

(12)监理对各道工序进行了抽检，编制了抽检记录并留置图片资料。

九、监理工作小结

在发包人的指导和支持下，监理工作取得了初步成效，有效地控制了工程的质量、进度和投资，为创优质工程创造了良好的开端。本月监理人依照合同内容及施工组织措施对各工作面的施工工序进行现场跟踪检测，通过巡视、旁站等监理方法严格控制施工质量，使整体工程质量最大限度地受到了保障。

监理部在监理工作中做到每天24小时掌握工地现场施工情况，以"质量和安全第一、进度并重、兼顾投资控制"为指导思想，严格按照设计要求及规范规定履行监理职责。

十、存在问题及相应建议

(1)承包人要严格执行"三检制"，未经监理批准不得进入下道工序，杜绝野蛮施工。特别是灌砌块石护坡灌混凝土前，必须报监理验收，经监理验收合格后，方可开仓浇筑混凝土。

(2)承包人要采取有效的赶工措施确保工程进度：①承包人要抓紧围堰外防护的施工。②承包人要抓紧降水和基坑开挖的施工。③承包人要尽快开始高压旋喷桩和沉管灌注桩的试桩工作。

(3)承包人要及时按技术规定和规范要求整理上报各种资料。

(4)承包人应加强安全管理，加强对重大危险源的监控，加强自查自纠工作，不留安全隐患。加强基坑安全管理工作，基坑四周应设置围挡和警示标志，基坑按照设计和监理批复的施工方案施工到位。近期要特别加强用电、机械作业和运输的安全管理工作。

十一、下月工作安排

监理部将加强施工中旁站和巡视检查力度，督促承包人对重点控制部位反复检查，认真落实"三检制"，严格按照设计文件及施工组织措施进行施工。及时复核承包人填报的单元工程质量评定表。

下月施工主要完成以下几项工作，监理人的工作重点为沉管灌注桩和高压旋喷桩的施工控制：

（1）督促承包人组织旋喷桩和沉管桩桩机进场，督促承包人编制试桩方案，并尽快开始成桩工艺试验，确定技术参数和施工工艺。沉管灌注桩和高压旋喷桩正式开始施工后，监理部将增加监理人员，按照监理实施细则和设计规范要求对工程桩的施工实行24小时监控。

（2）督促承包人尽快完成围堰外防护工作和基坑开挖降水工作，监理部验收合格后，提请发包人单位组织围堰和基槽验收。

（3）监理部加强对各道工序的抽检力度，不达规范和设计要求，绝不允许承包人进行后续施工。

（4）监理部组织全体监理人员学习相关规范和技术标准，召开监理内部会议2次。

（5）完善监理内部资料。

十二、工程大事记

（1）2014年3月31日，发包人×××投资发展有限公司组织由××市水利局×××水利工程质量监督站和×××水务局组成的专家组讨论围堰安全度汛方案，××市水利勘测设计研究院有限公司、×××建设监理有限公司、×××水利电力建筑工程有限责任公司参会，会议决定对围堰进行加高加宽，确保工程安全度汛。

（2）2014年3月31日，发包人×××投资发展有限公司报水行政主管部门×××水务局批准后，开始拆除围堰后海堤。

（3）2014年4月1日，×××建设监理有限公司对×××水利电力建筑工程有限责任公司进行了工地安全质量技术交底工作。

（4）2014年4月5日，×××建设监理有限公司×××沿海经济开发区排涝闸站建造和河道治理工程监理部组织×××水利电力建筑工程有限责任公司、×××沿海经济开发区排涝闸站建造和河道整治工程项目经理部进行工地安全检查，形成安全检查记录，督促承包人按照检查要求认真落实整改。

（5）2014年4月10日，发包人×××投资发展有限公司组织××市水利勘测设计研究院有限公司、×××建设监理有限公司、×××水利电力建筑工程有限责任公司四方参会的围堰专题会。会议对围堰设计方案进行了进一步的改变和完善，由设计人出具正式设计变更方案。

（6）2014年4月18日，×××建设监理有限公司×××沿海经济开发区排涝闸站建造和河道整治工程监理部签发桥梁及道路工程分部工程开工通知至×××水利电力建筑工程有限责任公司。

（7）2014年4月19日，建设项目跟踪审计单位×××建设工程管理有限公司×××到施工现场对施工区域原地貌进行了复核，复核结果表明与监理人审核数据一致，×××建设监理有限公司、×××水利电力建筑工程有限责任公司共同参加。

十三、附表

完成合同额月统计表

（×××监理[2014]额月统002号）

标段	序号	项目编号	一级项目	合同金额	截至上月末累计完成额	截至上月末累计完成额比例	本月完成额	截至本月末已累计完成额	截至本月末已累计完成额比例
一	1	500101002001	闸塘土方开挖	770820	0	0	246662	246662	32%
	2	500103001002	围堰土方填筑	788265	480841	61%	102474	583315	74%
	3	500105003006	下游护坡	3552139	0	0	1065642	1065642	30%
	4	500108004001	桥台灌注桩	170228	0	0	170228	170228	100%
	1								
	2								
	3								
	1								
	2								
	3								

监 理 机 构:××××监理有限公司

总监理工程师:×××

日　　　　期:2014 年 4 月 25 日

说明:本表一式 3 份,由监理机构填写,作为监理存档及月报时使用。

JL26 附表 2

工程质量评定月统计表

（×××监理[2014]评月统 002 号）

序号	标段名称	单位工程				分部工程				单元工程				备注
		合同工程单位工程个数	本月评定个数	截至本月末累计评定个数	截至本月末累计评定比例	合同工程分部工程个数	本月评定个数	截至本月末累计评定个数	截至本月末累计评定比例	合同工程单元工程个数	本月评定个数	截至本月末累计评定个数	截至本月末累计评定比例	
1	一	1	0	0	0	13	0	0	0	313	6	6	1.9%	
2														
3														

监 理 机 构：×××监理有限公司

总监理工程师： ×××

日 期： 2014 年 4 月 25 日

说明：本表一式 3 份，由监理机构填写，作为监理机构存档和月报时报时使用。

JL26 附表3　　　　　　　　　　工程质量平行检测月统计表

（×××监理[2014]平行统002号）

标段	序号	单位工程名称及编号	工程部位	平行检测日期（月.日）	平行检测内容	检测结果	实验室名称
一	1	×××沿海经济开发区排涝闸站建造及河道整治工程一标	桥梁及道路工程2#灌注桩	4.6	坍落度2次，试压块1组	坍落度符合设计和规范要求，试压块实验室标养28天后确认	××省水利建设工程质量检测站
	2	×××沿海经济开发区排涝闸站建造及河道整治工程一标	桥梁及道路工程7#灌注桩	4.8	坍落度2次，试压块1组	坍落度符合设计和规范要求，试压块实验室标养28天后确认	××省水利建设工程质量检测站
	3	×××沿海经济开发区排涝闸站建造及河道整治工程一标	下游引河段护坡	4.16	坍落度3次，试压块1组	坍落度符合设计和规范要求，试压块实验室标养28天后确定	××省水利建设工程质量检测站
	4	×××沿海经济开发区排涝闸站建造及河道整治工程一标	混凝土原材	4.6	黄砂、碎石、水泥送检原材	黄砂、碎石检测结果符合设计和规范要求，水泥28天后确认	××省水利建设工程质量检测站
	1						
	2						
	3						
	2						
	3						

监 理 机 构:×××监理有限公司

监理工程师:×××

日　　　　期:2014 年 4 月 25 日

说明:本表一式 3 份,由监理机构填写,作为监理机构存档和月报时使用。

工程变更月统计表

（×××监理［2014］变更统 002 号）

标段	序号	变更工程名称（编号）	变更文件号、图号	变更原因	变更内容	费用变化	工期影响	实施情况	备注
	1	下游围堰	BG－01－01、BG－01－02	考虑围堰与导流堤结合，减少工程投资	对围堰轴线及细部结构进行调整	节约投资额204950 元	不在关键线路，对工期没有影响	已按照变更实施	

监 理 机 构：×××监理有限公司

总监理工程师：×××

日　　　　期：2014 年 4 月 25 日

说明：本表一式 3 份，由监理机构填写，作为监理机构存档和月报时使用。

监理发文月统计表

（×××监理［2014］发文统 002 号）

标段	序号	文号	文件名称	发送单位	抄送单位	签发日期（年.月.日）	文函备注
一	1	×××监理［2014］通知 003 号	关于加强原地面测量的监理通知单	×××水利电力建筑工程有限责任公司	×××投资发展有限公司	2014.03.29	
	2	×××监理［2014］通知 004 号	关于加强围堰外侧护坡砌石厚度控制的监理通知单	×××水利电力建筑工程有限责任公司	×××投资发展有限公司	2014.04.08	
	3	×××监理［2014］通知 005 号	关于加快围堰施工进度确保安全度汛监理通知单	×××水利电力建筑工程有限责任公司	×××投资发展有限公司	2014.04.17	
	4	×××监理［2014］安全 003 号	监理安全检查记录	×××水利电力建筑工程有限责任公司	×××投资发展有限公司	2014.04.05	
	5	×××监理［2014］安全 004 号	监理安全检查记录	×××水利电力建筑工程有限责任公司	×××投资发展有限公司	2014.04.20	
	6	×××监理［2014］专题纪要 001 号	围堰度汛专题会会议纪要	×××水利电力建筑工程有限责任公司	×××投资发展有限公司 ×××水利勘测设计研究院	2014.03.31	
	7	×××监理［2014］专题纪要 002 号	围堰变更专题会会议纪要	×××水利电力建筑工程有限责任公司	×××投资发展有限公司 ×××水利勘测设计研究院	2014.04.10	
	8	×××监理［2014］纪要 003 号	第三次工地例会会议纪要	×××水利电力建筑工程有限责任公司	×××投资发展有限公司	2014.04.06	

JL26 附表 5　　　　　　　　　　　监理发文月统计表

（×××监理［2014］发文统 002 号）

标段	序号	文号	文件名称	发送单位	抄送单位	签发日期（年.月.日）	文函备注
一	9	×××监理［2014］纪要004 号	第四次工地例会会议纪要	×××水利电力建筑工程有限责任公司	×××投资发展有限公司	2014.04.16	
	10	×××水务局［2014］批复×××号	准予破海堤水利局回文	×××投资发展有限公司		2014.03.31	
	11	BG－01－01、BG－01－02	下游围堰变更	×××水利电力建筑工程有限责任公司	×××投资发展有限公司×××建设监理有限公司	2014.04.11	

监 理 机 构:×××监理有限公司

总监理工程师/监理工程师:×××

日　　　　期:2014 年 4 月 25 日

说明:本表一式 3 份,由监理机构填写,作为监理机构存档和月报时使用。

监理收文月统计表

（×××监理［2014］收文统 002 号）

合同名称：×××××排涝闸站建造和河道整治工程　　　　合同编号：RDZZ

标段	序号	文号	文件名称	发文单位	发文日期（年.月.日）	收文日期（年.月.日）	处理责任人	处理结果	文函备注
一	1	×××水务局［2014］批复×××号	准予破海堤水利局回文	×××投资发展有限公司	2014.03.31	2014.03.31	×××	转发承包人	
	2	BG－01－01、BG－01－02	下游围堰设计变更图	×××水利勘测设计研究院	2014.04.11	2014.04.11	×××	图纸签发至承包人	
	3								
	1								
	2								
	3								
	1								
	2								
	3								

监　理　机　构：×××监理有限公司

总监理工程师/监理工程师：×××

日　　　　期：2014 年 4 月 25 日

说明:本表一式 <u>3</u> 份,由监理机构填写,作为监理机构存档和月报时使用。

二、监理人现场管理机构常用表填写要点及实例

（一）监理通知单

1.监理通知单填写要点

（1）在签发《监理通知》时：一方面,要坚持原则,分清责任,既要提出问题,还要提出

解决问题的要求和应当达到的目标;另一方面,内容应准确、完整、依据明确、条理性强、表达清晰且要符合一定的格式要求。

(2)《监理通知》可由总监理工程师或专业监理工程师签发,对于一般问题可由专业监理工程师签发,对于重大问题应由总监理工程师或经其同意后签发。

(3)《监理通知》填写时,"事由"应填写通知内容的主题词,相当于标题;"内容"应写明发生问题的具体部位、具体内容、依据及相关监理工程师的要求。

(4)《监理通知》在用词上要区别对待。对要求严格程度不同的用词,应分别采用"必须"、"严禁"、"应"、"不应"、"不得"或"宜"、"可"、"不宜"等。

(5)用数据说话,详细叙述问题存在的违规内容。一般应包括监理实测值、设计值、允许偏差值、违反规范种类及条款等,如 2# 闸墩钢筋混凝土保护层厚度局部实测值为 35 mm,设计值为 50 mm,不符合《水利水电工程单元工程质量验收评定标准》(SL 632—2012)第 8.1.4.3 条款允许偏差 0~10 mm,且不大于 1/4 设计钢筋保护层厚度的规定。对不确定的问题,监理应在内部磋商,查找相关标准规范后予以判断。

(6)签发和签收时间应具体,宜详细到分钟,如 2014 年 3 月 10 日上午 9:30 监理签发,上午 9:35 承包人负责人签收。重视《监理通知》的时效性。监理通知单的生效以承包单位在通知单上签署姓名为准,如签发和签收时间不具体,直接造成通知单的生效时间含糊。如承包单位在上道工序施工中发生质量问题时监理人签发了通知单,但当天承包单位在问题未整改的前提下擅自进入下道工序施工,此时对方即可辩称收到监理通知单时已完成了上道工序,开始转入下道工序施工,如要求现在整改,则需要返工,既影响进度,又造成成本增加。此刻监理人可谓骑虎难下,左右为难。原因就在于监理通知单签发时间不具体。尤为严重的是,如因对方未及时整改,造成重大质量或安全事故,追究责任时可能因为监理人签发通知单的时间不具体而影响到责任界定的划分。

(7)要求承包人整改时限应叙述具体,如在某年某月某时之前整改完毕并回复,否则承包人对质量或安全问题不能及时进行整改,而是无限期拖延,给监理工作带来被动。要求承包人在监理通知单回复时,针对提出的问题深刻分析问题产生的原因,并阐述整改采取的措施、整改经过和整改结果等,要求承包人采取预防措施,防止类似问题的再次发生。

(8)《监理通知》虽具有一定的强制性,但根据 FIDIC 合同条款规定,应允许承包人申诉。承包人如果认为监理通知单内容不合理,应在收到监理通知单后 24 小时内以书面形式向监理人提出报告,监理在收到承包人书面报告后 24 小时内作出修改、撤销或继续执行原监理通知单的决定,并书面通知承包人。在紧急情况下,监理人要求承包人立即执行的监理通知单或承包人虽有异议,但监理人决定仍继续执行的监理通知单,承包人应予以执行。因监理通知指令错误发生的追加合同价款和给承包人造成的损失由发包人承担,延误的工期相应顺延。

(9)监理通知要及时抄送发包人,监理通知回复也要及时转发至发包人,保证发包人在第一时间对施工中出现的问题全面掌控,得到发包人对监理处理相关问题的了解和支持;否则,若监理通知回复不及时转发至发包人,发包人对监理提出的问题的整改落实情况也就不得而知。

2. 监理通知单填写实例

JL06

监 理 通 知

（×××监理[2014]通知 003 号）

合同名称:××××××   合同编号:×××

致:×××

事由:闸站上游灌砌块石护坡砌筑和养护不符设计和规范要求。

通知内容:

监理部 2014 年 4 月 16 日巡查中发现工地现场存在如下问题:

1. 闸站 K0+50~K0+70 段左侧灌砌块石护坡设计厚度为 35 cm,监理实测厚度为 29.5 cm、42 cm、41.5 cm、27.6 cm、26.8 cm、31.7 cm、29.5 cm、30.5 cm,不符合《水利水电工程单元工程施工质量验收评定规范》(SL 634—2012)第 4.4.2-1 条款允许偏差 ±5 cm 的规定。

2. 闸站上游引河 K0+20~K0+50 段左侧灌砌块石护坡混凝土灌注后仅养护 4 天,违反《水闸施工规范》(SL 27—91)第 6.4.39 条款湿润养护 10 天的规定。

监理部要求如下:

1. 你部对闸上游引河 K0+50~K0+70 段左侧灌砌块石护坡施工质量不符合设计和规范要求的施工段返工,返工自检合格后报监理部验收,监理部验收合格后,方可灌注混凝土。

2. 安排专人负责混凝土养护工作,养护时间和质量必须符合设计和规范要求。

3. 项目部应加强对施工班组的技术交底,树立质量意识,制定奖罚制度,明确质量责任制,确保工程质量,杜绝再次发生类似事件。

4. 项目部于 2014 年 4 月 17 日前整改完毕并回复。如对本监理通知有异议,请在 24 小时内向监理部提出书面报告。

特此通知。

附件:照片 2 幅

监理机构:×××

总监理工程师/专业监理工程师:×××

日期:2014 年 4 月 16 日 14:00

承包人:×××

签收人:×××

日期: ×××年××月××日

说明:1. 本通知一式 3 份,由监理机构填写,承包人、监理机构、发包人各 1 份。

2. 一般通知由监理工程师办理,重要通知由总监理工程师签发。

3. 本通知单可用于对承包人的指示。

(二)旁站记录

1.旁站记录填写要点

旁站记录应真实、及时、准确、全面反映关键部位或关键工序的施工情况。旁站记录应尽量采用专业术语,不用过多的修饰词语,更不要夸大其辞,文字书写应工整、规范、清晰,语言表达应简明扼要,措辞严谨。涉及数量的地方,应写清准确的数字。

(1)基本情况。基本情况包括日期、天气情况、施工部位、班次等。天气情况包括阴、晴、雨、雪和温度变化(最高气温、最低气温)。准确的天气情况可以让监理人员判断旁站部位是否具备气候条件或根据天气情况要求承包人采取相应的作业措施,例如室外连续5日平均气温低于5 ℃,监理要求承包人混凝土施工采取冬季施工措施。下雨会影响到砂石料含水率,关系到混凝土配合比。所以,认真记录天气是旁站监理的重要一环。

(2)现场人员情况。应真实记录承包人现场作业人员和管理人员,检查特种作业人员是否持证上岗,技术工人配备是否齐全,能否满足工程需要,尤其要检查承包人质检员以及质量保证体系的管理人员到位情况。

(3)主要施工机械名称及运转情况。主要记述施工时使用的主要设备名称、规格、数量,与承包人报验并经监理工程师审批的设备是否一致,施工机械设备运转是否正常。

(4)主要材料进场与使用情况。主要记录材料名称、规格、型号、厂家、进场数量、复试情况及其与施工报验并经监理工程师审批的材料是否一致。材料使用情况主要记录关键部位或关键工序使用的主要材料的名称、型号、实用数量。如混凝土旁站记录"材料使用情况"应写清水泥生产厂家、强度、等级、出厂编号、使用数量,若采用外加剂,还应写清外加剂名称、生产厂家、掺量。

(5)承包人提出的问题。旁站人员对承包人提出的问题进行分析,分析其可能产生的后果,旁站人员能现场处理的,详细记录处理情况,旁站人员无法处理的,上报监理工程师或总监理工程师处理。处理意见应是对问题作分析后而得出的结论意见(不一定是最终结论,如监理部将问题的分析意见转交设计人或发包人处理),后期可以对问题最终结论进行补充。该栏还要记录承包人对处理意见的执行情况。

(6)曾对承包人下达的指令或答复。

(7)施工过程情况。包括关键部位或关键工序施工过程情况、施工起止时间、完成的工程量、关键部位或关键工序的施工方法、质量保证体系运行情况等。质量保证体系运行情况主要记述旁站过程中承包人质量保证体系的管理人员是否到位,是否按事先的要求对关键部位或关键工序进行检查,是否对不符合操作要求的施工人员进行督促,是否对出现的问题进行纠正,以及现场跟班作业人员是否到位,并是否认真负责。如在混凝土浇筑过程中,木工、钢筋工、水电工等操作人员是否到位,并跟踪检查,履行职责。记录施工情况是否正常,施工作业是否顺利,出现异常情况的原因分析;若工程因意外情况发生停工,应写清停工原因及承包人所做的处理等。

(8)施工、监理人员签字确认。按时签字确认是旁站监理记录的重要环节之一,没有施工质检员、旁站监理人员签字的旁站监理记录是无效的。不及时签字,是对旁站监理工作的不重视、不负责,因此必须有一个严谨的时效性。

2.旁站监理值班记录填写实例

JL27 　　　　　　　　　　　　旁站监理值班记录

（×××监理[2014]旁站006号）

合同名称：×××××　　　　　　　　　　　　　　　　合同编号：×××

日期	2014年4月12日	单元工程名称	泵房底板	单元工程编码	×××
班次	1	天气	晴	温度	9~20 ℃

人员情况	现场施工负责人单位：_____　　　姓名：_____				
	现场人员数量及分类人员数量				
	___管理___人员	___2___人	___作业___人员	___15___人	
	___技术___人员	___2___人	其他人员	___5___人	
	___钢筋___人员	___4___人	合计	___28___人	

主要施工机械名称及运转情况	50山东红星振动棒2台，8 m³徐州重工运输混凝土车6台，37 m三一重工混凝土泵车1台，施工机械设备运转正常
主要材料进场与使用情况	主要材料为C30商品混凝土，配合比为：水172 kg/m³；P·O.42.5东台磊达水泥322 kg/m³；宿迁中砂760 kg/m³；宜兴5~31.5 mm碎石1 094 kg/m³；浙江粉煤灰48 kg/m³；浙江减水剂6.66 kg/m³；设计坍落度为（120±20）mm。本次浇灌方量为385 m³
承包人提出的问题	水泵地脚螺栓预埋位置设计不明确，经过监理部通过发包人与设计人取得联系，设计人要求按照水泵生产厂家要求预埋，承包人向水泵生产厂家取得埋件位置图，承包人预埋自检合格后，监理人现场复检，预埋铁件位置准确，可以进入下一道工序
施工过程情况（包括开始时间、过程描述、完成时间等）	混凝土浇筑时间9:00开始，至12:00结束，承包人先浇筑四周1 m高底坎，底坎水平分2层浇筑，每层50 cm左右。底板1 m水平分2层浇筑，每层50 cm左右。浇筑过程中×××监理工程师要求项目部对临土面模板进行加固，经加固模板没有跑模现象，混凝土外观尺寸符合设计和规范要求，混凝土和易性良好，施工过程一切正常
监理现场检查、检测情况（包括检查、检测项目、时间、内容和结果等）	监理人于9:30检测坍落度4次，坍落度分别为120 mm、115 mm、115 mm、120 mm。混凝土浇筑表面平整，无泌水现象，和易性良好，质量满足设计及规范要求，施工过程一切正常。监理人旁站承包人制作混凝土标养C25试块4组，其中标准养护2组，编号为：×××、×××；同条件养护2组，编号为：×××、×××；监理人抽检C25试块1组，编号为：×××，标准养护
曾对承包人下达的指令或答复	现场要求混凝土振捣密实，木工注意护模。浇筑完注意后期混凝土的日常保养

当班监理员（签名）：×××　　　　　　　　现场承包人代表（签名）：×××

说明：本表单独汇编成册。

262

（三）监理日志

1.监理日志记录要点

（1）监理日志要按规定每天进行填写，填写时用词要简洁达意，填写字体要清晰工整、语言连贯；监理日志要填写当天工程实际情况，中间不能出现间断的日期，应保持连续性、完整性。

（2）监理日志所用词语要专业、规范、严谨，内容安排上既要完善，又要突出重点；填写应体现监理日常所做的工作，要具体、翔实；监理日志的填写不应有行间插字和涂改，如必须改写，应删划原内容后另起重写；对持续发生的事情应连续记录，有因果关系、承接关系的事情的记录应前后呼应、有始有终。

（3）监理日志的填写应尊重事实，避免随意性，不能空洞、泛泛而谈，监理日志在填写时还要注意吻合问题，日志的内容不仅与监理通知、旁站记录、平行检测记录及相关报验资料等吻合，日志本身还要自身吻合。以日志为核心可以放射延伸到监理资料的方方面面。

（4）监理日志填写，从"日期"栏开始填写当日日期；"气象情况"栏，在气候方面，既要根据当地气象预报，又要做现场测定。

（5）施工部位、施工内容、施工形象及资源投入情况：

①要根据当天的实际施工情况填写施工作业内容和部位。

②监理工程师要对每天进度进行跟踪检查，检查各项资源的投入和施工组织情况，并详细记入监理日志。

③填写当日进场的原材料名称、规格、数量、产地、拟用部位及见证取样情况；对进场的原材料应根据其外包装标识，对照产品合格证（质量证明书）、炉号和批号等核实无误后，记入监理日志。需要见证取样的，应及时取样送检，并将试样来源和取样地点、日期、数量、部位及送检人记录清楚，并与材料/设备/构配件报验单吻合。

（6）承包人质量检验和安全作业情况：

①混凝土、砂浆试块制取工作在监理人见证下进行，内容记录要翔实；混凝土、砂浆试块取样要记录清楚取样部位、组数、强度等级、取样日期、取样人；记录的试块取样日期、部位要与旁站记录、平行检测和试验报告单相一致；配合比及砂石骨料等的检查结果等记入监理日志。

②对承包人现场质量、安全生产保证体系运行（如检查承包人质量、安全专职人员到岗情况；抽查特种作业人员上岗资格证；检查安全生产责任制、安全检查制度和事故报告制度的执行情况；检查承包人对进场作业人员的质量、安全教育培训技术交底记录；检查施工现场安全作业情况，巡查存在重大安全隐患分部分项工程是否按照专项方案施工）情况的检查结果记入监理日志。

（7）监理人现场管理机构的检查、巡视、检验情况：

①当日工程检查内容（如建筑材料报验、配合比通知单、设备、施工方案等审查手续是否齐全）和检测内容（如工序和单元工程的抽检数据、平行检测和跟踪检测数据）。

②监理人日常巡视中发现的质量缺陷（问题）、安全隐患（配电线路裸露、警示标志不齐全、进入施工现场不戴安全帽、高空作业不系安全带等），凡立即整改能够消除的，可通

过口头指令向承包人有关人员指出,督促其立即改正,并记入监理日志。

③检测方法、检测内容、检测仪器的情况,检测结果及对试验成果不合格部分的处理情况应记入监理日志。

④单元工程质量评定、重要隐蔽单元工程(关键部位单元工程)、分部工程验收情况要记入监理日志。

(8)施工作业存在的问题,现场监理提出的处理意见以及承包人落实情况。

监理人在旁站过程中检查出承包人违反批准方案、工艺规程、操作规程、技术规范的问题,承包人拿出整改措施,监理提出处理意见,承包人按照措施和意见整改完毕后,报监理工程师复查,复查不合格的,监理人要求承包人继续整改,存在重大隐患的,监理人在征得发包人的同意后予以停工整改。

对于意外或不可抗力发生事件,重点记录施工动态变化,特别是承包人提出索赔时,承包人提出索赔意向和索赔报告的时间和概要内容及监理部作出的答复都要记入监理日志。对构成索赔证据的信息情况(如工、料、机的动态,异常天气情况,停水、停电,民扰(阻工)及周边不利环境因素,图纸等)也应记入监理日志。

(9)监理人现场管理机构签发的意见。

监理人现场管理机构签发的意见包括监理指示(如监理通知、监理联系单、监理旁站作出的决定、施工过程中达成的协议等)、工程款支付、设计变更等重要函件。监理部发出的各类指示、通知等应记入监理日志,对于其中要求承包人限期整改的,监理人员应按时复查,并把整改结果记入监理日志。

(10)其他事项。

①设计联席会、专题会议等会议决议的事项应记入监理日志。

②监理旁站所作的决定、当天发生纠纷的解决办法、各级领导来工地现场提出的要求和指示或者达成的主要协议。

③监理人认为应记入监理日志的其他内容。

2.监理日记填写实例

监理日志

填写人:×××　　　　　　　　　　　　日期:××××年××月××日

天气:	阴	气温:	10~16℃	风力:	5~6级	风向:	东北风
施工部位、施工内容、施工形象及资源投入(人员、材料、施工设备动态)	闸室上游翼墙钢筋、模板安装 D-13,下游翼墙底板浇筑 D-14,形象进度达到42%;前置库围堤 S0+545~S0+660 底层内侧砂袋吹填 B-11,形象进度达到 56%;项目经理:×××,项目副经理:×××,技术负责人:×××,安全员:×××,质检员:×××,试验员:×××,资料员:×××等主要管理人员在岗在职,建筑工 15 人,砌石工 35 人(其中 5 人今天进场),泥浆泵工 32 人(土方进入扫尾阶段,其中 16 人今天撤场),电工 2 人,钢筋工 14 人,模板工 16 人,机械工 12 人,检验人员 2 人,运输工 5 人,管理人员 10 人,辅助工 30 人,合计现场人员 173 人。各类材料供应及时,今日原材料进场:聚丙烯编织袋 30 个,共计约 6 000 m²。滚筒式搅拌机 2 台,800 型配料机 2 台,电焊机 3 台,铲车 1 辆,22 kW 6 寸泥浆泵 4 套(土方进入扫尾阶段,经监理人同意其中 2 套泥浆泵工今天撤场),运行情况良好。						

天气：	阴	气温：	10～16 ℃	风力：	5～6 级	风向：	东北风

承包人质量检验和安全作业情况	1. 闸室上游翼墙，单元 D－13。检查翼墙钢筋、模板安装数量、规格尺寸、安装位置、绑扎情况，检查结果：符合设计图纸要求及施工规范规定。 2. 闸室墩墙，单元 D－11。检查混凝土养护情况，检查结果：混凝土表面保持湿润，无时干时湿现象。 3. 闸室下游翼墙底板，单元 D－14。检查底板混凝土浇筑质量，检查结果：配合比符合设计要求，施工方法符合规范规定，混凝土和易性良好，坍落度控制在 4～5 cm，运输期间无离析现象产生，浇筑混凝土表面平整，无泌水现象。 4. 前置库围堤 S0＋545～S0＋760 底层内侧砂袋吹填，单元 B－11。检查吹填充泥管袋尺寸，检查结果：砂袋围径 6 m，符合设计要求。 5. 经检查×××和×××2 位泥浆泵工人未戴安全帽，机械未安排专人指挥作业，存在两项安全隐患，现场督促承包人项目经理进行了整改，同时要求项目经理加强安全管理，杜绝类似情况再次发生。
监理人现场管理机构的检测、巡视、检验情况	单元 D－13，经过对闸室上游翼墙钢筋、模板的检测，符合设计要求及水闸施工规范规定，可以进行下一步混凝土浇筑。 单元 B－11，上午 10 点承包人自检合格。 报验 S0＋545～S0＋660 底层内侧砂袋放样，监理人用 GPS 对坡脚放样情况进行检测，参加人员：×××，××，检测结果：坐标为 3574621.209、40633254.362、3574617.382、40633247.647，经在 CAD 上坐标复核，符合设计要求及施工规范规定，可进行充填施工。 督促承包人对单元 D－11、D－14 混凝土做好养护工作。 监理旁站闸室下游翼墙底板浇筑。
施工作业存在的问题，现场监理提出的处理意见以及承包人对处理意见的落实情况	单元 B－11，在施工检查中发现砂袋间搭接长度不足。 监理人提出处理方法：相邻砂袋重新进行铺设和固定，要求搭接长度不小于 1 m。 承包人将砂袋用刀片划掉并将泥浆冲除后重新布袋施工，施工后质量符合设计要求和规范规定。
发包人的要求	护砌工程进展缓慢，较计划进度严重滞后，要求承包人增加一支护坡施工队，优化施工方案，加快施工进度，确保满足合同工期和节点工期要求。
监理人现场管理机构签发的意见	监理部签发监理通知单一份，编号×××，督促承包人加强自检工作，对泥浆泵工人加强教育和培训工作，确保工程质量。
其他事项	×××市水利质量与安全监督站×××来工地检查工程质量和安全，要求水闸水泥搅拌桩防渗墙必须先试桩，经检测合格后，编制水泥搅拌桩防渗墙施工专项方案，方案由承包人组织设计、勘察、监理、施工等专家讨论通过并经承包人技术负责人和总监理工程师批准后方可组织施工。

说明：1. 本表由监理机构指定专人填写，按月装订成册。

2. 本表栏内容可另附页，并标注日期，与日志一并存档。

思考题

1. 监理文件资料管理的目的是什么?

2. 根据《水利工程建设项目档案管理规定》(水办〔2005〕480 号)、《水利水电建设工程验收规程》(SL 223—2008)对监理文件资料有哪些规定?

3.《水利水电建设工程验收规程》(SL 223—2008)对监理文件资料有哪些规定?

4. 监理文件资料编制有什么要求?

第六章　水利工程建设信用管理

信用是人类文明与进步的成果,是经济社会发展的重要基石。诚实守信是中华民族的传统美德,古有"人而无信,不知其可也"的圣人哲言,今有"以诚实守信为荣,以见利忘义为耻"的基本道德规范,都充分反映了中华民族古往今来对信用理念和价值的认同与尊重。

21世纪是市场经济时代,我国经济与世界经济的连接更加紧密,市场化、国际化程度越来越高,信用显得愈加重要。

第一节　信用的基本知识

信用是获得信任的资本,是生产要素,它与劳动力、土地、资本、技术、信息等共同参与社会资源配置。

信用有广义与狭义之分。广义的信用,是对现代信用的概括与总结,包括诚信资本、合规资本、践约资本三部分内容。诚信、合规、践约三个维度之间相互支撑,相互影响,又互有转化。狭义的信用,是指获得交易对手信任的资本,即信用主体表现出来的成交能力与履约能力。人们常说的银行信用风险管理、企业信用风险管理等,都属于这个范畴。狭义的信用,对应的是市场,是为经济交易服务的。

信用的本质是一种资本,是资源和财富,它与人类拥有的其他资本共同构成资本总和。在现代信用经济中,信用资本是社会资源配置的新方式。作为资源配置的新依据,信用资本比实体资本的作用来得更直接,有时更能发挥一票否决的作用。没有信用,就没有一切。信用的发展会极大地促进社会进步与经济的健康发展。

一、信用的相关概念

信用,人们常常理解为信任或诚信,也有人将其理解为信誉。这些既有对信用内涵的理解,也有对信用外延的表述,但都没有触及信用最本质、最实质的解析。那么,诚信、信任、信誉和信用到底是什么关系呢? 当前,围绕这四个概念,社会上产生了四种不同的理解和认识。

(一)诚信与信用

诚信是一个基础性概念,是道德理念和社会文化对人们精神和心理的基本要求,是人类社会生存和发展过程中最朴素的本性需要。诚信维系着社会主体的基本道德规范和行为准则,讲的是做人、做事最起码的基本原则和道理。诚信强调的是人们在为人处事中,在各种社会交往中,"要"自觉和主动地遵守道德规范,而这种道德规范已经得到了社会的广泛认同。例如,做人讲诚信、做事要诚信,要"说到做到,信守诺言,有诺必践"。

诚信虽然也抽象地泛指信用的一般意义——守信,但它往往泛指道德和社会文化,是人们参与社会活动的思维方式、行为的基本准则和价值观。在现代文明社会的发展进程中,诚实守信一旦成为文化,就会变成对自身、对公众、对社会的一种负责精神,使信用文化渗透到企业生产经营的全过程,融入市场交易的各个环节。因此,诚信更基础,更具有社会文化的意义。

诚信乃做人的魅力之本。对于每个人而言,无论是爱情、生活、工作或学习的各个方面,缺乏诚信就没有人格魅力,就没有真正的"身价"。外在的财富、容貌和职位可以影响别人对你的评价,但若丧失诚信,这些外部条件只能使人更遭弃恨;若有诚信,这些外部条件则会加倍放大人格魅力。《狼来了》的寓言故事,就深刻地揭示了诚信的重要性。

信用是获得信任的资本。诚信是拥有这种资本的最基本素质,是最基本的精神与原则。当人们关心或强调这种基本素质与精神原则的时候,就会使用诚信这个概念。诚信也是一种资本,但它只是信用这种资本中的一个组成部分,所以诚信不等于信用。

在人们的传统认识中存在着一种误解,认为诚信是个大概念,诚信大于信用。其实,这是把信用的概念理解小了,把信用只理解为经济交易范畴的概念,甚至误认为信用只是在银行信贷、贷款、信用卡这些领域中存在的一种行为,而忽略了它的精神层面、社会关系交往层面的意义和作用,由此产生了诚信概念大于信用概念的认识。现在,要纠正这一看法,还原信用概念大于诚信概念的认识。信用是一种资本,这种资本由诚信资本、社会交往资本和经济交易资本构成。

关于对诚信的理解,除传统认识与现代认识有所差异外,中国诚信文化与西方诚信观念之间也存在明显的不同。

中国的传统文化与道德观念受儒家思想和道家学说的影响,自古以来,人们将诚信作为一种精神追求和自我道德约束,并不过多关注它对社会交往和经济交易的影响。因此,我们的先辈哲人们推崇诚信思想,重视和强调信用,多是为激励人们提高自身修养、加强道德修炼。"子曰:富忠信,行笃敬,虽蛮貊之邦行矣。言不忠信,行不笃敬,虽州里行乎哉?"也就是说,说话真诚而守信用,做事厚道而谨慎,即使到南北那些不开化的小国去,也是行得通的。说话不真诚不守信用,做事不厚道不谨慎,即使到本国城镇乡村,也不可能行得通。可见,信用的观念、意识与行为已成为中华民族道德观念与行为准则的重要组成部分。仁人志士以信为重,普通百姓以诚为本,做人要做老实的人,做事要做踏实的事,说话要说诚实的话,千百年来一代一代的相传,一辈一辈的影响。在中国,诚实守信的德行一直受到歌颂与推崇。

在西方社会,诚信是宗教信仰的范畴,人们虔诚地信奉宗教信仰,所以也崇尚诚信意识和信用理念。人与人之间的诚实守信和相互信任是依靠对宗教信仰的虔诚追求来维系的,诚信文化与诚信的精神追求是随着宗教的传播而不断深入人心的,并不需要政府倡导或监管,政府部门的主要精力多用于对经济交易的信用行为进行监管,规范信用交易秩序,防范信用风险。相比之下,我国的宗教信仰并非维系社会交往的主流,宗教教义对人们思想和行为的约束力相对比较弱,政府对社会价值取向、道德行为观念与准则的宣传一直发挥着主导作用。所以,目前在我国,人与人之间诚实守信的道德准则和个人追求诚实守信的精神要求,仍需要政府和社会舆论的引导。我国政府也始终致力于倡导诚信文化、改善诚信环境,并强化人们对诚信原则的追求和认可。

（二）信任与信用

信任是社会学的研究范畴，与社会制度、法律法规密切相关，它的极端社会表现就是社会上人与人之间的信用危机。

信用是获得信任的资本。信任就是拥有或者可能拥有这种资本的最核心的证明。信用资本是抽象的、无形的，需要从多个角度进行分析和评价，当人们关心某主体是否具有信用资本的时候，最简单、最直接的方法就是看这个主体是否能够获得信任。获得了信任就意味着拥有或可能拥有信用资本。因此，信任是信用最简单、最直接的能力证明，也是一种最简捷、最通俗的衡量方法。所以，社会大众在谈论某一市场主体的信用资本，或谈论其社会交往能力和经济交易能力的时候，就会使用这种最简单的判别方法。

信任程度的高低在某种程度上可以表述为信用资本的大小，但并不十分严谨。信任是信用应用的一个方面，但它只是拥有或可能拥有信用资本的证明之一，它们之间的关系并不是一一对应的关系，它只是一种可能性。因此，信任度的高低并不能完全衡量或完全等同于信用资本的大小。例如：在现实生活中，某人暂时获得了信任，并形成了社会交往或达成了经济交易，但他没有守信践约，因而他最终并不能够拥有信用资本。所以，信任并不等于信用。

（三）信誉与信用

信誉是主体在长期社会交往和经济交易活动中，以自身良好的诚信度获得社会或交易对手的信任，进而拥有的一种信用品牌和信用标识，是当今社会人们普遍共同追求的社会形象或综合信用评价。信誉能使主体从"一般信用"升华为现代市场经济运行中一种重要的资本形态，成为一个企业、一个地区乃至一个民族的精神财富和价值资源。信誉可以为微观主体带来更大的市场份额，可以通过资产评估转化或提升其价值计入无形资产。

所有主体都拥有信用，都拥有获得信任的资本，只是多少不同而已，但并不是所有的主体都拥有信誉。信誉只有少部分主体才拥有，他们长期以诚信基本素质为约束，维护社会形象和践约经济交易。拥有信誉的主体，表明他已经拥有了信用这种资本，在以往长期的社会交往和经济交易活动中得到了社会的广泛认可，获得了交易机会，并且能够履约，其资本价值已经被确认和实现。因此，拥有信用不代表一定具有信誉，但具有信誉则表明主体一定拥有信用。人们在判断主体是否拥有信用的时候，也往往以该主体是否拥有信誉作为最直接、最简单的评判标识。

当人们关心交易对手是否长期守信，是否拥有信誉这种品牌、这种标识，是否具有良好的社会形象及综合信用评价的时候，就会使用信誉这个概念。此时，人们关心的其实是信用这种资本是否被社会认可，是否已经在社会中具有配置资源的资格，社会是否已经接受其信用资本，而不是关心这种资本的多少以及价值的高低。

所有的企业都拥有信用，但不是所有的企业都拥有信誉，信誉是一种品牌，需要历史积累和自身信用的沉淀。有些新生企业，即使拥有信用，具有一定的诚信度、信任度和践约能力，但在短期内也不一定能树立起信誉，不容易获得社会的广泛认可，也不会迅速建立起社会形象，拥有良好的综合信用评价。所以，运作一个企业就要重视诚信度、信任度和践约能力的长期培育，注重信用文化和信用形象的树立。格力电器副董事长董明珠就曾经说过："格力电器追求的就是对社会、对消费者、对员工讲诚信。格力为了品牌、技术、产品、服务的所有做法，都是本着诚信的原则出发，树立格力电器在消费者心目中的信誉，为了一个口碑。"由此可见，信誉已经是诚信和信任的外部化表现，是社会大众对信用主体的综合评价和认知。在现代市场经济中，企业必须不断强化诚信经营理念，只有诚信经营，企业才能在激烈的市场竞争中得以生存，并获得持续发展。

二、信用动机

现代信用是一个多维度的综合性概念。有时，简单地存在于人们的内心世界，固化为一种道德理念和心理活动；有时，伴随着人们的社会交往，表现为一种行为准则和行为共识；有时，体现于人们的经济交易活动中，成为契约关系下的交易行为。因而，引发了对信用动机的研究和探讨。目前，学术界普遍把信用动机分为诚实守信动机、违约失信动机和无动机失信。

（一）信用动机的含义

动机是驱使行为主体行动，满足行为主体某种需要的意念活动。动机是一种内在动力，是为需要而萌生的愿望。这种愿望可以是理智的，也可以是冲动的、缺乏理性的，有时甚至是无法解释的。而引发动机的形成，是有条件的，往往表现为某种心理过程，无法直接观察，需要将其外在化、具体化、明确化。

信用动机是信用主体是否遵守信用的一种内在动力，从根本上说，是信用主体对信用的需要。信用动机体现的是信用主体对自身信用资本现状与未来发展的愿望。可以肯定地说，所有的信用主体都有信用愿望，因为谁都想拥有信用资本，但可以更肯定地说，不是所有的信用主体都有同样的信用愿望。因为每个信用主体拥有的信用资本多少不同，自身成长条件不同，因而其信用的动力、自身的信用需要亦不同，其信用行为的表现也就不同，即有些是诚实守信的表现，有些则是违约失信的表现，还有些是无意中发生的失信行为，并无恶意和攻击性。因此，可以把信用动机归纳为诚实守信动机、违约失信动机和无动机失信三类。

（二）信用动机的作用

英国心理学家马斯洛认为，人的需要有五个层次：生理需求、安全需求、社交需求、尊重需求和自我实现需求。而且，人的需要是像阶梯一样由低级向高级不断发展的，前一个需求得到满足后，新的需要将成为激励因素。

动机是在需要的基础上产生的，是推动人们行为活动的直接原因。信用动机的作用主要有以下三种。

1. 唤起行为

信用动机会驱使、推动信用主体产生某种行为，这是一种始动作用，称为唤起行为。

最早的信用并不是刻意产生出来的，而是一种无可奈何的行为。早在16世纪西方的大航海时代，许多冒险家开始环球航行，在找到美洲大陆后，又梦想找到黄金之国。英国有一些商人也加入了这一行列，他们出钱买了一些船，雇用了一批海员，组成一支船队去寻找黄金。这些商人并不熟悉那些海员，他们担心海员们会把船卖了，再也不回来了，或者是独吞了找到的金子。他们也只能在无奈之下向海员们表示：我们唯一能给予你们的，就是信任，并把我们的财产和梦想都托付给你们。

一路上,海员们齐心协力,战胜了大风大浪,克服了重重困难,最终进入了北极圈。海员们拿船上的东西与当地人换了貂皮,这些货物带回后卖了大价钱,海员给了这些商人很好的回报。后来,这个故事在英国老百姓中间流传开来,大家纷纷讨论:什么样的人值得信任? 人们讨论商人,讨论海员,讨论信用行为的唤起与产生……

此后,信用就不再是一种无可奈何的行为,而是一种主动寻找信用主体的行为了。

2. 引导行为

信用动机会使信用主体的行为有一定方向性,使已唤起的行为有明确的指向作用,让信用主体的行为具有明显的选择性与方向性。

讲诚信,不吃亏。信用主体要想获得长久利益,其行为就必须具有明确的指向。这里有一个鲜明的实例。几年前,浙江某打火机厂与欧洲的经销商签订了打火机供应合同。合同价格是在新款打火机试装的时候约定的,但在真正投入生产后,厂家发现这款打火机的实际成本要比约定的价格高很多。这就意味着这份合同将使企业产生损失。当与欧洲经销商沟通的时候,发现他们已依据合同价格与下游客户签订了销售合同。正当欧洲经销商也举棋不定的时候,打火机厂做出了抉择:既然合同已经签订了,就不能违约,利益可以损失,信誉不能丢。于是,他们按期如约履行了合同。随后发生的事实证明,讲诚信确实不吃亏。那位欧洲经销商又给该打火机厂带来了很多合同,不仅弥补了以前的损失,双方更加紧密的合作,又给打火机厂带来了更加长久的利益。

3. 维持行为

信用动机会使信用主体的行为有一定的持续性,这是一种维持和调整的作用。

这里也有一个发生在我国的实例。河南某市的一家书店,因拆迁关了门。正当一些租书的人不知怎么要回押金的时候,店主主动贴出了一张告示,让所有顾客来取押金,并且留下了自己的真实姓名和联系方式。事后有人问店主:在当今,店关了,人走了,钱也不退了,我们听过、见过的太多了。你又何必呢?"做人要坦荡",店主一句既朴实又深意的话告诉我们,诚信驶得万年船,诚信千金难买。

(三)影响信用动机的因素

信用主体的行为是由信用动机决定的,而信用动机是由需要支配的,二者之间既存在必然联系,又不一定一一对应。

在我国,受传统文化的影响,人们默认因果关系,即所谓"善有善报,恶有恶报",人们在初始交往中更多的是彼此信任。但是,当社会发展到了一定阶段,随着社会交往的增多,人们的价值观念也发生了潜移默化的变化,特别是从一个封闭了几十年的计划经济社会进入了完全开放的市场经济社会,就像把老虎从笼子里放出来一样,贪婪、虚假和欺骗的本性也就在社会中盛行起来。

在这种情况下,单纯依靠人性本身的自我约束就不可能完全适应社会发展的需要了,应该更多地发挥法制建设和社会民主监督的作用,应该研究信用的起因和发展,制定相应的信用管理制度,出台相应的管理措施,在建设有中国特色社会主义的进程中激励、倡导、约束人们重承诺、守信用。

(四)诚实守信五大动机

信用主体能够诚实守信,是与以下五个动机分不开的,即心理满足、建立信任、树立信用形象、追逐经济利益、社会责任感。

1. 心理满足

信用主体出于满足自身心理需要、获得自我安慰的目的开展信用活动,这是人类在潜意识里自发的信用动机,也是人类最为朴素的信用动机。它不掺杂任何利益刺激或外部强制,是人们在内心深处出于良知和自省的要求,是人们自然而然地按照诚信的基本原则去作为、去行动的信用活动。它的特点是信用主体往往不是为了自身的信用而诚实守信,他们只是习惯于遵守社会规则,习惯于信守承诺,说话算数、说到做到已成为他们做人、做事的基本素质,并且成为他们语言与行为的指引。如果有不遵守规则、不承诺践约的情况,他们内心就会不安。在社会交往和经济交易活动中,有时因为自己的诚实守信而受到损失,他们也会觉得不平衡。但他们出于自我的心理满足,也会一直坚持下去,即所谓"不做亏心事,不怕鬼敲门"。

2. 建立信任

信用主体在社会交往或经济交易过程中,希望建立相互信任的关系,获得他人的认可和信赖。他们一开始往往不带有很强的目标,仅仅是为了保证正常的交往,彼此建立一种相互信任的关系。它的特点是信用主体已经超越了自我和自觉的范畴,脱离了人类简单和朴素的心理意识的局限,扩展到了整个社会交往领域,并且已经是不仅追求个人自省原则和道德价值取向,而是寻求一种在多个主体之间的认可感和信任感。这是人类在进化发展过程中,在建立交换、交往、合作、互助的社会群体意识之后,伴随而生的一种信用动机。这种信用动机会给信用主体带来一定的经济利益和社会效益。他们与交易各方建立的信任关系,使其既可在社会交往中顺畅自如、游刃有余,也可在经济交易中抢占先机,获得宝贵的信用资本和信用资源,这无疑是信用主体的一笔宝贵财富。

3. 树立信用形象

企业和个人在社会交往中,不可能脱离社会环境孤立存在,所以在社会上的被认可度和接受度,成为信用主体十分关注的问题。因此,信用主体在社会交往和经济交易中,都会自觉或不自觉地产生树立信用形象的欲望。它的特点是信用主体出于树立信用形象的动机而进行信用活动,这类主体会利用各种场合、借助各种手段来表达自身的信用诉求,并时时处处维护自身的信用形象。相对建立信任的信用动机而言,树立信用形象动机更具有目的性和长期性。信用主体往往是为了某个或某几个具体的目标开始建立自身的信用形象,并且准备或正在在长期的信用活动中不断累积信用表现,树立值得信赖的信用形象。

随着社会的进步和市场经济的不断发展,信用形象对信用主体生存和发展的影响日益加深。许多百年老字号企业凭借诚信为本的信誉获得长远的发展和可观的效益,新兴的诚信企业也在市场竞争中获得了比较明显的优势,足以说明树立自身信用形象对企业可持续发展的重要性。

4. 追逐经济利益

在日益增多的现代市场经济活动中,有时人们为了获得某种经济利益、达成某笔经济交易,也会自觉遵守诚实守信原则,约束市场和社会信用行为。他们讲诚信、守制度、履契约的动机非常单纯,就是为了追求经济利益。而在当今的市场经济环境下,追逐经济利益的动机往往驱动力更强,更能促使信用主体按照社会普遍的信用准则规范其信用行为。

信用主体出于追逐经济利益的动机开展信用活动,有时是出于自身的诚信观念,有时是迫于契约的约束,也有时是基于社会信用管理制度的规范,更多的则是迫于契约的限制和制度的制约,并非是信用主体自发的诚信道德意识的驱使。这也是追逐经济利益这一信用动机与其他信用动机最为不同之处。其他信用动机基本上是信用主体自主的、自愿的,追逐经济利益动机则是外部的、强制的。

5. 社会责任感

社会责任感是信用主体为实现自身与社会的可持续发展,遵循法律、道德和商业伦理,自愿在交易过程中对利益相关各方负责,追求经济和社会综合效益最大化的行为。信用主体在长期的社会交往和经济交易过程中,会自觉或不自觉地产生改善社会信用环境、规范信用经济秩序的愿望和要求,这是社会主义市场经济发展到一定时期的必然需求。

人们在长期的社会交往和经济交易中,总会遇到形形色色的信用主体,看到各种各样的信用现象,其中有诚实守信的典范,也有背信弃义的特例。在经过长时间的累积和发展后,人们渴望寻求一种诚实守信的社会环境,以获得心灵上的放松感和交往中的安全感。当这种愿望成为全社会普遍的理想和要求时,就产生了社会信用管理的职能和分工,政府部门、行业自律组织乃至社会运行机制自身,都会行使社会信用管理的职能,维护全社会的信用环境,进而不断出台相关的信用法律法规和信用制度。

但是,出于社会责任感动机驱使的信用行为,并非是所有主体都能够具备的思想意识,净化社会信用环境是一个长期的过程,需要来自全社会各方的积极努力,包括政府、行业自律组织、信用管理部门以及各类市场主体。

(五)违约失信两大动机

违约失信是人们不愿意看到的结果,也是社会不提倡的行为标准。但在现实生活中,违约失信的行为并不在少数,这也是社会多元化的重要表现。不同的价值观和评价标准,不同的成长经历和家庭背景,都有可能诱发违约失信的结果。目前,学术界把违约失信动机归纳为两大类,即获得心理满足和追逐经济利益。

1. 获得心理满足

大部分失信行为主体的潜意识里往往存在一种侥幸心理,认为违约失信是占便宜的"聪明"表现,并且以侵害别人为荣,获得一种心理上的满足感。在这些人眼里,诚实守信已经不是约束他们行为的道德底线,如何贪得便宜、侥幸获益才是他们的思想根源。他们不仅不会出于良知和自省的要求,按照诚信的基本原则做人做事,反而会认为那是一种愚蠢的表现,是不会投机获利的愚笨之人的行为。

2. 追逐经济利益

失信行为的最大动机来源于追逐经济利益。当今社会,最大限度地获得经济利益,似乎已经成为一些人社会交往的唯一目的和追求。道德约束、外部制约在他们的脑海中已经完全丧失,唯有获得预期的经济利益才是最大的成就和满足。为了达成某种交易,一些人甚至不惜触犯法律法规,不惜丧失人格和尊严。这种现象的形成与诚信道德观念的淡薄和外部法规约束的弱化有一定关系,但最直接的原因还是人们在经济利益的动机驱动下,自觉或不自觉地触犯道德底线和制度边界后,还能够获得预期经济利益的现实。因此,追逐经济利益的违约失信动机更加外部化,更受到社会文化和经济秩序的影响。

(六)无动机失信

无动机失信是指有些行为主体,既没有以失信为荣的极大心理满足感,也没有追逐经济利益的强烈诉求,只是对诚信意识、建立信任、树立信用形象、净化信用环境抱着一种无所谓的态度,其目的性和功利性都远远弱于两大违约失信动机。在现实生活中,这类行为主体不在少数。他们中很多是毫无信用概念,随性而为,不关注自身的信用形象,也没有改善诚信环境的责任感。在具体行动中,往往是无意中发生一次或几次失信行为,并无恶意和攻击性。所以,可以把这些行为主体的信用动机称为无动机失信。无动机失信可有以下几种情况。

1. 诚信意识空白,信用心理需求与成熟度较低

失信主体对诚信、信用、信誉等没有意识,没有理念,也没有最基本的了解,觉得诚信只是商家与企业的事情,与个体无关,至少与自己无关。在社会活动与经济交易中,他们根本没有想过信用问题,信用意识处于空白状态。

2. 建立信任关系的思想意识淡薄

失信主体在社会交往中丝毫没有建立信任的理念,也没有建立信任的追求。他们与其他人的交往,完全根据自己以往的行为方式相处,不带有任何目的,没有建立信任的意识。更有一些人甚至可能认为建立信任是一种不明智的行为选择,认为谁建立信任谁就是傻子,反倒是无信任关系的人活得更潇洒、更自在。

3. 不追求信用形象

失信主体在主观上没有建立信用形象的追求,认为信用形象虚无缥缈、没有实际用途,树立自身的信用形象无法带来眼前利益,有时甚至可能牺牲眼前利益,因此在主观上没有树立信用形象的动力。加之树立和维护信用形象不是一朝一夕的事情,失信主体往往没有耐心去呵护信用形象,只求能够满足一时的利益需要即可。

4. 对信用环境没有奉献精神

失信主体身处社会环境之中,受到社会信用环境的影响,反过来也影响社会信用环境。从主观而言,失信主体对社会信用环境的状况视而不见,没有通过以身作则、克己奉献的实际行动,为净化信用环境做出贡献的想法和愿望。其不愿意从我做起,也不愿意改变什么,认为身处何种环境都可以,只要明哲保身、偏安一隅享受生活即可。更有甚者,怀着一种"宁可我负人人,不能人人负我"的思想。这必将给社会带来更严重的后果,还可能导致信任危机和信用困境。

这类失信主体在潜意识里认为,信用环境改善了,大家都受益,我也会跟着受益,但是信用环境不好,我也没有义务从自身做起,先做到自我诚信,进而慢慢影响环境,甚至逐步改善环境。这些失信主体不愿意做诚信的先行者,觉得谁先做谁先吃亏。

在现实生活中,时时处处以诚实守信要求自己的"好人"和完完全全无所顾忌的"坏人"都不是社会的主流,绝大多数的失信行为都属于无动机失信。今天,张三坐公交逃票,明天李四坐地铁也逃票,也许李四并不是为了获得更多的经济利益,也不是为了满足自己的心理需要,仅仅是因为知道张三逃票没有受到任何惩罚而效仿。再比如,王五开车违规并线,没被警察罚款扣分,赵六也违规并线,心存侥幸。赵六的举动并没有获得任何

经济利益和心理满足,只是无意识地效仿了王五的错误做法,赵六本身的诚信意识就淡薄,加之对社会信用环境的改善没有明确的责任意识,自然而然走向反面。所以,对于这种无动机失信的行为和主体,社会的监督和管理是非常必要的,而且是迫在眉睫的。

三、企业信用建设

企业信用是指作为市场主体的企业,在微观经济活动中,以诚实守信的态度开展经营活动,合法追求利益的最大化。企业信用是社会信用体系建设的重点。我国的社会信用体系建设包括政府、企业、个人和其他组织的信用几个方面,其中企业信用是基础和核心。

(一)企业信用的内涵

企业信用是企业在资本运作、资金筹集及商品生产流通中所进行的信用活动。企业信用也可称商业信用,是指工商企业之间在商品交易时,以契约(合同)作为预期的货币资金支付保证的经济行为,故其物质内容可以是商品的赊销,而其核心却是资本运作,是企业间的直接信用。企业信用在商品经济中发挥着润滑生产和流通的作用,是商业信用和消费信用的重要组成内容。企业信用的信用工具包括商品赊销、企业债券或其他金融衍生工具。

在企业信用中又包括银行信用。银行信用也是一种企业信用,是以货币资本借贷为经营内容,以银行及其他金融机构为行为主体的信用活动。银行信用是在商业信用的基础上发展起来的一种间接信用。在企业信用中,银行信用和商业信用之间具有非常密切的联系:一是商业信用始终是一切信用制度的基础;二是只有商业信用发展到一定阶段后才出现了银行信用;三是银行信用的产生又反过来促使商业信用进一步发展与完善;四是商业信用与银行信用各具特点,各有其独特的作用,二者之间是相互促进的关系,并不存在相互代替的问题。

(二)企业信用的地位

企业信用是社会信用体系的核心。大量的市场主体准入行为、经营行为、交易行为、竞争行为均由企业进行,信用行为贯穿企业行为的全过程。同时,企业又是信用的最大需求者和供应者,在市场经济运行中,企业是市场价格关系、供求关系、竞争关系的主角,企业的行为对市场机制与市场秩序的发展有重大影响。企业信用是企业管理水平、技术水平、道德水平的综合反映。企业信用是整个社会信用体系的实质内容,是核心。

高度发达的企业信用关系是现代市场经济的一个显著特点,没有企业信用就没有市场经济。企业信用是否有序,对现代市场经济能否顺利运行具有举足轻重的影响。信用无序化必将导致社会经济生活秩序的混乱,严重时导致整个社会信用链条的断裂,使社会经济生活陷于瘫痪。作为市场经济的微观主体,企业具有良好的信用更是现代市场经济正常运行的必要条件。企业信用恶化,会动摇整个市场经济的基石。

(三)企业信用建设的任务

企业信用作为社会信用体系建设的核心,应当做好以下几个方面的建设。

1.建立健全企业信用管理制度

规范市场经济秩序的活动,不能简单地依靠一次又一次的突击大检查或严打等形式来解决问题,而必须靠规范的市场经济规则和相应的制度建设来实现。企业作为市场的主体,与其他市场主体存在着广泛而密切的信用关系,它的市场准入、交易行为以及市场退出是否规范,直接决定和制约着市场经济秩序的好坏。因此,建立规范的企业信用制度,包括企业信用风险管理制度和企业信用行为规范制度,是最基本的市场规则和制度之一,是规范和整顿市场经济秩序的治本之策。

企业信用制度包括企业内部信用制度和企业外部信用制度。

企业内部信用制度是指企业内部所建立的关于信用管理制度的总称。在市场经济条件下,企业是信用风险的主要承担者之一,企业加强内部信用管理就成为有效发挥信用功能、防范信用风险的必然选择,这也是提高我国市场交易信用程度的前提和基础。加强企业信用管理,不仅可以大幅度减少交易不当导致合约不能履行以及企业对履约计划缺乏管理而违约的现象发生,而且还可以形成一种对失信企业和机构的市场约束力,使信用不良的企业在与其有交易往来企业的客户信用管理中被筛选掉,使其没有市场活动的机会和空间。

企业外部信用制度是指为企业提供征信、实施信用监管等规范的总称。主要包括经济主体信用行为的调查、收集与登记(征信),信用等级的评估与公示,信用转让,信用风险预警,信用风险管理,信用风险转移以及国家对企业信用监管。其主要制度有:政府信用公示和使用制度、信用征信制度、信用评估制度、信用中介服务制度、企业信用监管制度和企业失信惩罚制度。

2. 规范企业信用行为

规范企业信用行为是建立社会信用体系的重要目的。运用守信受益、失信惩戒的信用体系经济规律作用能够对企业等信用主体规范信用行为形成激励与惩戒机制。激励制度就是对信用良好的企业在市场交易活动中给予优先和优惠。在这方面,从深化改革着手,使企业的资信等级成为企业进入市场的通行证,使资信等级能与企业的市场交易活动相结合,充分发挥信用等级的作用。失信惩罚制度不仅限于一般的行政处罚,更应体现在企业信誉评定的影响、道德的谴责和生存发展的制约等方面。建立合理的惩罚尺度,以对不同程度的失信行为施以相应处罚;建立快速收集有关失信行为的信息或举报机制;根据失信行为的严重程度,将企业的不良信用按照时间长短不同记录于各相关数据库;建立被惩罚人申诉制度;对诬告、诽谤者诉诸法律。

3. 树立良好信用形象

"重合同、守信用",是企业树立良好信用形象,适应社会信用体系建设的基础。良好的信用意识环境的形成应通过建立起以讲信用为荣、不讲信用为耻的信用道德评价和约束机制,使企业自觉形成一种"重合同、守信用"的社会风气,形成一个"诚实守信"和"履约践诺"的良好氛围。这就必须提高对信用重要性的认识,逐步健全全社会信用教育体系,普及信用知识,强化信用意识。要切实加强诚实、守信的职业道德教育,深入开展公民道德实践活动,增强企业和个人的法制观念和商业道德观念,推动信用文化建设,为建立社会信用体系提供社会理论基础。企业将信用作为一种资源对企业的发展具有长远战略意义,珍惜已有信用,并努力创造新的信用。企业恪守信用能够创造更多的商机,为企业带来更多的长远收益。有信用才有市场,企业失去信用,必然导致交易成本上升,交易效率下降。如果不讲信用,企业就无法进入交易市场,严重的甚至被整个市场封杀。

(四)企业信用管理制度

企业信用制度是企业信用关系发展的必然产物,是企业信用正常运行和发挥作用的集中体现和制度保障。按照促进诚信、防范信用风险的目标,建立以信用状况调查、信用评价、信用自律、信用档案管理为主要内容的企业信用管理制度,使企业内部的信用信息管理工作规范化、制度化。建立对企业的信用约束机制,通过公开企业信用状况、激励守信、惩戒失信,督促引导企业诚信立业,促进企业塑造良好的信誉形象。

企业信用管理制度是规范企业诚实守信的一系列法律、法规和规章。企业信用管理制度一般由内、外两部分构成:一部分是企业内部信用管理制度,包括客户资信调查和评级机制、债权保障机制、应收账款管理和回收机制,以及信用管理机构管理制度;另一部分是企业外部信用制度,也称企业信用制度,包括企业信用征信评估制度、企业信用信息监管制度和信用中介服务机构管理制度等。

以法律制度、国际惯例和商业习惯为主导的信用制度是信用体系中的制度性因素。就其反映的内容而言,信用制度是交易主体行为的规制,是对市场主体交易过程中信用关系所作的一种制度安排。

1. 国外企业信用制度建设的经验

信用是商品生产和商品交换发展到一定阶段的产物。发达国家的市场经济已有100多年的历史,目前已高度发达。因此,它们的企业信用制度已经比较成熟和完善,其中,以美国最为典型。其主要特点如下。

1)企业信用管理法律是企业信用健康发展的基础

第二次世界大战后,美国信用交易的规模迅速扩大。伴随着信用交易的增长和信用管理行业的发展,征信数据和服务方式等方面不可避免地产生了一些问题,诸如公平授信、正确报告消费者信用状况、诚实放贷等问题,其中特别敏感的是,保护消费者的隐私权问题。鉴于市场的发展情况,有关方面都对国会出台信用管理相关法律提出了强烈要求。于是,在20世纪60年代末期至80年代期间,美国开始制定与信用管理相关的法律,经过不断完善,目前已形成了一个完整的框架体系。

一般来讲,美国企业基本信用管理相关法律框架是以公平信用报告法(Fair Credit Reporting Act)为核心的一系列法律,包括公平债务催收作业法(Fair Debt Collection Practice Act)、平等信用机会法(Equal Credit Opportunity Act)、公平信用结账法(Fair Credit Billing Act)、诚实借贷法(Truth in Lending Act)、信用卡发行法(Credit Card Issuance Act)、公平信用和贷记卡公示法(Fair Credit Card and Charge Card Disclosure Act)、电子资金转账法(Electronic Fund Transfer Act)、储蓄管理机构违规和货币控制法(Depository Institutions Deregulation and Monetary Control Act)、目恩 - 圣哲曼储蓄机构法(Garn - St Germain Depository Institutions Act)、银行平等竞争法(Competitive Equality Banking Act)、房屋贷款人保护法(Home Mortgage Disclosure Act)、金融机构改革 - 恢复 - 强制执行法(Financial Institutions Reform, Recovery and Enforcement Act)、社区再投资法(Community Reinvestment Act)和信用修复机构法(Credit Repair Organization Act)、格雷姆 - 里奇 - 比利雷法(Gramm - Leach - Bliley),共有15项。几乎每一项法律都进行了若干次修改。其中一项被称为"信用控制法(Credit Control Act)"的法律在20世纪80年代被终止使用。在美

国 16 项生效的信用管理相关基本法律中,直接规范的目标都集中在规范授信、平等授信、保护个人隐私方面。因此,商业银行、金融机构、房产、消费者资信调查、商账追收行业受到直接和明确的法律约束,而对征信行业中企业资信调查和市场调查行业则没有法律法规的约束。在这 16 项与信用管理相关的法律中,最重要的是"公平信用报告法"。上述法案构成了美国国家企业信用管理体系正常运转的法律平台,并且随着经济发展,许多法案都历经了多次修改,对保证美国经济的良性运转起到了非常重要的作用。

2) 信用中介服务机构是企业信用的组织保障

企业信用制度必须有公平的中介信用服务机构作为组织保障。美国的信用市场之所以最为发达,而且并未因信用交易额的扩大带来更多的风险,有发达的信用中介服务机构是重要因素之一。美国有许多专门从事征信、信用评级、商账追收、信用管理等业务的信用中介机构。在个人资信服务领域,全国有 1000 多家当地或地区的信用局(Credit bureau)为消费者服务。这些信用机构中绝大多数附属于 Equifax,Experian/TRW 和 Trans Union 等三家全国最为主要的信用报告服务机构,这三家公司在全国范围内都建有数据库,其中包括超过 17 亿消费者的信用记录。信用局每年提供 5 亿份以上的信用报告,典型的信用报告一般包括四部分:个人信息(如姓名、住址、社会保障号码、出生日期、工作状况)、信用历史、查询情况(放款人、保险人等其他机构的查询情况)和公共记录(来自法院的破产情况等)。在企业征信领域,邓白氏(Dun & Bradstreet)是全球最大、历史最悠久和最有影响的公司,在很多国家建立了办事处或附属机构。邓白氏建有自己的数据库,该数据库涵盖了全球超过 5700 万家企业的信息。在资信评级行业,目前美国国内主要有穆迪投资服务公司(Moody)、标准普尔公司(Standard and Poor's)、菲奇公司(Fltch)和达夫公司(Duff & Phelps),它们基本上主宰了美国的资信评级市场。

美国的信用中介机构都是由私人部门建立的,每一家信用中介机构都是以一种核心业务(如消费者信用报告、资信评级、商账追收等)为主,同时提供咨询和增值信息服务。在信用中介机构的发展过程中,随着各地信用市场壁垒的消除和信息技术的快速发展,信用中介机构的集中化趋势不断增强,机构数量也在不断减少,规模越来越大。在美国,信用行业的几乎每一个特定市场都已被少数几家机构垄断。随着信息技术的快速发展,越来越多的信用中介服务机构开始向用户提供在线服务,消费者的信用报告可以在网上获取。由于互联网的优势,信息的传递与交流变得更加方便,信用数据的记录与更新也更加容易,信用中介服务机构的影响也日益扩大。

3) 企业具有较强的信用意识

在美国,信用交易十分普遍,缺乏信用记录或信用记录历史很差的企业很难生存和发展,而信用记录差的个人在信用消费、求职等诸多方面都会受到很大制约。因此,不论是企业,还是普通消费者都有很强的信用意识。在美国,企业普遍建立了信用管理制度,较大的企业中都有专门的信用管理部门,为有效防范风险,企业一般不与没有资信记录的客户打交道。由于信用交易与企业的生产经营密切相关,美国企业都十分注重自身的信用状况,并会定期向信用信息局查询自己的信用报告,尽可能避免在信用局的报告中出现自己的负面信息,企业、个人都具有较强的信用意识。

4）国家具有完善的企业信用监管体系

尽管美国有比较完善的企业信用法律体系,对征信数据的取得和使用都有明确的法律规定,但为了保证企业信用法律法规的实施,美国还建立了较为完备的监管体系。该体系由政府行政、司法等部门和民间企业信用管理中介机构构成。在政府管理部门中,联邦贸易委员会(Federal Trade Commission)是企业信用管理的主要监管部门,司法部、财政部货币监理局和联邦储备系统等在信用监管方面也发挥着重要作用。在民间信用管理组织方面,有信用管理协会、信用报告协会、美国收账协会等一些民间机构,其主要功能在于联系本行业或其分支机构的从业者,为本行业从业者提供交流的机会和场所,进行政府公关,为行业争取利益等活动。同时,提供信用管理的专业教育,举办从业执照的培训和考试,举办会员大会和各种学术交流会议,发行出版物,募集资金支持信用管理研究课题等,在信用行业的自律管理和代表行业进行政府公关等方面发挥了重要作用。

法国、德国和比利时等一些欧洲国家的企业信用制度同美国基本上一致,区别之处在于:一是信用信息服务机构是作为中央银行的一个部门建立的,而不是由私人部门发起设立的。如比利时信用信息办公室作为比利时中央银行(比利时国家银行(National Bank of Belgium)的一个部门,负责记录有关分期付款协议、消费信贷、抵押协议、租赁和公司借款中的不履约信息。二是商业银行要依法向信用信息局提供相关信用信息。三是中央银行承担主要的监管职能。以比利时、德国和法国为代表的一些欧洲国家,由于信用信息局作为中央银行的一部分,因而对信用信息局的监管通常主要由中央银行承担,有关信息的搜集与使用等方面的管理制度也由中央银行制定并执行。

2. 我国企业信用制度建设的现状

与西方发达国家相比,中国没有经过资本主义社会阶段的充分发展,长期处于半殖民地半封建社会。新中国成立后只经过短暂的过渡期,便迅速迈向社会主义初级阶段,因此长期以来一直实行的是计划经济。在这种经济体制下,国民经济运行实行高度集中,工厂生产什么、商业销售什么、往来资金如何结算、生产经营资金如何获得,都由国家计划安排。由于各企业间的主体关系不明确,导致社会各经济主体之间的信用观念实际上不存在。改革开放以来,随着计划经济体制向市场经济体制的转变,社会信用关系得到广泛发展,企业信用制度逐步开始建立,虽取得了重大的进展,但与高速发展的市场经济体制的要求相比,差距甚远,既不适应加入世界贸易组织的需要,也滞后于当前维持市场经济秩序的实际需求。主要表现在以下几个方面。

1）缺乏与现代市场经济运行机制相适应的信用意识

由于我国长期实行计划经济体制,信用经济发育较晚,信用工具不足,社会的信用观念仍带有浓厚的传统色彩,以至于与现代市场经济相适应的信用观念尚未真正建立,企业的信用意识和信用道德观念还未普遍培养起来。尤其是政府的管理仍然受计划经济的影响,注重行政管理,不重视、不相信市场主体的自治能力。同时,国家信用管理体系尚未发育,相关的法律法规和失信惩罚机制尚不健全,导致社会上不讲信用的企业照样可以生存和发展,坑蒙诈骗者也有一定的市场。整个社会没有形成"守信为荣,失信为耻"的信用道德评价和约束机制,企业感受不到失信的切肤之痛,就会形成比较普遍的失信现象。

2）企业信用法律法规不健全

我国目前还缺乏企业信用管理制度的立法，企业信用活动的基础环境还比较差。在我国现行的法律体系中，如民法通则、票据法、公司法、合同法等，对部分信用行为的债权保护提供了保证，但还不能涵盖全部信用行为，对债务人履行义务的约束不完全且不具有强制性。例如，有关的法规中没有规定债务企业的资产重组、改制或其他重大事项变更有可能引起债务转移时应当且必须经过债权人同意或告知债权人，由此使许多债务企业能够钻法律的空子，乘机逃废债务。与此同时，我国尚未建立起与市场经济相适应的信用体系中的基础信用记录、征信组织和监督制度。因为根据信用记录，可以评判企业守信偿债的能力。目前，我国对企业信用及其经营行为的记录和监督，分散在工商、税务、银行、海关、质监等不同部门中，尚未形成一个统一的互联互通的网络平台，既难以形成完整的信用记录，也无法进行有效的监督。而对个人经济行为的记录、评价和监督，目前也不够全面和完善，这不仅影响了个人消费信用的发展，同时也无法为企业和社会评价个人承担社会经济责任的能力提供依据。另外，法律法规渊源复杂，缺乏系统性，且相互间也多有抵触；有的法律法规内容含糊不清，或过于笼统或过于抽象，容易造成理解上的困难，甚至是误解，也给法律的执行留下了比较宽阔的空间；执法手段落后，法制保障不可靠；地方保护主义严重等。这些都是企业信用制度建设的障碍。没有健全的法制作保障，就不可能真正建立起有效的企业信用制度。

3）企业信用奖惩机制不完善

在市场经济发达的国家，信用良好、信用等级较高的企业在股票和企业债券发行中能够给予优先安排，可以获得银行较高的信用额度和更为优惠的利率价格。企业如果数次不能如期偿还债务，就会被吊销营业执照。但在我国，在企业融资、市场准入或退出等制度安排中，还没有形成对守信用的企业给予必要的鼓励、对不守信用的企业给予严厉惩罚的相应规则。我国在信用体系建设方面，有法不依、执法不严的问题还相当严重，在一些违法和诈骗案件的审理中，还存在着严重的地方保护主义。社会上更是缺乏严格的失信惩罚机制，一些尚未达到刑事犯罪程度的失信行为得不到相应的惩罚，不讲信用的企业法人和个人也不能得到社会的谴责和唾弃。政府对信用市场的监督管理还很薄弱，对从事企业信息服务的中介机构（包括会计、审计、法律服务和征信中介、资信评估等）缺乏监管，以致造成虚假信息盛行。

4）政企不分，政府行政部门随意介入、干扰企业经营活动

在长期计划经济体制的熏陶下，政府已养成干预经济活动的习惯，政府与市场、政府与企业、银行与企业之间的关系，没有得到实质性的理顺和改善。这种政府既当裁判员又当运动员的体制，对塑造市场经济条件下的政府的公信力十分不利。同时，政府习惯性地对部分企业或行业的倾斜性扶持政策，也加剧了企业或行业对政府的依赖，从而不断降低竞争力、诱发失信道德风险，导致地方保护主义和企业"借债不还"等现象的加剧。

此外，体制性因素的影响，导致政府行政部门违法介入企业市场活动和干扰行政执法。比如，有些地方政府或行政主管部门将本应由自己出面筹措资金兴建公益事业的债务负担转嫁给企业，使企业负债超过其偿还能力。有些地方政府或行政主管部门以口头或书面形式为企业融资活动提供变相的信用担保，而在发生偿债问题时，又推诿责任，任

意逃废债务。有些地方政府或行政主管部门,干扰执法,纵容包庇不如期履约清还债务的本地企业。有些执法机关和执法人员徇私枉法,侵害债权人利益。政府组织及政府官员的这些干预行为,加剧了政府尤其是地方政府的信用缺失问题。

5)信用中介服务的市场化程度低

在现代市场经济中,中介征信服务机构是专门从事市场主体信息的收集、整理、评估并提供咨询服务的社会组织,承担着信用的自律、评估、服务、咨询、担保等功能,在弥补信用信息的不对称方面具有重要的作用。中国仍是"非征信国家",信用的社会中介服务组织发展严重滞后。现存的一些为企业提供信用服务的市场运作机构(如征信公司、资信评级机构、信用调查机构等)和信用产品,如信用调查报告、资信评级报告等,不仅市场规模很小,经营分散,而且行业整体水平不高,市场竞争基本处于无序状态。同时,资信评价结果缺乏权威,信用评估中弄虚作假现象极为普遍,公众对中介信用机构缺乏信心导致对信用中介服务的需求不足。由于没有建立起一套完整而科学的信用调查和评价体系,因此企业和个人的信用状况得不到科学、合理的评估,市场不能发挥对信用状况的奖惩作用,企业缺乏加强信用管理的动力,个人也无意获取自己的信用"通行证"。由于信用中介服务水平较低,企业得不到征信企业在信用管理方面的技术和信息支持,企业信用管理难以运作。目前,我国企业信息分散于政府各个部门,没有统一的检索平台,不便于检索查询。这样,一方面缺乏企业信用的评估机制,使企业的信用状况得不到科学、合理的评估;另一方面使市场不能发挥对企业信用状况的奖惩作用,企业便失去了信用建设的动力。同时,政府对从事企业信息服务的中介机构(包括会计、审计、法律服务等)缺乏监管,在信息生产环节上管理不严格,造成虚假信息盛行。

6)企业内部信用管理制度不完善

作为国民经济的最基本的载体,企业内部普遍缺乏信用管理制度。目前,我国企业组织机构设置看似很全面,办公室、人事部、销售部等一个都不少,但却很少有企业设立专门的信用管理部门。事实上,企业内部信用管理是企业经营管理的重要组成部分,它包括对应收账款和商品销售的管理,对与企业发生业务关系的所有主要客户信用状况的调查和管理,是企业财务会计部门连接各业务部门的桥梁,也是企业筛选客户,与诚信客户保持长期联系的纽带。我国企业普遍缺乏这一重要的管理部门和环节,是造成企业失信的一个重要原因。由于企业缺乏内部信用管理,授信企业会因授信不当而导致合约不能履行,承信企业则因对履约计划缺乏管理而违约,企业因对合作客户的信用状况缺乏了解而受骗上当,诸如此类的现象屡见不鲜。企业间的"三角债"问题就是一个鲜明的实例。

3.建立企业信用制度的重要意义

企业信用制度是企业生存和发展的根本。信用风险直接威胁企业的利润,甚至影响企业的生存和发展等长远利益,因此每个企业都有管理信用风险的切实要求。有管理需求,才会产生应对办法,进而才会出现有效的制度安排。信用理论表明,人们越是关心未来,越是注重长远利益,信用的约束作用就越强,信用制度就越容易建立起来。企业信用制度对企业的意义,具体体现在以下三个方面。

1)良好的信用是企业长期发展的基石

据有关部门统计,我国的企业经营者问卷跟踪调查显示:企业的信用等级与盈利状况有明显的相关关系。A 级以上（含 A 级）信用的企业盈利的占 69.3%，其他企业盈利的占 49.8%；反过来看，A 级以上（含 A 级）信用的企业亏损的占 17.8%，而其他企业亏损的占 32.1%。这说明企业的信用越好，盈利状况就越好。

企业与消费者是相互依存的。企业如果从内心深处把顾客当作上帝，并时时处处为顾客着想，顾客就会成为企业的产品或服务的忠实购买者和宣传者。在经营中，企业如果不付出真情，只是靠一些花哨的形式来取悦消费者，或者是欺骗消费者，那将难以生存下去。

2）良好的信用是企业合作的基础

企业成功的要素很多。过去人们都很关注成本，管理者往往把成本降到最低点作为自己的工作方向。但降低成本的空间毕竟有限。实践表明，从长期来看，要提高企业经济效益，提高企业价值，首要的、根本的因素是企业信用。

当然，企业的知名度需要通过广告宣传，但真正靠得住的是企业自身的诚实守信行为。诚实守信的企业在经济交往中，由于彼此间的相互了解，其他的经济主体往往起到相互传播的作用。企业之间的相互信任要比广告效应强得多。这样一来，一传十，十传百，企业的整体形象得以提高，发展空间得以扩大。在相互的经济交往中，企业信用就是一种重要的无形资源。拥有良好的信用，企业则可以在市场经济活动中游刃有余，领先对手。没有信用的企业将在市场中寸步难行，无立足之地。

3）良好的信用有利于提高企业的凝聚力

一个企业要发展，员工是主要力量。怎样激发员工的积极性、增强员工的凝聚力？办法当然很多，其中讲信用是一个很重要的方面。领导层做出的任何决策，首先要让群众相信这个决策有利于大家的共同利益。只有双方相互信任，行动才可以加快，成本才可以降低。在组织内部的管理机制中，同样应该体现"诚信"的原则，在用人机制、薪酬福利机制、考核机制中都不能"杀一儆百"，更不能以"惩之而后快"。只有维持员工队伍的稳定，企业才能够持续高速发展。

总之，信用是企业生存和发展的基础。信用是现代市场经济的生命，是企业从事生产经营活动的必要因素，有着真金白银的价值。在市场经济条件下，企业开拓市场靠的是信誉与品牌。企业之间的竞争，最终是信誉与品牌的竞争，而品牌由信誉凝聚而成。一个企业失去了信誉，也就失去了市场，失去了生存和发展的可能。

四、诚信文化建设

随着社会主义市场经济的飞速发展，经济活动的主要方式正逐步发生变化，由传统的交易方式向建立在诚信原则基础之上的信用交易方式转变，交易活动的扩大和发展使整个经济活动日益信用化，已成为现代市场经济运行的前提和基础，成为现代市场经济健康发展的保证。2014 年 6 月 14 日，国务院发布的《社会信用体系建设规划纲要》，明确提出要"以建设社会主义核心价值体系、培育和践行社会主义核心价值观为根本，将诚信教育贯穿公民道德建设和精神文明创建全过程"。

（一）对诚信的进一步理解

"国无信不立"，"人无信无本"，诚信是中华民族的传统美德，是现代市场经济的基石。

1. 诚信是道德规范和行为准则

"诚信"，顾名思义，就是诚实、守信，言行一致，实事求是，忠实地履行自己的诺言。诚信乃立身之本，立国之本，也是立业之基。在日常生活中，人们常说的没有诚信，是宽泛地指某人说话不算数、不守承诺。在日常生活中，通常人们并不是为了得到某种功利性的回报才讲诚信，而是出于道德本身。所以说，诚信是做人的基本原则之一，它是人们在为人处事中，在各种社会交往中，必须遵守的一种道德规范，并已经得到社会的认同。良好的诚信不是一天两天的事，而是需要一个相当长的过程才能建立。

因此，诚信作为一种道德规范，是任何社会、任何行业、任何人都不可缺少的，因而也就成为任何社会都提倡和奉行的行为准则。诚信已深入到社会的各行各业，已成为人们社会活动的基础。人们正在用不同的方式，在不同的岗位诠释着诚信的深刻内涵。

2. 诚信是中华民族传统文化与精神追求

中华民族自古就是礼仪之邦，诚实守信历来是中华民族引以为骄傲的美德，也是几千年中华传统文化的主流。我国古代的《说文解字》，对诚信是这样解释的："诚，信也，从言成声"，"信，诚也，从人言"，即"诚"和"信"是相互贯通、互为表里的，"诚"是"信"的依据和根基，而"信"是"诚"的外在体验和客观实践。"诚"更多的是对个体的自身道德要求，强调"内诚于心"；而"信"更多的是针对社会群体成员提出双向或多向要求，偏重于"外信于人"，体现为社会化的道德实践。在市场经济日益发达的今天，一些人为了一时的经济利益，走上了欺骗乃至经济犯罪的道路，但即使是这样，他们在教育自己的子女和后代时，也总是告诫他们不能说谎话，不能欺骗。由此可见，诚实守信这种道德观念已深刻地扎根于中华民族的传统文化之中。

一个人的信用，反映的是他自身；而一个社会的信用，反映的却是民族的精神素质。一个守信的民族，才能跻身于世界民族之林，一个守信用的国家，才能为国际社会所接受、所信赖。

3. 诚信是市场经济的基本规则

市场经济运行的前提和基础是商品交换，而商品交换的前提和基础则是诚信，只有在交易双方彼此信任的基础上，交易活动才能顺利完成。随着市场经济的发展，商品交易关系变得日益复杂，其中蕴含的信用关系也更加彼此相联，互为制约。市场经济越发达，信用关系也就越复杂，市场活动中的各种经济关系也越来越需要靠诚信来维系。

市场经济的快速发展，使人们逐渐认识到诚信不仅仅是一种道德规范和一般意义上的行为准则，更是市场经济的一项基本规则。因为市场经济要靠竞争来实现资源配置。而市场经济的正常运行、资源的优化配置都需要公平竞争的市场规则。为此，就要规范参与市场活动的各个主体行为，要求他们遵守一系列的规则。而在这些规则中最基本、最核心的就是诚信规则。

从市场经济发展的历史过程来看，市场经济实质上是一种基于诚信的经济。只有遵循诚信原则，才能保证交易安全，维护市场秩序。因此，诚信是市场经济的基本规则，是市场经济运行的提前与基础，是市场经济健康发展的基本保障。

所以，我们说诚信，不仅是一种伦理道德准则，要求人们诚实，讲信用，也是一种经济现象,是市场经济的基础。市场经济就是信用经济,不论是企业还是公民个人,都要在进行经济活动时体现出诚信的原则,否则不仅会给社会,也会给自身带来不良的影响。

4. 诚信是法律法规的客观要求

社会进步的一个重要标志就是讲法治。为确立诚信原则,法律就必须对遵守该原则者,也即信赖诚信原则者,加以保护;当然,也要对不遵守甚至破坏该原则者予以惩罚。市场经济是法制经济,同时也是信用经济,需要以法律为准绳来规范市场行为,维护市场秩序,需要诚实守信的基本道德要求,以维护市场的有序运行。

诚信是市场经济发展的产物。市场经济的发展,在一定意义上,也就是诚信原则从道德要求逐步演进为法律制度,并成为《中华人民共和国民法通则》中的帝王条款的过程。成熟的市场经济是以高度严密的诚信法律制度为基础的。为此,各个国家都先后制定了各市场主体必须遵循的信用规则和与之相适应的法律规范,以约束和强制市场主体的行为。如果市场交易的各方或一方不守诚信,破坏了约定,也就破坏了市场的规则,就要受到法律的制裁。例如,《中华人民共和国合同法》是我国商业活动的重要法律规范,而诚实信用原则是《中华人民共和国合同法》的基本原则之一。《中华人民共和国合同法》中明确规定,当事人行使权利、履行义务应当遵循诚实信用原则。当事人应当诚实守信,善意地行使权利、履行义务,不得有欺诈等恶意行为。在法律、合同未作规定或规定不清的情况下,要依据诚实信用原则来解释法律和合同,来平衡当事人之间的利益关系。

在我国水利行业,《中华人民共和国水法》、《中华人民共和国合同法》和《中华人民共和国招标投标法》等共同构成了水利行业法律法规体系,规范着水利建设市场主体的行为,保障着水利建设市场经济领域的诚信规则。完善的市场经济就是建立在诚信基础上的法制经济。

5. 诚信是国际交往的惯例

在国际贸易中,尽管世界各国的语言、文化和风俗习惯各不相同,宗教信仰和价值观念存在很大差异,经济环境与政法制度也有诸多区别,但是诚信的美德却得到各国人民的广泛认同。诚信作为国际交往的惯例,已得到世界各国的一致推崇。在日益广泛的国际经济交流中,诚信已经成为国际贸易往来中的纽带,维系和推动着世界经济的健康发展。

在当前的国际贸易中,广泛采用的信用证、国际保理和信用保险等结算方式,是为了进一步保障这种基于诚信的交易可以顺利完成。即使侥幸诈骗成功一次、两次,现代通信技术和互联网的发达,使各国之间的贸易信息得以实现资源共享,一旦在"贸易黑名单"上榜上有名,失信者终究逃脱不了法律的制裁。没有诚信,在现代国际贸易中必将寸步难行。

今天,经济全球化的浪潮已经席卷全世界,世界变成了一个大市场,各国的企业都可以参与到这个市场的竞争中来。经济全球化的一个重要标志,就是更注重企业的信誉。注重信誉是企业参与经济全球化的必需素质,也是现代企业持续发展和成功的核心战略。

世界市场的不断扩大给各国企业进入市场带来了更多的机遇,良好的商业信誉正是企业走出国门,在国际市场上制胜的法宝。加入世界贸易组织后,我国的经济活动也要遵循国际惯例,只有做到诚信为本、公平公正,我们才能赢得更大的经济发展空间,才能在激烈的国际竞争中取得主动。

(二)诚信的重要作用

市场经济是契约经济,而契约经济的精髓就是诚信。在现代市场经济活动中,企业必须不断强化"诚信为本"的经营理念,才能在激烈的市场竞争中得以生存,并获得持续发展。

1.诚信是合作的基础

将诚信的概念推广到市场交易活动中,就是要求交易双方信守合约,如期履行各方义务。我们都知道,在交易活动中必须讲求合作,因为只有合作才能带来双赢的局面。而合作的基础就是诚信。

诚信使交易双方更加容易合作,因为交易双方的诚实可靠可以降低交易费用。如果交易双方能恪守诚信,那么就都可以方便、快捷地获取对方真实的信息,从而促进合作。在合作之后也会更加信任对方,使合作双方的信誉都得到加强。反之,如果双方互不信任,相互设防,或是双方之中只有一方讲诚信,而另一方却一直不讲信用,甚至恶意占对方便宜,则双方根本无法沟通和合作下去,这对双方都没有好处。

诚信和合作,两者的关系相辅相成。良好的合作是诚信的一种表现形式,因为要实现良好的合作,就要求交易双方在订立经济合同时,遵循平等互利、协商一致的原则;当合同依法成立后,合同双方必须全面履行合同规定的义务,任何一方都不得擅自变更或解除合同。只有彼此讲诚信,才能建立起互利互信的伙伴关系,使双方共赢。

2.诚信是创业的根基

创业是一个艰苦的过程,在这个过程中要经历很多考验,只有咬紧牙关——挺过去,坚持到底,才能取得最终的成功。而在这诸多的考验中,能否始终如一地坚持诚信便是关键的一关。一个企业在创办之初,就应当恪守诚信,决不妥协,因为诚信是一个企业在市场中立足的根基,根基不稳,又如何能走远?今天的许多成功人士,他们曾经也都是普通人,也是靠白手起家,一路打拼才有了今天的辉煌成就。他们的经历鼓舞着我们大胆地迈出创业道路上的第一步。然而,如果仔细分析,我们就会发现,尽管他们的成功各不相同,有的是凭借把握住了机遇,赢得了市场,有的是靠技术和质量取胜,成为竞争中的佼佼者,但伴随着他们成功的都有一个共同点,那就是讲诚信。因为是诚信让他们的企业在社会上首先站稳了脚跟,并生存了下来,然后才能一步一步、扎扎实实地走下去,以致实现更大的发展。

在众多创业故事中,主角们如何掘得"第一桶金"是人们乐于流传的典故。因为"第一桶金"的获得往往意味着初创企业的某种历史转折,对企业的后续成长起到重要推动作用。富豪李嘉诚的创业故事就是一个诚信的典范。从他的创业故事中,我们不难悟出"信誉第一,以诚待人"是经营中必须坚持的一条金科玉律。他告诉人们在创业的道路上,必须时刻与诚信相伴,特别是在金钱、利益的诱惑下,依然固守诚信。

3.诚信是正当竞争的守则

在竞争日益激烈的当今社会,诚实守信是企业在市场竞争中的立业之道、兴业之本。诚信既是最重要的市场游戏规则,又是最好的竞争手段,遵守这一原则的人会从中尝到甜头,而违背者则苦不堪言。信用,如今已经超越了资金管理,变成了企业增强竞争力的最有力的法宝。没有资金可以靠信用获得,没有市场可以凭信用打开,缺少竞争力可以靠信用增强。而一旦没有了信用,则很快会被交易伙伴们一脚踢出来。

海尔集团近几年的迅猛发展,实实在在得益于它始终秉承诚信的市场竞争规则。海尔有一句很著名的广告语,叫做"真诚到永远"。海尔总裁张瑞敏解释说:一个企业要持续经营,首先要得到社会的承认、用户的认可。企业对用户真诚到永远,才有用户、社会对企业的回报,才能保证企业向前发展。海尔从家电进军 IT 产品,从中国走向世界,一路过关斩将所向披靡,原因就在于人们对它已经积累了足够的信任。

诚信是市场经济的核心,妄图违背这一游戏规则,企图通过欺诈行为捞一票的人已经无法在日益激烈的竞争中立足。在这方面,没有哪个城市会像温州那样有刻骨铭心的体验。在温州的教训中,我们深刻地感到:失信在一朝,而恢复信用却需要十几年的时间!可见,只有正当竞争才是企业在市场中立足的根本,而不正当的竞争最终只会导致企业信用的降低和滑坡。

4. 诚信是维护客户的必备条件

中国古代著名的大商人吕不韦认为,商业利益取决于买者的数量,买货的人多,商人的利益就多。他的话道出了一个千古不变的道理,即"诚信是万利之本",因为诚信可以招来越来越多的买者,带来源源不断的利益。特别是在现今竞争日趋激烈、客户导向的买方市场环境中,可以说客户就是企业的生命。

在这个趋势下,有 3 个概念变得非常流行,常常挂在经营者的嘴边,那就是客户满意度、客户忠诚度和客户保留度。那么,它们的含义又是什么呢?

客户满意度是指客户对企业以及企业产品或服务的满意程度。客户满意度也是客户对企业的一种感受状态,并且在这种感受状态下更容易产生交易的行为。一个常用的统计结果是:一个满意的客户,要 6 倍于一个不满意的客户。

客户忠诚度是从客户满意概念中引出的概念,是指客户满意后产生的对某种产品品牌或公司的信赖,维护和希望重复购买的一种心理倾向。客户忠诚度也就是客户忠诚于企业的程度。

客户保留度是指客户在与企业发生初次交易之后继续购买该企业产品或服务的程度。保留一个老客户的成本是获取一个新客户成本的 1/5,而失去一个老客户会带来巨大的损失,需要企业至少再开发 10 个新客户才能予以弥补。

因此,企业追求的目标就应该是获取客户满意度,保持客户忠诚度,提高客户保留度。而诚信恰恰就是企业开拓市场,吸引新客户,维护老客户的必不可少的条件之一。

讲诚信,最重要的也是最基本要做到的就是"质量诚信"。质量诚信既要保证产品质量的"高",还要注意保持质量的"稳"。如果一个企业的产品质量不稳定,也会因此损害客户利益,造成客户流失。

事实上,不论商家是否意识到,在一个地区固定生活的人们,他们选择不同的商品几乎都有自己相对固定的消费阵地,这个消费阵地的确立在很大程度上源于商家的诚信度。有的消费者发誓不到某某商店购物或不到某某酒店就餐,就是因为商家偶尔的诚信"闪失"伤了顾客的心。有人做过统计,一个顾客对某个商家的毁誉能直接或间接影响近 200个人的取舍。也就是说,一个顾客对某商家失去信任将波及一大批人,反之亦然。

以诚取信,以信招客,现如今这个道理恐怕没有一个商家不懂,如果说热情周到、物美价廉是商家吸引顾客的重要手段的话，那么，诚和信就是保住顾客的不二法则。无数事例证明，诚信是企业获利的宝贵资源，它能将企业推向市场，为企业树立一种口碑，它是一座用之不竭的矿藏，为企业带来源源不断的经济效益。如今在管理者中流行着这样一句话：竞争对手并不可怕，可怕的是对顾客失去诚信。的确，在市场经济条件下，失败可能是暂时的，但失信则会让你成为永远的失败者。

5.诚信是企业长期利益的保证

古语说："诚招天下客"。在现代场经济条件下，靠诚实守信建立起来的"信誉"，是最需要最稀缺的"人气"资源，谁掌握了这个资源，谁就能赚钱。因此，"重信誉、守信用"是增强企业竞争力的基础，是企业长期利益的保证。在社会信用普遍的情况下，不履行交易义务的人将失去下一次交易机会，而货真价实、保质保量、公平交易、童叟无欺的诚信经营者必将获得更多的交易和赢利机会。反之，如果经营者在生产活动和交易活动市场化的过程中，存有欺诈、违约、投机取巧等现象，就没有人选择与之交往，也难以有长期稳定的合作伙伴，他的市场机会、市场份额必将越来越少，最终被市场淘汰出局。因此，为了积极参与市场竞争，并获得最大的利益，每个市场参与者必须注意规范交易行为，注重信用形象，不断提高自身的信誉，以获得更多的市场交易机会，获得更大利益。诚信是企业的生命，关乎企业长远的发展，只有规范服务，守法经营，讲诚实、重信誉，取信于市场，取信于社会，才能有更大的发展。

（三）诚信文化建设的主要内容

诚信是为人之道，是立业兴企之本。当前，我国正处在一个市场经济高速发展时期，经济活动的主要方式正逐步走向建立在诚信原则基础之上的信用交易模式。信用活动的扩大和发展，使整个经济活动日益信用化。在国外 80% 以上的交易是在信用销售条件下完成的，且信用交易手段多样。所以，我国的企业要想走出国门，与国际市场接轨，就必须树立市场经济就是信用经济、法制经济的观念，深刻认识企业只有讲诚信，才能在市场经济的竞争和考验中获得健康和可持续的发展。2014 年 6 月 14 日国务院下发的《社会信用体系建设规划纲要》，明确了以下四个方面诚信文化建设内容：

（1）弘扬诚信文化。以社会成员为对象，以诚信宣传为手段，以诚信教育为载体，大力倡导诚信道德规范，弘扬中华民族积极向善、诚实守信的传统文化和现代市场经济的契约精神，形成崇尚诚信、践行诚信的社会风尚。

（2）树立诚信典型。充分发挥电视、广播、报纸、网络等媒体的宣传引导作用，结合道德模范评选和各行业诚信创建活动，树立社会诚信典范，使社会成员学有榜样、赶有目标，使诚实守信成为全社会的自觉追求。

（3）深入开展诚信主题活动。有步骤、有重点地组织开展"诚信活动周"、"质量月"、"安全生产月"、"诚信兴商宣传月"、"3·5"学雷锋活动日、"3·15"国际消费者权益保护日、"6·14"信用记录关爱日、"12·4"全国法制宣传日等公益活动，突出诚信主题，营造诚信和谐的社会氛围。

（4）大力开展重点行业领域诚信问题专项治理。深入开展道德领域突出问题专项教育和治理活动，针对诚信缺失问题突出、诚信建设需求迫切的行业领域开展专项治理，坚决纠正以权谋私、造假欺诈、见利忘义、损人利己的歪风邪气，树立行业诚信风尚。

具体地讲,应重点把握以下几个方面的内容。

1. 积极建立企业信用管理制度

信用管理是现代企业管理的核心内容之一,建立企业信用管理制度,增强风险防御能力,扩大信用交易规模,是当前我国企业顺利发展的根本出路。

（1）企业急需按照现代企业管理的要求,建立合同管理模式,迅速弥补企业在信用管理方面的缺陷和不足。一是从控制交易全过程中各个业务环节的信用风险出发,强调严格的事前、事中和事后管理,规范化、制度化地处理各项业务流程;二是逐步使相关的信用管理工作专业化,把信用管理工作当做企业管理工作的重要内容,包括企业信用档案的建立、客户资信数据库的建立等;三是积极增设企业信用管理部门,专门承担信用管理职责,建立企业信用保障机制。

（2）企业需要建立内部信用风险管理制度,包括客户关系制度、合同的风险管理制度、应收账款监控制度等。目前,许多企业应收账款得不到控制,就是因为企业内部在对客户的交易额度、结算方式、信用政策各方面缺少一套科学的管理标准和可控的程序。应建立一套科学的交易审批程序,使企业内部交易决策科学化、定量化,减少由主观因素造成的决策失误和信用失控,实行专业化、制度化的管理。

（3）企业的信用管理制度是一项极具技术性的企业管理手段,它能够降低企业的信用风险,保证市场经济活动与交易行为的延续,提高经济活动的质量与效率,拉动经济效益的增长与持续。

2. 规范经营行为,保证合同履约

规范企业信用行为是建立企业诚信文化的重要目的。在市场经济环境下,保证合同履约是市场经济对每一个交易参与者的基本要求。只有每一个参与者都按时、保质、保量认真履行合同,市场交易才能平稳地连续运行。同时,只有企业始终努力履行合同,才能逐渐在交易对手之间形成诚实守信的形象,从而在激烈的市场竞争中形成紧密的交易伙伴关系,使企业在顺境中可以获得更多的利益,在逆境中可以有机会克服困难。

违约的代价是必须承担一定的违约责任。《中华人民共和国合同法》作了相关的规定,不履行合同义务的一方要承担一定的损害赔偿责任,具体规定如下:

第一百零七条　当事人一方不履行合同义务或履行合同义务不符合约定的,应当承担继续履行、采取补救措施或者赔偿损失等违约责任。

第一百零八条　当事人一方明确表示或者以自己的行为表明不履行合同义务的,对方可以在履行期限届满之前要求其承担违约责任。

第一百一十三条第一款　当事人一方不履行合同义务或者履行合同义务不符合约定,给对方造成损失的,损失赔偿额应当相当于因违约所造成的损失,包括合同履行后可以获得的利益。

以上是从合同违约处罚的角度来谈企业经营者保证合同履约的重要性的,其实,超出法律的界限,企业若要保护自己的信誉,就必须如约履行合同。因为企业如果由于自身的原因随便撤销合同,则表明企业的信誉度太低,将没有其他企业愿意与之合作,企业会因此迅速失去市场份额,甚至在交易伙伴中留下难以改变的不良印象。企业的经营者一定要清楚,在经济交往过程中,有些损失往往是一时的,而诚信丧失带来的损失将是永远无法弥补的。所以,企业在经营的一开始就必须"重合同,守信用",养成"诚实守信"和"履约践诺"良好的企业文化。

3. 认真处理好各种诚信关系

企业从成立之初到日后的生产经营,要不断地与工商、税务、行业主管部门以及客户、员工等打交道。在处理上述各种关系时,企业都应当按照诚信原则,与各方建立起良好的诚信关系,这是企业正常经营与发展的基础。

(1)要进行真实的工商注册,并在申请各种行业管理资质的过程中,提供真实的申请资料,这是诚信经营的第一步。在经营的过程中,要认真履行纳税义务,严格依法诚信纳税,在社会公共管理部门中树立良好的企业诚信形象,为企业的未来发展赢得更多的空间。

(2)在处理与银行的贷款问题上,企业一定要按时还本付息,维护好在银行的信用记录,建立起良好的信贷合作关系,这将为企业日后获得更多的资金支持提供便利。

(3)处理好和客户的关系。坚持"重合同,守信用",全面履行承诺和义务,尽可能不变更和解除合同规定的条款。在质量管理上,必须坚持"质量第一"的原则,按照工程产品的设计要求、合同标准,严格控制产品的形成过程,进而实现合同规定的质量标准,兑现服务承诺。

(4)善待员工是企业讲诚信、重诚信的重要部分。职工是企业最重要的组成部分,企业生产、经营的各个环节都离不开职工的努力和支持。要按照《中华人民共和国劳动法》的要求,与员工签订劳动合同,确立劳动关系,明确双方的权利和义务。要按时向员工发放劳动报酬和职工福利,为企业创造良好的工作环境。随着市场竞争日趋激烈,优秀的劳动者越来越成为劳动力市场上争夺的重要资源,企业员工的素质和工作积极性已经成为构成企业核心竞争力的一个重要因素。因此,对于企业来讲,如何才能留住人才、吸引人才已经成为管理中最为重要的问题。

(5)重视失信后的补救工作。在经营中,万一出现了不良行为记录,一定要想办法加以弥补。只要企业本着诚恳的态度,主动联系相关的机构和部门,虚心承认自己的过失和错误,并在以后的经营活动中加以注意和改正,不良形象就一定能够得以修复。

4. 努力培育企业信用文化

在社会主义市场经济飞速发展的今天,企业最大的危机就是信用危机,出现信用危机的企业,正常可持续的发展一定会受到制约,严重的可能导致企业破产和倒闭。从2001年美国安然公司的破产案、安达信会计师事务所信用危机案到2002年世界通信公司虚报利润案,都说明没有高度内外一致、以诚信为核心的价值观体系,企业最终将失去竞争力并被逐出市场经济的舞台。

企业信誉是各国公司努力塑造的企业文化形象,是人类共同追求的文明成果。世界上一些著名的跨国公司之所以能够在国际舞台上长盛不衰,重要的原因之一就是恪守商业信誉和公认的道德规范,讲究维护本企业的良好形象,并把它看成是企业价值和企业竞争力的重要标志。

诚信经营是企业的立业之道、兴业之本。随着经济发展和社会进步,特别是我国加入WTO后,面对经济全球化趋势的加剧,企业缺少信用支撑,不仅不能参与国内外市场竞争,更将危及企业的生存和发展。因此,积极倡导企业诚信经营,推广诚信文化建设,是企业发展的当务之急。

加强诚信文化建设是企业诚信建设的基础,支撑企业向前发展的无形力量来自于企业深厚的文化,而诚信则是构成企业文化的基础。企业文化和诚信二者是统一的,诚信是企业文化最基础的要素,是构成企业文化的一个很重要的内容,特别是在我国社会主义市场经济建设的初期,诚信是企业文化建设的一个重点。

建设先进的企业文化必须大力塑造企业的诚信精神,增强社会责任感,做到企业自身利益与社会利益的有效结合。加入 WTO 后,由于中外企业文化的交流融合,国外企业先进的管理经验、理念,都将为企业文化建设注入新的活力。因此,企业的经营者应针对目前行业的现状,借鉴国外先进的企业文化,包括国外企业在诚信经营方面的经验、做法,结合自身实际,寻找切入点,建设本企业的"诚信工程",这是开展企业文化建设的关键。营造诚信经营的企业文化建设,要从解决实际问题入手,抓住本质性的问题,在企业的价值观上达成广泛共识,构筑道德防线,增强企业的诚信意识。

在建设诚信的企业文化过程中,企业的经营者应当通过教育、培训等一系列手段,努力培养职工的诚信意识,努力让每一名员工明白,信用是市场经济中真正的通行证,也是致富的法宝,如果不讲信用,每个人及企业都会被市场参与者无情地拒之门外。

树立"童叟无欺"、"诚信为本"的企业经营理念,培养企业的信用文化,是增强企业市场竞争力的根本途径。

第二节　社会信用体系建设

社会信用体系,有人理解为诚信宣传教育体系,属思想、道德、文化范畴;有人理解为信用交易体系,属经济范畴。其实,正如对信用的认识都只是一个侧面一样,认为社会信用体系是诚信宣传教育体系或信用交易体系,这都只是信用体系的一个侧面,是狭义的信用体系。

社会信用体系是包含一维诚信体系、二维社会信用管理体系、三维信用交易体系的三维信用建设的系统性工程,是由信用立法、信用交易、信用监管、信用服务、失信惩罚机制、信用文化与教育等管理与服务体系共同作用、交织形成的社会综合管理机制。

2014 年 6 月 14 日,国务院发布《社会信用体系建设规划纲要(2014 年～2020 年)》(国发〔2014〕21 号)。《社会信用体系建设规划纲要》提出了我国社会信用体系建设的指导思想、基本原则和主要目标,明确了政务诚信、商务诚信、社会诚信、司法公信四大领域34 项重要任务,强调了加强诚信教育与诚信文化建设,加快推进信用信息系统建设和应用,完善以奖惩制度为重点的社会信用体系运行机制三大基础性措施,并就贯彻实施提出了五个方面的保障措施。《社会信用体系建设规划纲要》是我国第一部国家级社会信用体系建设专项规划,《社会信用体系建设规划纲要》的发布是我国社会信用体系建设一个重要的里程碑,是当前和今后一个时期我国社会信用体系建设的行动指南。

一、对社会信用体系的认识

（一）社会信用体系的概念

关于社会信用体系的概念，《社会信用体系建设规划纲要》是这样描述的："社会信用体系是社会主义市场经济体制和社会治理体制的重要组成部分。它以法律、法规、标准和契约为依据，以健全覆盖社会成员的信用记录和信用基础设施网络为基础，以信用信息合规应用和信用服务体系为支撑，以树立诚信文化理念、弘扬诚信传统美德为内在要求，以守信激励和失信约束为奖惩机制，目的是提高全社会的诚信意识和信用水平。"这是从广义上对社会信用体系的定义，是符合我国当前信用建设的国情和实际的，既体现了我国自古以来对信用概念的理解，也反映了现阶段我国社会信用问题的基本特征，是一个科学的论断。

广义的社会信用体系是一种有效的社会、经济管理机制，它以道德、产权和法律为基础，以信用制度为核心，通过对市场主体信用记录的采集、分析、传播、预警等功能，解决经济和社会生活中信用信息不对称的矛盾，从而惩戒失信行为，褒扬诚实守信行为，维护经济活动和社会生活的正常秩序，促进经济和社会的健康发展。

（二）社会信用体系建设的指导思想、目标和原则

1、社会信用体系建设的指导思想

社会信用体系建设必须坚持以邓小平理论、"三个代表"重要思想、科学发展观为指导，按照党的十八大、十八届三中全会和"十二五"规划纲要精神，以健全信用法律法规和标准体系、形成覆盖全社会的征信系统为基础，以推进政务诚信、商务诚信、社会诚信和司法公信建设为主要内容，以推进诚信文化建设、建立守信激励和失信惩戒机制为重点，以推进行业信用建设、地方信用建设和信用服务市场发展为支撑，以提高全社会诚信意识和信用水平、改善经济社会运行环境为目的，以人为本，在全社会广泛形成守信光荣、失信可耻的浓厚氛围，使诚实守信成为全民的自觉行为规范。

2.社会信用体系建设的目标

社会信用体系建设的主要目标是：到 2020 年，社会信用基础性法律法规和标准体系基本建立，以信用信息资源共享为基础的覆盖全社会的征信系统基本建成，信用监管体制基本健全，信用服务市场体系比较完善，守信激励和失信惩戒机制全面发挥作用。政务诚信、商务诚信、社会诚信和司法公信建设取得明显进展，市场和社会满意度大幅提高。全社会诚信意识普遍增强，经济社会发展信用环境明显改善，经济社会秩序显著好转。

3.社会信用体系建设的主要原则

当前，我国的社会信用体系建设有以下四个方面的原则：

（1）政府推动，社会共建。充分发挥政府的组织、引导、推动和示范作用。政府负责制定实施发展规划，健全法规和标准，培育和监管信用服务市场。注重发挥市场机制作用，协调并优化资源配置，鼓励和调动社会力量，广泛参与，共同推进，形成社会信用体系建设合力。

（2）健全法制，规范发展。逐步建立健全信用法律法规体系和信用标准体系，加强信用信息管理，规范信用服务体系发展，维护信用信息安全和信息主体权益。

（3）统筹规划，分步实施。针对社会信用体系建设的长期性、系统性和复杂性，强化顶层设计，立足当前，着眼长远，统筹全局，系统规划，有计划、分步骤地组织实施。

（4）重点突破，强化应用。选择重点领域和典型地区开展信用建设示范。积极推广信用产品的社会化应用，促进信用信息互联互通、协同共享，健全社会信用奖惩联动机制，营造诚实、自律、守信、互信的社会信用环境。

（三）社会信用体系的重点领域

《社会信用体系建设规划纲要》明确了政务诚信、商务诚信、社会诚信、司法公信四大领域34项重要任务。

1.加快推进政务诚信建设

政务诚信是社会信用体系建设的关键，各类政务行为主体的诚信水平，对其他社会主体诚信建设发挥着重要的表率和导向作用。政务诚信重点应把握以下四个方面：

（1）坚持依法行政。将依法行政贯穿于决策、执行、监督和服务的全过程，全面推进政务公开，在保护国家信息安全、商业秘密和个人隐私的前提下，依法公开在行政管理中掌握的信用信息，建立有效的信息共享机制。切实提高政府工作效率和服务水平，转变政府职能。健全权力运行制约和监督体系，确保决策权、执行权、监督权既相互制约又相互协调。完善政府决策机制和程序，提高决策透明度。进一步推广重大决策事项公示和听证制度，拓宽公众参与政府决策的渠道，加强对权力运行的社会监督和约束，提升政府公信力，树立政府公开、公平、清廉的诚信形象。

（2）发挥政府诚信建设示范作用。各级人民政府首先要加强自身诚信建设，以政府的诚信施政，带动全社会诚信意识的树立和诚信水平的提高。在行政许可、政府采购、招标投标、劳动就业、社会保障、科研管理、干部选拔任用和管理监督、申请政府资金支持等领域，率先使用信用信息和信用产品，培育信用服务市场发展。

（3）加快政府守信践诺机制建设。严格履行政府向社会作出的承诺，把政务履约和守诺服务纳入政府绩效评价体系，把发展规划和政府工作报告关于经济社会发展目标落实情况以及为百姓办实事的践诺情况作为评价政府诚信水平的重要内容，推动各地区、各部门逐步建立健全政务和行政承诺考核制度。各级人民政府对依法作出的政策承诺和签订的各类合同要认真履约和兑现。要积极营造公平竞争、统一高效的市场环境，不得施行地方保护主义措施，如滥用行政权力封锁市场、包庇纵容行政区域内社会主体的违法违规和失信行为等。要支持统计部门依法统计、真实统计。政府举债要依法依规、规模适度、风险可控、程序透明。政府收支必须强化预算约束，提高透明度。加强和完善群众监督和舆论监督机制。完善政务诚信约束和问责机制。各级人民政府要自觉接受本级人大的法律监督和政协的民主监督。加大监察、审计等部门对行政行为的监督和审计力度。

（4）加强公务员诚信管理和教育。建立公务员诚信档案，依法依规将公务员个人有关事项报告、廉政记录、年度考核结果、相关违法违纪违约行为等信用信息纳入档案，将公务员诚信记录作为干部考核、任用和奖惩的重要依据。深入开展公务员诚信、守法和道德教育，加强法律知识和信用知识学习，编制公务员诚信手册，增强公务员法律和诚信意识，建立一支守法守信、高效廉洁的公务员队伍。

2. 深入推进商务诚信建设

提高商务诚信水平是社会信用体系建设的重点，是商务关系有效维护、商务运行成本有效降低、营商环境有效改善的基本条件，是各类商务主体可持续发展的生存之本，也是各类经济活动高效开展的基础保障。商务诚信建设有 14 个重点领域。

（1）生产领域信用建设。建立安全生产信用公告制度，完善安全生产承诺和安全生产不良信用记录及安全生产失信行为惩戒制度。以煤矿、非煤矿山、危险化学品、烟花爆竹、特种设备生产企业以及民用爆炸物品生产、销售企业和爆破企业或单位为重点，健全安全生产准入和退出信用审核机制，促进企业落实安全生产主体责任。以食品、药品、日用消费品、农产品和农业投入品为重点，加强各类生产经营主体生产和加工环节的信用管理，建立产品质量信用信息异地和部门间共享制度。推动建立质量信用征信系统，加快完善 12365 产品质量投诉举报咨询服务平台，建立质量诚信报告、失信黑名单披露、市场禁入和退出制度。

（2）流通领域信用建设。研究制定商贸流通领域企业信用信息征集共享制度，完善商贸流通企业信用评价基本规则和指标体系。推进批发零售、商贸物流、住宿餐饮及居民服务行业信用建设，开展企业信用分类管理。完善零售商与供应商信用合作模式。强化反垄断与反不正当竞争执法，加大对市场混淆、虚假宣传、商业欺诈、商业诋毁、商业贿赂等违法行为的查处力度，对典型案件、重大案件予以曝光，增加企业失信成本，促进诚信经营和公平竞争。逐步建立以商品条形码等标识为基础的全国商品流通追溯体系。加强检验检疫质量诚信体系建设。支持商贸服务企业信用融资，发展商业保理，规范预付消费行为。鼓励企业扩大信用销售，促进个人信用消费。推进对外经济贸易信用建设，进一步加强对外贸易、对外援助、对外投资合作等领域的信用信息管理、信用风险监测预警和企业信用等级分类管理。借助电子口岸管理平台，建立完善进出口企业信用评价体系、信用分类管理和联合监管制度。

（3）金融领域信用建设。创新金融信用产品，改善金融服务，维护金融消费者个人信息安全，保护金融消费者合法权益。加大对金融欺诈、恶意逃废银行债务、内幕交易、制售假保单、骗保骗赔、披露虚假信息、非法集资、逃套骗汇等金融失信行为的惩戒力度，规范金融市场秩序。加强金融信用信息基础设施建设，进一步扩大信用记录的覆盖面，强化金融业对守信者的激励作用和对失信者的约束作用。

（4）税务领域信用建设。建立跨部门信用信息共享机制。开展纳税人基础信息、各类交易信息、财产保有和转让信息以及纳税记录等涉税信息的交换、比对和应用工作。进一步完善纳税信用等级评定和发布制度，加强税务领域信用分类管理，发挥信用评定差异对纳税人的奖惩作用。建立税收违法黑名单制度。推进纳税信用与其他社会信用联动管理，提升纳税人税法遵从度。

（5）价格领域信用建设。指导企业和经营者加强价格自律，规范和引导经营者价格行为，实行经营者明码标价和收费公示制度，着力推进"明码实价"。督促经营者加强内部价格管理，根据经营者条件建立健全内部价格管理制度。完善经营者价格诚信制度，做好信息披露工作，推动实施奖惩制度。强化价格执法检查与反垄断执法，依法查处捏造和散布涨价信息、价格欺诈、价格垄断等价格失信行为，对典型案例予以公开曝光，规范市场价格秩序。

（6）工程建设领域信用建设。推进工程建设市场信用体系建设。加快工程建设市场信用法规制度建设，制定工程建设市场各方主体和从业人员信用标准。推进工程建设领域项目信息公开和诚信体系建设，依托政府网站，全面设立项目信息和信用信息公开共享专栏，集中公开工程建设项目信息和信用信息，推动建设全国性的综合检索平台，实现工程建设项目信息和信用信息公开共享的"一站式"综合检索服务。深入开展工程质量诚信建设。完善工程建设市场准入退出制度，加大对发生重大工程质量、安全责任事故或有其他重大失信行为的企业及负有责任的从业人员的惩戒力度。建立企业和从业人员信用评价结果与资质审批、执业资格注册、资质资格取消等审批审核事项的关联管理机制。建立科学、有效的建设领域从业人员信用评价机制和失信责任追溯制度，将肢解发包、转包、违法分包、拖欠工程款和农民工工资等列入失信责任追究范围。

（7）政府采购领域信用建设。加强政府采购信用管理，强化联动惩戒，保护政府采购当事人的合法权益。制定供应商、评审专家、政府采购代理机构以及相关从业人员的信用记录标准。依法建立政府采购供应商不良行为记录名单，对列入不良行为记录名单的供应商，在一定期限内禁止参加政府采购活动。完善政府采购市场的准入和退出机制，充分利用工商、税务、金融、检察等其他部门提供的信用信息，加强对政府采购当事人和相关人员的信用管理。加快建设全国统一的政府采购管理交易系统，提高政府采购活动透明度，实现信用信息的统一发布和共享。

（8）招标投标领域信用建设。扩大招标投标信用信息公开和共享范围，建立涵盖招标投标情况的信用评价指标和评价标准体系，健全招标投标信用信息公开和共享制度。进一步贯彻落实招标投标违法行为记录公告制度，推动完善奖惩联动机制。依托电子招标投标系统及其公共服务平台，实现招标投标和合同履行等信用信息的互联互通、实时交换和整合共享。鼓励市场主体运用基本信用信息和第三方信用评价结果，并将其作为投标人资格审查、评标、定标和合同签订的重要依据。

（9）交通运输领域信用建设。形成部门规章制度和地方性法规、地方政府规章相结合的交通运输信用法规体系。完善信用考核标准，实施分类考核监管。针对公路、铁路、水路、民航、管道等运输市场不同经营门类分别制定考核指标，加强信用考核评价监督管理，积极引导第三方机构参与信用考核评价，逐步建立交通运输管理机构与社会信用评价机构相结合，具有监督、申诉和复核机制的综合考核评价体系。将各类交通运输违法行为列入失信记录。鼓励和支持各单位在采购交通运输服务、招标投标、人员招聘等方面优先选择信用考核等级高的交通运输企业和从业人员。对失信企业和从业人员，要加强监管和惩戒，逐步建立跨地区、跨行业信用奖惩联动机制。

（10）电子商务领域信用建设。建立健全电子商务企业客户信用管理和交易信用评估制度，加强电子商务企业自身开发和销售信用产品的质量监督。推行电子商务主体身份标识制度，完善网店实名制。加强网店产品质量检查，严厉查处电子商务领域制假售假、传销活动、虚假广告、以次充好、服务违约等欺诈行为。打击内外勾结、伪造流量和商业信誉的行为，对失信主体建立行业限期禁入制度。促进电子商务信用信息与社会其他领域相关信息的交换和共享，推动电子商务与线下交易信用评价。完善电子商务信用服务保障制度,推动信用调查、信用评估、信用担保、信用保险、信用支付、商账管理等第三方信用服务和产品在电子商务中的推广应用。开展电子商务网站可信认证服务工作,推广应用网站可信标识,为电子商务用户识别假冒、钓鱼网站提供手段。

(11)统计领域信用建设。开展企业诚信统计承诺活动,营造诚实报数光荣、失信造假可耻的良好风气。完善统计诚信评价标准体系。建立健全企业统计诚信评价制度和统计从业人员诚信档案。加强执法检查,严厉查处统计领域的弄虚作假行为,建立统计失信行为通报和公开曝光制度。加大对统计失信企业的联合惩戒力度。将统计失信企业名单档案及其违法违规信息纳入金融、工商等行业和部门信用信息系统,将统计信用记录与企业融资、政府补贴、工商注册登记等直接挂钩,切实强化对统计失信行为的惩戒和制约。

(12)中介服务业信用建设。建立完善中介服务机构及其从业人员的信用记录和披露制度,并作为市场行政执法部门实施信用分类管理的重要依据。重点加强公证仲裁类、律师类、会计类、担保类、鉴证类、检验检测类、评估类、认证类、代理类、经纪类、职业介绍类、咨询类、交易类等机构信用分类管理,探索建立科学合理的评估指标体系、评估制度和工作机制。

(13)会展、广告领域信用建设。推动会展主办机构诚信办展,践行诚信服务公约,建立信用档案和违法违规单位信息披露制度,推广信用服务和产品的应用。加强广告业诚信建设,建立健全广告业信用分类管理制度,打击各类虚假广告,突出广告制作、传播环节各参与者责任,完善广告活动主体失信惩戒机制和严重失信淘汰机制。

(14)企业诚信管理制度建设。开展各行业企业诚信承诺活动,加大诚信企业示范宣传和典型失信案件曝光力度,引导企业增强社会责任感,在生产经营、财务管理和劳动用工管理等各环节中强化信用自律,改善商务信用生态环境。鼓励企业建立客户档案、开展客户诚信评价,将客户诚信交易记录纳入应收账款管理、信用销售授信额度计量,建立科学的企业信用管理流程,防范信用风险,提升企业综合竞争力。强化企业在发债、借款、担保等债权债务信用交易及生产经营活动中诚信履约。鼓励和支持有条件的企业设立信用管理师。鼓励企业建立内部职工诚信考核与评价制度。加强供水、供电、供热、燃气、电信、铁路、航空等关系人民群众日常生活行业企业的自身信用建设。

3. 全面推进社会诚信建设

社会诚信是社会信用体系建设的基础,社会成员之间只有以诚相待、以信为本,才会形成和谐友爱的人际关系,才能促进社会文明进步,实现社会和谐稳定和长治久安。社会诚信建设包含以下 10 个方面的内容:

(1)医药卫生和计划生育领域信用建设。加强医疗卫生机构信用管理和行业诚信作风建设。树立大医精诚的价值理念,坚持仁心仁术的执业操守。培育诚信执业、诚信采购、诚信诊疗、诚信收费、诚信医保理念,坚持合理检查、合理用药、合理治疗、合理收费等诚信医疗服务准则。全面建立药品价格、医疗服务价格公示制度,开展诚信医院、诚信药店创建活动。制定医疗机构和执业医师、药师、护士等医务人员信用评价指标标准,推进医院评审评价和医师定期考核,开展医务人员医德综合评价,惩戒收受贿赂、过度诊疗等违法和失信行为,建立诚信医疗服务体系。加快完善药品安全领域信用制度,建立药品研发、生产和流通企业信用档案。积极开展以"诚信至上,以质取胜"为主题的药品安全诚信承诺活动,切实提高药品安全信用监管水平,严厉打击制假贩假行为,保障人民群众用药安全有效。加强人口计生领域信用建设,开展人口和计划生育信用信息共享工作。

(2)社会保障领域信用建设。在救灾、救助、养老、社会保险、慈善、彩票等方面,建立全面的诚信制度,打击各类诈捐骗捐等失信行为。建立健全社会救助、保障性住房等民生政策实施中的申请、审核、退出等各环节的诚信制度,加强对申请相关民生政策的条件审核,强化对社会救助动态管理及保障房使用的监管,将失信和违规的个人纳入信用黑名单。构建居民家庭经济状况核对信息系统,建立和完善低收入家庭认定机制,确保社会救助、保障性住房等民生政策公平、公正和健康运行。建立健全社会保险诚信管理制度,加强社会保险经办管理,加强社会保险领域的劳动保障监督执法,规范参保缴费行为,加大对医保定点医院、定点药店、工伤保险协议医疗机构等社会保险协议服务机构及其工作人员、各类参保人员的违规、欺诈、骗保等行为的惩戒力度,防止和打击各种骗保行为。进一步完善社会保险基金管理制度,提高基金征收、管理、支付等各环节的透明度,推动社会保险诚信制度建设,规范参保缴费行为,确保社会保险基金的安全运行。

(3)劳动用工领域信用建设。进一步落实和完善企业劳动保障守法诚信制度,制定重大劳动保障违法行为社会公示办法。建立用人单位拖欠工资违法行为公示制度,健全用人单位劳动保障诚信等级评价办法。规范用工行为,加强对劳动合同履行和仲裁的管理,推动企业积极开展和谐劳动关系创建活动。加强劳动保障监督执法,加大对违法行为的打击力度。加强人力资源市场诚信建设,规范职业中介行为,打击各种黑中介、黑用工等违法失信行为。

(4)教育、科研领域信用建设。加强教师和科研人员诚信教育。开展教师诚信承诺活动,自觉接受广大学生、家长和社会各界的监督。发挥教师诚信执教、为人师表的影响作用。加强学生诚信教育,培养诚实守信良好习惯,为提高全民族诚信素质奠定基础。探索建立教育机构及其从业人员、教师和学生、科研机构和科技社团及科研人员的信用评价制度,将信用评价与考试招生、学籍管理、学历学位授予、科研项目立项、专业技术职务评聘、岗位聘用、评选表彰等挂钩,努力解决学历造假、论文抄袭、学术不端、考试招生作弊等问题。

(5)文化、体育、旅游领域信用建设。依托全国文化市场技术监管与公共服务平台,建立健全娱乐、演出、艺术品、网络文化等领域文化企业主体、从业人员以及文化产品的信用信息数据库;依法制定文化市场诚信管理措施,加强文化市场动态监管。制定职业体育从业人员诚信从业准则,建立职业体育从业人员、职业体育俱乐部和中介企业信用等级的第三方评估制度,推进相关信用信息记录和信用评级在参加或举办职业体育赛事、职业体育准入、转会等方面广泛运用。制定旅游从业人员诚信服务准则,建立旅游业消费者意见反馈和投诉记录与公开制度,建立旅行社、旅游景区和宾馆饭店信用等级第三方评估制度。

(6)知识产权领域信用建设。建立健全知识产权诚信管理制度,出台知识产权保护信用评价办法。重点打击侵犯知识产权和制售假冒伪劣商品行为,将知识产权侵权行为信息纳入失信记录,强化对盗版侵权等知识产权侵权失信行为的联合惩戒,提升全社会的知识产权保护意识。开展知识产权服务机构信用建设,探索建立各类知识产权服务标准化体系和诚信评价制度。

（7）环境保护和能源节约领域信用建设。推进国家环境监测、信息与统计能力建设，加强环保信用数据的采集和整理，实现环境保护工作业务协同和信息共享，完善环境信息公开目录。建立环境管理、监测信息公开制度。完善环评文件责任追究机制，建立环评机构及其从业人员、评估专家诚信档案数据库，强化对环评机构及其从业人员、评估专家的信用考核分类监管。建立企业对所排放污染物开展自行监测并公布污染物排放情况以及突发环境事件发生和处理情况制度。建立企业环境行为信用评价制度，定期发布评价结果，并组织开展动态分类管理，根据企业的信用等级予以相应的鼓励、警示或惩戒。完善企业环境行为信用信息共享机制，加强与银行、证券、保险、商务等部门的联动。加强国家能源利用数据统计、分析与信息上报能力建设。加强重点用能单位节能目标责任考核，定期公布考核结果，研究建立重点用能单位信用评价机制。强化对能源审计、节能评估和审查机构及其从业人员的信用评级和监管。研究开展节能服务公司信用评价工作，并逐步向全社会定期发布信用评级结果。加强对环资项目评审专家从业情况的信用考核管理。

（8）社会组织诚信建设。依托法人单位信息资源库，加快完善社会组织登记管理信息。健全社会组织信息公开制度，引导社会组织提升运作的公开性和透明度，规范社会组织信息公开行为。把诚信建设内容纳入各类社会组织章程，强化社会组织诚信自律，提高社会组织公信力。发挥行业协会（商会）在行业信用建设中的作用，加强会员诚信宣传教育和培训。

（9）自然人信用建设。突出自然人信用建设在社会信用体系建设中的基础性作用，依托国家人口信息资源库，建立完善自然人在经济社会活动中的信用记录，实现全国范围内自然人信用记录全覆盖。加强重点人群职业信用建设，建立公务员、企业法定代表人、律师、会计从业人员、注册会计师、统计从业人员、注册税务师、审计师、评估师、认证和检验检测从业人员、证券期货从业人员、上市公司高管人员、保险经纪人、医务人员、教师、科研人员、专利服务从业人员、项目经理、新闻媒体从业人员、导游、执业兽医等人员信用记录，推广使用职业信用报告，引导职业道德建设与行为规范。

（10）互联网应用及服务领域信用建设。大力推进网络诚信建设，培育依法办网、诚信用网理念，逐步落实网络实名制，完善网络信用建设的法律保障，大力推进网络信用监管机制建设。建立网络信用评价体系，对互联网企业的服务经营行为、上网人员的网上行为进行信用评估，记录信用等级。建立涵盖互联网企业、上网个人的网络信用档案，积极推进建立网络信用信息与社会其他领域相关信用信息的交换共享机制，大力推动网络信用信息在社会各领域推广应用。建立网络信用黑名单制度，将实施网络欺诈、造谣传谣、侵害他人合法权益等严重网络失信行为的企业、个人列入黑名单，对列入黑名单的主体采取网上行为限制、行业禁入等措施，通报相关部门并进行公开曝光。

4. 大力推进司法公信建设

《社会信用体系建设规划纲要》指出：司法公信是社会信用体系建设的重要内容，是树立司法权威的前提，是社会公平正义的底线。司法公信建设包括以下 6 个方面：

（1）法院公信建设。提升司法审判信息化水平，实现覆盖审判工作全过程的全国四级法院审判信息互联互通。推进强制执行案件信息公开，完善执行联动机制，提高生效法律文书执行率。发挥审判职能作用,鼓励诚信交易、倡导互信合作,制裁商业欺诈和恣意违约毁约等失信行为,引导诚实守信风尚。

(2)检察公信建设。进一步深化检务公开,创新检务公开的手段和途径,广泛听取群众意见,保障人民群众对检察工作的知情权、参与权、表达权和监督权。继续推行"阳光办案",严格管理制度,强化内外部监督,建立健全专项检查、同步监督、责任追究机制。充分发挥法律监督职能作用,加大查办和预防职务犯罪力度,促进诚信建设。完善行贿犯罪档案查询制度,规范和加强查询工作管理,建立健全行贿犯罪档案查询与应用的社会联动机制。

(3)公共安全领域公信建设。全面推行"阳光执法",依法及时公开执法办案的制度规范、程序时限等信息,对于办案进展等不宜向社会公开,但涉及特定权利义务、需要特定对象知悉的信息,应当告知特定对象,或者为特定对象提供查询服务。进一步加强人口信息同各地区、各部门信息资源的交换和共享,完善国家人口信息资源库建设。将公民交通安全违法情况纳入诚信档案,促进全社会成员提高交通安全意识。定期向社会公开火灾高危单位消防安全评估结果,并作为单位信用等级的重要参考依据。将社会单位遵守消防安全法律法规情况纳入诚信管理,强化社会单位消防安全主体责任。

(4)司法行政系统公信建设。进一步提高监狱、戒毒场所、社区矫正机构管理的规范化、制度化水平,维护服刑人员、戒毒人员、社区矫正人员的合法权益。大力推进司法行政信息公开,进一步规范和创新律师、公证、基层法律服务、法律援助、司法考试、司法鉴定等信息管理和披露手段,保障人民群众的知情权。

(5)司法执法和从业人员信用建设。建立各级公安、司法行政等工作人员信用档案,依法依规将徇私枉法以及不作为等不良记录纳入档案,并作为考核评价和奖惩依据。推进律师、公证员、基层法律服务工作者、法律援助人员、司法鉴定人员等诚信规范执业。建立司法从业人员诚信承诺制度。

(6)健全促进司法公信的制度基础。深化司法体制和工作机制改革,推进执法规范化建设,严密执法程序,坚持有法必依、违法必究和法律面前人人平等,提高司法工作的科学化、制度化和规范化水平。充分发挥人大、政协和社会公众对司法工作的监督作用,完善司法机关之间的相互监督制约机制,强化司法机关的内部监督,实现以监督促公平、促公正、促公信。

(四)社会信用体系的运行机制

《社会信用体系建设规划纲要》指出:运行机制是保障社会信用体系各系统协调运行的制度基础。其中,守信激励和失信惩戒机制直接作用于各个社会主体信用行为,是社会信用体系运行的核心机制。《社会信用体系建设规划纲要》明确了以下五个方面的机制。

1. 构建守信激励和失信惩戒机制

加强对守信主体的奖励和激励。加大对守信行为的表彰和宣传力度。按规定对诚信企业和模范个人给予表彰,通过新闻媒体广泛宣传,营造守信光荣的舆论氛围。发展改革、财政、金融、环境保护、住房和城乡建设、交通运输、商务、工商、税务、质检、安全监管、海关、知识产权等部门,在市场监管和公共服务过程中,要深化信用信息和信用产品的应用,对诚实守信者实行优先办理、简化程序等"绿色通道"支持激励政策。

加强对失信主体的约束和惩戒。强化行政监管性约束和惩戒。在现有行政处罚措施的基础上,健全失信惩戒制度,建立各行业黑名单制度和市场退出机制。推动各级人民政府在市场监管和公共服务的市场准入、资质认定、行政审批、政策扶持等方面实施信用分类监管,结合监管对象的失信类别和程度,使失信者受到惩戒。逐步建立行政许可申请人信用承诺制度,并开展申请人信用审查,确保申请人在政府推荐的征信机构中有信用记录,配合征信机构开展信用信息采集工作。推动形成市场性约束和惩戒。制定信用基准性评价指标体系和评价方法,完善失信信息记录和披露制度,使失信者在市场交易中受到制约。推动形成行业性约束和惩戒。通过行业协会制定行业自律规则并监督会员遵守。对违规的失信者,按照情节轻重,对机构会员和个人会员实行警告、行业内通报批评、公开谴责等惩戒措施。推动形成社会性约束和惩戒。完善社会舆论监督机制,加强对失信行为的披露和曝光,发挥群众评议讨论、批评报道等作用,通过社会的道德谴责,形成社会震慑力,约束社会成员的失信行为。

建立失信行为有奖举报制度。切实落实对举报人的奖励,保护举报人的合法权益。

建立多部门、跨地区信用联合奖惩机制。通过信用信息交换共享,实现多部门、跨地区信用奖惩联动,使守信者处处受益、失信者寸步难行。

2,建立健全信用法律法规和标准体系

完善信用法律法规体系。推进信用立法工作,使信用信息征集、查询、应用、互联互通、信用信息安全和主体权益保护等有法可依。出台《征信业管理条例》相关配套制度和实施细则,建立异议处理、投诉办理和侵权责任追究制度。

推进行业、部门和地方信用制度建设。各地区、各部门分别根据本地区、相关行业信用体系建设的需要,制定地区或行业信用建设的规章制度,明确信用信息记录主体的责任,保证信用信息的客观、真实、准确和及时更新,完善信用信息共享公开制度,推动信用信息资源的有序开发利用。

建立信用信息分类管理制度。制定信用信息目录,明确信用信息分类,按照信用信息的属性,结合保护个人隐私和商业秘密,依法推进信用信息在采集、共享、使用、公开等环节的分类管理。加大对贩卖个人隐私和商业秘密行为的查处力度。

加快信用信息标准体系建设。制定全国统一的信用信息采集和分类管理标准,统一信用指标目录和建设规范。

建立统一社会信用代码制度。建立自然人、法人和其他组织统一社会信用代码制度。完善相关制度标准,推动在经济社会活动中广泛使用统一社会信用代码。

3.培育和规范信用服务市场

发展各类信用服务机构。逐步建立公共信用服务机构和社会信用服务机构互为补充、信用信息基础服务和增值服务相辅相成的多层次、全方位的信用服务组织体系。

推进并规范信用评级行业发展。培育发展本土评级机构,增强我国评级机构的国际影响力。规范发展信用评级市场,提高信用评级行业的整体公信力。探索创新双评级、再评级制度。鼓励我国评级机构参与国际竞争和制定国际标准,加强与其他国家信用评级机构的协调和合作。

推动信用服务产品广泛运用。拓展信用服务产品应用范围,加大信用服务产品在社会治理和市场交易中的应用。鼓励信用服务产品开发和创新,推动信用保险、信用担保、商业保理、履约担保、信用管理咨询及培训等信用服务业务发展。

建立政务信用信息有序开放制度。明确政务信用信息的开放分类和基本目录,有序扩大政务信用信息对社会的开放,优化信用调查、信用评级和信用管理等行业的发展环境。

完善信用服务市场监管体制。根据信用服务市场、机构业务的不同特点,依法实施分类监管,完善监管制度,明确监管职责,切实维护市场秩序。推动制定信用服务相关法律制度,建立信用服务机构准入与退出机制,实现从业资格认定的公开透明,进一步完善信用服务业务规范,促进信用服务业健康发展。

推动信用服务机构完善法人治理。强化信用服务机构内部控制,完善约束机制,提升信用服务质量。

加强信用服务机构自身信用建设。信用服务机构要确立行为准则,加强规范管理,提高服务质量,坚持公正性和独立性,提升公信力。鼓励各类信用服务机构设立首席信用监督官,加强自身信用管理。

加强信用服务行业自律。推动建立信用服务行业自律组织,在组织内建立信用服务机构和从业人员基本行为准则和业务规范,强化自律约束,全面提升信用服务机构诚信水平。

4. 保护信用信息主体权益

健全信用信息主体权益保护机制。充分发挥行政监管、行业自律和社会监督在信用信息主体权益保护中的作用,综合运用法律、经济和行政等手段,切实保护信用信息主体权益。加强对信用信息主体的引导教育,不断增强其维护自身合法权益的意识。

建立自我纠错、主动自新的社会鼓励与关爱机制。以建立针对未成年人失信行为的教育机制为重点,通过对已悔过改正旧有轻微失信行为的社会成员予以适当保护,形成守信正向激励机制。

建立信用信息侵权责任追究机制。制定信用信息异议处理、投诉办理、诉讼管理制度及操作细则。进一步加大执法力度,对信用服务机构泄露国家秘密、商业秘密和侵犯个人隐私等违法行为,依法予以严厉处罚。通过各类媒体披露各种侵害信息主体权益的行为,强化社会监督作用。

5. 强化信用信息安全管理

健全信用信息安全管理体制。完善信用信息保护和网络信任体系,建立健全信用信息安全监控体系。加大信用信息安全监督检查力度,开展信用信息安全风险评估,实行信用信息安全等级保护。开展信用信息系统安全认证,加强信用信息服务系统安全管理。建立和完善信用信息安全应急处理机制。加强信用信息安全基础设施建设。

加强信用服务机构信用信息安全内部管理。强化信用服务机构信息安全防护能力,加大安全保障、技术研发和资金投入,高起点、高标准建设信用信息安全保障系统。依法制定和实施信用信息采集、整理、加工、保存、使用等方面的规章制度。

（五）社会信用体系的保障支撑体系

为确保信用体系各项工作任务、目标的完成,《社会信用体系建设规划纲要》明确了5

个方面的支撑保障体系。

1. 强化责任落实

《社会信用体系建设规划纲要》要求各地区、各部门要统一思想，按照本规划纲要总体要求，成立规划纲要推进小组，根据职责分工和工作实际，制订具体落实方案，并要定期对本地区、相关行业协会信用体系建设情况进行总结和评估，及时发现问题并提出改进措施。对社会信用体系建设成效突出的地区、部门和单位，将按规定予以表彰。对推进不力、失信现象多发地区、部门和单位的负责人，将按规定实施行政问责。

2. 加大政策支持

《社会信用体系建设规划纲要》要求各级人民政府根据社会信用体系建设需要，将应由政府负担的经费纳入财政预算予以保障。加大对信用基础设施建设、重点领域创新示范工程等方面的资金支持。鼓励各地区、各部门结合规划纲要部署和自身工作实际，在社会信用体系建设创新示范领域先行先试，并在政府投资、融资安排等方面给予支持。

3. 实施专项工程

1）政务信息公开工程

深入贯彻实施《中华人民共和国政府信息公开条例》，按照主动公开、依申请公开进行分类管理，切实加大政务信息公开力度，树立公开、透明的政府形象。

2）农村信用体系建设工程

为农户、农场、农民合作社、休闲农业和农产品生产、加工企业等农村社会成员建立信用档案，夯实农村信用体系建设的基础。开展信用户、信用村、信用乡（镇）创建活动，深入推进青年信用示范户工作，发挥典型示范作用，使农民在参与中受到教育，得到实惠，在实践中提高信用意识。推进农产品生产、加工、流通企业和休闲农业等涉农企业信用建设。建立健全农民信用联保制度，推进和发展农业保险，完善农村信用担保体系。

3）小微企业信用体系建设工程

建立健全适合小微企业特点的信用记录和评价体系，完善小微企业信用信息查询、共享服务网络及区域性小微企业信用记录。引导各类信用服务机构为小微企业提供信用服务，创新小微企业集合信用服务方式，鼓励开展形式多样的小微企业诚信宣传和培训活动，为小微企业便利融资和健康发展营造良好的信用环境。

4. 推动创新示范

1）地方信用建设综合示范

示范地区率先对本地区各部门、各单位的信用信息进行整合，形成统一的信用信息共享平台，依法向社会有序开放。示范地区各部门在开展经济社会管理和提供公共服务过程中，强化使用信用信息和信用产品，并作为政府管理和服务的必备要件。建立健全社会信用奖惩联动机制，使守信者得到激励和奖励，失信者受到制约和惩戒。对违法违规等典型失信行为予以公开，对严重失信行为加大打击力度。探索建立地方政府信用评价标准和方法，在发行地方政府债券等符合法律法规规定的信用融资活动中试行开展地方政府综合信用评价。

2）区域信用建设合作示范

探索建立区域信用联动机制，开展区域信用体系建设创新示范，推进信用信息交换共享,实现跨地区信用奖惩联动,优化区域信用环境。

3)重点领域和行业信用信息应用示范

在食品药品安全、环境保护、安全生产、产品质量、工程建设、电子商务、证券期货、融资担保、政府采购、招标投标等领域,试点推行信用报告制度。

5.健全组织保障

1)完善组织协调机制

完善社会信用体系建设部际联席会议制度,充分发挥其统筹协调作用,加强对各地区、各部门社会信用体系建设工作的指导、督促和检查。健全组织机构,各地区、各部门要设立专门机构负责推动社会信用体系建设。成立全国性信用协会,加强行业自律,充分发挥各类社会组织在推进社会信用体系建设中的作用。

2)建立地方政府推进机制

地方各级人民政府要将社会信用体系建设纳入重要工作日程,推进政务诚信、商务诚信、社会诚信和司法公信建设,加强督查,强化考核,把社会信用体系建设工作作为目标责任考核和政绩考核的重要内容。

3)建立工作通报和协调制度

社会信用体系建设部际联席会议定期召开工作协调会议,通报工作进展情况,及时研究解决社会信用体系建设中的重大问题。

二、社会信用体系建设的重要作用

信用是市场经济运行的前提和基础,社会信用管理体系是市场经济繁荣发展的制度保障。通过构建社会信用管理体系能够有效降低信息不对称、降低交易成本,促进经济增长和可持续发展。

(一)降低信用交易双方的信息不对称性

市场经济要高效、有序运行,就要求市场中各主体诚实、守信,恪守市场秩序,维护一个公平的竞争环境。而在现实经济运行中,由于人们获取信息的渠道、能力及所处的交易地位不同,交易双方信息拥有量存在不对称性,从而滋生信用缺失。在信用体系不完善、缺乏失信惩戒机制的市场中,信息优势方会在利益驱使下,采取有利于自己,甚至有损于信息劣势方的决策行为,从而获得更大的收益,而信息劣势方则会采取"逆向选择"来规避风险。

社会信用体系的建立,强大征信网络的形成,使原来分散于银行、政府、税务部门、工商部门、公共事业等机构的有关企业和个人的信用信息征集起来,通过专业的信用报告机构对各主体的信用状况进行分析、判断,并及时整理出信用研究报告,为交易双方提供了真实、充分的信息,极大削弱了交易双方的信息不对称性。

(二)使交易活动正常化,降低交易成本,提高效率

市场中交易的双方并非总是处于信息对等状态,但是为了完成交易,双方,特别是信息匮乏方,将需要付出资金和时间用来搜集彼此的信息,或者制定一系列合同来约束对方行为,从而增加了交易成本。根据产业分工理论,独自完成要比委托信用服务机构完成发生的交易成本高,因此交易方可将该行为委托给专业的信用服务机构,以减少交易成本。

完善的社会信用体系能够降低交易成本,还主要表现在征信数据库的对外查询和征信产品的有效传播,二者构成的信用信息开放共享机制,增强了交易主体的"理性",解决了市场中信息不对称、不完全的矛盾,降低了交易主体搜寻对方信息的成本,提高了效率。因此,社会信用体系的建立,能够促进信用服务业的发展,从而可以更好地服务于交易主体,降低交易成本。

(三)建立"失信惩戒机制",惩罚失信者,褒扬守信者

社会信用体系建立后,其"失信惩戒机制"将会发挥作用,失信行为主体将被社会公众广泛认知,并在社会、经济活动中受到重创,如剥夺失信企业在一定时期内的市场准入机会,剥夺失信个人在一定时期内的消费信用便利和生活便利等。同时,通过"失信惩戒机制",还可以对守信者进行褒扬,给予经济活动便利,增大守信的物质和精神奖励,降低守信成本。通过"奖罚分明"在全社会倡导诚实、守信,使整个信用环境得到改善,降低信用风险。

(四)使市场主体在投资和消费中恢复信心,促进经济良性循环

当市场中充斥着失信行为时,在信息不对称的情况下,"劣币驱逐良币",更多的市场主体会采取"逆向选择",来减少因守信而遭受的损失。在"劣币"大行其道时,消费者担惊受怕,宁可不消费也不愿买到假冒商品,结果导致需求下降,市场萎缩。同时,消费者为了降低由于信息不对称带来的风险,会增大产品购买前的交易成本,导致消费者市场交易带来的满意度下降,消费者剩余减少,消费支出下降。而社会信用体系的建立,能够将"劣币"驱逐出市场,净化信用环境,提高企业和消费者的信心,增加企业的投资和消费者的支出,使市场经济向着不断良性循环的方向发展。

(五)优化经济结构

一国的三次产业结构是否得到优化,主要看其比例是否合理。一般认为,第三产业总量不断上升,并占绝对比例,第二产业次之,第三产业最小,则可认为该经济体的经济结构得到了优化,并处高度发达状态。而社会信用体系的建立能够使一国的经济结构得到优化:一方面,社会信用体系的构建能够规范市场秩序,优胜劣汰,使工业总体数量减少,而竞争力提升;另一方面,社会信用体系的构建使得信用服务业得到快速发展,提升服务业的产值比例。

三、加强社会信用体系建设的重要意义

(一)社会信用体系建设是当前我国市场经济发展形式的迫切要求

首先,当前我国正处于深化经济体制改革和完善社会主义市场经济体制的攻坚期。现代市场经济是信用经济,建立健全社会信用体系,是整顿和规范市场经济秩序、改善市场信用环境、降低交易成本、防范经济风险的重要举措,是减少政府对经济的行政干预、完善社会主义市场经济体制的迫切要求。

其次,我国正处于加快转变发展方式、实现科学发展的战略机遇期。加快推进社会信用体系建设,是促进资源优化配置、扩大内需、促进产业结构优化升级的重要前提,是完善科学发展机制的迫切要求。

再次,我国正处于经济社会转型的关键期。利益主体更加多元化,各种社会矛盾凸

显，社会组织形式及管理方式也在发生深刻变化。全面推进社会信用体系建设，是增强社会诚信、促进社会互信、减少社会矛盾的有效手段，是加强和创新社会治理、构建社会主义和谐社会的迫切要求。

最后，我国正处于在更大范围、更宽领域、更深层次上提高开放型经济水平的拓展期。经济全球化使我国对外开放程度不断提高，与其他国家和地区的经济社会交流更加密切。完善社会信用体系，是深化国际合作与交往，树立国际品牌和声誉，降低对外交易成本，提升国家软实力和国际影响力的必要条件，是推动建立客观、公正、合理、平衡的国际信用评级体系，适应全球化新形势，驾驭全球化新格局的迫切要求。

（二）社会信用体系是规范市场经济秩序的治本之策

首先，社会信用体系的建立和运行是以产权制度为基础的。所谓产权制度，是指既定产权关系和产权规则结合而成的且能对产权关系实行有效的组合、调节和保护的制度安排。产权制度最主要的功能在于它能降低经济活动中的交易费用，提高资源配置效率。建立归属清晰、权责明确、保护严格、流转顺畅的现代产权制度，有利于维护公有财产权，巩固公有制经济的主体地位；有利于保护私有财产权，促进非公有制经济发展；有利于各类资本的流动和重组，推动混合所有制经济发展，形成良好的信用基础和市场秩序。

其次，社会信用体系的运行是以道德观念与行为准则为支撑的。在我国建设社会主义市场经济的过程中，人们的思想观念与道德行为均在体制变革和利益多元化的冲击下发生了重大的改变。信用思想与信用观念、信用行为得到了一定程度的发展。在社会主义市场经济体制的建立和完善过程中，私有产权和个人利益逐渐得到承认，这极大地调动了个体劳动者的生产积极性，激发了他们在经济活动中的潜力，有力地推进了社会主义市场经济的发展。

但与此同时，压抑了很久的私有意识和所有者个人利益的追求开始过度膨胀，有些人开始不择手段地扩张和聚敛财产，有些人抛弃信用伦理和道德，欺诈、坑蒙拐骗、假冒伪劣、赖账等失信行为频频发生。当这种恶劣风气在社会上蔓延开来成为一种气候的时候，那些无视道德、背弃诚信的欺诈者发现，在他们自己聚敛财富、追求利益、伤害他人的同时，自己也正在被他人伤害，自己的所有权、财产和利益也同时正在被他人蚕食。因此，我们说，市场经济对私有财产和个人利益的承认与保护在一定程度上是有限的，这个界限就是在追求私有财产增长、实现个人利益的同时，不能侵犯或损害他人的财产与利益，应该实行等价交换。

在等价交换这个界限内，追求个人利益是可以得到保护的，市场机制的运行是有秩序的，市场经济的发展也是有生命力的。但是，如果人们的行为超越了这个界限，比如通过侵犯或损害他人的利益来满足自身的利益，那么这种行为就严重地破坏了市场秩序，并可能导致市场经济丧失生命力。因此，人们开始呼唤诚信，整个社会开始呼吁信用道德的回归，信用观念与行为重新复苏。

最后，社会信用体系的运行是以法律作为有效保障的。如果说道德规范和诚信意识为社会信用体系的建设提供了必要的"软约束"，那么法律体系的建设和完善就是为社会信用体系的建设构筑起了有力的"硬约束"，以实现德治和法治的有效结合，共同维护社会信用体系的正常、有效运行。因此说，市场经济是信用经济，是契约经济，也是法律经济。

(三)社会信用体系建设是改善和优化发展环境的前提条件

在现代市场经济条件下,技术、人才、资本都可以引进,唯有社会信用环境无法引进;一个地方的自然禀赋无法改变,但是信用环境可以改变。良好的信用是一个地方乃至整个国家的宝贵财富。建立良好的信用环境,有利于降低市场交易成本,推进公平交易,促进市场交易的活跃和繁荣;有利于改善金融生态环境,优化投资和贸易环境,营造和谐信任的社会环境;有利于加快经济增长方式转变,提高全民诚信意识和道德水准,促进国民经济持续健康发展和社会文明进步。

考察一个国家或地区的发展环境有很多角度,从信用方面主要有两个方面。

一是信用经济发展水平。一个国家或地区的信用活动总规模是否适度,信用结构与分布是否合理,经济信用化程度是否与国内经济发展阶段和发展目标相适应,信用非中介化程度是否与信用经济增长幅度相吻合,资本市场诚信状况是否与经济发展要求相匹配,微观经济主体信用活动水平与信用经济发展水平是否一致,都是该国或地区发展环境的重要因素。归根结底,信用经济发展水平在一定程度上反映了一个国家或地区的发展环境,而信用经济发展水平的不断提升必须依靠健全的社会信用体系作保障。因此,社会信用体系建设成为改善和优化发展环境的先决条件。

二是社会信用环境状况。一个国家或地区的信用管理水平高低、信用管理体系健全程度、信用制度的完善状况、信用秩序的规范程度、信用文化的导向性、信用意识与行为的价值取向以及失信程度等,都是反映社会整体信用环境的重要指标,社会信用环境的状况在很大程度上说明了该国或地区的发展环境。在一个诚信意识健全、信用管理规范的国家或地区,人际交往顺畅、贸易合作愉快、人文环境和经济环境良好,必然吸引更多的社会资源向其聚集,必将有力地促进经济的良性循环和快速发展。这都与国家或地区的社会信用体系健全程度有直接关系。只有健全的社会信用体系,才能培育良好的社会信用环境,才能形成和谐的经济发展环境。市场经济需要良好的发展环境,良好的发展环境需要健全的社会信用体系作保障。

(四)社会信用体系建设是现代市场经济的重要制度安排

社会信用体系是社会主义市场经济体制和社会治理体制的重要组成部分。它以法律、法规、标准和契约为依据,以健全覆盖社会成员的信用记录和信用基础设施网络为基础,以信用信息合规应用和信用服务体系为支撑,以树立诚信文化理念、弘扬诚信传统美德为内在要求,以守信激励和失信约束为奖惩机制,目的是提高全社会的诚信意识和信用水平。

近些年来,我国一些地区和部门对加强社会信用体系建设进行了有益的探索,取得了积极的进展,但与我国现阶段经济发展水平和社会发展的现状不匹配、不协调、不适应的矛盾仍然突出。存在的主要问题包括:覆盖全社会的征信系统尚未形成,社会成员信用记录严重缺失,守信激励和失信惩戒机制尚不健全,守信激励不足,失信成本偏低;信用服务市场不发达,服务体系不成熟,服务行为不规范,服务机构公信力不足,信用信息主体权益保护机制缺失;社会诚信意识和信用水平偏低,履约践诺、诚实守信的社会氛围尚未形成,重特大生产安全事故、食品药品安全事件时有发生,商业欺诈、制假售假、偷逃骗税、虚报冒领、学术不端等现象屡禁不止，政务诚信度、司法公信度离人民群众的期待还有一定差距等。

加快社会信用体系建设是全面落实科学发展观、构建社会主义和谐社会的重要基础，是完善社会主义市场经济体制、加强和创新社会治理的重要手段，对增强社会成员诚信意识，营造优良信用环境，提升国家整体竞争力，促进社会发展与文明进步具有重要意义。

四、失信惩戒机制

(一)失信惩戒机制的含义

在市场经济活动中，大多数失信的违约行为属于道德范畴，一般没有触犯法律。从法律角度看，失信行为大多介于道德失范和诈骗犯罪之间。在大量的违约行为中，达到刑事犯罪程度并受到司法处罚的，只占其中很小比例。大量的违约或其他失信现象是难以通过刑侦和司法审判形式解决的。失信惩戒机制所要对付的违约失信行为大都是属于这种处罚额度很小且不便使用公检法手段处理的经济类违约失信事件，它是社会信用体系中最重要的"部件"之一，通过经济手段和道德谴责手段并用，惩罚市场经济活动中的失信者，将有严重失信行为的企业和个人从市场的主流中剔除出去。同时，使政策向诚实守信的企业和消费者倾斜，间接地降低重守(重合同守信用)企业获取资本和技术的门槛。

简言之，在实践中，失信惩罚机制可以被定义为：以征信数据库为纽带的市场联防。它以信息公开为前提，以市场调节为实现手段，是一种非正式的社会惩戒机制。

(二)失信惩戒机制的作用

失信惩戒机制就是通过建立以征信数据库为纽带的市场联防而降低市场交易中的信息不对称程度来达到防范失信、惩戒失信和激励守信的目的。因此，失信惩戒机制主要具有以下两点作用。

1. 有效防范社会失信行为的发生

有些失信行为往往没有触犯法律，不能绳之以法；同时，由于失信行为较为普遍，如诉诸法律，成本又较高，而失信惩戒机制则可以有效地起到制约作用。

1)最大程度地消除信息不对称造成的失信行为

在信息双方不对称情况下，往往会对信息非充分方造成损失。在信用体系中个人和企业完整的信用记录，可以让每个人、每个机构都能随时查阅，从而可以非常方便地了解所需的信用记录，这样就将个人和企业的信用信息置于全社会的监督之下，加大违约成本，减少违约机会，可有效地矫正由于信息不对称造成的失信行为。

2)能对任何失信行为造成实质性打击

失信惩戒机制是以威慑作用为主的，力求将失信的动机消灭在萌芽之中。对于形成事实的失信行为，其效果是要在相当长的受罚期间内，使失信企业不能进入市场经济的主流，加大失信企业的经营成本，使失信的个人无立足之地。这种实质性的打击和震慑方式会减少市场上存在的各种失信行为，维护市场的公平竞争原则，有助于企业赊销赊购成功率的提高。

3)自动惩罚失信行为

惩罚机制不向任何企业和个人打招呼，也不对失信者进行任何思想道德方面的教育，甚至在有失信行为者不知情的情况下,就开始实施对其处罚。例如,个人信用的专业数据库将用于评价个人的信用成套地记录下来,包括失信记录。在不通知当事人的情况下,有偿地提供给当事人交易的授信人和其他各类交易对方。授信人可以在相当全面地了解失信者的不良信用记录后,决定是否与之交易或交往。

4)具有惩罚失信行为的广泛机制

企业和个人征信数据库覆盖全国乃至全球,可以方便地让失信记录在全国乃至全球范围内传播。如果一个人有了经济失信记录,就能通过失信记录的传播功能,让所有愿意了解失信记录的个人、企业和机构掌握。如企业有违约失信行为出现,会遭到提供服务的各类机构的抵制,不能取得贷款,供应商不对其赊销生产材料,甚至政府监管部门不允许其营业执照得以正常年检。

2.对失信者起到惩罚作用

覆盖社会的失信惩戒机制使失信者名誉扫地,在相当长时间内失信者不能取得任何信用方式的便利,甚至在工作、就业等方面也会遇到很多障碍。

1)剥夺失信者在一定时期内市场准入的机会

失信企业长期拖欠货款,经法院裁决后强制执行还款,企业由此破产清算,企业的这些具有失信行为的法定代表人和法院认定的负有责任的主要管理人员,在未来规定的时间内,不能以合法经营者的身份进入市场或经济领域。

2)剥夺失信者在一定时期内的信用消费便利

消费者在消费金融行为中出现失信行为并达到一定程度,将被自动列入信用不良记录的"黑名单"之中,从此以后的相当长时间内,将没有一家银行接受其开立个人账户、接受其信用卡和消费信贷的申请,从而导致其以信用贷款的消费将不能被接受。

3)剥夺失信者在一定时期内的生活便利

消费者在居家生活中出现失信行为并达到一定程度,将被自动列入不良记录的"黑名单"之中,从此以后的相当长时间内,该消费者将在生活的方方面面,如通信、水、电、天然气的使用等,受到限制。

(三)失信惩戒机制的主要内容

1.失信惩戒机制的执行机构

根据征信国家的经验,信用管理惩戒机制的执行单位可以是政府机构,也可以是法律或者政府有关机构委托的民间机构。有些惩戒可以先由政府行为来执行,而后逐渐转为民间行为。

执行机构的作用是将被判定有不良信用记录的责任人和处罚意见公告给某一行业的全体成员,让他们根据处罚通知一致拒绝同被处罚者进行交易。不论责任人的资信不良记录的是经营企业的还是个人发生的不讲信用行为,这种处罚基本是针对个人的。在该责任人名下的个人信用调查报告中出现该人的不良信用记录,它将在相当较长的时间段内不能被消除。

上述惩戒不是简单地随着企业的破产或者停产而消失的。企业的主要经营者或者公民个人一旦有了不良信用记录,这些不良记录将伴随他们度过一段时间。时间的长短由相关的法律决定,例如美国的《公平信用报告法》规定消费者个人的不良信用记录允许保留7年。

2.失信惩戒机制实施的前提条件

失信惩戒机制依赖于下列基本条件：

（1）立法和政府监管部门的支持。政府的支持体现在不允许公民有多个身份证明、不允许公民随意更名、保留公民个人的指纹记录。工商行政管理部门不准有不良信用记录的公民或外国人注册成为一个新公司的股东或最高管理职位。在合法的范围内，个人信用记录可以销售给合法经营的公司和司法部门。

（2）建立联合征信平台。联合征信平台具有支持企业征信系统、个人征信系统、征信服务体系等多种功能，可以有效支持失信惩戒机制的运行。

（3）构筑各行业有关信用服务组织，并联网向会员提供信用信息服务。

（4）管理和经营个人和企业信用数据库。其所有记录应该仅次于法院可以接受的证据，主要功能之一是破坏信用销售过程中违约人或法人的信用，它的任何作用都会对被作用对象产生正面或负面的影响。

3.黑名单制作与发布

失信惩戒机制的主要工作之一是制定失信企业和个人黑名单，并以合法的形式向合法的用户传播其交易对象的不良信用记录。国际上制作黑名单有两种完全不同的理念和做法：一是以美国为代表的市场自然形成的征信机制，在对失信记录进行处理时，其做法是"基于事实，仅基于事实"。是否与失信者交易或交往，完全由信用记录使用者自己判断和决定。二是黑名单由有关政府部门或者声誉卓越的征信机构发布，在一个失信企业或个人被登录上黑名单之前，经过一系列的信用处理和信用评分过程，它力图清晰而明确地解释失信者被登录上黑名单的理由，各市场主体根据黑名单，直接实施对失信行为的惩罚。

4.惩戒机制的管理和监督

惩罚机制的管理和监督，是对惩戒机制环节的管理和监督，包括征信平台的管理，黑名单制作与发布的规范，消费者个人信用调查报告机构的监督、立法，客户申诉的仲裁，个人隐私权的保护，民间信用管理组织的业务监控等。监督和管理的工作重点：一是对被处罚应该做出权威的标准尺度及其解释；二是对信用管理业者使用的技术和设备方案作出评估和审查。

第三节　行业信用体系建设

以商会协会为主体、以企业为基础的行业信用建设是社会信用体系建设的重要组成部分，对形成有效的市场约束、整顿和规范市场经济秩序具有重要作用。只有每个行业都建立了信用约束机制，实现上下游行业间的信用约束，才能在全社会建立起信用约束机制，社会交易成本才能下降，商品和生产要素的流动才会更加有序，市场秩序才会逐步规范，进而才能推动国民经济的持续、快速、健康、协调发展和社会文明的进步。

一、行业信用体系建设的主要内容

2007年,国务院办公厅发出《关于加快推进行业协会改革和发展的若干意见》,要求行业协会围绕规范市场秩序,加强行业自律,大力推动行业诚信建设,建立完善行业自律性管理约束机制,维护公平竞争的市场环境等方面开展工作。

(一)推进诚信宣传教育

结合本行业实际,以弘扬诚信经营的商业文化为主要内容,以培养企业树立"诚信兴商"的经营理念和商业伦理道德为目标,商会协会采取各种生动活泼、行之有效的方式,依托各种新闻媒体和商会协会内部刊物,广泛对会员企业进行诚信宣传教育,深入开展服务品牌创建、行业诚信创建等多种形式的"诚信兴商"主题创建工作,强化会员的守信意识和诚信自律意识,使"诚信兴商"逐步成为商会协会及其会员企业的理念和自觉行动。

(二)强化行业信用制度建设

商会协会根据行业信用建设工作的需要,制定本行业信用建设需要的相关制度,如信用信息的采集、分类、保护、使用、发布、联网与交换等制度,对企业失信行为的举报制度,对不良信用信息甄别制度和被惩戒者申诉及复核制度,以及对守信企业的鼓励制度和失信企业的惩戒制度等,使信用建设工作纳入制度化轨道。同时,要牵头制定行业的信用发展规划和以倡导企业诚信守法经营为核心内容的行规行约。

(三)利用信用信息开展服务

商会协会要根据自身的实际情况,建立行业内部信用信息收集渠道,依法收集和记录会员企业在生产经营中产生的有关信用信息,包括会员企业自身的信用信息和交易伙伴的信用信息,通过建设行业信用数据库和重点企业的信用档案等手段和方式,开展对会员企业的服务。行业信用数据库的建设和运行在会员企业间以自愿和互换的原则进行。凡是向行业信用数据库提供信用信息的会员企业可免费查询数据库中相关企业的信用信息。行业信用数据库可以向社会有偿开放。有条件的商会协会可以拓展信用信息收集渠道,更多地收集会员企业交易伙伴的信用信息,建立会员企业交易伙伴信用信息数据库,用以帮助会员企业在经营中减少风险。行业信用数据库的建设和运行以不侵犯企业的商业秘密和个人隐私为原则。

(四)对会员企业开展信用评价

行业信用体系建设是一项全新的工作,涉及很多内容,如加强行业诚信宣传教育、制定行规行约、组织信用风险管理与风险防范知识培训、帮助企业建立信用风险管理制度、开展行业信用评价等。其中,行业信用评价是重要的工作依托和抓手。根据《商业协会行业信用建设工作指导意见》要求,结合商会协会实际情况,从2006年开始,全国整规办和国资委把行业信用评价作为行业信用体系建设的一项重要内容,推动商会协会开展行业信用评价试点工作,积极引导商会协会充分发挥行业自律的功能,通过设计充分反映行业特色的信用评价指标体系,整体评估会员企业的信用状况并在行业内依法公示,让会员企业始终绷着信用约束这根弦,以达到守信得利、失信受损的效果,在行业内形成守信践诺的激励机制,促进行业信用体系的建立。

（五）加强对会员企业信用风险管理知识的培训

通过举办培训班、研讨会等形式，商会协会有针对性地对会员企业进行信用管理专业知识培训。通过培训使企业管理人员掌握企业信用文化的建设、信用管理制度的建立、信用管理工具的应用等知识，使会员企业了解并掌握企业信用管理的知识，增强防范信用风险的能力。

（六）协助会员企业建立信用风险防范机制

根据会员企业的申请，商会协会以强化信用意识、促进诚信经营、防范交易风险为目标，协助企业建立以客户信用状况调查、信用评价、信用投放、账款追收为核心，涵盖企业信用自律、信用档案管理等内容，适合自身业务特点的内部管理制度，逐步使企业内部的信用管理工作规范化、制度化，形成有效的信用风险防控机制。

二、行业信用体系建设的地位和作用

2005 年 12 月，全国整规办会同国务院、国资委联合印发了《商会协会行业信用建设工作指导意见》，召开了行业信用体系建设推动会，对行业信用体系建设的原则、目标和工作任务提出了明确要求，行业信用体系建设逐步展开。

党的十六大提出"整顿和规范市场经济秩序，健全现代市场经济的社会信用体系"。党的十六届三中全会进一步明确了社会信用体系建设的目标和任务。信用体系建设是党中央、国务院的重大战略部署，是全面落实科学发展观、构建和谐社会的具体实践，是转变政府职能的迫切需要。行业信用体系建设是社会信用体系建设的重要内容。推进社会信用体系建设，企业、行业和政府都有各自的定位和职责。企业应当自觉地守法守信经营，遵守行规行约；行业中介组织应当发挥沟通、协调、自律和服务的功能；政府则应当完善市场监管的功能，实行信用信息公开。

（一）行业信用体系建设是社会信用体系建设的重要组成部分

行业信用建设是社会信用体系建设的重要组成部分，对促进企业和个人的自律、形成有效的市场约束具有重要的作用。在行业信用体系建设中，一方面，可以实行政府监管信息的公开和共享，促进和规范市场化运作的信用服务机构发展；另一方面，可以建立商会协会对会员的自律和服务机制，推动社会信用体系建设。行业信用建设是在我国发展新形势下规范市场经济秩序、提高经济运行效率的重要保证，也是完善社会主义市场经济体制的重要内容。只有行业的信用水平提高，社会交易成本才会下降，商品和生产要素的流动才会更加有序，市场秩序才会逐步规范，行业的整体利益才会得到充分的保障。行业协会作为联系政府和企业的自律性服务组织，在经济和社会生活中所起的作用越来越重要。开展行业信用体系建设工作，不仅有利于行业协会改进服务方式和创新服务内容，更好地服务于会员企业，还有利于提高行业自律水平和加强行业管理，同时还有利于政府主管部门更好地掌握该领域相关企业的信用信息，以便加强市场监管和实施宏观调控。

（二）行业信用体系建设有助于促进和谐社会的构建

行业信用体系建设以提升企业信用意识和管理水平、风险防范能力、引导行业发展方向为目的，这就改变了过去贯彻政策中的形式主义，把握住了信用建设的实质性目的，定位好，将较好地促进行业整体管理水平的提升，增强企业的竞争能力。在行业信用建设的过程中,对企业的信用能力和企业的社会责任感进行全面的考评,一方面可以督促企业规范自己的行业行为,另一方面对社会上规范行为的建立也起到了规范作用,从一定程度上促进了我国和谐社会的建立。

(三)行业信用体系建设有助于加快推进体制改革和对外开放

市场经济不仅是契约经济,也是诚信经济。信用建设不仅关系到整个社会经济市场正常秩序和运行的效率,而且会影响到法律政策的有效实施,严重情况下还会引发社会各种不良风气和道德问题。随着我国改革开放的不断深入,尤其是加入世界贸易组织之后,我国越来越多的企业参与国际竞争,融入全球大环境,信用缺失问题还有可能影响我国企业、民族的国际形象,影响对外开放的质量和进程。所以,信用建设关系到国家发展的大局,加强诚信建设已经刻不容缓。

(四)开展行业信用体系建设是商会协会履行自身职责的内在要求

推进社会信用体系建设,企业、行业和政府都有各自的定位和职责。作为重要的主体企业应当自觉守法守信经营,行业中介组织则应当发挥自律和服务的作用,政府则应当完善市场监管功能,实行信用信息公开。参照发达国家的经验,行业协会除具有通常的制定行业规划和标准、进行行业统计和分析、向政府提出政策建议以及反映会员的正当要求等职能外,还具有制定行业职业道德准则和行规行约并且监督执行行业行为、维护行业公平竞争秩序、开展教育与培训的职责,这些职责是开展行业信用建设的重要内容。行业信用体系建设工作必须融入到对会员的服务之中,要实现以下三大目标:一是提高会员企业的诚信意识和风险防范等能力,二是增强行业的自律水平,规范行业内部竞争秩序;三是促进行业的健康发展。在这三大目标下,为会员企业开展信用评价,提供信用管理咨询、培训和技术支持等服务。

三、加强水利行业信用体系建设的重要意义

"水是生命之源、生产之要、生态之基"。近几年,我国进入了大规模水利工程建设的重要时期,水利投资强度大,民生水利项目点多、线长、面广、量大、任务重,省级重大工程量级大。大规模水利建设对工程安全、资金安全、干部安全、生产安全提出了新考验。当前,水利建设市场还存在市场主体不健全、市场信息不对称、市场监管不到位等因素,水利建设中项目法人、勘测设计单位、施工单位、监理单位等市场主体失信行为时有发生。为确保大规模水利建设"四个安全",必须全面提高水利建设市场监管能力,把市场主体的信用体系建设作为主攻方向,用信用体系的建设规范水利建设领域的市场主体行为,维护市场经济秩序,建立良好守信的水利建设市场。

(一)有利于从根本上解决水利行业信用缺失问题,彻底改善市场环境

信用缺失的根本原因在于行业内长期缺乏科学规范的信用鼓励制度和高效可行的信用管理方法,这是一个系统性问题,必须依靠全行业的共同改善才能得以解决。可以说,长期以来整个行业的信用环境不佳导致了市场主体信用行为不规范。信用缺失不仅仅是企业自身的原因,而且受政府行政决策引导和行业习惯积淀的重要影响。所以,只有建立科学规范的水利建设行业信用体系,为行政管理和行业管理提供坚实的依据和规范的方法,为水利企业提供现实的"标杆",才能根本上解决目前无照经营、合同欺诈、虚假招标、

伪造假账、恶意拖欠等信用缺失问题。

建立水利建设行业信用体系可以帮助全行业树立起信用意识，并通过公开统一的信用信息管理和信用评价机制实现对企业主体的奖惩，引导企业主体抛弃信用缺失的种种行为，最终促成重信守信风气的建立。

从全国已有的经验来看，建立行业信用体系对行业长远发展、提升行业综合竞争能力都将起到强有力的推动作用。因此，水利建设行业信用体系建设对整个行业的健康和长期发展有着重要的现实和历史意义。事实上，水利部已经在 2001 年制定了《关于进一步整顿和规范水利建设市场秩序的若干意见》（水建管〔2001〕248 号），在 2004 年印发了《关于建立水利施工企业监理单位信用档案的通知》（水建管〔2004〕415 号），将企业信用信息与市场监管制度结合起来，初步建立了失信惩戒机制。为适应水利建设市场的发展，2009 年 10 月，水利部又相继印发了《水利建设市场主体信用信息管理暂行办法》（水建管〔2009〕496 号）和《水利建设市场主体不良行为记录公告暂行办法》（水建管〔2009〕518 号），《水利建设市场主体不良行为认定标准》也一并发布。这对建立健全水利建设市场失信惩戒机制，推进水利建设市场信用体系建设，促进水利事业又好又快发展具有重要意义。

（二）有利于发挥行业组织的作用，建立水利建设行业信用惩戒机制

中介服务组织是介于政府、企业和个人之间，并为社会实施沟通、协调、监管等多种服务性的社会组织。中介服务组织在市场经济中发挥着越来越重要的作用，其功能及作用主要有四个方面：一是协调经营主体间的关系；二是沟通信息，互通有无；三是行使社会监督职能，保证经济活动的公平、公正，促进市场经济的规范化；四是维护经营者和消费者的合法权益，促进市场经济健康有序的发展。

市场经济越发达，经济主体之间的交易活动越频繁，交易手段越专业化，行政管理式的信用监督手段就越显得乏力，也就越需要利用各种信用中介组织的力量。早在 2006 年，受水利部建管司委托，中国水利工程协会便开始开发全国水利建设市场主体信用信息管理系统，建立全国水利建设市场信用信息平台。从 2010 年开始，中国水利工程协会按照水利部《水利建设市场主体信用信息管理暂行办法》的要求，积极采集、审核和发布水利建设市场主体及相关执（从）业人员的基本信息、工程业绩记录和良好行为记录信息；同时，按照水利部《水利建设市场主体不良行为记录公告暂行办法》的要求，建立了水利行业"失信曝光专栏"，为社会公众查询水利建设市场主体及相关执（从）业人员的信用信息提供了主渠道。目前，全国水利建设市场信用信息平台上公布着 2500 余家单位的基本信息 30 多万条，项目信息 2 万多项，从业人员信息 27.5 万人；公布良好行为记录信息 1.5 万条；"失信曝光专栏"公布不良行为处理决定 53 个，涉及 178 家市场主体。中国水利工程协会还按照水利部的要求，积极推进全国水利建设市场信用信息平台与省级信息平台的互联互通。目前，该平台已与辽宁、安徽、福建、湖南、云南等省互联互通，实现了信用信息的网络互联和资源共享。

建立健全组织机构及相关管理办法。中国水利工程协会成立了由水行政主管部门代表、协会理事、水利工程建设管理和信用管理专家组成的全国水利建设市场主体信用评价委员会和专家委员会，制定了《全国水利建设市场主体信用评价标准》，印发了《水利建设市场主体信用评价暂行办法》，并不断完善信用评价指标体系，使之越来越科学、严谨，越来越规范，可操作性更强，越来越符合水利行业实际。截至 2013 年 12 月，中国水利工程协会已分 5 批确定了 662 家单位的信用等级。参评企业由最初的施工、监理单位扩展到勘察、设计、质量检测等 8 类市场主体，为维护行业秩序、引导行业健康发展做出了积极的努力。

（三）有利于提升行业信用践约度，全面增强水利建设企业管理能力

践约，是以契约为基础的信用，是信用活动最起码的要求，即信守契约，按契约办事。我国古代就有"言必信，行必果"、"言而有信"的古训，民间有"说到做到大丈夫"的说法，重然诺是真君子，轻毁约则滥小人。说"践约"是层次稍浅的信用文化境界，是由于它受契约的约束，契约的约束力使当事人必须守约，他律的成分占主导。但"践约"又是整个信用体系的基础，也是信用活动的底线。只有当"践约"成为全社会的行为规范和自觉意识时，社会信用体系的大厦才算基本告成，也才能进入更高层次的信用文化境界。

水利行业信用体系的建设能够规范水利建设行业主体的行为，能够让实力强、业绩佳、重合同、守信用的诚信的水利建设市场主体得到社会更为广泛的了解和认可，同时能够让社会公众对有过欺诈行为，造成水利工程质量、安全事故，严重失信等不良企业得到确认，进而提升行业整体的信用践约度。

（四）有利于高效利用和整合行业信用信息，帮助企业实现信用价值

如果行业组织的信用信息管理水平较低，可以提供的信用信息不足，很容易导致会员企业经营决策时缺少正确而完备的依据，同时也必然导致行业内诚信激励和失信惩戒的乏力。水利建设行业需要加快建立以信贷、纳税、合同履约、产品质量为重点的会员单位信用记录，依法依规做好会员单位信用信息的采集、更新、整理、披露和使用，建立起完善行业信用信息征集体系，建立起行业信息共享平台，建立健全守信激励和失信惩戒制度。

水利建设行业信用体系的建立，将使行业信用信息更完备、更准确，综合各交易方信息的数据库有利于信息的全面搜集、核对、筛选和整合，会员单位以及主管部门的使用也更为便捷和高效。

统一的行业信用信息公开与共享平台还可以充分实现水利建设企业的信用价值，不仅能够帮助企业扩大销售、增强客户关系、建立品牌和信誉，而且在帮助企业在获取商业信用、银行贷款、资本市场信用等方面起到重要作用。这种基于信用主体信用价值的信用水平度量和体现是水利建设行业走向现代信用管理的有益实践。

（五）有利于提升水利行业信用管理水平，促进行业的规范和成熟

行业信用建设是信用经济条件下行业信用交易水平、信用秩序、信用环境和信用市场规范程度的重要衡量标准，行业信用建设水平已经成为行业成熟与否的重要标志。

水利建设行业围绕推进诚信宣传教育、强化行业信用制度建设、利用信用信息开展服务、对会员企业开展信用评价、加强对会员企业信用风险管理知识的培训和协助会员企业建立信用风险防范机制等六个方面，全面启动行业信用建设工作。这些工作的落实可以提高会员企业的诚信意识和风险防范能力，尤其是可以帮助水利建设行业建立起一套体系性、规范化的信用管理机制，帮助企业建立从客户档案管理、信用政策制定到应收账款管理全面信用管理系统。而在此基础上形成的基于实际的行业信用制度规范、行业自律

机制也将成为行业秩序保证和规范发展的重要推动力量。

四、国际行业信用体系建设经验借鉴

(一)国际行业信用体系建设的经验

1. 关于会员服务方面

关于对行业协会对会员提供的服务,参考国际上行业协会的做法总结得出:有些行业协会,除在加强沟通,反映会员的呼声、要求、意见和建议等方面进一步提高水平外,在协会提供的有关服务中,将对会员实行免费或优惠收费的政策。具体服务举例如下:一是信息服务,免费为行业协会的会员提供《行业协会通讯录》,并免费为行业协会会员搭建信息沟通的平台;二是咨询服务,会员可以优惠享受国际贸易事务咨询、国际最新行业标准咨询、专利申请咨询、工程建设咨询、保险顾问咨询、法律法规咨询、投融资的中介服务、市场营销服务等;三是广告宣传服务,包括优惠提供在行业协会内部的各类网站和杂志上的广告宣传及免费提供在大众媒体进行广告宣传的咨询等;四是国际交流服务,会员以优惠价格参加行业协会组织的国家间的考察、培训等活动;五是公关服务,当会员因业务需要进行各个部门间的协调时,国际上一些行业协会往往提供免费协调和沟通各相关部门、机构的公关服务。

2. 关于会员培训方面

目前,国外很多行业协会将定期为会员提供各种培训服务,比如很多行业协会在每个月定期邀请行业内的专家学者为会员提供各个方面的理论知识体系的培训,并且还会借助行业协会的声誉邀请在信用建设的实际操作上成功的运作者来为会员举行各类培训。在培训的收费方面,行业协会对会员采取了免费和优惠参与两种方式。收费形式为:对于行业协会需要较大成本的培训服务,则给予会员优惠收费的待遇;对于一些成本不大的培训服务,则是对会员实行免费参与的方法。培训内容包括:如何在最大程度上减少信用风险的发生,怎样对信用风险进行控制,以及具体的信用风险管理制度的制定等。这样不仅让会员在第一时间内了解到信用管理理论和实务操作上的前沿知识,而且增强了行业协会的凝聚力,有利于提高行业协会在会员企业中的影响力。

3. 关于会员资格的管理评定方面

行业协会对会员的等级进行一定的划分,根据会员的种类可分为单位会员和名誉会员,其中单位会员是具有法人资格,承认本会章程,具有良好信誉,无违法经营,从事行业协会相关业务经营的企业;名誉会员则是对本协会有重要贡献,有声誉的国内外单位、专家、学者,名誉会员经会长办公会议讨论通过。对会员资格的管理评定方面主要是针对单位会员而言的。会员的等级不同,协会提供的服务不同,这样就激励各个会员努力提高自己的等级,从而达到督促会员进行规范行为的目的,而且通过对低等级会员的收费可以降低协会日常运营的成本。

4. 关于会员守信失信的处理方法

会员入会之后,行业协会还要对会员的各种行为做法制定各项规章制度。对于守信的会员进行奖励,对于失信的会员进行惩罚,也是促进行业信用建设的非常有效的方法。结合国际行业协会的经验,具体介绍如下:

（1）因为很多行业协会内的会员有等级划分区别，各个等级的会员可以享受到行业协会不同的服务，即等级越高的会员享受到越多优惠的服务。刚入会的会员是普通会员，如果会员在信用方面获得了行业内其他会员的一致好评，则可以在达到一定时间后升级为高一级的会员，则可以享受到行业协会范围更广、内容更多的服务。而如果是会员做出毁坏自己信用的事情，则不仅会员等级可能会被降格，而且严重者有可能会被驱逐出行业协会。

（2）有些行业协会评定的比较常用的做法是：制定一套评分体系，为会员的各项守信失信进行评分，根据每个会员的得分等级来决定会员等级的转化。

（3）对于在信用方面表现良好的会员，在有些项目的承建时可以享受到协会在对外推荐上优先推荐的待遇，而一些失信企业则会被列入"黑名单"。一旦被列入"黑名单"，其他企业与这类企业打交道时就会有所顾虑，"黑名单"企业甚至会在行业内永远失去份额，这种严厉的惩罚措施在最大程度上减少了失信行为的发生。

（二）国际行业信用建设经验对我国行业信用建设的启示

我国行业信用建设还处于探索阶段，国际行业信用建设的经验对我国有很大的启发作用。结合我国社会、经济和文化特点，除借鉴国际上成功的经验外，还应该着重从以下几个方面努力。

1. 重视对会员资格的等级评定

根据国际行业信用建设的经验，对会员资格进行等级评定不仅在为会员提供服务方面起到了很好的领航作用，而且在促进会员本身信用方面也起到了加倍的激励作用。因此，我们国家可以结合国际行业信用建设经验，引入单位会员和荣誉会员两类，其中荣誉会员的引入不仅能增加行业协会的权威性，而且在行业协会的各个方面的管理和建设方面也发挥着监督指导作用。我国尤其要重视对单位会员的资格评定，如果不对会员的进入资格进行限制，使得行业协会内部会员"鱼龙混杂"，不仅起不到行业协会的自律作用，更别说起到促进作用。

2. 重视对守信会员的奖励和对失信会员的惩罚

奖惩措施合理历来是一项很好的促进措施，特别是在我国重视荣辱的文化背景下，奖罚运用得当，必能发挥其最大的作用。除可以借鉴国际上行业协会的做法外，还可以从下述方面着手。

（1）行业协会制定自己严格的行规，对于失信企业的惩罚措施要严厉，这样就可以防止因为没有明确的失信界定使得一些企业钻漏洞。

（2）借助行业协会的话语权，当获得有利于会员企业的推荐机会时，向外推荐协会内部的高级会员，这样可以使企业向着高级会员努力，最大化地规范自己的守信行为。

3. 重视对会员的信用管理、内控和培训

行业协会拥有一批权威的荣誉会员，这样可以从理论和实践上对会员的信用管理制度的制定和实施进行指导。我国很多企业并没有进行信用管理的专职部门，很多企业对信用管理还只是处于初始认识阶段，如果重视对企业在这方面的培训，可以避免很多企业走弯路，而且可以最大效率地帮助企业进行信用管理制度的制定和完善，由此也加快了行业信用建设的进程。

除从以上几个方面着手努力外,在我国进行行业信用建设的过程中,还应该重视总结,根据出现的新情况、新问题,不断总结出新方法、新经验,来加快推进我国行业信用建设的进程。

第四节 案 例

【案例 6-1】 注销水利工程建设监理工程师注册证书和资格证书

事件描述:2013 年 8 月,×××电站蓄水坝发生溃坝事故,造成重大人员伤亡和财产损失。溃坝共造成 5 人死亡。受溃坝影响,下游流域范围内交通、水利等设施以及房屋、农田、农作物、林木等严重损毁。

项目概要:2009 年 12 月,×××市水利水电勘测设计室完成项目初步设计报告。2010 年 5 月,×××市水务局批复同意该项目初步设计报告。2010 年 7 月,×××市水务局批复同意该项目开工建设。电站项目包括蓄水坝、机房、宿舍、压力管等各项工程。2010 年上半年,电站修通公路后,先进行机房、宿舍和压力管建设。同年 8 月开始清理电站蓄水坝库容,12 月开始组织施工队对蓄水坝工程进行施工,2011 年 6 月蓄水坝工程基本完工。2012 年 3 月,该电站工程项目通过竣工验收。2012 年 5 月,电站正式投产运营。电站工程由×××市水利水电勘测设计室设计,建设单位自行聘请无资质的施工队挂靠×××市建筑工程总公司施工,×××市×××水利工程建设监理有限公司负责监理,×××市水利水电基建工程质量监督站实施质量监督。

处罚认定:事故发生后,×××省监察厅、省水利厅成立联合调查组对事故进行调查,查明了事故发生的原因,并查清了业主(即建设单位×××电站)、设计单位、监理单位、施工单位、质量监督单位以及政府和有关职能部门的责任。

经调查认定,×××电站蓄水坝溃坝事故是一起由有关涉事单位违法违规造成工程质量隐患引起溃坝的责任事故,导致蓄水坝溃坝的直接原因是大坝工程质量(包括施工质量、设计质量)达不到规范的要求:左岸坝肩岩体存在软弱结构面,坝肩抗滑稳定不足,同时拱坝基底与基座、拱圈之间分层施工面结合不好,在水压力作用下大坝承载力不足,造成左坝肩拱座失稳,坝体沿基底与基座、拱圈之间分层的施工面和左坝肩及坝中冲砂孔位置处产生"门"字形门洞(约 10 m×12 m)破坏。这暴露出有关企业单位违法违规建设生产,相关政府及职能部门监管不到位,以及少数党员领导干部违纪违法等问题。其中,监理单位的责任为:

(1)未及时跟进项目建设监理工作,未按规定开展监理工作。2010 年 6 月,电站与监理单位签订了监理合同。但在其后一年多时间里,监理单位一直没有成立项目监理部开展监理工作。直到 2011 年 7 月,电站项目已完工、需完善资料以便通过竣工验收时,才安排监理人员×××、×××跟进该项目。监理人员首次查看现场时,主体工程已完工,导致监理旁站、隐蔽工程验收签认等监理工作无法落实,未能对坝肩开挖等重大事宜进行联合验收,对工程质量管理失控。

(2)事故发生前为使项目顺利竣工验收通过,编造、伪造有关资料。2011 年 6 月蓄水坝工程完工前,监理单位未派人赴现场监理;2011 年 7 月至 2012 年 3 月工程竣工验收期间，监理单位项目总监、监理工程师只到过施工现场两次，也未开展实质性监理工作。为了应付工程竣工验收，监理单位编造、伪造有关资料：一是 2012 年 1～2 月，项目总监编造《关于×××市×××电站工程建设监理人员任命的通知》、《关于×××市×××电站工程项目监理人权限的通知》、《关于×××市×××电站监理程序的通知》、《监理规划与大纲》、《监理实施细则》、《建设监理工作报告》、《监理安全生产保证体系》等监理资料，监理单位盖章确认；二是 2012 年 1～2 月，在电站业主编造、伪造的四个分部工程（压力管路工程、机电设备安装、厂房工程、主坝工程）施工质量评定表以及单位工程施工、水工建筑物外观、工程项目水工质量评定表上，项目总监签名确认，监理单位盖章同意；三是 2011 年 7～8 月，项目总监将空白的监理日志直接交给电站业主填写。

（3）事故发生后为逃避承担责任，编造、伪造有关资料。事故发生后，监理公司开会研究，发现旁站记录、现场指示、会议纪要、监理月报等监理资料欠缺，决定"完善资料"。其后，以完善资料为名，项目总监编造、伪造了《工程现场书面指示》（监理［2011］现指 01 号、监理［2011］现指 02 号、监理［2011］现指 03 号、监理［2011］现指 04 号）、《会议纪要》（监理［2011］电站纪要 01 号、监理［2011］电站纪要 02 号）、《监理月报》（监理［2011］月报 01 号、监理［2011］月报 02 号）等，监理单位盖章确认。

（4）参与验收走过场。2012 年 3 月竣工验收时，项目总监、监理工程师均参加了竣工验收会议，但对蓄水坝工程中存在的不按设计图纸进行施工等诸多问题均未提出意见，草率在竣工验收鉴定书、4 个分部工程验收鉴定书以及单位工程验收鉴定书上签名同意，其后监理公司盖章确认。

（5）个别人员涉嫌贪污。项目总监涉嫌贪污监理费 54 500 元。

（6）个别人员收受好处。在参加竣工验收以及到工地检查时，收受电站给予的好处费共 1 600 元。

×××市水务局根据《关于×××市×××电站蓄水坝溃坝事故结案的通知》（×××水监［2013］10 号）要求，提出了吊销监理工程师执业资格的申请。

2014 年 2 月，中国水利工程协会根据《水利工程建设监理规定》（水利部令第 28 号）第三十一条、第三十二条规定以及《水利工程建设监理人员资格管理办法（中水协［2007］3 号）第三十二条、第三十三条规定，给予注销水利工程建设监理工程师注册证书和资格证书的处罚。

【案例6-2】 取消上述单位中标候选人资格，取消施工单位部分人员备案资格

事件描述：2013 年 5 月，为加强水利建设市场管理，××省水利厅印发了《关于进一步明确在×××水利施工企业信用档案备案有关要求的通知》（×××水基函［2013］595 号），要求各施工单位组织全面自查，如有不符合备案要求的从业人员，应在 2013 年 6 月 1 日前，向备案受理机构申请调整或整改。但近期招标发现，部分施工单位仍未整改，现将有关情况通报如下：

2013 年 7 月 9 日，在×××堤防加固工程施工 2 标招标中，第一中标候选人×××建筑工程公司拟投入本工程的技术负责人为××市水利局办公室主任，第二中标候选人××建设有限公司拟投入工程的技术负责人为××市水利局防汛办公室主任。

2013 年 7 月 10 日，××县水利建筑安装工程公司在×××泵站更新改造一期工程

施工活动中,投标承诺的技术负责人为××县水利局水利管理股股长。

2013年7月19日,在××县×××河治理工程施工招标中,第二中标候选人××县×××水利建筑工程有限公司拟投入工程的项目经理为参照公务员管理的事业单位××县农业综合开发办公室工作人员。

处罚决定:上述情形不符合我厅《关于进一步明确在×××水利施工企业信用档案备案有关要求的通知》(×××水基函〔2013〕595号)及招标文件相关规定,经研究:

(1)取消上述单位中标候选人资格;

(2)取消×××、×××、×××、×××等4人的施工单位备案资格,三年内我厅不受理其备案;

(3)上述4家施工单位信用等级分按有关规定进行扣减。

【案例6-3】　××市水利勘测设计研究院有限公司违规行为

事件描述:××省厅决定对××市水利勘测设计研究院有限公司在××省水利工程建设中存在违规行为处理情况进行全省通报:

一、该公司在承担××省×××江上游×××工程(×××段)初步设计过程中,在没有开展相应阶段地质勘测和移置实物量调查复核的情况下,不经复核大篇幅引用××省水利水电勘测设计研究院编制的可研报告成果进行项目初步设计报告编制。经厅项目评审中心预审认为,该初步设计报告及附图基本是原可研报告及附图,设计深度达不到初步设计阶段要求,未能完成合同履约,影响了项目建设进度。

二、该公司不遵守《水利水电工程初步设计报告编制规程》(DL 5021—93)要求,违反了《建设工程质量管理条例》第十九条、第二十一条和《水利工程质量管理规定》第二十七条的规定,给我省水利设计市场造成严重的不良影响,属于水利部《水利建设市场主体不良行为记录认定标准》认定的不良行为。

三、我厅决定取消其在××省内一年的设计项目投标资格,时间自通报之日起算。同时,我厅将其不良行为记入信用档案。

当前,我省大规模水利建设全面铺开,设计任务十分繁重,个别设计企业和从业人员不遵守法律法规以及技术规范要求,采用压低报价、个人挂靠等方式承揽设计项目,设计中不深化设计工作,简单抄袭套用前一阶段设计成果,造成设计质量低下、设计产品不合格等严重后果。各级水行政主管部门要加大力度规范水利设计市场,加强对勘察设计工作的监督检查,坚决查处各类违规从业行为,督促各设计单位自觉遵守水利建设管理的法律法规,规范设计行为,共同营造竞争有序、行为规范的水利建设市场环境,保证我省水利建设项目的顺利实施。

【案例6-4】　×××水电建设有限责任公司等6家企业提供虚假信息

事件描述:根据《××省水利厅关于开展××省公共资源交易网水利工程网上交易平台施工企业虚假信息专项整治的通知》要求,2013年11月,××省水利厅向有关单位发函核实水利工程网上交易平台(下简称水利平台)上的企业人员、业绩信息真伪,经审查核实并履行书面告知程序确认×××水电建设有限责任公司、××市×××工程局、×××水利水电工程有限公司、××市水利水电建筑工程有限公司、×××集团有限公司、×××省水利第一工程处等6家企业提供虚假信息:

×××水电建设有限责任公司上传水利平台的"××市×××区防洪堤一期工程（×××段）施工Ⅰ标段"业绩——2013年7月的合同工程完工验收鉴定书。2013年11月×××交通水利投资有限责任公司函复我厅：该工程至2013年1月完成工程量65%，且不具备验收条件。

×××市×××工程局上传水利平台的"××县×××水库除险加固工程"业绩——2012年5月的竣工技术验收报告。2013年11月，××市水工程招标投标办公室函复我厅：报告中专家组成员签字表系伪造。

×××水利水电工程有限公司上传水利平台的"××县×××水库除险加固工程"业绩——2010年6月的竣工验收鉴定书。2013年11月××县水利局函复我厅：截至2013年11月，尚未完成主体工程投入使用验收、合同完工验收、竣工验收。

××市水利水电建筑工程有限公司上传水利平台的技术负责人×××工程师职称证书。2013年10月××市职称改革工作领导小组办公室函复我方：×××职称证为假证。

×××集团有限公司上传水利平台的"××县×××水库除险加固工程"业绩——2010年12月的竣工验收鉴定书。2013年11月，××县×××水库管理局函复我厅：工程于2011年10月完工验收，2012年3月26日竣工验收。

××省水利第一工程处上传水利平台的"×××水利枢纽配套项目××省×××平原×××一期工程×××总干渠×××段第十三标工程"业绩——2012年11月合同工程完工验收鉴定书。2013年11月，××市水务局函复我厅：验收情况不符合实情。

处罚决定：为完善水利建筑市场信用体系，健全"诚信激励、失信惩戒"市场机制，根据《中华人民共和国招标投标法》、《中华人民共和国招标投标法实施条例》等法律法规，我厅对上述6家企业提供虚假信息的行为，给予从××省公共资源交易系统（水利工程）用户库中删除×××水电建设有限责任公司、××市×××工程局、×××水利水电工程有限公司、××市水利水电建筑工程有限公司、×××集团有限公司、××省水利第一工程处所有信息的处理，自本决定印发之日起三年内不受理该六家企业信息录入。

思考题

1. 诚信与信用的区别是什么？
2. 影响信用动机的因素有哪些？
3. 企业信用建设的任务有哪些？
4. 诚信文化建设的主要内容有哪些？
5. 社会信用体系建设的指导思想、目标原则是什么？
6. 失信惩戒机制的作用是什么？
7. 行业协会在信用体系建设中的作用和优势是什么？
8. 加强水利行业信用体系建设有什么重要意义？

参考文献

[1] 中华人民共和国水利部. (SL 288—2003) 水利工程建设项目施工监理规范[S]. 北京:水利水电出版社,2003.

[2] 中华人民共和国水利部. (SL 288—2004) 水利水电工程施工组织设计规范[S]. 北京:中国水利水电出版社 2004.

[3] (美)格雷戈里 T. 豪根. 项目计划与进度管理[M]. 北京:机械工业出版社,2005.

[4] 丁士昭,商丽萍. 建筑工程管理与实务[M]. 北京:中国建筑工业出版社,2011.

[5] 中华人民共和国水利部. 水利水电工程标准施工招标文件[M]. 北京:中国水利水电出版社,2009.

[6] 中国水利工程协会. 水利工程建设合同管理[M]. 北京:中国水利水电出版社,2011.

[7] 中国水利工程协会. 水利工程建设质量控制[M]. 北京:中国水利水电出版社,2011.

[8] 中国水利工程协会. 水利工程建设进度控制[M]. 北京:中国水利水电出版社,2011.

[9] 中国水利工程协会. 水利工程建设投资控制[M]. 北京:中国水利水电出版社,2011.

[10] 朱昊. 建设工程合同管理与案例评析[M]. 北京:机械工业出版社,2008.

[11] 白均生. 水电工程合同管理及工程索赔案例与分析[M]. 北京:中国水利水电出版社,2006.

[12] 《全国注册执业资格考试指定用书配套辅导系列教材》编写组. 全国注册设备监理师执业资格考试案例分析 100 题[M]. 北京:中国建材工业出版社,2006.

[13] 天津市水利工程建设交易管理中心,天津普泽工程咨询有限责任公司. 水利工程招标投标工作指导手册[M]. 北京:中国电力出版社,2009.

[14] 高印立. 建设工程施工合同法律实务与解析[M]. 北京:中国建筑工业出版社,2012.

[15] 中国建设监理协会. 全国监理工程师执业资格考试辅导资料(上)考试各科目复习要点、难点、例题分析、近年考试试题卷及参考答案[M]. 3 版. 北京:知识产权出版社,2009.

[16] 中国建设监理协会. 全国监理工程师执业资格考试辅导资料(下)案例分析及模拟试题[M]. 3 版. 北京:知识产权出版社,2009.